Ernst Tiemeyer

Word 6.0 für Windows – Praxislösungen für Büro und Sekretariat

Ernst Tiemeyer

Word 6.0 für Windows
Praxislösungen für Büro und Sekretariat

Alle Rechte vorbehalten
© Springer Fachmedien Wiesbaden 1994
Ursprünglich erschienen bei Friedr. Vieweg & Sohn Verlagsgesellschaft mbH,
Braunschweig/Wiesbaden, 1994
Softcover reprint of the hardcover 1st edition 1994

Additional material to this book can be downloaded from http://extras.springer.com
Der Verlag Vieweg ist ein Unternehmen der Verlagsgruppe Bertelsmann International.

ISBN 978-3-322-88895-2   ISBN 978-3-322-88894-5 (eBook)
DOI 10.1007/978-3-322-88894-5

pdc, Paderborn

Inhaltsverzeichnis

Vorwort des Verfassers und Hinweise zur Arbeit mit dem Buch

Mit der Einführung von WORD für Windows (kurz WINWORD) präsentierte Microsoft im Frühjahr 1990 erstmalig ein Textverarbeitungsprogramm, das auf der grafischen Bedieneroberfläche Windows 3 basierte. Der hohe Funktionsumfang, die einfache Bedienung sowie die hervorragenden Gestaltungs- und Verknüpfungsmöglichkeiten haben es schnell zu einem marktführenden Programm in der Praxis werden lassen.

Mit der Version 6.0, die seit 1994 auf dem Markt ist, wurden weitere Verbesserungen vorgenommen. Im Mittelpunkt standen einmal eine Vereinfachung der täglich anfallenden Textverarbeitungsaufgaben und damit auch eine angenehme Handhabung ansonsten komplizierter Funktionen.

In funktionaler Hinsicht sind nahezu alle Möglichkeiten vorhanden, die man sich für eine moderne Textverarbeitung wünscht. Dazu zählen Mehrspaltenverarbeitung, Rechtschreibprüfung, Thesaurus, Fuß- und Endnotenverwaltung, Gliederungsfunktion, dynamisches Einfügen von Tabellen und Grafiken, Bausteinverarbeitung, Serienbriefe, Formatvorlagen, Makros, professionelles Dateimanagement und vieles mehr.

Ob Briefe, Berichte, Serientexte, Referate – immer verhilft WORD für Windows zu einer schnellen und sauberen Lösung. Das vorliegende Buch möchte Sie anhand von konkreten Anwendungsbeispielen systematisch mit allen wichtigen Funktionen dieses leistungsstarken Textverarbeitungsporgramms vertraut machen.

Das Buch ist in 17 Kapitel gegliedert. Am Anfang steht eine gründliche Einführung in die Handhabung des Programms. Danach wird Ihnen ausführlich gezeigt, was alles für die Erstellung und Gestaltung von Dokumenten mit WORD 6 für Windows wichtig ist:

- So lernen Sie im 2. Kapitel, wie Texte erfaßt, gespeichert und gedruckt werden können. Außerdem werden die verschiedenen Blockoperationen (Löschen, Kopieren, Verschieben), die Funktionen „Suchen" sowie „Suchen und Ersetzen" und schließlich die Rechtschreibprüfung erläutert.

- Im 3. Kapitel wird gezeigt, wie Dokumente auf verschiedenen Ebenen formatiert werden können. Die Gestaltung von Seiten, Abschnitten, Absätzen sowie die Schriftbildgestaltung bilden dabei die Schwerpunkte. Neben der Direktformatierung wird auch ausführlich das Arbeiten mit Formatvorlagen erläutert. Schließlich wird auf die Formatierung mit dem integrierten Assistenten eingegangen.

Ab dem 4. Kapitel stehen ausgewählte Anwendungslösungen für Büro und Sekretariat im Mittelpunkt:

- Im 4. Kapitel lernen Sie Protokolle und Notizen erstellen. Ausgehend von einem Anwendungsbeispiel werden wesentliche Gestaltungsmöglichkeiten für Protokolle/Notizen vorgestellt. Schließlich wird das Arbeiten mit dem Memoassistenten gezeigt.

- Das 5. Kapitel hat das professionelle Erstellen von Briefen zum Gegenstand. Sie lernen zunächst gezielt kennen, wie die verschiedenen Bestandteile eines Briefes exakt gestaltet werden können (beispielsweise auch mit Positionsrahmen). Neben der Direktformatierung können Sie nach Lesen dieses Abschnittes eine individuelle Dokumentvorlage für Briefe erstellen sowie mit dem Brief-Assistenten arbeiten.

- Im 6. Kapitel wird am Beispiel der Erzeugung von Berichten verdeutlicht, welche Möglichkeiten etwa bei Kopf- und Fußzeilen vorhanden sind und wie Hervorhebungen durch Rahmungen, Schattierungen sowie Initialen erzeugt werden.

- Das 7. Kapitel hat die Anwendung von Mehrspaltentexten zum Gegenstand. Dies ist vor allem dann interessant, wenn Sie Rundschreiben und Broschüren verfassen wollen.

- Im 8. Kapitel wird das Erzeugen von Aufstellungen, Listen und Verzeichnissen erklärt. Neben einer ausführlichen Erläuterung des Arbeitens mit dem Tabulator wird dabei auf auch numierte Listen, Aufzählungszeichen sowie auf Sortieren im Text eingegangen.

- Die Tabellenfunktion sowie die Übernahme aus Tabellenkalkulationsprogrammen bildet den Gegenstand des 9. Kapitels.

Für die Erstellung von Standardtexten ist die Textverarbeitung eine wesentliche Hilfe, um Routinearbeiten schnell und komfortabel zu erledigen. In besonderen Kapiteln wird deshalb die Bausteinverarbeitung (Kapitel 8) sowie die Serienbriefschreibung (Kapitel 9) behandelt.

Ein weiterer Schwerpunkt des Buches sind dann die Verbindungen zu Grafikprogrammen. Neben der Grafikübernahme wird im

12. Kapitel auch gezeigt, wie Grafiken mit WINWORD gestaltet werden können und welche Möglichkeiten einer gezielten Grafik-Positionierung gegeben sind.

Oft müssen von Fachkräften und in Sekretariaten auch wissenschaftliche Texte erzeugt werden. Dabei wichtige Funktionen wie Fußnotenverwaltung, Gliederungsfunktion, Inhalts- und Stichwortverzeichnisse lernen Sie im Kapitel 13 kennen. Die Zusatzprogramme Graph, Art und der Formel-Editor werden danach im 14. Kapitel vorgestellt.

Eine weitere Erleichterung bietet das Arbeiten mit Feldfunktionen (Kapitel 15) sowie die Nutzung von Makros (Kapitel 16). Im 17. Kapitel wird schließlich aufgezeigt, wie der Datei-Manager eingesetzt werden kann. So können Sie eine professionelle Dateiorganisation sicherstellen.

In den einzelnen Kapiteln wird in jedem Teilabschnitt immer von einem konkreten Textbeispiel ausgegangen. Dieses Beispiel bildet die Grundlage für die Beschreibung von Lösungen mit dem Textverarbeitungsprogramm WORD 6 für Windows. Es empfiehlt sich, die einzelnen Beispiele durch praktische Arbeit am Personal Computer nachzuvollziehen. Als Hilfe zum Einprägen und für ein späteres Nachschlagen enthält das Buch zahlreiche Checklisten und Schaubilder zur Anwendung der grundlegenden Funktionen.

Beachten Sie für die Nutzung des Buches außerdem folgende Hinweise:

- Um das Buch optimal nutzen zu können, kann die zu diesem Buch erhältliche Lerndiskette nützlich sein. Hierauf sind alle Übungstexte gespeichert, die diesem Buch zugrunde liegen.

- Die Bezeichnung der Funktionstasten orientiert sich an der üblichen PC-Tastatur. Sofern Sie über eine andere Tastatur verfügen, mag folgende Aufstellung hilfreich sein:

Gewählte Bezeichnungen	Alternativen
↵	<ENTER> <NEXT>
⇦	<BACK> <BACKSPACE> <BKSP>
Esc	<ESCAPE> <Eing lösch> <Unterbr>
Einfg	<INS> <Einfg. Zeile> <INSERT>
Entf	<DEL> <Löschen> <DELETE>
Ende	<End>
Strg	<Control> <Ctrl>
Pos 1	<Home> <Position 1>
⇧	<Shift> <UMSCHALTEN>
Bild ↑	<PgUp> <Bild + Pfeil oben>
Bild ↓	<PgDn> <Bild + Pfeil unten>
Alt	<Alt> <Sonderzeichen>

Und nun viel Spaß beim Lesen des Buches und bei der Arbeit am PC.

Dinslaken, im April 1994   Dipl.-Hdl. Ernst Tiemeyer

Vorbemerkung: Programmkonzeption und Hardwarevoraussetzungen zur Nutzung von WORD 6.0 für WINDOWS

WORD für WINDOWS zählt zu den führenden Textverarbeitungsprogrammen für den Personal Computer. Als Textverarbeitung unter WINDOWS wird dabei von folgenden Bedienungsgrundsätzen ausgegangen:

- WYSIWYG-Prinzip (für What You See Is What You Get),
- Maussteuerung und Symbole zur Befehlsauslösung,
- Dialogboxen zur Befehlsspezifizierung,
- Fenstertechnik zum Bearbeiten mehrerer Dateien,
- einfache Verbindung mit anderen Programmen (leichte Übernahme von Tabellen, Grafiken und Bildern in ein Dokument),
- Verknüpfungen bei Verbindungen zu anderen Programmen durch dynamischen Datenaustausch und OLE-Prinzip (OLE für Object Linking and Enbedding).

Um WINWORD nutzen zu können, werden folgende Systemanforderungen gestellt:

Hardware-Anforderungen:

- IBM-PC oder Kompatibler (80286 oder höher; 80486 empfehlenswert).
- Hauptspeicherkapazität ab 4 MB
- (wünschenswert 8 MB und mehr).
- Festplatte oder File Server (Winword läuft also auch im Netzwerk): Bei kompletter Installation sind 22 MB freier Speicherplatz auf der Festplatte notwendig, bei der Minimal-Installation ca. 6 MB.
- HD-Disketten-Laufwerk.
- EGA oder höher auflösender Bildschirm.
- Microsoft Mouse oder kompatibles Zeigegerät (empfohlen wird die Nutzung einer Maus).

Betriebssystem bzw. Betriebssystemerweiterung:

- Betriebssystem MS-DOS (ab Vers. 3.0)
- Benutzeroberfläche Microsoft WINDOWS in einer der folgenden Varianten:
- Windows, Version 3.1 oder höher
- Windows für Workgroups, Version 3.1 oder höher
- Windows NT, Version 3.1 oder höher
- Windows für Pen Computing.

Grundlegendes zur Programmbedienung

1.1 WORD für WINDOWS installieren

Sofern Sie das erste Mal mit dem Programm Word 6.0 für Windows auf Ihrem Computer arbeiten wollen, ist ein **Einrichten des Programms** erforderlich. Auf diese Weise erreichen Sie, daß das Programm überhaupt auf der Festplatte verfügbar ist und den Erfordernissen der von Ihnen verwendeten Hardware entspricht.

Für das Einrichten des Programms sollten Sie zunächst sämtliche Disketten bereitlegen, die mit dem Programm ausgeliefert werden. Bei einem System mit 3,5"-Laufwerken verfügen Sie über 11 Disketten, die neben den eigentlichen Programmdateien auch die Dateien zur Programminstallation, zur Hilfefunktion und zur Rechtschreibprüfung enthalten. Die Dateien sind auf diesen Disketten in komprimierter Form gespeichert. Dies bedeutet: Sie können sie beispielsweise nicht mit einem Kopierbefehl (etwa dem COPY-Befehl) so ohne weiteres auf die Festplatte übertragen, da erst eine Dekomprimierung stattfinden muß.

WORD erledigt das Dekomprimieren beim Einrichten des Programms automatisch. Zum Einrichten müssen Sie das SETUP-Programm ablaufen lassen. Zu diesem Zweck legen Sie bitte zunächst die SETUP-Diskette Nr. 1 in das Laufwerk A. Gehen Sie dann in folgenden Schritten vor:

Reihenfolge/Aktivität	Eingaben/Tastenfolge
1. Diskette 1 (Setup-Diskette) in Diskettenlaufwerk A oder B einlegen	
2. Windows starten	WIN ⏎
3. Menü Datei aktivieren und Befehl Ausführen wählen	Alt +D A
4. Setup-Programm aufrufen	a:setup ⏎
5. Bildschirmanweisungen befolgen	....

Nach dem Aufruf des Setup-Programms müssen Sie angeben

- in welchem Laufwerk/Verzeichnis das Programm installiert werden soll (standardmäßig C:\WINWORD angeboten) und
- welchen Umfang die Installation haben soll.

Bezüglich des Umfanges der Installation gibt es drei Varianten:

- **Standard-Installation** sollten Sie dann wählen, wenn alle Word-Optionen installiert werden sollen. Dies sind neben dem eigentlichen Programm auch alle Zusatzprogramme wie Word-Graph und Word-Art.

- **Benutzerdefinierte Installation** geben Sie zweckmäßigerweise dann an, wenn Sie gezielt festlegen wollen, welche Word-Optionen installiert werden sollen.

- Die Variante **Minimal-Installation** bietet schließlich die Möglichkeit, nur die Dateien zu installieren, die unbedingt nötig sind, um Winword auszuführen. In diesem Fall sind lediglich 6 MB Speicherplatz erforderlich.

Die Anweisungen, die auf dem Bildschirm zur Durchführung der Installation erscheinen, erfolgen in Form der sog. Menütechnik und sind im allgemeinen recht gut verständlich. Deshalb kann an dieser Stelle auf eine nähere Erläuterung der Installationsschritte verzichtet werden.

Mit der Installation wird das Programm automatisch im Gruppenfenster mit der Bezeichnung „Microsoft Office" angelegt oder alternativ in der Gruppe mit der Bezeichnung, die während des Setup-Prozesses angegeben wurde. Wenn Sie die vollständige Installation durchgeführt haben, enthält die Gruppe vier Icons (grafische Symbole), wie die folgende Wiedergabe der Bildschirmanzeige deutlich macht:

Bild 1-1:
Gruppenfenster für „Word für Windows 6.0"

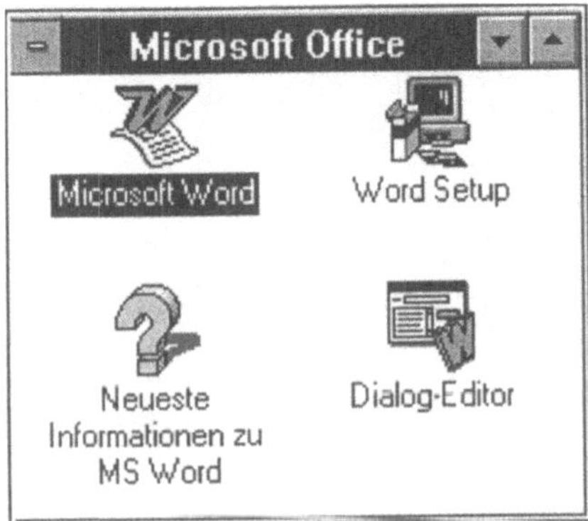

Die Symbole haben folgende Bedeutung:

a)	Das Symbol „Microsoft Word" ist für die eigentliche Programm-Anwendung vorhanden. Durch einen Doppelklick auf dieses Symbol wird der Start des Programms ermöglicht.

b)	Mit „Word Setup" kann das Installationsprogramm erneut aktiviert werden. Dies kann beispielsweise der Fall sein, wenn bei einer benutzerdefinierten Installation später weitere Optionen hinzugefügt oder Optionen entfernt werden sollen.

c)	Der „Dialog-Editor" bietet schließlich die Möglichkeit, Dialogfelder zu erstellen, die dann in Word-Basic-Makroanwendungen eingebunden werden können.

d)	Durch Anklicken des Symbols „Neueste Informationen zu MS Word" erhalten Sie eine besondere Hilfedatei mit neuesten Programm-Informationen angezeigt.

Sobald die Installation des Programms abgeschlossen ist, können Sie unmittelbar die Arbeit mit dem Textverarbeitungsprogramm aufnehmen.

1.2   WORD für WINDOWS starten

Es gibt mehrere Möglichkeiten, das Programm WORD für WINDOWS zu starten. Notwendig ist zunächst der Aufruf von WINDOWS. Danach haben Sie dann folgende Möglichkeiten:

**a)	Starten über den Programm-Manager:**
Aktivieren Sie per Mausklick das Gruppenfenster, das das Symbol „Microsoft Word" enthält. Danach muß mit dem Mauszeiger das Programmsymbol angesteuert werden und per Doppelklick (= zweimaliges kurzes Betätigen der linken Maustaste) aktiviert werden. Per Tastatur erreichen Sie dieses, indem Sie nach Aufruf des Gruppenfensters zunächst mit einer Pfeiltaste das Startsymbol markieren und dann die Taste ⏎ betätigen.

**b)	Starten über den Dateimanager:**
Aktivieren Sie in diesem Fall zunächst das Laufwerk/Verzeichnis, in dem WINWORD.EXE gespeichert ist. Nach Markierung des Eintrages WINWORD.EXE muß die Taste ⏎ betätigt werden.

Alternativ gibt es noch weitere Besonderheiten für den Programmstart:

- Soll automatisch mit dem Aufruf von Windows auch das Programm Winword gestartet werden, müssen Sie im Programm-Manager das Word-Symbol einmal in die Autostart-Gruppe ziehen.

- Um automatisch mit dem Programmstart ein bestimmtes Dokument zu öffnen, können Sie den Windows-Dateimanager aktivieren und hier durch Doppelklick auf den Dokumentnamen sowohl das Programm starten als auch das gewünschte Dokument öffnen.

Standardmäßig erscheint nach dem Programmaufruf zunächst eine Dialogbox mit der Bezeichnung „Tips und Tricks". Sie erhalten hier immer einen ausgewählten Tip für eine effektivere Programmnutzung. Durch Anklicken von <OK> starten Sie dann das Programm.

Hinweis: Wollen Sie künftig beim Start auf die Anzeige von Tips und Tricks verzichten, so deaktivieren Sie einfach das Kontrollkästchen in der Dialogbox links unten.

1.3   Grundaufbau der Bildschirmmaske

Ist der Programmstart fehlerfrei verlaufen, dann können Sie unmittelbar einen Text in dem sogenannten „Word-Grundbildschirm" eingeben. Beim erstmaligen Arbeiten mit dem Programm ist es allerdings empfehlenswert, sich zunächst mit dem Grundprinzip der Arbeitsweise vertraut zu machen und sich die auf dem Bildschirm angezeigte Ausgangsmaske einmal genauer anzusehen.

Die Maske, die nach dem Programmstart (und Überspringen der Tips und Tricks) auf dem Bildschirm Ihres Computers erscheint, wird in Bild 1-2 dargestellt:

Die abgebildete Maske entspricht dem Standardaufbau. Sie wird auch als Dokumentfenster bezeichnet. Bei näherer Betrachtung der Bildschirmanzeige wird deutlich, daß folgende Elemente vorhanden sind (von oben nach unten betrachtet):

a) Titelleiste

Hier wird nach dem Wort „Microsoft Word" der Name des aktuellen Dokumentes angezeigt. Sofern noch keine Speicherung erfolgt ist, erscheint hier zunächst „Dokument1" bzw. „Dokument2" usw. Außerdem befinden sich - wie bei Windows-Fenstern üblich - an den Rändern Symbole, die durch Anklicken mit der Maus aktiviert werden. Während mit dem horizontalen

Strich am linken Rand (dem sog. Steuerungsmenüfeld) bestimmte Windows-Funktionen aufgerufen werden können, kann mit den Symbolen am rechten Rand ein Fenster als Symbol dargestellt, verkleinert oder auf Vollbild vergrößert werden.

Bild 1-2:
Bildschirmmaske nach dem Programmstart

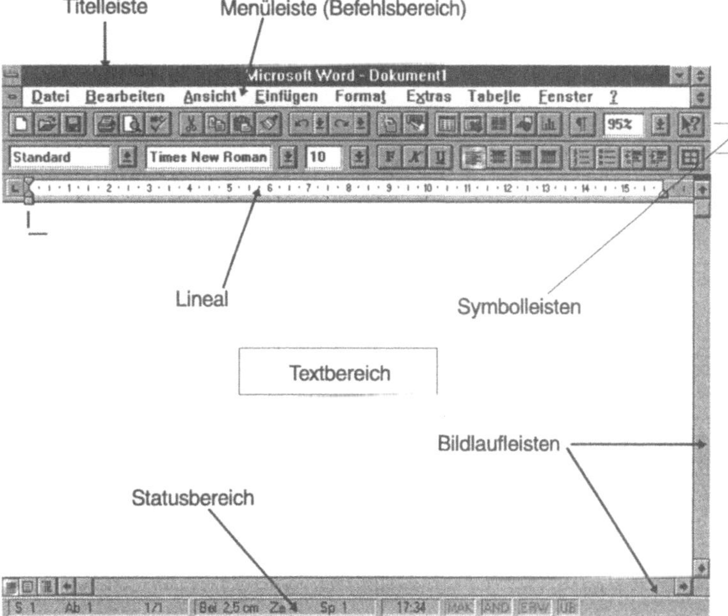

Werden mehrere Fenster auf dem Bildschirm dargestellt, dienen Titelleisten unter anderem auch dazu, deutlich zu machen, welches Fenster gerade aktiv ist. Bei aktiven Fenstern wird die Titelleiste dunkel unterlegt.

b) Menüleiste (Befehlsbereich)

Die zweite Bildschirmzeile ist die sogenannte Menüleiste. Sie bildet die Grundlage für die Auslösung von Befehlen. Angezeigt werden folgende Menüpunkte:

* Datei
* Bearbeiten
* Ansicht
* Einfügen
* Format
* Extras
* Tabelle
* Fenster
* ? (für Hilfe).

Um ausgewählte Word-Befehle anzuzeigen, müssen Sie das zutreffende Menü der Menüleiste öffnen. Es handelt sich hierbei jeweils um ein sog. Pull-down-Menü, das per Mausklick oder Tastendruck heruntergezogen wird.

Am linken Ende der Menüleiste befindet sich das sog. Datei-Steuerungsmenü. Es ermöglicht den Aufruf von Befehlen zur Steuerung der Größe und der Position des aktuellen Dokumentenfensters. Aktiviert wird es durch Mausklick oder mit der Tastenkombination Alt + - .

c) Symbolleisten

Unterhalb der Menüleiste befinden sich zwei Symbolleisten. Mit einem einzigen Mausklick können so häufig vorkommende Befehle direkt aufgerufen werden - und nicht erst durch umständliches Aktivieren über Menüs und Angaben in Dialogfelder.

Bild 1-3:
Symbolleisten

Im oberen Bereich befindet sich die sog. **Standard-Symbolleiste.** Damit lassen sich oft benötigte Befehle - wie etwa das Speichern oder Drucken eines Dokumentes - durch Anklicken des zutreffenden Symbols schnell ausführen.

Die Symbole haben im einzelnen folgende Funktion (von links nach rechts betrachtet):

- Erstellen eines neuen Dokumentes auf der Basis der Vorlage NORMAL.DOT
- Datei öffnen (Aufruf des Dialogfensters)
- Datei speichern (Aufruf des Dialogfensters „Speichern unter")
- Aktives Dokument mit aktuellen Standardeinstellungen drucken
- Seitenansicht
- Rechtschreibprüfung für das aktive Dokument wird gestartet
- Ausschneiden eines markierten Textteils und Übertragung in die Zwischenablage
- Kopie eines markierten Textteils in die Zwischenablage
- Einfügen des Inhalts der Zwischenablage an der Einfügestelle im Dokument

- das Format einer Markierung wird an eine bestimmte Textstelle übertragen

- Rückgängigmachen der letzten Aktion

- Wiederherstellen einer rückgängig gemachten Aktion

- Autoformatierung

- AutoText einfügen

- Tabelle einfügen

- Excel-Tabelle einfügen

- Spaltenformat für markierte Abschnitte einstellen

- Zeichnen aktivieren

- Diagramm einfügen

- Ein- bzw. Ausblenden von Sonderzeichen

- Bearbeitungsansicht einstellen (Zoomfunktionen)

- Hilfefunktion.

Zur Formatierung von Zeichen und Absätzen stehen in der 2. Symbolleiste - der sog. **Formatierungsleiste** - verschiedene Symbole zur Verfügung. Auf diese Weise können einige Standardarbeiten einfach und zügig erledigt werden; beispielsweise die Textauszeichnung in Fettschrift oder das Zentrieren eines Absatzes.

Im einzelnen sind folgende Zuweisungsoptionen vorhanden (von links nach rechts):

- Druckformat-Zuweisung (alternativ zur angezeigten Option „Standard").

- Schriftart-Zuweisung.

- Schriftgrößen-Zuweisung.

- Zuweisung von Zeichenformaten: Fett, Kursiv, Unterstrichen.

- Zuweisung von Absatz-Ausrichtungen: linksbündig, zentriert, rechtsbündig, Blocksatz.

- Zuordnung von Aufzählungssymbolen: Numerierung, Aufzählungszeichen.

- Symbole für Einzüge: Einzug verkleinern bzw. vergrößern.

- Rahmenfunktion/Schattierung aufrufen.

Standardmäßig hängt die Art der Symbolleiste außerdem davon ab, welche Funktionen gerade ausgeführt werden. Beispiel: Wenn Sie die Serienbrief-Funktion anwenden, erscheint zusätzlich die Seriendruckleiste, bei Aktivierung der Gliederungsfunktion wird zusätzlich die Gliederungs-Symbolleiste angezeigt.

Es können auch andere Symbolleisten bei Bedarf angezeigt werden. Symbolleisten können Sie - je nach Wunsch - ein- oder ausblenden. Dazu ist aus dem Menü **Ansicht** der Befehl **Symbolleisten** zu wählen. In der dann angezeigten Dialogbox können Sie weitere Symbolleisten auswählen, die angezeigt werden sollen. In gleicher Weise lassen sie sich auch wieder entfernen.

Es gibt darüber hinaus einen anderen, mitunter schnelleren Weg, die Anzeige der Symbolleisten zu beeinflussen. Zeigen Sie mit dem Mauszeiger auf eine Symbolleiste, und klicken Sie dann die rechte Maustaste. Ergebnis:

Bild 1-4:
Symbolleisten ein-
bzw. ausschalten

Hier werden nun die möglichen Symbolleisten angezeigt. Begriffe mit einem Häkchen machen deutlich, daß diese Symbolleiste aktuell angezeigt wird. Um eine bestimmte Symbolleiste ein- bzw. auszublenden, muß die betreffende Bezeichnung jetzt lediglich angeklickt werden.

Aufgabe:

Testen Sie übungshalber einmal das Einblenden der Symbolleiste „Microsoft" aus. Sobald Sie mit dem Mauszeiger auf ein Symbol zeigen, gibt das Programm Ihnen ein Quickinfo dazu am unteren Bildschirmrand an. Per Doppelklick auf das Systemmenü der Symbolleiste wird sie wieder ausgeblendet.

Interessant ist, daß jeder Benutzer sich die Leiste auch nach seinen persönlichen Wünschen gestalten kann. Sobald Sie also nach einer gewissen Einarbeitungszeit Ihre Bedürfnisse genau kennen, können Sie hier Ihre persönlichen Symbole nach dem Bausteinprinzip zusammenstellen.

d) Lineal (Absatzlineal, Seitenränder, Tabellen)

Das Lineal, das sich unterhalb der Formatierungsleiste befindet, ermöglicht per Maussteuerung eine einfache Änderung der Seitenränder, der Absatzeinzüge, der Breite der fortlaufenden Spalten sowie der Breite von Tabellenspalten:

Bild 1-5:
Lineal

Außerdem kann die Festlegung und Kontrolle der Position von Tabstopps hierüber problemlos erfolgen. So wird die Position von Tabstopps sowie der Zeileneinzüge angezeigt. Nach einem Mausklick kann beispielsweise ein Tabulator auch sehr schnell und bequem auf eine neue Position „gezogen" werden.

Im einzelnen sind erkennbar:

- die Art des gewählten bzw. einstellbaren Tabulators; standardmäßig L für linksbündig;

- der linke Seitenrand: die Nullmarke im Lineal;

- die linke Einzugsmarke: das obere Symbol.

- die Einzugsmarke für die erste Zeile: das untere Symbol.

- die rechte Einzugsmarke sowie

- der rechte Seitenrand.

Neben dem horizontalen Lineal wird in der Layoutansicht ergänzend noch ein vertikales Lineal angezeigt. Damit lassen sich dann auch Seitenränder anpassen und Elemente auf einer Seite gezielt positionieren.

Hinweis: Das Lineal können Sie mit dem Menü **Ansicht** durch Wahl des Befehls **Lineal** ein- bzw. ausblenden.

e) Textbereich

Er befindet sich im mittleren Bildschirmbereich und zeigt die Zeilen an, die für die Erfassung und Bearbeitung von Texten verfügbar sind. Auch die eingefügten Tabellen, Grafiken und Bilder des Dokumentes werden hier direkt angezeigt. Es ist möglich, mehrere Texte gleichzeitig auf dem Bildschirm darzustellen, indem in diesem Bereich eine Fensterteilung vorgenommen wird.

Die Position zur Aufnahme von Zeichen im Textbereich wird durch einen senkrechten Strich (Einfügemarke oder Cursor genannt) gekennzeichnet. Nach dem Start befindet sich der Cursor in der linken oberen Ecke des Textbereichs. Eingegebene Zeichen erscheinen immer an dieser Position. Hinter dem Cursor befindet sich außerdem ein Unterstrich, der grundsätzlich das Ende eines Dokumentes angibt.

f) Bildlaufleisten

Für die Maussteuerung sind die zwei sog. **Bildlaufleisten** am unteren und rechten Rand des Dokumentfensters wichtig. Sie geben einmal die horizontale und vertikale Position der Einfügemarke im Gesamtdokument an. Durch Klicken eines Bildlaufpfeils kann außerdem per Maussteuerung eine Änderung der Position vorgenommen werden:

- Die **vertikale Bildlaufleiste** am rechten Bildschirmrand dient für den Durchlauf eines Textes von oben nach unten und umgekehrt.

- Die **horizontale Bildlaufleiste** befindet sich in der zweitletzten Zeile und erlaubt es, einen weiteren Teil eines Textes sichtbar zu machen, wenn dieser breiter als der Textbereich ist.

Zwischen den Bildlaufpfeilen befindet sich jeweils ergänzend als Kästchen ein sog. Bildlauffeld, das die ungefähre Textposition kennzeichnet. Dieses kann mit der Maus an eine beliebige Position gesetzt werden, so daß schnell ein Bildlauf an den Anfang, zur Mitte oder zum Ende eines Dokumentes möglich ist (bei der vertikalen Bildlaufleiste).

Hinweis: Am linken Rand der horizontalen Bildlaufleiste befinden sich drei Schaltflächen, mit denen Sie eine Änderung der Bildschirmansicht bewirken können:

a)   Schaltfläche für „Normalansicht"

b)   Schaltfläche für „Layoutansicht"

c)   Schaltfläche für „Gliederungsansicht".

g) Statusbereich

Am unteren Bildschirmbereich des Dokumentfensters befindet sich eine Zeile, die Informationen zum aktiven Dokument und zur aktuellen Bearbeitungssituation enthält (die sog. Statuszeile). Dazu rechnen die relative Position der Einfügemarke sowie Informationen zum Status von einigen wichtigen Tasten (etwa der numerischen Feststelltaste oder der Umschaltarretierung).

Bild 1-6:
Statuszeile

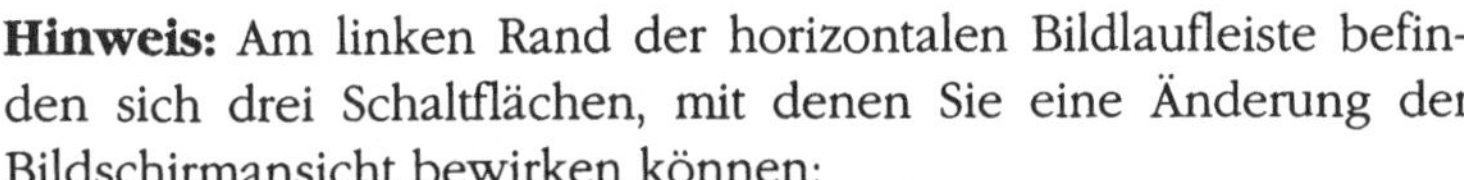

Die Bedeutung der Anzeigen soll an folgenden Anzeigen deutlich werden:

Anzeige	**Bedeutung**
S1	Seite 1 (die aktuelle Seitenposition im Dokument wird angegeben).
Ab 1	Abschnitt 1 (Einteilbar über das Menü Einfügen und Wahl des Befehls Manueller Wechsel).
3/18	Cursor ist auf der dritten von insgesamt 18 Seiten positioniert.
Bei 4,5 cm	zeigt den aktuellen Abstand der Einfügemarke vom oberen Blattrand an.
Ze 34	gibt die aktuelle Zeilenposition an.
Sp 12	gibt die aktuelle Spaltenposition an.

Dies sind die standardmäßig angezeigten Inhalte. Es ist jedoch zu beachten, daß nach der Aktivierung oder Durchführung von Befehlen die Statuszeile unter Umständen auch kurzzeitig als Meldungszeile dient (etwa beim Speichern).

Hinweis: Wollen Sie die Statuszeile ausblenden, müssen Sie aus dem Menü **Extras** den Befehl **Optionen** wählen, dann das Register „Ansicht" aktivieren und dort das Kontrollkästchen „Statusleiste" deaktivieren. Hier finden Sie auch Kästchen zum Aus- und Einblenden der horizontalen und vertikalen Bildlaufleiste.

Sofern Ihnen das Arbeiten mit einem WINDOWS-Programm noch nicht geläufig ist, mögen außerdem folgende Hinweise nützlich sein:

- Das in der Titelleiste am linken Rand vorhandene **Steuerungssystemfeld** enthält ein Menü, das per Mausklick oder mit der Tastenkombination (Alt)+(____) aktiviert wird (auch Programm-Steuerungsmenü genannt). Es ermöglicht die Änderung der Fenstergröße und -position. Schließlich kann hierüber die Arbeit mit WINWORD abgebrochen werden oder zu einem anderen WINDOWS-Programm gewechselt werden. Mit einem Doppelklick auf das Steuerungssystemfeld können Sie WORD für WINDOWS schnell beenden.

- Das zweite Symbol von rechts in der Titelleiste - das nach unten zeigende Dreieck - ist das sog. **Symbolfeld.** Wenn Sie dies mit der Maus aktivieren, wird der Word-Bildschirm auf ein grafisches Symbol verkleinert und gleichzeitig der Programm-Manager von WINDOWS angezeigt.

- Ganz rechts auf der Titelleiste findet sich das Wiederherstell-/Vollbildfeld. Wenn hier zwei Dreiecke erscheinen, kann durch einen Mausklick erreicht werden, daß das WORD-Fenster nur noch ca. ¾ des Bildschirms in Anspruch nimmt. Unterhalb erscheinen Symbole anderer möglicher WINDOWS Programme. Das Vollbild können Sie wieder aktivieren, wenn Sie jetzt auf das Dreieck mit der Spitze nach oben klicken.

Haben Sie sich einen Überblick über den Bildschirmaufbau verschafft, können Sie im Prinzip die Texteingabe in Angriff nehmen sowie die im Bedarfsfall notwendigen Befehle auslösen.

1.4   Arbeiten im Befehlsbereich (Befehlshandling)

Um bestimmte Aktionen mit Winword durchführen zu können, haben Sie mehrere Möglichkeiten:

- Sie wählen den passenden Befehl aus dem zutreffenden Pull-Down-Menü.

- Sie verwenden ein sogenanntes Kontextmenü. Die darin enthaltenen Befehle nehmen auf eine aktuelle Markierung Bezug; etwa einen Absatz oder eine eingefügte Grafik.

- Sie drücken eine der vordefinierten Tastenkombinationen (Shortcuts).

- Sie klicken auf ein geeignetes Symbol in der angezeigten Symbolleiste.

Insbesondere die Vorgehensweise zur Nutzung von Menübefehlen soll im folgenden erklärt werden. Die anderen Varianten der Befehlsauslösung können Sie bei den verschiedenen Anwendungen genauer kennenlernen. Um eine Liste aller verfügbaren Shortcuts zu sehen, müssen Sie in der Standard-Symbolleiste das Symbol für Hilfe doppelt anklicken und dann **Shortcuts** eingeben.

1.4.1   Menüpunkte aktivieren und Befehlsworte auswählen

Um menügesteuert Aktionen auszulösen, können Sie grundsätzlich in folgenden Schritten vorgehen:

- Sie aktivieren zunächst einen der acht Menüpunkte am oberen Bildschirmrand.

- Sie wählen im dann erscheinenden Pull-Down-Menü das gewünschte Befehlswort.

- Erscheint nach der Befehlswahl noch ein Dialogfenster zur näheren Befehlsspezifizierung, können Sie in den angezeigten Feldern noch spezielle Eintragungen vornehmen oder eine Auswahl aus Antwortvorgaben treffen.

Zur **Befehlsrealisierung** müssen Sie zunächst also einmal wissen, wie das Hauptmenü am oberen Bildschirmrand aufgerufen werden kann. Sie haben drei alternative Möglichkeiten, um das Pull-Down-Menü zu öffnen:

- Sie zeigen mit dem Mauszeiger auf den Menüpunkt und klicken die linke Maustaste.

- Sie betätigen (Alt)-Taste, halten diese gedrückt und geben anschließend den unterstrichenen Buchstabens im Menübegriff ein.

- Sie drücken die Funktionstaste (F10), markieren mit (→) den Menübegriff und drücken abschließend die Taste (↵).

Hinweis: Ein Abbruch des Befehlsaufrufes ist natürlich auch möglich. Betätigen Sie dazu zweimal (Esc), oder klicken Sie außerhalb des angezeigten Menüs.

Zu Übungszwecken sollten Sie nun einmal in allen drei Varianten das Menü **Datei** aktivieren. Ergebnis muß jeweils die folgende Bildschirmdarstellung sein:

Bild 1-7:
Pull-Down-Menü
Datei

Datei Bearbeiten An
Neu...   Strg+N
Öffnen...   Strg+O
Schließen
Speichern   Strg+S
Speichern unter...
Alles speichern
Datei-Manager...
Datei-Info...
Dokumentvorlage...
Seite einrichten...
Seitenansicht
Drucken...   Strg+P
Senden...
Verteiler erstellen...
1 BILD1_6.DOC
2 BILD1_5.DOC
3 BILD1_4.DOC
4 BILD1_3.DOC
Beenden

In diesem Menü sind also die Befehle zum Aktivieren, Speichern und Drucken eines Dokumentes zusammengefaßt. Sobald das Pull-down-Menü angezeigt wird, kann einer der aufgeführten Befehle gewählt werden. Dabei ist zu beachten, daß nicht immer alle Befehle zu einem bestimmten Zeitpunkt ausgeführt werden können. Sie werden dann im Menü abgeblendet dargestellt. Dies wird deutlich, wenn Sie nach Wahl des Menüs **Datei** einmal auch die Menüpunkte **Bearbeiten** und **Ansicht** aufrufen.

Im einzelnen bestehen nach Aktivierung eines Pull-Down-Menüs wiederum verschiedene Möglichkeiten zur Konkretisierung der Befehlsauslösung:

a) Sie klicken das Befehlswort mit der Maus an. Nach Anklikken des Wortes mit der linken Maustaste wird der Befehl aktiviert.

b) Sie drücken den Buchstaben, der beim gewünschten Befehlswort unterstrichen ist. Das ist oft der erste Buchstabe. Beispielsweise müssen Sie den Buchstaben $\boxed{\text{D}}$ drücken, wenn Sie im Pull-Down-Menü **Datei** den Befehl **Drucken** auslösen wollen.

c) Sie betätigen eine bestimmten Funktionstaste oder die vorgesehene Tastenkombination. Dies ist allerdings nur für bestimmte, häufig benötigte Befehle möglich; wie beispielsweise für das Speichern oder Drucken eines Textes. Die zugehörigen Tastenkombinationen werden auf den Menüs jeweils rechts von den Befehlen angezeigt. Beispiele:

$\boxed{\text{Strg}}$+$\boxed{\text{N}}$ für das Aktivieren einer neuen Datei.

$\boxed{\text{Strg}}$+$\boxed{\text{S}}$ für das Speichern einer vorhandenen Datei.

$\boxed{\text{Strg}}$+$\boxed{\text{O}}$ für das Öffnen einer Datei.

$\boxed{\text{Strg}}$+$\boxed{\text{P}}$ für das Drucken von Dateien.

d) Sie positionieren mit einer <Pfeiltaste> den im Menü unterlegten Befehlszeiger auf das gewünschte Befehlswort und betätigen dann die Taste $\boxed{\text{↵}}$.

Einige Befehle werden nach der Aktivierung unmittelbar vom Programm ausgeführt. In den meisten Fällen ist es jedoch so, daß WORD weitere Informationen benötigt. Aus diesem Grunde wird dann noch ein gesondertes Dialogfenster angezeigt. Dazu gleich mehr.

Folgende Besonderheiten bei Aufruf und Wahl von Befehlen sind zu beachten:

- Wenn im Menü einem Befehlsnamen Auslassungspunkte folgen, so bedeutet dies, daß nach der Befehlsauslösung zunächst ein Dialogfenster angezeigt wird. Dies ist nach Aktivierung des Menüpunktes **Ansicht** etwa der Fall bei dem Befehl **Zoom**.

- Manche Befehle verlangen vor der Ausführung noch eine besondere Bestätigung. Beispiel: Beenden der Arbeit mit dem Programm ohne Speicherung der gerade bearbeiteten Datei.

- Wollen Sie die Befehlsausführung abbrechen, so können Sie das aktivierte Menü dadurch schließen, daß Sie den Mauszeiger außerhalb des Menübereichs plazieren und dann die linke Maustaste drücken. Diesen Abbruch können Sie auch durch Betätigen der Taste (Esc) bewirken.

1.4.2   Dialogfelder ausfüllen

Zur genauen Befehlsspezifizierung erscheinen sog. Dialogfelder, die verschiedene Optionen für den gewählten Befehl enthalten und entsprechend der Zielsetzung auszufüllen sind. Auf diese Weise können Sie also WORD genau anweisen, wie ein bestimmter Befehl ausgeführt werden soll.

Wählen Sie einmal nach Aktivierung des Menüpunktes **Datei** den Befehl **Speichern unter**. Ergebnis ist das folgende Dialogfenster:

Bild 1-8:
Dialogfenster
„Speichern unter"

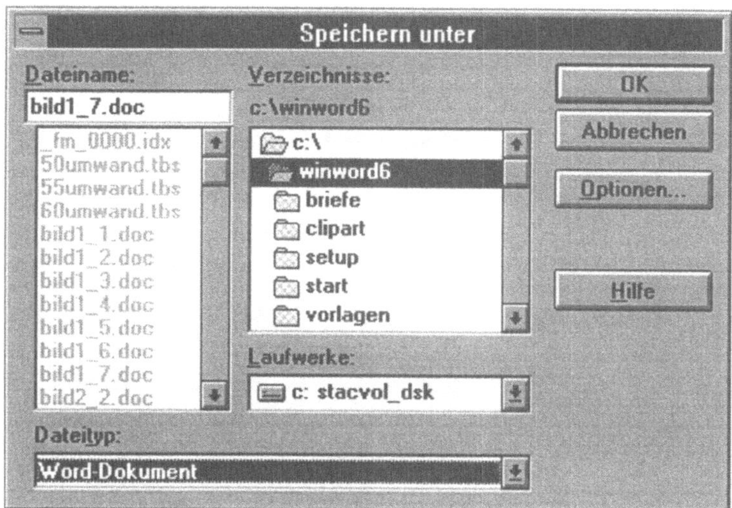

Um das Arbeiten mit der Dialogbox optimal zu bewerkstelligen, muß bekannt sein, wie bestimmte Dialogfeldelemente gezielt angesteuert werden können und wie innerhalb dieser Felder eine Auswahl/Eintragung erfolgen kann. Neben den Eingabe- und Auswahlfeldern gibt es dann noch sog. Schaltflächen zur Steuerung des weiteren Ablaufs.

Zur Ansteuerung von Dialogfeldelementen mit der Tastatur sind folgende Möglichkeiten zu beachten:

Zielsetzung	**Mögliche Realisierung**
Feld (Eingabefeld, Optionsfeld Schaltfläche) ansteuern	a) Alt -Taste und hervorgehobener Buchstabe des Feldnamens oder b) ⇆ -Taste
vorhergehende Option aktivieren:	⇧ + ⇆

Einfacher geht es auch hier mit der Maus. Nach Positionierung des Mauszeigers genügt ein Klicken der linken Maustaste und schon ist die Option aktiviert.

Im Beispielfall sind zwei Typen von Eingabe-/Optionsfeldern zu unterscheiden:

- **Textfelder:** In einem sog. Texteingabefeld ist eine Antwort frei einzugeben. Einzugeben sind hier entweder Texte oder Zahlen zur näheren Bestimmung der Befehlsausführung. Beispiel: das Feld „Dateiname" zur Eingabe eines Dateinamens.

  Wenn hier schon eine Eintragung vorgeschlagen wird, können Sie diese entweder
  - übernehmen,
  - korrigieren (nach Positionierung der Einfügemarke) oder
  - eine vollständig neue Eingabe machen.

- **Listenfelder (Verzeichnisfelder):** Hier ist eine Auswahl aus einer Liste möglich. Diese Felder sind daran zu erkennen, daß rechts ein nach unten zeigender Pfeil steht. Dies gilt für die Felder „Laufwerke" und „Dateityp". Um den Inhalt der zugehörigen Liste anzuzeigen, können Sie
  a)   das Feld aktivieren und durch Betätigen einer <Richtungstaste> die Einträge auflisten.

b)   den unterstrichenen Pfeil des Verzeichnisfeldes mit dem Mauszeiger anklicken.

Beispiel: Öffnen Sie das Feld „Dateityp", muß sich die folgende Anzeige ergeben:

Bild 1-9:
Geöffnetes Listenfeld

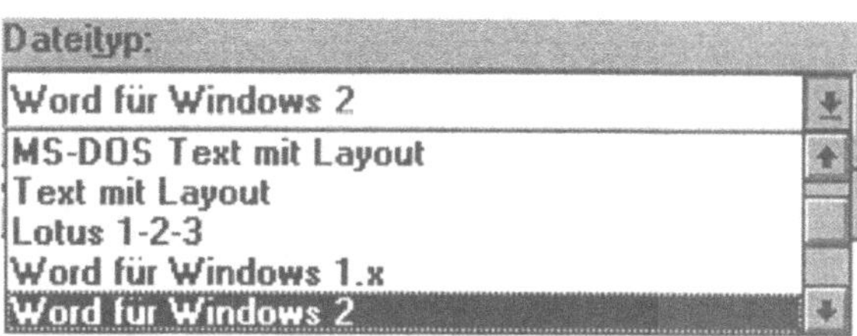

Eine weitere Variante sind **Optionsfelder**. Sie haben entweder eine Kästchen- oder eine Kreisform:

- **Rechteckige Optionsfelder** können unabhängig von anderen Optionsfeldern ein- oder ausgeschaltet werden. Dabei markiert ein X, daß die Option eingeschaltet ist.

- **Runde Optionsfelder** werden dagegen immer in einer Gruppe dargestellt, die durch ein Kästchen umrahmt ist. Aus der Gruppe kann immer nur eine Option gewählt werden.

Das Ein- und Ausschalten erfolgt in beiden Fällen durch Betätigen von ⬡ oder per Mausklick.

Außerdem befinden sich im Dialogfenster sogenannte **Schaltflächen**, bei denen der Funktionsbegriff jeweils in einem Kästchen dargestellt wird. In der Dialogbox „Speichern unter" gibt es vier Varianten:

- <OK>

- <Abbrechen>

- <Hilfe>

- <Optionen>.

<OK> bzw. <Abbrechen> sind die fast immer vorhandenen Schaltflächen; sie dienen zur Durchführung oder Abbruch eines Befehls. Dieselbe Wirkung können Sie mit der Taste ⏎ bzw. der Taste (Esc) erreichen.

Weitere Schaltflächen dienen dazu, zusätzliche Eingaben vorzunehmen. Im Beispielfall gibt es zwei weitere Schaltflächen: <Hilfe> und <Optionen>. Auch diese besonderen Schaltflächen können mit der Taste ⭾ oder durch Betätigen der Taste (Alt) in

Verbindung mit dem unterstrichenen Buchstaben angesteuert werden.

Um nun auch die Optionsfelder zu verdeutlichen, sollten Sie einmal aus dem Menü **Datei** den Befehl **Drucken** wählen. Nach der Befehlswahl ergibt sich das im folgenden abgebildete Dialogfenster:

Bild 1-10:
Dialogfenster
„Drucken"

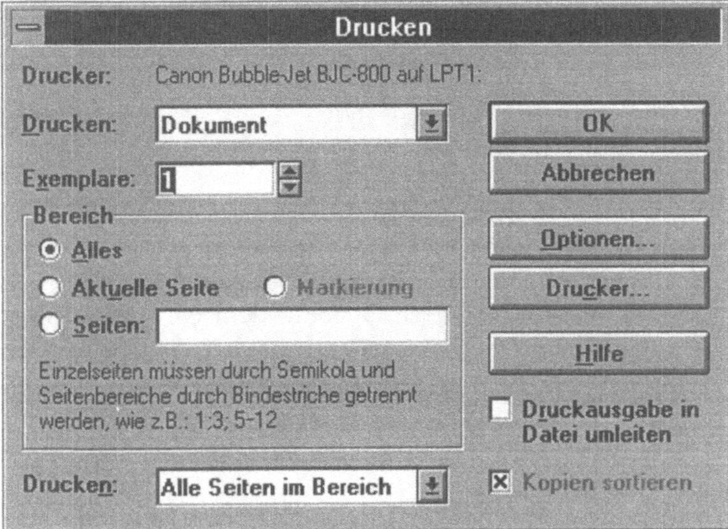

Die im Dialogfenster angezeigten Felder sind unterschiedlich zu handhaben. Betrachten Sie einmal folgende Befehlsfelder:

- Das erste Feld „Drucken" ist ein einzeiliges Listenfeld. Es ermöglicht per Auswahl die Festlegung, was gedruckt werden soll.

- Das zweite Feld „Exemplare" ist ein sog. Eingabefeld. Hier kann eine Ziffer angegeben werden, mit der festgelegt wird, wieviele Exemplare gedruckt werden sollen.

- Die Optionsfläche „Bereich" enthält dagegen runde Auswahlfelder. Sie können hier die Antwort alternativ auswählen. Alternativen sind: Alles, Aktuelle Seite und Seiten. Im Beispielfall gilt „Alles".

- Die beiden Felder unten rechts sind eckige Optionsfelder, die auch in Kombination eingeschaltet sein können:

  - Druckausgabe in Datei umleiten
  - Kopien sortieren

- Das erste Feld ist ausgeschaltet; das zweite Feld eingeschaltet. Soll eine Aktivierung geändert werden, ist darauf mit der Maus zu klicken oder das Feld mit der ⑤-Taste anzuspringen und die Option mit ⬭ ein- oder auszuschalten.

Beachten Sie noch folgende Hinweise zur Nutzung von Dialogfenstern:

Sie können die Position des Fensters verändern, indem Sie den Mauszeiger auf die Titelleiste plazieren und dann bei gedrückter Maustaste die neue Position festlegen.

In einigen Dialogfenstern sind bestimmte Optionsgruppen vorhanden, die jeweils auf einer gesonderten Registermarke zusammengefaßt sind. Beispiel: Sie wählen aus dem Menü **Format** den Befehl **Absatz**. Nun sind zwei Registermarken verfügbar: „Einzüge und Abstände" und „Textfluß". Um eine andere Registerkarte zu sehen, müssen Sie lediglich auf die gewünschte Registermarke klicken.

1.4.3   Befehlsausführung

Zur Ausführung eines Befehls muß der Computer eine ausdrückliche Aufforderung erhalten. Dies geschieht durch Klicken auf die Schaltfläche <OK> oder durch Betätigen von ↵. Nach Auslösen eines Befehls kehrt WORD meist unmittelbar in den Textbereich zurück.

Neben der sofortigen Befehlsausführung ist allerdings noch denkbar, daß eine ausdrückliche Bestätigung verlangt wird. Ein typisches Beispiel hierfür ist das Schließen einer Datei oder das Beenden der Arbeit mit dem Programm. Um ein unbeabsichtigtes Löschen eines noch nicht gespeicherten Textes zu vermeiden, fragt das Textprogramm, ob man Änderungen speichern möchte. Nach Eingabe von <J> (für Ja) oder <N> (für Nein) erfolgt dann die Ausführung. Möchte man allerdings den Befehl zurücknehmen, so ist die Taste ⒺⓢⒸ zu betätigen bzw. <Abbrechen> zu klicken.

Wir wollen nun die Befehlsausführung am Beispiel des Befehls **Beenden** aus dem Menü **Datei** kennenlernen. Geben Sie einmal testhalber Ihren Namen als Text ein, und wählen Sie danach diesen Befehl. Es erscheint dann die Abfrage, ob die Änderungen gespeichert werden sollen:

Bild 1-11:
Abfragefenster

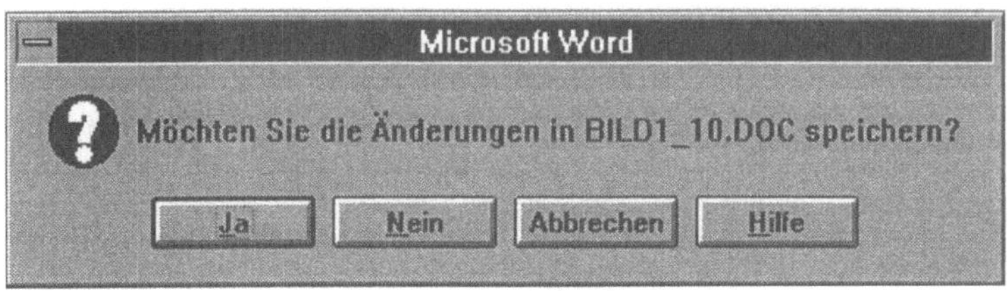

Diese Abfrage tritt immer dann auf, wenn eine gerade bearbeitete Textdatei noch geöffnet ist und nicht in dieser Form gespeichert wurde. Wenn Sie nun die Taste (Esc) betätigen oder die Schaltfläche <Abbrechen> anklicken, steht der Bildschirm für eine weitere Texteingabe zur Verfügung.

Abschließend noch folgende Hinweise:

Wollen Sie mehrfach hintereinander den gleichen Befehl ausführen, ist dies auf einfache Weise möglich. Betätigen Sie hierzu lediglich die Funktionstaste (F4), oder wählen Sie aus dem Menü **Bearbeiten** den Befehl **Wiederholen**.

Auch ein Rückgängigmachen von Befehlen ist möglich (die letzten 100 Arbeitsschritte). Klicken Sie für das Rückgängigmachen der letzten Aktion auf die Schaltfläche in der Symbolleiste, oder betätigen Sie die Tastenkombination (Strg)+(Z). Wenn Sie mehrere Aktionen rückgängig machen wollen, müssen Sie zunächst auf den Pfeil neben dem Symbol klicken.

1.4.4   **Befehle aus Kontextmenüs wählen**

In einem Kontextmenü stehen Ihnen spezifische Befehle in bezug auf ein bestimmtes, gerade markiertes Element zur Verfügung. Wenn Sie z. B. in einer Tabelle die rechte Maustaste klicken, wird ein Menü mit Befehlen zur Tabellenbearbeitung angezeigt. Aufgerufen werden sie nach der Markierung durch Klicken der rechten Maustaste (oder alternativ durch Betätigen der Tastenkombination (⇧)+(F10)).

Beispiel: Klicken Sie im Textbereich die rechte Maustaste. Ergebnis ist die Anzeige aus Bild 1-12.

Um ein Kontextmenü zu schließen, müssen Sie auf eine beliebige Stelle außerhalb des Kontextmenüs klicken.

Bild 1-12:
Kontextmenü im Text

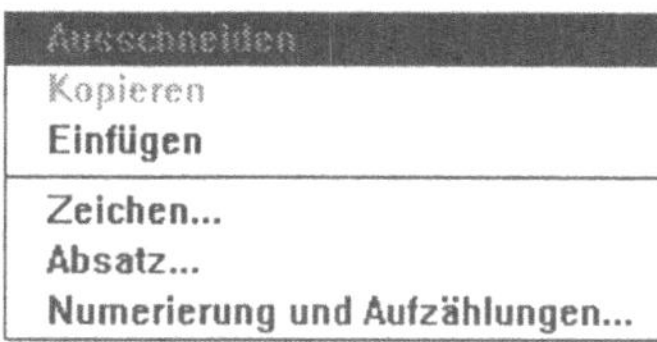

1.5   Besonderheiten bei Nutzung der Maus

Viele Aufgaben beim Arbeiten mit Winword können Sie mit der Maus schneller erledigen als mit der Tastatur. Dies betrifft die Auslösung von Befehlen, das Arbeiten mit Dialogfenstern oder Sonderfunktionen wie das Markieren von Objekten sowie das Bestimmen der Objektgröße und der Objektposition.

Abhängig von der Bildschirmposition können mit der Maus verschiedene Aktionen ausgelöst werden. Um zu verdeutlichen, welche Aktionen gerade möglich sind, nimmt der Mauszeiger unterschiedliche Formen an. Folgende Varianten sind möglich:

Mauszeiger-Form	Bildschirmposition	Mögliche Aktionen
I-Form	Textbereich	Texteingabe und Einfügemarke positionieren.
Pfeil links oben	Menüleiste, markierte Bereiche, Bildlaufleiste, Symbolleiste, Lineal	Befehlsworte auswählen; Schaltflächen anklicken; Fenster aktivieren; Optionen in Dialogfeldern wählen.
Pfeil rechts oben	Markierungsleiste	gezielte Markierung von Zeilen und Absätzen.
Pfeil mit Rechteck	Markierung	Texte per Drag & Drop verschieben.
Pfeil in zwei Richtungen (Doppelpfeil)	Fensterrahmen, Fensterecken	Fenster können in der Größe horizontal und vertikal verändert werden.
Vierfachpfeil	Begrenzung eines Positionsrrahmens	Positionsrahmen verschieben.
Sanduhr	beliebig	Funktionen werden gerade ausgeführt. Warten notwendig!
Zeigende Hand	Hilfeindex	Querverweis im Hilfefenter aufrufen.

Für das eigentliche Auslösen einer bestimmten Aktion mit der Maus ist die Kenntnis verschiedener **Maustechniken** notwendig. Folgende Varianten sind zu unterscheiden:

Maustechnik	Bedeutung
Zeigen	bewegt Mauszeiger auf ein bestimmtes Bildschirmelement wie beispielsweise ein Symbol oder ein Befehlswort, um eine Aktion ausführen zu können. Die Maus muß zu diesem Zweck auf einem flachem Untergrund gerollt werden (am besten auf einem Mauspad).
Klicken	Die Maustaste wird kurz gedrückt und dann sofort wieder losgelassen (meist die linke Maustaste).
Doppelklick	Die Maustaste wird zweimal schnell nacheinander kurz gedrückt und dann losgelassen.
Ziehen & Loslassen	Linke Maustaste wird gedrückt und während der Mauszeigerbewegung gedrückt gehalten. Beendet werden Befehlsauslösungen bzw. Markierungen durch Loslassen.

1.6   Unterstützungen zum Arbeiten mit WORD für WINDOWS

1.6.1   Hilfefunktion nutzen

Insbesondere in der Anfangsphase des Arbeitens mit einem Textprogramm oder nach einer längeren Unterbrechungsphase kann es vorkommen, daß Sie nicht mehr genau wissen, welche Eingaben zur weiteren Befehlsrealisierung notwendig sind. In diesem Fall hilft Ihnen das Textprogramm häufig unmittelbar weiter, ohne daß Sie im Handbuch nachschlagen müssen. Eingebaut ist nämlich ein sog. elektronischer Ratgeber (auch Hilfetext genannt).

Sie haben grundsätzlich zwei Möglichkeiten, den Hilfetext am Bildschirm aufzurufen:

- allgemeiner Aufruf und Suche in einem Indexregister oder
- befehlsorientierter Aufruf.

Allgemeiner Aufruf des Hilfsmenüs

Wollen Sie allgemeine Hinweise haben, dann können Sie über das Hauptbefehlsmenü den Menüpunkt **Hilfe** durch Aktivierung des Fragezeichens ? wählen. Es erscheint der folgende Bildschirm:

Bild 1-13:
Menüpunkte des
Menüs HILFE

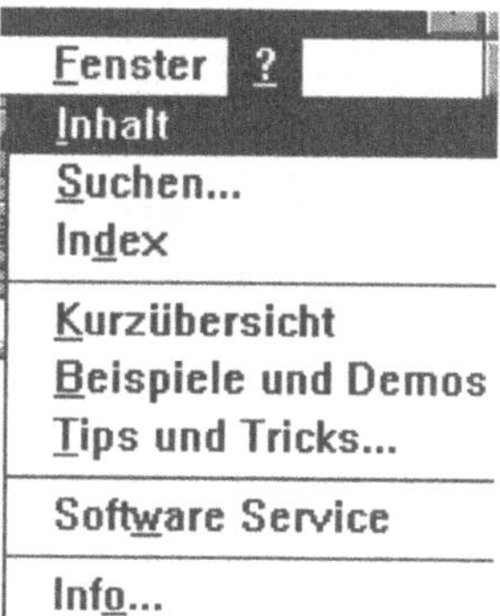

Im einzelnen haben die nach Wahl des Hilfe-Menüs erscheinenden Unterbefehlsfelder folgende Bedeutung:

Befehl	**Bedeutung**
Inhalt	zeigt den Inhalt der Hilfe an.
Suchen	ermöglicht das Suchen nach einem Hilfethema, indem ein Stichwort eingegeben oder ausgewählt wird.
Index	listet Themen auf, zu denen eine Hilfe-Information angefordert werden kann.
Kurzübersicht	Vorführung einer Kurzübersicht zum Programm.
Beispiele und Demos	gibt Informationen zu ersten Schritten mit Winword; in der Regel als Demo.
Tips und Tricks	zeigt eine Liste der Tips und Tricks an.
Software Service	zeigt Infos zur Produktunterstützung für Word an.
Info	zeigt die Versionsnummer sowie das Copyright an.

Bei Wahl der Option „Index" wird ein Katalog mit verschiedenen Themen angezeigt. Für das Auswählen eines Hilfeindex müssen Sie zunächst den Anfangsbuchstaben für das Hilfethema anklikken. Positionieren Sie danach den Mauszeiger auf das Thema, zu dem Sie Informationen wünschen. Sobald sich der Zeiger in ein Hand-Symbol ändert, klicken Sie bitte die linke Maustaste.

Wählen Sie auf diese Weise einmal die Variante „Ganzer Bildschirm". Es müßte sich die folgende Anzeige ergeben:

Bild 1-14:
Hilfeinformation

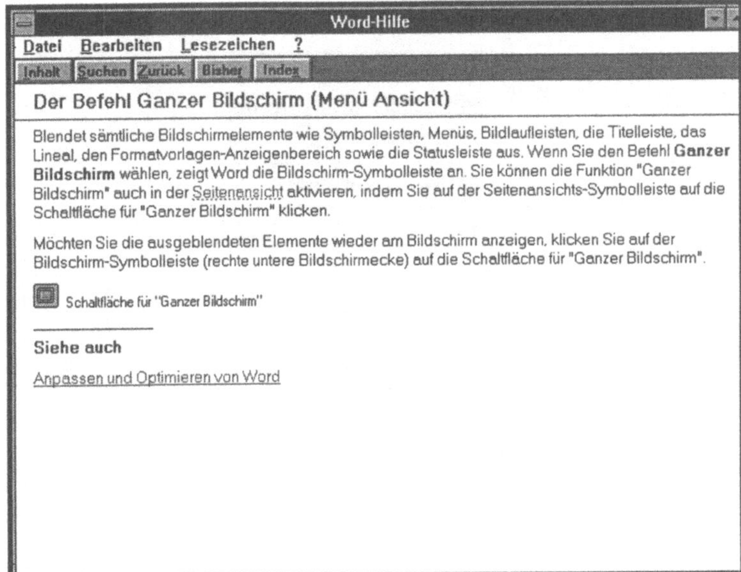

Aufruf im Befehlsbereich (befehlsorientierter Aufruf)

Häufig weiß man bei Auslösung eines Befehls (z. B. des Befehls **Ersetzen** im Menü **Bearbeiten**) oder bei der Anzeige eines Dialogmenüs nicht mehr die genaue Handhabung. Dann können Sie spezielle Hilfen zu diesem Befehl erhalten, indem Sie diesen Befehl zunächst markieren und danach die Funktionstaste F1 betätigen (sog. Hilfe-Taste). Ergebnis sind spezielle, auf diesen Befehl bzw. das aktuelle Dialogmenü bezogene Informationen, wie die folgende Bildschirmwiedergabe zeigt.

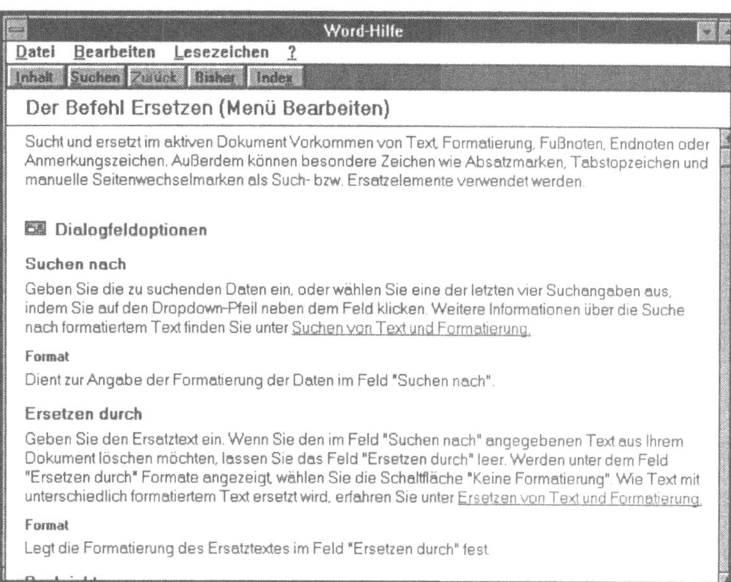

Bild 1-15:
Kontextsensitive Hilfe zum Befehl „Ersetzen"

Wenn Sie nach Lesen des Hilfetextes wieder zum ursprünglichen Text zurückkehren wollen, müssen Sie das Dialogmenü schliessen bzw. im Dialogfenster den Menüpunkt **Datei** aktivieren und hier die Option **Bccnden** wählen.

Grundsätzlich ist die kontextsensitive Hilfe für beliebige Befehle und Dialogfelder verfügbar. Im einzelnen sind bei Betätigung von F1 folgende Varianten in Abhängigkeit von der aktuellen Arbeitssituation denkbar:

Aktuelle Situation	**Ergebnis bei Hilfeaufruf mit** F1
- Cursor im Text	Word-Hilfe-Grundaufbau erscheint.
- markierter Menübefehl	Hilfeanzeige zum Befehl
- Dialogmenü erscheint	Hilfeanzeige zum Dialogmenü

Abschließend sei darauf hingewiesen, daß angezeigte Hilfetexte auch ausgedruckt werden können. Dazu müssen Sie im Hilfefenster aus dem Menü **Datei** den Befehl **Thema drucken** aktivieren.

1.6.2 Beispiele und Demos

Zur Programmlieferung gehören erschiedene Demoanzeigen. Damit bietet sich die Möglichkeit, am Computer Grundfunktionen des Arbeitens mit dem Programm zu erlernen.

Eine systematische Erarbeitung mit einem Lehrbuch oder in einer Schulungsveranstaltung kann diese Option allerdings nicht ersetzen. Es vermag nur eine erste Orientierung zu geben.

1.6.3 Assistenten verwenden

Viele Standardanwendungen lassen sich besonders einfach und schnell unter Nutzung des sogenannten Assistenten erstellen. Dies gilt etwa für das Erstellen von Briefen, Memos, Rundschreiben oder Lebensläufen.

Für das Starten des Assistenten müssen Sie zunächst das Menü **Datei** und hier den Befehl **Neu** wählen. Anschließend ist in der dann angezeigten Dialogbox der gewünschte Assistent zu markieren. Wird der Befehl dann ausgeführt, sind noch verschiedene Fragen zu beantworten, bevor dann automatisch ein bestimmtes Grundlayout für das Erzeugen der gewünschten Anwendung erstellt wird.

Anwendungen realisieren (Grundfunktionen)

Um Kurztexte oder umfassende Dokumente zu erstellen, sind im wesentlichen folgende drei Grundaktivitäten zu durchlaufen:

(1) Texteingabe (mit Sofortkorrekturen)

(2) Textspeicherung

(3) Textausgabe auf einem Drucker

Die Anwendung dieser Funktionen sollen Sie im folgenden Abschnitt näher kennenlernen. Außerdem wird darauf eingegangen, wie spätere Überarbeitungen komfortabel vorzunehmen sind.

2.1 Texteingabe und Sofortkorrektur

Zwei grundsätzliche Ausgangssituationen sind denkbar, wenn Sie ein neues Dokument erstellen wollen:

a) Direkt nach dem Programmstart:

Sie können unmittelbar mit der Texteingabe beginnen, da automatisch mit dem Programmstart ein neues, leeres Dokument mit einem temporären Namen erzeugt wird. Als vorläufiger Name erscheint zunächst in der Titelzeile „Dokument1". Die Vergabe eines endgültigen Namens erfolgt dann bei der Speicherung.

b) Während der Arbeit:

Sofern Sie zuvor bereits andere Anwendungen mit WORD für WINDOWS durchgeführt haben, müssen Sie zunächst aus dem Menü **Datei** den Befehl **Neu** wählen, um einen neuen Text erfassen zu können. Es erscheint ein Dialogfenster, das später noch genauer erläutert wird. Werden die Optionen durch Mausklick auf <OK> oder durch Betätigen von ⏎ bestätigt, können Sie mit der Texteingabe beginnen.

In beiden Fällen erfolgt nun die Texteingabe aufgrund standardmäßig vorgegebener Daten: Schrift „Times" bei einem Schriftgrad von 10 Punkten. Gespeichert sind diese Daten in einer sogenannten Vorlage mit dem Namen NORMAL.DOT. Wie Sie diese ändern können bzw. wie eigene Vorlagen erstellt werden können, dazu gibt es in den späteren Abschnitten dieses

Buches detailliertere Informationen (vgl. beispielsweise den folgenden Abschnitt 3).

2.1.1

Bildschirm-Ansichten zur Texteingabe und Textbearbeitung

Für das Arbeiten mit WORD sind verschiedene Bildschirmansichten denkbar. Je nach Anwendungswunsch kann eine unterschiedliche Einstellung sinnvoll und notwendig sein. Die wesentlichen Möglichkeiten werden deutlich, wenn Sie das Menü **Ansicht** aktivieren. Nach der Aktivierung des Menüs ergibt sich folgende Bildschirmanzeige:

Bild 2-1:
Menü ANSICHT

Hinsichtlich der Arbeitsweise sind folgende Varianten zu unterscheiden:

a) Normalansicht

Es ist die vorgegebene Standardansicht für das Arbeiten mit WORD. Bei dieser Einstellung werden die Texte mit allen Auszeichnungen auf dem Bildschirm direkt angezeigt; beispielsweise Fettschrift sowie unterschiedliche Schriftarten und Schriftgrößen. Sie entspricht dem Grafikmodus und bietet sich vor allem für die Texteingabe, die Textbearbeitung und die Textgestaltung an.

Wenn Sie sich in einer anderen Ansicht befinden, können Sie durch Klicken des linksstehenden Symbols oder durch Aktivierung des Menüs **Ansicht** und Wahl des Befehls **Normal** diese Ansicht aufrufen.

b) Layoutansicht

Einen genaueren Eindruck von dem Druckbild gibt die Variante „Layoutansicht". So lassen sich in dieser Ansichtsart die Positionen aller Elemente des Dokuments genau erkennen; etwa von vorhandenen Kopf- und Fußzeilen oder eingefügten Grafiken. Die Anwendung sollte deshalb erwogen werden, wenn Sie sich einen Eindruck vom endgültigen Erscheinungsbild des Dokuments verschaffen wollen; etwa vor einer Druckausgabe. Bedenken Sie allerdings, daß die Textbearbeitung in dieser Ansicht etwas verlangsamt ausgeführt wird.

Um die Layoutansicht zu aktivieren, müssen Sie aus dem Menü **Ansicht** den Befehl **Layout** wählen oder das linksstehende Symbol anklicken.

c) Gliederungsansicht

Für Berichtstexte, die auf einer systematischen Gliederung basieren, ist die Konzeption und Erfassung der Gliederung in der Gliederungsansicht zweckmäßig. Dann können Sie gezielt verschiedene Gliederungsebenen anlegen. Damit ist sowohl eine automatische Numerierung möglich als auch eine einfache Umstellung von Gliederungspunkten. Auch läßt sich der Detaillierungsgrad der angezeigten Ebenen gezielt festlegen.

Für das Wechseln zur Gliederungsansicht müssen Sie das links abgebildete Symbol anklicken bzw. aus dem Menü **Ansicht** den Befehl **Gliederung** wählen. Es erscheint dann automatisch eine zusätzliche Symbolleiste statt des Lineals.

d) Zentraldokumentansicht

Vielfach ist es zweckmäßig, bei einem sehr umfangreichem Dokument gesonderte Dateien für jedes einzelne Kapitel anzulegen (beispielsweise bei Dokumentationen, Berichten oder Buchpublikationen). Zur Bearbeitung solch umfangreicher Dokumente ist die Zentraldokumentansicht nützlich. Durch Wahl das Menüs **Ansicht** und Aktivierung des Befehls **Zentraldokument** gelangen Sie in diese Ansicht. Das Zentraldokument wird dann in Form einer Gliederung angezeigt, so daß Sie verschiedene Filialdokumente zuordnen und mit einer Überschrift versehen können.

e) Seitenansicht

Diese Sicht wird durch Anklicken des links abgebildeten Symbols aus der Standardsymbolleiste oder mit dem Menü **Datei** aufgerufen. Nach Wahl des Befehls **Seitenansicht** können Sie Ihr Dokument seitenweise ansehen (ein oder zwei Seiten gleichzeitig). Die Seiten werden (verkleinert) exakt so dargestellt, wie sie beim Drucken ausgegeben würden. Auf diese Weise kann das Seitenlayout und der Seitenwechsel eines Dokuments kontrolliert und im Bedarfsfall korrigiert werden. Eine Rückkehr zur vorhergehenden Ansicht erfolgt durch Mausklick auf die Schaltfläche <Schließen>.

Weitere Varianten der Bildschirmansicht können darin bestehen, die **Größe des angezeigten Textbereichs** zu **verändern**. Folgende Möglichkeiten stehen zur Verfügung:

a) **Ganzer Bildschirm:** Sie können die Anzeige so einstellen, daß ausschließlich das Dokument angezeigt wird und keine Lineale oder Befehlsleisten. Wählen Sie dazu aus dem Menü **Ansicht** den Befehl **Ganzer Bildschirm**.

Dann wird deutlich, daß nun für die Texteingabe und Textbearbeitung ein größerer Bereich zur Verfügung steht. Es empfiehlt sich jedoch im Regelfall das Einschalten des Menüs und des Lineals, da so Standardbefehle schneller auslösbar sind sowie Einrückungen und Tabulationen einfacher gesetzt und verändert werden können. Eine Rückkehr zur ursprünglichen Ansicht erfolgt durch Mausklick auf das zusätzlich unten rechts eingeblendete Symbol (oder mit Esc).

b) **Zoomen**: Die Anzeige des Dokumentinhalts kann außerdem gezielt vergrößert oder verkleinert werden. Dazu müssen Sie das Zoomfeld in der Standardsymbolleiste verwenden oder aus dem Menü **Ansicht** den Befehl **Zoom** wählen. Möglich ist hier die Auswahl einer bestimmten Prozentzahl oder die Direkteingabe einer Zahl in diesem Feld. Darüber hinaus kann der Zoommodus „Seitenbreite" gewählt werden.

c) **Aufteilung in zwei Ausschnitte:** Um mehrere Teile desselben Dokuments gleichzeitig zu sehen, bietet sich die Aufteilung in zwei horizontale Ausschnitte an. Grundlage hierfür bildet im Menü **Fenster** der Befehl **Teilen**. Nach der Befehlswahl kann der aktivierte Ausschnitt per Pfeil- oder Maussteuerung unterteilt werden. Die Positionierung der Fenstergröße erfolgt besonders einfach per Drag & Drop mit der Maus. Per Doppelklick auf das Teilungsfeld (s. links)

Teilungsfeld

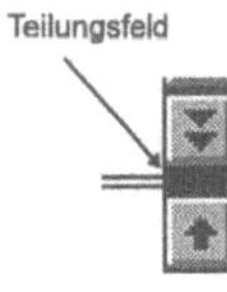

oder durch erneute Wahl des Menüs **Fenster** und Aktivierung des Befehls **Teilung entfernen** wird wieder das ganze Fenster hergestellt.

Einen Überblick über die Anwendung der verschiedenen **Bildschirmansichten** zeigt die folgende Zusammenstellung:

Ansichtsvariante	Anwendung
Normalansicht	Texte eingeben und überarbeiten.
Layoutansicht	Druckbildansicht zwecks Kontrolle der Positionierung von Elementen.
Gliederungsansicht	Dokumente gliedern und strukturieren.
Zentraldokumentansicht	Bearbeitung umfangreicher, aus mehreren separaten Dateien bestehender Dokumente.
Seitenansicht	Layoutkontrolle auf Seitenebene (vor der Druckausgabe).
Ganzer Bildschirm	Vergrößerung der Bildschirmfläche zur Texteingabe (keine Anzeige von Leisten und Lineal).
Zoom-Funktion	Gezieltes Vergrößern oder Verkleinern der Anzeige des Dokumentinhalts.
Aufteilung in Ausschnitte	Beispiel: Gliederung im oberen Teil, Text im unteren Teil.

Hinweise:

- Wenn Sie die Ansicht wechseln, verändert sich die Position der Einfügemarke im Dokument nicht.

- Weitere Varianten der Bildschirmansicht betreffen das Ein- bzw. Ausschalten von Symbolleisten sowie des Lineals. Diese wurden schon im ersten Kapitel des Buches erläutert.

- Die in Vorgängerversionen vorhandene Ansichtsart „Konzept" ist nun nicht mehr direkt wählbar. Hierzu müssen Sie das Menü **Extras** und dann den Befehl **Optionen** wählen. Wenn in der Dialogbox das Register „Ansicht" aktiviert ist, müßte sich folgende Bildschirmanzeige ergeben:

Bild 2-2:
Ansichts-Optionen

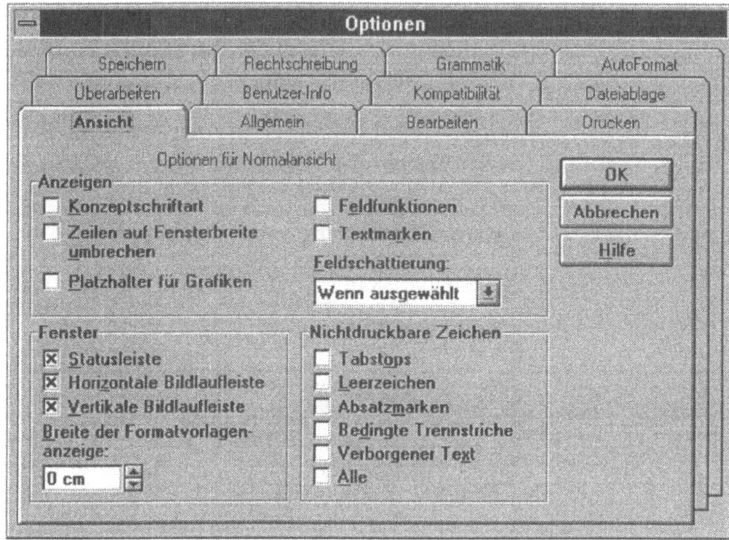

Zur Einstellung der Konzeptansicht müssen Sie das Kontrollkästchen „Konzeptschriftart" einstellen. Dies kann etwa interessant sein bei einem Bildschirm mit geringem Auflösungsvermögen bzw. bei Einsatz von Laptop- und Notebookgeräten.

2.1.2   Vorgehensweise und Regeln zur Texteingabe

Ausgangspunkt sei die folgende Beispielanwendung:

Aufgabe: Fließtext erfassen

Erfassen Sie folgenden Fließtext, und nehmen Sie eine eventuell erforderliche Fehlerkorrektur unmittelbar vor.

```
PC-Textverarbeitungsprogramme stellen dem Benutzer alle wesentlichen
Textfunktionen zur Verfügung. Hierzu zählen das Erfassen, das
Speichern und das Drucken von Texten.

Ca. 80 % der Fehler bei der Texteingabe werden unmittelbar entdeckt.
Von Vorteil ist deshalb die Nutzung von Geräten der Textverarbeitung,
die eine komfortable Sofortkorrektur ermöglichen. Hierzu zählen z. B.
das Löschen, Einfügen und Überschreiben von Zeichen.

In der beruflichen Praxis entstehen viele Texte außerdem nicht selten
in mehreren Arbeitsschritten. An der „Roh-Fassung" werden vom Autor
Korrekturen, Einfügungen, Umformatierungen und Kürzungen vorgenommen,
die im dann folgenden Arbeitsgang in den Text eingearbeitet werden
müssen. Im Rahmen der nachträglichen Überarbeitung eines Textes sind
häufig auch größere Textteile zu löschen oder einzufügen. Dies ist
meist problemlos mit wenigen Arbeitsschritten möglich.
```

Umfangreiche Möglichkeiten stehen in der Regel auch für die Textgestaltung zur Verfügung. So können z. B. mit fast allen Textprogrammen
Überschriften zentriert und ein Text im Blocksatz geschrieben werden.
Um bestimmte Textteile hervorzuheben, ist außerdem eine gezielte Auszeichnung (Fettdruck, Kursivschrift, Unterstreichen) möglich.

Sofern ein freier Bildschirm vorhanden ist, läßt sich die Eingabe des gewünschten Textes unmittelbar vornehmen. Sie können dabei die Tastatur des Personal-Computers grundsätzlich wie eine Schreibmaschinentastatur nutzen. Allerdings sind Eingabefehler nicht so gravierend, da Sie ja jederzeit korrigiert werden können.

Im einzelnen sollten Sie jedoch folgende Grundsätze berücksichtigen:

Texterfassung

Charakteristisch für die Texteingabe am Computer ist, daß die eingegebenen Zeichen unmittelbar an der Stelle aufgenommen werden, an der sich gerade die Einfügemarke (Lichtpunkt, Cursor) befindet. Nach dem Start steht diese in der linken oberen Ecke des Bildschirms. Sobald ein Zeichen eingegeben wird, erscheint es auf dem Bildschirm – gleichzeitig bewegt sich die Schreibmarke um eine Position nach rechts.

Um Sonderzeichen in ein Dokument einzugeben, beispielsweise das Copyright-Symbol oder das Trademark-Zeichen, können Sie das Menü **Einfügen** aktivieren und hier den Befehl **Sonderzeichen** wählen. Nach der Befehlswahl erscheint die folgende Dialogbox:

Bild 2-3:
Sonderzeichen
einfügen

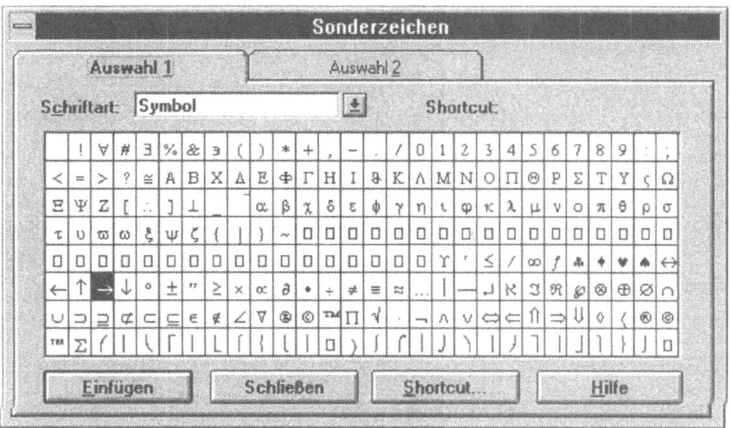

Wählen Sie im Auswahlregister 1 unter Umständen zunächst die Schriftart, die das gewünschte Sonderzeichen enthält. Durch Klicken auf das Sonderzeichen können Sie dies in vergrößerter Form ansehen. Die Übernahme erfolgt durch Klicken auf das Sonderzeichen und anschließender Aktivierung der Schaltfläche <Einfügen>. So können Sie auf diese Weise mehrere Sonderzeichen nacheinander einfügen. Mit der Wahl der Schaltfläche <Schließen> kehren Sie zum Text zurück.

Alternativ können Sie manchmal auch Shortcuts verwenden. Ein Shortcut wird – sofern vorhanden – in der Registerkarte angezeigt. Falls Sie den Zeichencode für ein Sonderzeichen bei der Eingabe kennen, ist dies so schnell erzeugbar, ohne daß zunächst die Dialogbox aktiviert werden muß. Testen Sie dazu auch einmal das Auswahlregister 2.

Eine weitere Besonderheit ist das Erzeugen **typografischer Anführungszeichen**. Aktivieren Sie dazu das Menü **Extras** und hier den Befehl **AutoKorrektur**. Wenn Sie jetzt das Kontrollkästchen „Gerade Anführungszeichen durch typographische ersetzen" aktivieren, wird nach Anklicken von <OK> die Änderung vorgenommen.

Zeilenschaltung

Nehmen Sie keine Zeilenschaltung am Ende einer Zeile vor! Im Gegensatz zum Arbeiten mit einer herkömmlichen Schreibmaschine, bei dem am Ende einer jeden Zeile eine Zeilenschaltung durch Tastendruck vorzunehmen war, wird der Zeilenwechsel bei Computer-Textprogrammen automatisch durchgeführt. Diese Eingabe als Fließtext hat den Vorteil, daß Sie weiterschreiben können, ohne auf das Zeilenende achten zu müssen. Paßt ein Wort nicht mehr in eine Zeile, dann wird dies vom Textprogramm automatisch in die nächste Zeile geschoben, sobald der rechte Zeilenrand überschritten wird (sog. automatischer Wortumbruch).

Natürlich kann eine Zeile auch ausdrücklich beendet werden, bevor der rechte Rand erreicht ist. Zu diesem Zweck ist die Tastenkombination ⇧+↵ zu betätigen. Die aktuelle Zeile wird dann mit einer Zeilenschaltungsmarke beendet und der Cursor springt an den Anfang der nächsten Zeile.

Umgekehrt kann auch der Wunsch bestehen, daß zwischen zwei bestimmten Wörtern ein Zeilenumbruch verhindert werden soll. In diesem Fall müssen Sie einen geschützten Wortzwischenraum

vorsehen; erreichbar durch Betätigen der Tastenkombination
[Strg]+[⇧]+[   ]. Wichtig ist dies etwa bei der Erfassung von
Zahlen mit Währungsangaben.

Absatzschaltung

Betätigen Sie für das Erzeugen eines Absatzes die [↵]-Taste!
Auch danach springt die Einfügemarke in die nächste Zeile.
Gleichzeitig wird automatisch ein nichtdruckbares Zeichen, die
sogenannte Absatzmarke, in den Text eingefügt. Sie ermöglicht
es, später eine gezielte Gestaltung von Absätzen vorzunehmen
(z. B. bei Einrückungen und Zeilenabständen). Häufig wird die
Taste [↵] bei der Absatzschaltung zweimal betätigt, um so eine
zusätzliche Leerzeile zwischen den Absätzen eines Textes einzufügen.

Bei Bedarf können Sie sich die Absatzmarke über den Befehl
Optionen des Menüs **Extras** oder durch Anklicken des drittletz-
ten Symbols in der Standard-Symbolleiste anzeigen lassen.

Seitenumbruch

Im Gegensatz zur Schreibmaschine brauchen Sie beim Arbeiten
mit WORD auch nicht mehr darauf zu achten, wann das Seitenende erreicht ist. Das Programm nimmt grundsätzlich einen automatischen Seitenumbruch vor. Wollen Sie allerdings vorzeitig
eine neue Seite beginnen – weil z. B. ein bestimmtes Kapitel eines längeren Textes beendet wurde –, dann können Sie dies
natürlich auch realisieren: Betätigen Sie für den Umbruch die
Tastenkombination [Strg]+[↵], oder wählen Sie aus dem Menü
Einfügen den Befehl **Manueller Wechsel**.

Der erzwungene Seitenwechsel wird auf dem Bildschirm im
Normalmodus durch eine punktierte Linie angezeigt, wobei in
der Mitte das Wort „Seitenwechsel" eingefügt ist. Handelt es sich
um einen automatischen Seitenwechsel erscheint lediglich die
punktierte Linie (ohne das Wort „Seitenwechsel").

Abschließend noch folgender **Hinweis**: Grundsätzlich wird auf
dem Bildschirm der gerade in Bearbeitung befindliche Textteil
angezeigt. Erreichen Sie im Rahmen der Texterfassung das untere Ende des Bildschirmausschnittes, wird der auf dem Bildschirm
befindliche Text um eine oder um mehrere Zeilen nach oben
verschoben.

Nach vollständiger Erfassung des vorgegebenen Textes muß sich
folgende Bildschirmanzeige in der Normalansicht ergeben:

Bild 2-4:
Erfaßter Text

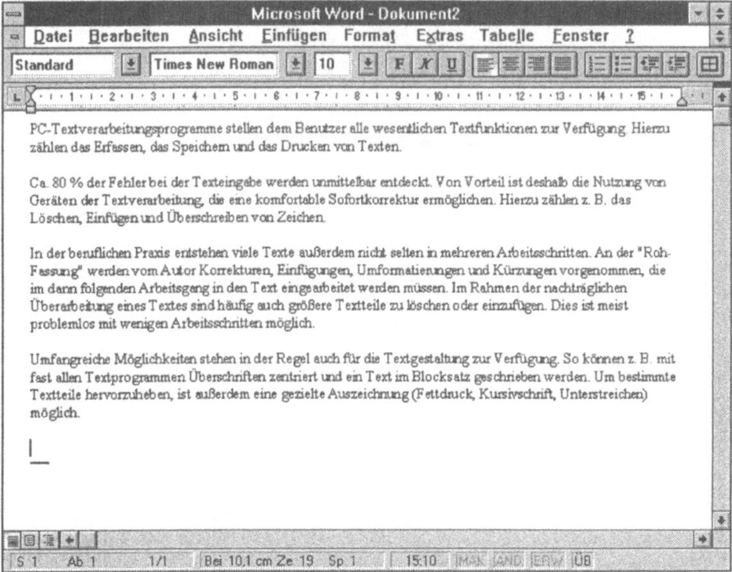

Zusammenfassende Darstellung der Erfassungsregeln:

- Erfassung als Fließtext (automatischer Zeilenumbruch)
- keine manuelle Silbentrennung vornehmen; unter Umständen als bedingten Trennstrich: Strg+-
- Geschützter Leerschritt: Tastenkombination Strg+⇧+␣
- Geschützter Trennstrich: Strg+⇧+-

2.1.3   Sofortkorrekturen vornehmen

Fehler, die Sie bei der Texteingabe erkennen, können Sie mit WINWORD sofort oder direkt im Anschluß an die Texteingabe korrigieren. Bei nachträglicher Änderung ist es notwendig, die Einfügemarke jeweils gezielt auf die Korrekturstellen zu setzen (per Mausklick oder durch Betätigen der Richtungstasten).

Im Rahmen der Sofortkorrektur können drei typische **Varianten zeichenweiser Änderungen** vorkommen:

Zeichen löschen

Für das zeichenweise Löschen gibt es zwei Möglichkeiten:

- Bctätigen von ⇐. Dies bietet sich an, wenn Sie erkennen, daß das zuletzt eingegebene Zeichen falsch war. Die Rücktaste bewirkt, daß die links vom Lichtpunkt stehenden Zeichen gelöscht werden.

- Betätigen der Löschtaste [Entf]. Diese Variante ist notwendig, wenn Sie ein beliebiges Zeichen im vorhergehenden Text löschen wollen. Mit der Taste [Entf] wird das Zeichen, das rechts von der Einfügemarke steht, gelöscht. Die rechts vom Cursor stehenden Zeichen werden dann nach links geschoben.

Zeichen einfügen

Grundsätzlich befinden Sie sich beim Textprogramm WORD im Einfügemodus. Dies bedeutet, daß Sie an einer beliebigen Stelle im vorhergehenden Text Zeichen problemlos einfügen können. Die rechts vom Cursor stehenden Zeichen werden dann nach rechts verschoben, damit Platz für neue Zeichen geschaffen wird.

Zeichen überschreiben

Haben Sie ein oder mehrere falsche Zeichen eingegeben, so ist es möglich, diese einfach durch neue Zeichen zu uberschreiben. In den Überschreibmodus gelangen Sie durch Betätigen der Funktionstaste [Einfg] (in der Statuszeile erscheint dann der Tastaturzustandscode „ÜB" hervorgehoben). Es empfiehlt sich, nach Beenden des Überschreibens wieder in den Einfügemodus zurückzukehren (erfolgt durch erneutes Betätigen von [Einfg]).

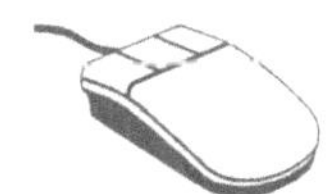

Alternativ können Sie in den Überschreibmodus auch durch Doppelklick auf die Schaltfläche <ÜB> in der Statusleiste gelangen. Das Ausschalten erfolgt dann in gleicher Weise.

Wortweise Änderungen sind bezüglich des Löschens möglich. So können Sie

- mit [Strg]+[⇦] das Wort vor der Einfügemarke und

- mit [Strg]+[Entf] das Wort nach der Einfügemarke löschen.

Zeilenweise Änderungen sind ebenfalls mitunter notwendig. Hierzu zählen das nachträgliche Löschen und Einfügen von Zeilen:

- Um eine Leerzeile zu löschen, müssen Sie sich lediglich auf die zu löschende Zeile positionieren und dann die Löschtaste [Entf] betätigen.

- Das nachträgliche Einfügen einer Zeile erfolgt durch Positionieren des Cursors auf das Ende der vorhergehenden Zeile und anschließendes Betätigen der Taste [↵].

Aufgabe: Sofortkorrektur

Testen Sie nun einmal die Möglichkeiten der Sofortkorrektur anhand des soeben erfaßten Textes aus! Betätigen Sie z. B. – wenn Sie am Textende stehen – mehrfach hintereinander die Rücktaste ⌫ . Sie sehen dann, daß alle links davon stehenden Zeichen unmittelbar gelöscht werden.

Um den letzten Bearbeitungsschritt, beispielsweise das Löschen bestimmter Textteile, wieder rückgängig zu machen, bietet WORD eine interessante Funktion. Durch Wahl des Befehls **Rückgängig** im Menü **Bearbeiten** oder durch Betätigen der Tastenkombination Strg+Z können Sie jede letzte Befehlsauslösung wieder auf den Ursprungszustand bringen. Testen Sie dies nach einem Löschvorgang einmal aus, so daß sich der ursprüngliche Text wieder ergibt.

Selbst mehrere der zuletzt getätigten Aktionen können wieder rückgängig gemacht werden. Dazu müssen Sie in der Standardsymbolleiste auf den Pfeil neben der Schaltfläche für Rückgängig klicken. Hier erscheinen dann in chronologischer Reihenfolge die letzten Aktionen. Nach entsprechender Markierung werden diese dann rückgängig gemacht.

2.2 Dateiverwaltung

Ein eingegebener Text befindet sich zunächst nur im Arbeitsspeicher. Bei Ausschalten des Computers wäre dieser Text unwiderruflich verloren. Wird ein Text später wieder benötigt, ist deshalb eine Speicherung auf einem Datenträger (Diskette oder Festplatte) erforderlich. Darüber hinaus empfiehlt sich auch während des Arbeitens an einem Text in bestimmten Abständen eine externe Speicherung, um ein Verlorengehen des Textes (etwa durch Stromausfall) zu verhindern (allgemeiner Tip: ungefähr alle 30 Minuten abspeichern).

Die Befehle zum Speichern von Dateien sind unter dem Menüpunkt **Datei** zusammengefaßt. Die oberen neun Befehle betreffen das Speichern und Laden von Dateien. Einen ersten Überblick über die Bedeutung und Anwendung dieser Befehlsworte gibt die folgende Aufstellung:

Befehlsoption	Bedeutung
Neu	für das Erstellen eines neuen Dokumentes oder einer neuen Dokumentvorlage.
Öffnen	aktiviert ein bestehendes Dokument oder eine vorhandene Dokumentvorlage.
Schließen	beendet die Arbeit mit einem in einem aktiven Fenster befindlichen Text.
Speichern	speichert eine bereits gesicherte Datei unter dem vorhandenen Dateinamen.
Speichern unter	steht für die erstmalige Speicherung zur Verfügung sowie für das Speichern unter einem anderen Namen.
Alles speichern	sichert alle aktuell im Arbeitsspeicher befindlichen Dateien unter den vergebenen Dateinamen.
Datei-Manager	für das Suchen nach Dateien, die bestimmten Kriterien entsprechen.
Datei-Info	zeigt die eingegebenen Datei-Informationen zum aktiven Dokument an und bietet die Möglichkeit, diese zu bearbeiten; etwa zu ergänzen oder zu aktualisieren.
Dokumentvorlage	Das aktive Dokument kann mit einer anderen Dokumentvorlage verknüpft werden.

2.2.1 Dokumente speichern

Im Menüpunkt **Datei** sind drei verschiedene Speicherbefehle für Dokumente enthalten, die je nach Anwendungsfall gezielt einzusetzen sind. Im Beispielfall der erstmaligen Speicherung der Datei ist der Befehl **Speichern unter** zu wählen. Hinweis: Sofern Sie einen anderen Speicherbefehl aktivieren, wird dennoch bei einer neu angelegten Datei das entsprechende Dialogfenster „Speichern unter" aufgerufen.

Die Dialogfelder haben folgende Bedeutung:

- Im ersten Feld „Dateiname:" ist zunächst ein geeigneter Name für das Dokument einzugeben. Möglich sind im Betriebssystem MS-DOS maximal nur acht Zeichen (keine Leerzeichen, keine Sonderzeichen und deutsche Umlaute). Bei der Speicherung wird dann noch automatisch bei Textdokumenten die Erweiterung .DOC hinzugefügt.

- Im Feld „Verzeichnisse" wird das aktuell gültige Laufwerk/Verzeichnis für die Speicherung angezeigt. Während unter „Verzeichnisse" die verfügbaren Verzeichnisse des aktuellen Laufwerkes angezeigt werden, lassen sich mit dem Listenfeld „Laufwerke" alle bei Ihrem System möglichen Laufwerke auflisten. Durch Mausklick bei den Feldern „Laufwerke" und „Verzeichnisse" bzw. nach Ansteuerung mit der Taste ⭾ und Auswahl mit der <Richtungstaste> können Sie noch gezielt auswählen, wo die Speicherung erfolgen soll.

- Im Feld „Dateityp" kann auch das Dateiformat variiert werden. Wählen Sie hier eines der angebotenen Formate aus, wenn Sie die Datei in einer anderen Anwendung verwenden wollen.

Darüber hinaus gibt es vier Schaltflächen, deren Anwendung im folgenden verdeutlicht wird.

Aufgabe: Dateien speichern
Führen Sie nun die Speicherung des soeben erfaßten Textes auf dem gewünschten Datenträger (Diskette oder Festplatte) durch, indem Sie den Text mit dem Namen TEXT20.DOC versehen.

Nach Wahl des Befehls **Speichern unter** aus dem **Datei** sollten Sie das Dialogfenster so ausfüllen, wie dies in Bild 2-5 wiedergegeben ist:

Sie sehen also, daß Sie das Dokument nun auf der Diskette in Laufwerk A speichern sollen. Dazu wurde also die standardmäßige Laufwerkseinstellung geändert.

Ist das Dialogfenster in der vorstehenden Weise ausgefüllt, können Sie die Schaltfläche <OK> aktivieren. Sofern eine Einschaltung in der Optionen-Dialogbox vorliegt, ergibt sich das in Bild 2-6 dargestellte Dialogfenster „Datei-Info":

Bild 2-5:
Ausgefülltes Dialogfenster „Speichern unter"

Bild 2-6:
Dialogfenster „Datei-Info"

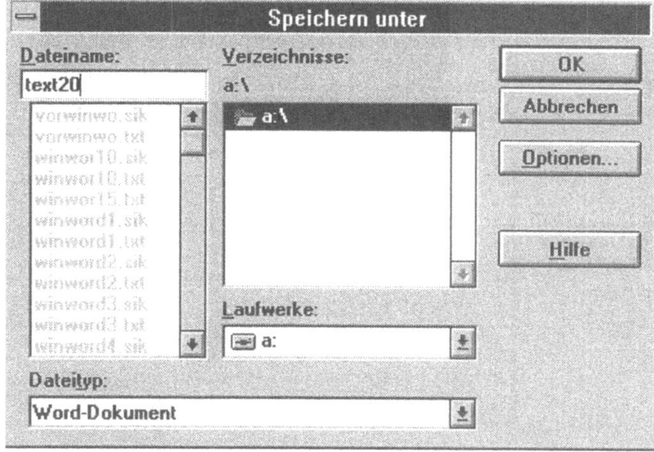

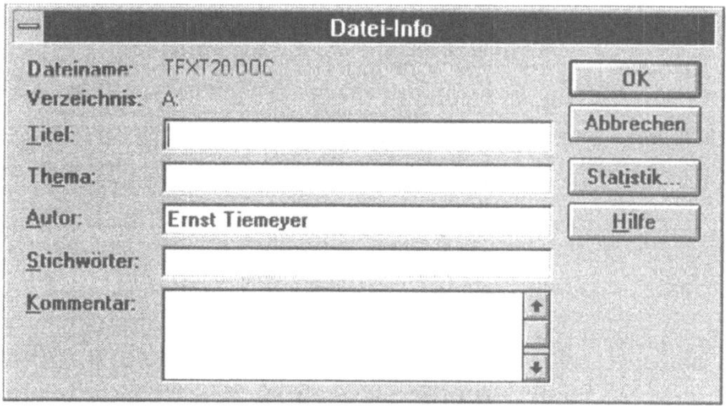

In diesem Fenster können Sie nun verschiedene Informationen eingeben, die Ihnen später vielleicht helfen, wenn Sie nach einem bestimmten Dokument suchen. Im folgenden sollen Sie hier zunächst keine Eintragungen vornehmen. Klicken Sie deshalb unmittelbar die Schaltfläche <OK> an, so daß das Dokument anschließend gespeichert wird.

Auf die Besonderheiten und Möglichkeiten der Verwaltung von Datei-Informationen wird in einem späteren Abschnitt noch genauer eingegangen. Es ist auch möglich, die automatische Abfrage von Datei-Informationen auszuschalten. Dazu müssen Sie den Menüpunkt **Datei** aktivieren und nach Wahl des Befehls **Speichern unter** die Schaltfläche <Optionen> aufrufen und dort im Feld „Automatische Anfrage für Datei-Info" die Markierung entfernen.

Zusammenfassend ergibt sich also für die Speicherung der Datei unter dem Namen TEXT20 folgender Ablauf:

Reihenfolge der Bearbeitung	Tastenfolge
1. Menü Datei wählen	[Alt]+[D]
2. Option Speichern unter	[U]
3. Dateinamen eingeben	Text20
4. Befehl ausführen	[↵]
5. Dateiinfo evtl. ausfüllen	
6. Befehl ausführen	[↵]

Der Text wird anschließend auf dem Datenträger gespeichert. Außerdem wird der vergebene Dokumentname einschließlich der Erweiterung im oberen Bildschirmrahmen angezeigt. Im Beispiel erscheint die Anzeige TEXT20.DOC in der Titelzeile.

Das Dokument selbst bleibt weiter geöffnet und steht somit für eine weitere Bearbeitung zur Verfügung. Ist dies nicht mehr notwendig, sollten Sie den Befehl **Schließen** aus dem Menü **Datei** wählen.

Ein anderes Vorgehen zur Speicherung ergibt sich mitunter, wenn Sie einen überarbeiteten Text sichern wollen:

a) **Vergabe eines neuen Textnamens:** In diesem Fall müssen Sie wie im vorhergehenden Abschnitt erläutert aus dem Menü **Datei** den Befehl **Speichern unter** wählen. Nach Eingabe des neuen Dateinamens und Durchführung des Befehls wird der Text unter dem neuen Namen gespeichert; der alte Text bleibt weiter mit dem ursprünglichen Textnamen erhalten.

b) **Beibehaltung des alten Textnamens.** Diese Variante werden Sie dann wählen, wenn Sie die alte Fassung des Textes nicht mehr benötigen. Dazu muß der Befehl **Speichern** aus dem Menü **Datei** gewählt werden. Ohne weitere Abfragen erfolgt danach die Speicherung. Die alte Fassung ist in diesem Fall nicht mehr als normal aufrufbarer Text vorhanden; aus Sicherheitsgründen kann sie jedoch noch in einer Datei mit der Dateinamensergänzung BAK (BAK = Backup für Sicherungskopie) aufbewahrt werden. Diese kann später - sofern Platzbedarf besteht - allerdings gesondert gelöscht werden.

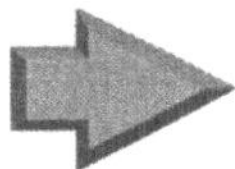

Beachten Sie noch folgende Hinweise zur Anwendung des Befehls **Speichern**:

*   Die Anwendung des Befehls **Speichern** setzt voraus, daß die aktuelle Datei bereits namentlich auf dem Datenträger existiert.

*   Der Aufruf des Befehls kann auch durch Anklicken des Symbols in der Funktionsleiste erfolgen.

*   Wird beim erstmaligem Speichern einer Datei der Befehl **Speichern** aus dem Menü .**Datei** gewählt, so erfolgt automatisch eine Verzweigung in das Dialogmenü des Befehls **Speichern unter**.

Bei den weiteren Ausführungen in diesem Kapitel wird außerdem deutlich werden, daß gleichzeitig verschiedene Dokumente geöffnet sein können. Auch ist es möglich, andere Arten von Dateien – beispielsweise Vorlagendateien oder Bausteindateien – gleichzeitig zu aktivieren. Wurden diese Dateien geändert, so gibt es die Möglichkeit, mit dem Befehl **Alles speichern**, alle geänderten Dateien in einem Durchgang zu speichern.

Für die Speicherung können verschiedene Optionen eingestellt werden. Wählen Sie einmal nach Aufruf des Menüs **Datei** den Befehl **Speichern unter**, und aktivieren Sie dann die Schaltfläche <Optionen>. Ergebnis ist die folgende Bildschirmanzeige:

Bild 2-7:
Schaltfläche
<Speicheroptionen>

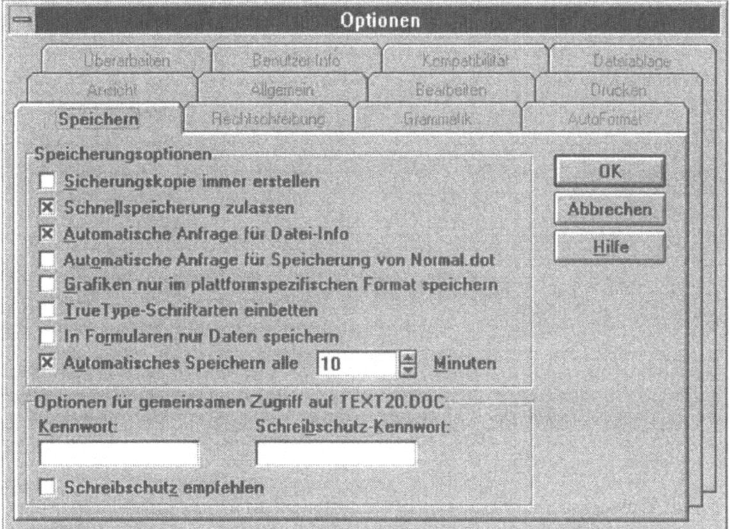

Es gibt also acht rechteckige Optionsfelder, von denen einige standardmäßig aktiviert sind:

Sicherungskopien anlegen

Eine besondere Sicherung gegen Verlust von Dateien können Sie dadurch herstellen, daß Sie beim Speichern eine Sicherungskopie der letzten Datei anlegen. Dazu müssen Sie das Optionskästchen „Sicherungskopie immer erstellen" markieren. Ergebnis ist, daß bei der Speicherung dafür gesorgt wird, daß die vorherige Version des Dokuments noch weiter aufbewahrt wird; und zwar mit der Dateinamenserweiterung .BAK. Allerdings bedeutet dies, daß gleichzeitig die Option „Schnellspeicherung zulassen" nicht mehr möglich ist.

Schnellspeicherung zulassen

Hiermit können Sie die Geschwindigkeit beim Speichern erhöhen. Dies wird dadurch bewirkt, daß nur die Änderungen im Dokument gespeichert werden, die seit der letzten Speicherung vorgenommen wurden.

Automatische Anfrage für Datei-Info

Ist hier eine Markierung vorgenommen, erscheint bei der Speicherung automatisch ein Dialogfeld, mit dem nähere Informationen zu einem Dokument vergeben werden. Schalten Sie die Markierung aus, wenn Sie keine Verwaltung mit dem Datei-Manager organisieren wollen.

Automatische Anfrage für Normal.DOT

Bei Aktivierung wird jedesmal beim Beenden von WORD gefragt, ob Sie Änderungen bei den Standard-Einstellungen in der NORMAL.DOT speichern wollen.

Speicherung im plattformspezifischen Format

Eine Aktivierung spart Speicherplatz, wenn Sie Grafiken aus anderen Plattformen einbinden; beispielsweise vom Macintosh.

TrueType-Schriftarten einbetten

Verwendete TrueType-Schriften werden bei Aktivierung des Optionsfeldes in ein Dokument eingebettet.

In Formularen nur Daten speichern

Damit können die Daten als Datensatz in Datenbanken verwendet werden.

Automatische Speicherung einstellen

Aus Erfahrungsgründen hat es sich bewährt, wenn Sie eine in Bearbeitung befindliche Datei alle 10 bis 15 Minuten speichern. Dadurch können Sie verhindern, daß bei einem Problemfall nicht zuviel der zuletzt durchgeführten Arbeit verlorengeht; etwa bei Stromausfall oder bei versehentlichem Ausschalten des Computers.

Da es leicht passieren kann, daß Sie das regelmäßige Speichern vergessen, bietet WORD hierfür eine Hilfe an. Geben Sie das Intervall in Minuten nach Aktivierung des Optionsfeldes an. Während der Bearbeitung eines Dokumentes erfolgt dann automatisch die Speicherung in den von Ihnen angegebenen Zeitintervallen.

Um zu verhindern, daß ein erstelltes Dokument von unbefugten Personen gelesen wird oder in unerwünschter Form geändert wird, werden vom Programm entsprechende **Sicherungsmöglichkeiten** angeboten:

- Um zu unterbinden, daß unbefugte Personen schutzwürdige Dokumente lesen, können Sie diese mit einem Kennwort speichern.

- Alternativ oder ergänzend können Sie auch festlegen, daß eine Änderung an einem Dokument nicht möglich ist.

Möglich ist dies über den unteren Bereich der Dialogbox „Optionen". Die zwei Optionsfelder haben folgende Bedeutung:

a) Option „Kennwort": ermöglicht die Speicherung von Dateien mit einem Kennwort. Unbefugte können damit das Dokument nicht ansehen, solange sie das Schutzwort nicht kennen.

b) Option „Schreibschutz-Kennwort": Wird das Dokument geöffnet, können nur vom Autor des Dokuments Änderungen im Dokument vorgenommen werden.

Aufgabe: Dateien mit Kennwort speichern

Speichern Sie die zuletzt erstellte Datei erneut unter einem neuen Dateinamen. Vergeben Sie den Dateinamen KENN1.DOC, und geben Sie als Kennwort „Sicher" ein.

Zur Lösung der Aufgabenstellung müssen Sie nach Wahl des Befehls **Speichern unter** zunächst den Dateinamen eingeben. Anschließend ist die Schaltfläche <Optionen> zu aktivieren. In dem Dialogfenster ist nun das gewünschte Kennwort einzugeben; in diesem Fall das Wort „Sicher". Das erscheint auf dem Bildschirm allerdings nicht; es wird aus Sicherheitsgründen nur eine Folge hochgestellter X abgebildet. Nach Bestätigung mit ⏎ bzw. Anklicken der Schaltfläche <OK> erfolgt eine erneute Aufforderung zur Kennworteingabe. Wird das Kennwort dann in gleicher Form eingegeben, kann durch zweimalige Betätigen von ⏎ der Vorgang abgeschlossen werden.

Dies hat nun zur Konsequenz, daß für ein Öffnen dieser Datei immer zunächst die Abfrage nach dem vergebenen Kennwort richtig beantwortet werden muß. Dabei müssen Sie sich auch genau an die Groß- und Kleinschreibung halten.

Beachten Sie noch folgende Hinweise zur Kennwortvergabe:

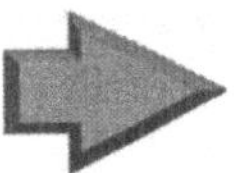

- Das Kennwort darf maximal 15 Zeichen umfassen. Leerzeichen sind bei der Kennwortvergabe ebenso wie Groß- und Kleinbuchstaben erlaubt.
- Soll später das vergebene Kennwort gelöscht werden, müssen Sie erneut nach Wahl des Befehls **Speichern unter** mit der Taste Entf das Kennwort löschen.
- Soll ein vergebenes Kennwort nachträglich geändert werden, müssen Sie nach Wahl des Befehls **Speichern unter** aus dem Menü **Datei** das neue Kennwort erneut zweimal nacheinander eingeben. Die Änderung erfolgt nach Aktivierung des Schaltfeldes <OK>.

Zusammenfassende Übersicht zur Speicherung von Dateien:

Zielsetzung	Menü/Befehlswort
(1) Erstmalige Speicherung	DATEI SPEICHERN oder DATEI SPEICHERN_UNTER
(2) Speicherung einer bearbeiteten Datei a) unter gleichem Namen b) unter einem neuen Namen	DATEI SPEICHERN DATEI SPEICHERN_UNTER
(3) Speicherung in einem anderen Format	DATEI SPEICHERN_UNTER und bei „Dateityp" Fremdformat wählen.

(4) Speicherung mit Kennwort	DATEI SPEICHERN_UNTER und Schaltfläche <Optionen> aktivieren.
(5) Speicherung aller geöffneten Dokumente	DATEI ALLES_SPEICHERN

2.2.2   Dateien schließen

Um einen neuen Text erfassen zu können, ist es unter Umständen (wenn wie im Beispielfall zuvor ein anderer Text bearbeitet wurde) notwendig, daß zunächst der Textbereich wieder frei verfügbar gemacht werden muß und die bisherige Datei geschlossen werden soll.

Das Löschen des internen Speichers geschieht mit dem Befehl **Schließen** aus dem Menü **Datei**. Nach Aktivierung dieses Befehls wird die aktuelle Datei vom Bildschirm gelöscht. Sofern der Text jedoch nicht gespeichert wurde, werden Sie vorher noch aufgefordert, den Datenverlust ausdrücklich zu bestätigen. Auf diese Weise soll ein unbeabsichtigtes Löschen eines Textes verhindert werden.

Sind alle Dateien geschlossen, stehen also nur noch zwei Menüpunkte zur Wahl: Datei und ? (für Hilfe). Über den Menüpunkt **Datei** kann nun eine neue Datei angelegt, eine vorhandene Datei geöffnet, ein Makro aufgerufen oder das Programm beendet werden.

2.2.3   Dateien neu anlegen

Sie sollen nun eine zweite neue Datei anlegen.

Aufgabe: Texte nacheinander erfassen
Erfassen Sie folgenden Text, und speichern Sie diesen auf Ihrer Arbeitsdiskette unter dem Dateinamen TEXT21.

```
Textverarbeitung hat sich zum Hauptanwendungsgebiet für den Personal
Computer entwickelt. Dies ist im wesentlichen auf zwei Gründe zurück-
zuführen. Zum einen sind die anfallenden Kosten gering; zum anderen
konnten Funktionsumfang und Komfort der Software in den letzten Jah-
ren stetig verbessert werden. Hinzu kommen die vielfältigen Einsatz-
möglichkeiten: So können neben Textverarbeitung mit dem PC noch wei-
tere Aufgaben schnell und problemlos erledigt werden.
```

Um einen neuen Text erfassen zu können, müssen Sie im Menü **Datei** den Befehl **Neu** wählen.

Ergebnis ist die folgende Bildschirmanzeige:

Bild 2-8:
Dialogfenster „Neu"

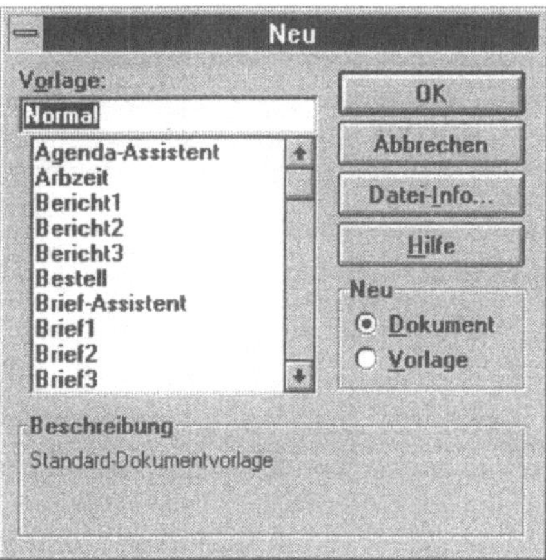

Die Abbildung macht deutlich, daß das Programm die Erstellung eines Dokumentes auf der Basis der Standard-Vorlage NOR-MAL.DOT vorschlägt. In dieser Vorlage sind bestimmte Standards – etwa zur Schriftart und Schriftgröße – vorgegeben. Sollen keine Änderungen erfolgen, so können Sie unmittelbar die Schaltfläche <OK> anklicken und dann mit der Texteingabe beginnen.

Andernfalls haben Sie über das angezeigte Dialogfenster noch folgende Möglichkeiten:

- Wenn Sie eine andere Vorlage verwenden wollen, müssen Sie im Feld „Vorlage" eine entsprechende Auswahl treffen. Das Arbeiten mit anderen Vorlagen wird später noch ausführlich erläutert. Dabei wird auch gezeigt, wie Sie die Standard-Vorlage ändern oder eigene Vorlagen anlegen können.

- Sofern Sie ein Dokument erstellen wollen, daß immer wieder vorkommt (beispielsweise einen Brief oder ein Memo), können Sie Zeit sparen, indem Sie dazu einen der mitgelieferten Assistenten aufrufen. Diese werden ebenfalls im Listenfeld „Vorlage" angeboten.

- Sie können vorab bereits bestimmte Datei-Informationen zur Kennzeichnung des zu erstellenden Dokumentes ausfüllen. In diesem Fall muß zunächst die Schaltfläche <Datei-Info> aktiviert werden.

- Wollen Sie kein neues Dokument, sondern eine neue Dokumentvorlage erstellen, müssen Sie bei der Option „Neu" die Variante „Vorlage" anklicken.

Da künftig zunächst immer davon ausgegangen wird, daß die Standard-Vorlage mit dem Namen NORMAL.DOT genutzt wird, können Sie den Befehl im Beispielfall unmittelbar bestätigen und dann die Texterfassung in der bekannten Weise vornehmen.

Speichern Sie die Datei anschließend mit dem Befehl **Speichern** aus dem Menü **Datei** unter dem gewünschten Dateinamen TEXT21.

2.2.4 Dateien öffnen

Soll ein bereits früher erfaßtes Dokument überarbeitet werden, so muß dieses vom Datenträger Diskette oder Festplatte in den Hauptspeicher übertragen werden. Dieses ist quasi eine Umkehrung des Vorganges vom Speichern und wird als Dateiöffnen bezeichnet.

Das Öffnen der Datei geschieht dabei in der Weise, daß der ausgewählte Text vom Datenträger in den Hauptspeicher „kopiert" wird. Gleichzeitig erscheint der Textanfang (oder bei kurzen Texten der gesamte Text) auf dem Bildschirm.

Aufgabe: Datei öffnen

Aktivieren Sie den zuerst erfaßten Text mit dem Dateinamen TEXT20 wieder in den Hauptspeicher.

Das Aufrufen von auf Diskette/Festplatte befindlichen Texten erfolgt bei WINWORD mit dem Befehl **Öffnen** des Menüs **Datei** (auslösbar auch durch Mausklick auf das links abgebildete Symbol). Nach dem Aufruf des Befehls erscheint das folgende Dialogfenster.

Bild 2-9:
Dialogfenster
„Öffnen"

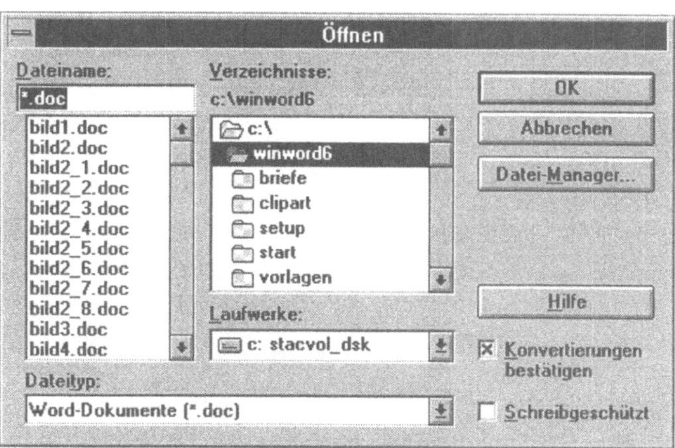

Die angezeigten Dialogfelder haben folgende Bedeutung:

Felder	Bedeutung
Dateiname	Angabe des Namens des zu öffnenden Dokuments. Ein Name kann ausgewählt oder eingegeben werden.
Verzeichnisse	für die Aktivierung des Verzeichnisses, in dem sich die zu öffnende Datei befindet.
Laufwerke	zur Angabe der Laufwerkskennung.
Dateityp	bestimmt die Art der zu öffnenden Dateien.
Schreibgeschützt -	lädt das Dokument schreibgeschützt. Änderungen können nur unter einem anderen Dateinamen gespeichert werden.
Konvertierungen bestätigen	Bei Aktivierung des Kontrollkästchens ist für das Öffnen einer Datei, die aus einer anderen Anwendung stammt, das vorgeschlagene Konvertierungsprogramm ausdrücklich zu bestätigen.

Sie werden also zunächst aufgefordert, den Namen der Datei einzugeben oder auszuwählen, die Sie öffnen wollen. In diesem Fall können Sie etwa den Namen unmittelbar über Tastatur eingeben (z. B. TEXT20.DOC). Alternativ zur Eingabe können Sie auch den Dateinamen auswählen, wenn sich dieser in der angezeigten Dateiliste befindet. Klicken Sie dazu einfach auf den Namen.

Sofern die gewünschte Datei hier nicht enthalten ist, müssen Sie zunächst das zutreffende Laufwerk oder Verzeichnis aktivieren, unter dem die Datei gespeichert wurde. Dazu stehen die entsprechenden Listenfelder „Laufwerke" bzw. „Verzeichnisse" zur Verfügung. Der aktuelle Suchpfad wird unter dem Begriff „Verzeichnisse" angezeigt.

Die Art der angezeigten Dateien können Sie im Feld „Dateityp" festlegen. Alternativ zu den standardmäßig angezeigten Dokumentdateien mit der Erweiterung .DOC lassen sich auch die Dateien der Dokumentvorlagen .DOT, alle Dateien des Verzeichnisses (*.*) sowie Dateien mit der Erweiterung .RTF oder .TXT anzeigen. Sofern das entsprechende Datei-Konvertierungsprogramm installiert ist, können Sie Dokumente auch dann problemlos öffen, wenn diese mit anderen Programmen erstellt wurden; beispielsweise mit MS-WORKS.

Im Optionskästchen „Schreibgeschützt" haben Sie ergänzend die Möglichkeit, durch Aktivierung dieser Option festzulegen, daß Sie den Text lediglich aus Kontrollgründen einsehen wollen, ohne Änderungen vorzunehmen. Vorgenommene Änderungen können nur dann gespeichert werden, wenn Sie einen anderen Dateinamen verwenden.

Schließlich enthält das Dialogfenster neben der Hilfe-Funktion noch drei Schaltflächen:

- Über die Schaltfläche <Datei-Manager> können Sie bei der Suche nach der gewünschten Datei Hilfen anfordern.

- Die Schaltfläche <Abbrechen> führt dazu, daß eine Rückkehr zur vorhergehenden Bildschirmanzeige erfolgt.

- Durch Aktivierung der Schaltfläche <OK> wird die ausgewählte Datei geladen. Danach muß das aufgerufene Dokument auf dem Bildschirm erscheinen.

Es können bis zu neun Dokumente gleichzeitig geöffnet sein. Dies kann etwa interessant sein, wenn Sie verschiedene Abschnitte aus einem anderen Dokument in das aktuelle übernehmen wollen.

Wie die Aktivierung und Bearbeitung mehrerer Dokumente erfolgt, wird deutlich, wenn Sie als nächstes einmal die Datei TEXT21.DOC öffnen. Nach Beendigung des Ladevorganges erscheint nun dieses Dokument auf dem Bildschirm. Aktivieren Sie danach einmal das Menü **Fenster**. Ergebnis ist die folgende Bildschirmanzeige:

Bild 2-10:
Menü FENSTER

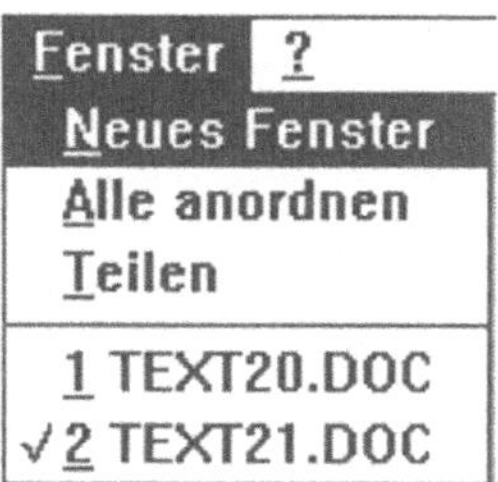

Sie sehen, daß jetzt zwei Dateien aktiv sind. Es kann natürlich immer nur eine davon die aktuelle sein. Nach der Auswahl des gewünschten Dokuments wird dieses im Vordergrund des Bildschirms angezeigt und damit zum aktuellen Dokument.

Beachten Sie noch folgende **Hinweise** zum Öffnen von Dateien:

- Die Namen der letzten vier bearbeiteten Dokumente erscheinen im unteren Abschnitt des Menüs **Datei**. Wenn Sie den Menüpunkt **Datei** aktivieren, haben Sie die Möglichkeit, das Dokument schnell und einfach zu öffnen, indem Sie den Namen mit dem Mauszeiger anklicken oder die unterstrichene Zahl eingeben, die dem zu öffnenden Dokument entspricht.

- Denken Sie daran, zunächst eine bearbeitete Datei zu speichern und dann zu schließen, wenn Sie diese Datei aktuell nicht mehr benötigen. Ansonsten hat das Programm nachher zu viele Dateien geöffnet, was auch das Arbeiten mitunter verlangsamt.

2.2.5 Dateien aus anderen Textprogrammen einlesen

In vielen Fällen werden Sie vor Nutzung von WINWORD bereits mit einem anderen Textprogramm Texte erstellt haben; etwa mit WORD für DOS oder Word Perfect. Dann ist es natürlich häufig interessant, diese in WORD für WINDOWS zu übernehmen. Dadurch erübrigt sich dann eine Neuerfassung von Texten, die man insgesamt oder ausschnittweise wieder benötigt.

Da andere Programme in einem anderen Format arbeiten als WORD für WINDOWS, ist zunächst eine Konvertierung erforderlich, um diese Dateien nutzen zu können. Dies geht jedoch relativ einfach, wie das folgende Beispiel zeigt.

Aufgabe: DOS-Textdatei einlesen

Auf der Arbeitsdiskette zu diesem Buch ist eine Textdatei gespeichert, die mit dem Textprogramm WORD für DOS erstellt wurden. Sie ist unter dem Dateinamen TEXT01.TXT gespeichert. Diese soll nun in das Programm WORD für WINDOWS eingelesen werden.

Für die Übernahme können Sie ebenfalls den Befehl **Öffnen** des Menüs **Datei** nutzen. Nach Wahl des Befehls erscheint der bereits bekannte Bildschirm, der nun wie folgt auszufüllen ist, wenn Sie die Datei TEXT01.TXT aktivieren wollen:

Bild 2-11:
Dokument mit anderem Dateiformat einlesen

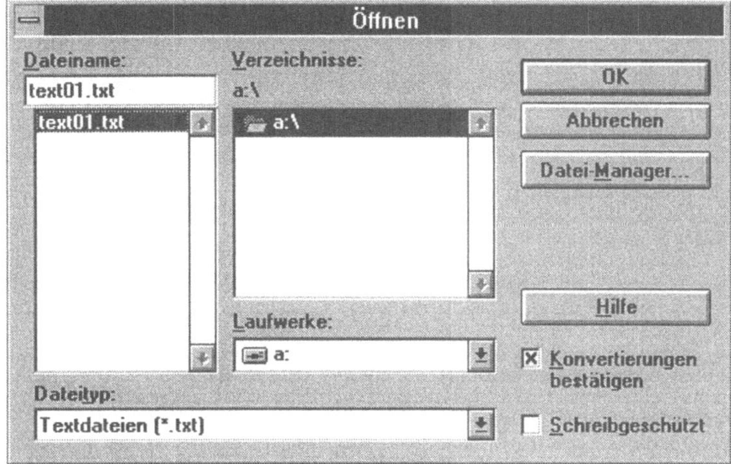

Wichtig ist, daß Sie den Dateinamen zunächst korrekt eingeben oder auswählen. Denken Sie dabei an die richtige Einstellung von Laufwerk/Verzeichnis sowie an die korrekte Dateierweiterung, damit auch eine entsprechende Aktivierung erfolgen kann. Klicken Sie zuvor auf „Konvertierungen bestätigen".

Nach Aktivierung der Schaltfläche <OK> erfolgt zunächst ein Abfragefenster mit der Bezeichnung „Datei konvertieren":

Bild 2-12:
Dialogfenster „Datei konvertieren"

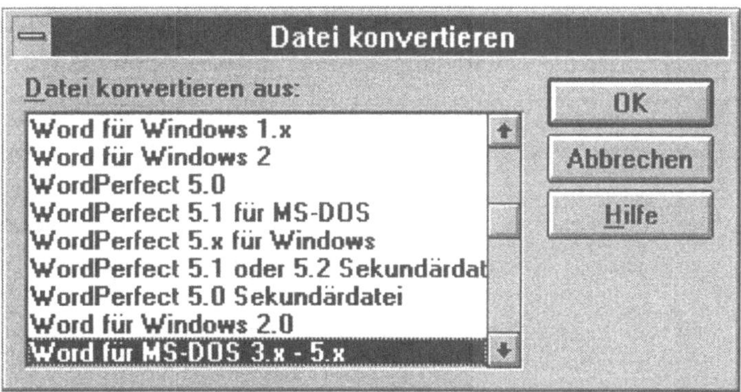

Aus dieser Übersicht wird deutlich, daß WINWORD 6 über Übernahmemöglichkeiten aus den verschiedensten Textprogrammen verfügt. Dazu zählen unter anderem WORD für DOS, frühere WINWORD-Versionen, Word Perfect, PC Text 4 (über RFT-DCA) sowie unformatierte Textdateien.

Nach Auswahl bzw. Bestätigung des Dateityps der Ursprungsdatei wird der Text eingelesen und in das neue Format umgewandelt. Berücksichtigt werden z. B. bei WORD für DOS

- vorhandene Druckformatvorlagen

- Absatz- und Zeichenformate

- Fußnoten, Kopf- und Fußzeilen.

Um die Konvertierung direkt zu übernehmen, erfolgt auch eine Prüfung, mit welcher Druckformatvorlage der Text erstellt wurde. Kann diese nicht gefunden werden, sollten Sie dennoch auf <OK> bzw. <Ignorieren> klicken. Dann kann es allerdings sein, daß nicht alle Formatierungen des Quelltextes genau übernommen werden.

Der konvertierte Text erscheint schließlich auf dem Bildschirm. Für eine spätere Speicherung dieser Datei bestehen nun zwei Möglichkeiten:

- Sie speichern die bisherige oder die bearbeitete Datei unter einem neuen Dateinamen. Dann ist sie als WORD für WINDOWS-Datei verfügbar.

- Sie speichern die Datei unter dem bisherigen Dateinamen. Dann erfolgt die Abfrage, ob die Datei im ursprünglichen Format überschrieben und durch das konvertierte Format - also im WORD für WINDOWS-Format - ersetzt werden soll. Bei Wahl der Schaltfläche <Ja> erfolgt die Speicherung im neuen Standardformat von WORD für WINDOWS.

Abschließend noch folgende Hinweise:

- Alternativ können Sie auch aus dem Menü **Einfügen** mit dem Befehl **Datei** eine Datei aktivieren, die mit einem anderen Programm als WINWORD 6 erstellt wurde. In diesem Fall wird dann wiederum das Format ausgewählt werden müssen, in dem diese Datei erstellt wurde. Der Unterschied liegt nun darin, daß die gesamte Datei unmittelbar in den aktuellen Text eingefügt wird.

- Wenn Sie die Arbeit mit WORD für WINDOWS über den Befehl **Beenden** des Menüs **Datei** abschließen wollen, findet zunächst eine Prüfung statt, ob die Änderungen gespeichert werden sollen. Dies können Sie durch Anklicken der Schaltfläche <OK> dann jeweils realisieren.

Zusammenfassung zur Organisation von Dateien:

Zielsetzung	Befehlswahl im Menü DATEI
Neues Dokument erstellen	Neu
Vorhandene Datei laden	Öffnen
Arbeit mit einem Dokument beenden	Schließen
Weitere Datei erstellen	Neu
Arbeit mit dem Programm beenden	Beenden

2.3   Druckausgabe

Eine Ausgabe auf dem angeschlossenen Drucker erfolgt in der Regel dann, wenn die unmittelbar festgestellten Eingabefehler korrigiert sind und das Dokument zuvor gespeichert wurde. Dabei ist grundsätzlich zu beachten, daß die Art des verwendeten Druckers einen entscheidenden Einfluß darauf hat, wie das Dokument angezeigt und gedruckt wird.

Für die Druckausgabe dient nach Aufruf des Menüpunktes **Datei** der Befehl **Drucken**. Danach erscheint das im folgenden dargestellte Dialogmenü:

Bild 2-13:
Dialogmenü
DRUCKEN

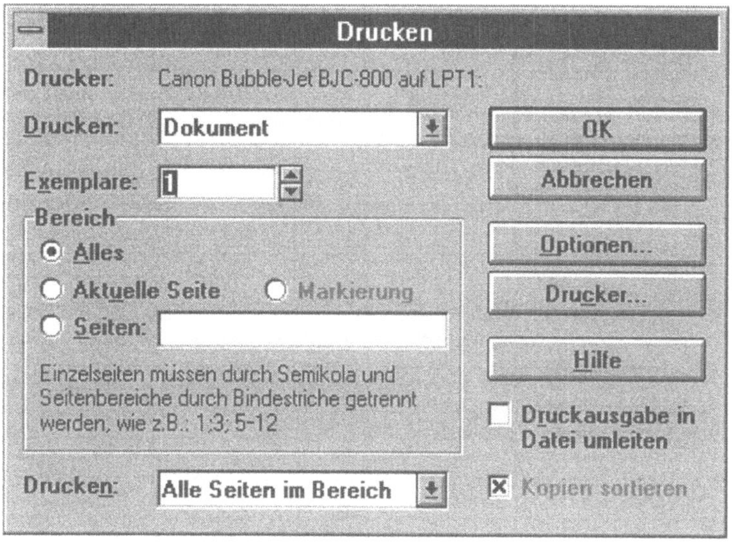

Die angezeigten Auswahlfelder haben folgende Bedeutung:

Auswahlfelder	Bedeutung
Drucken:	legt fest, welche Art der Information ausgedruckt werden soll. Standard ist Dokument. Varianten sind Datei-Info, Anmerkungen, AutoText-Einträge, Formatvorlagen und Tastenbelegung.
Exemplare:	bestimmt die Anzahl der zu druckenden Exemplare. Im Normalfall wird ein Exemplar ausgegeben. Alternativ kann die gewünschte Anzahl eingegeben werden.
Bereich:	Alternativ zum gesamten Text (Variante „Alles") können bestimmte Seiten oder nur die aktuelle Seite/Markierung gezielt ausgedruckt werden. Das Eingabefeld nach „Seiten" dient der konkreten Angabe der zu druckenden Seiten.
Druckausgabe in Datei umleiten:	Neben der Ausgabe an einen Drucker kannauch in eine Datei gedruckt werden. Dazu ist dieses Optionsfeld einzuschalten.
Kopien sortieren:	Eine Aktivierung des Optionsfeldes liefert eine sortierte Ausgabe, wenn mehrere Exemplare gedruckt werden. Ansonsten würden erst sämtliche Exemplare einer Seite gedruckt, bevor dann die nächste Seite ausgegeben wird.
Drucken	Neben „Alle Seiten im Bereich" können auch nur gerade oder nur ungerade Seiten gedruckt werden.

Neben <OK>, <Abbrechen> und <Hilfe> sind noch zwei besondere Schaltflächen vorhanden:

- <Drucker> für die Auswahl des Druckers, der aktuell benutzt werden soll.

- <Optionen> für die Variation der Druckqualität sowie der Festlegung bestimmter Möglichkeiten (z. B. Drucken eines verborgenen Textes).

2.3.1	## Drucker einrichten

Bevor Sie den Druckbefehl auslösen, sollten Sie sich vergewissern, daß auch alle Einstellungen für die Druckausgabe korrekt vorgenommen wurden. Dies betrifft insbesondere die Frage des angeschlossenen Druckers. Der Name des gerade aktivierten Druckers erscheint in der ersten Zeile des Dialogmenüs; im Beispielfall: Canon Bubble Jet.

Wenn Sie einen anderen Drucker benutzen wollen, ist die Schaltfläche <Drucker> zu aktivieren. Das entsprechende Bildschirmmenü zeigt die folgende Abbildung:

Bild 2-14:
Dialogmenü
„Druckereinrichtung"

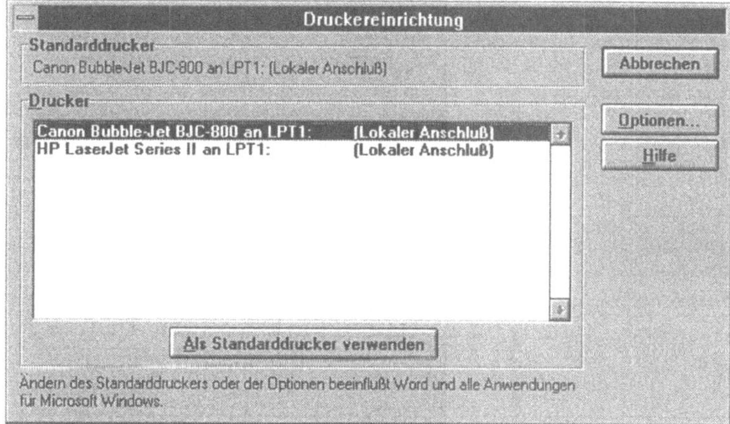

Sofern mehrere Drucker auf Ihrem System installiert sind, können Sie nun im Feld „Drucker" den gewünschten Drucker auswählen und dann die Variante <Als Standarddrucker verwenden> aktivieren.

In Abhängigkeit vom installierten Drucker können Sie gesonderte Einrichtungen vornehmen, indem Sie die Schaltfläche <Optionen> anklicken.

Hinweis: Einige Befehle überschneiden sich mit dem Befehl **Seite einrichten** des Menüs **Datei** (vgl. Abschnitt 3 dieses Buches). Im Zweifelsfall haben die dort vorgenommenen Einstellungen Vorrang.

2.3.2	## Druckoptionen anpassen

Über die Wahl des Befehls **Drucken** können außerdem verschiedene Druckoptionen eingestellt werden. Nach Wahl der Schaltfläche <Optionen> ergibt sich folgende Bildschirmanzeige:

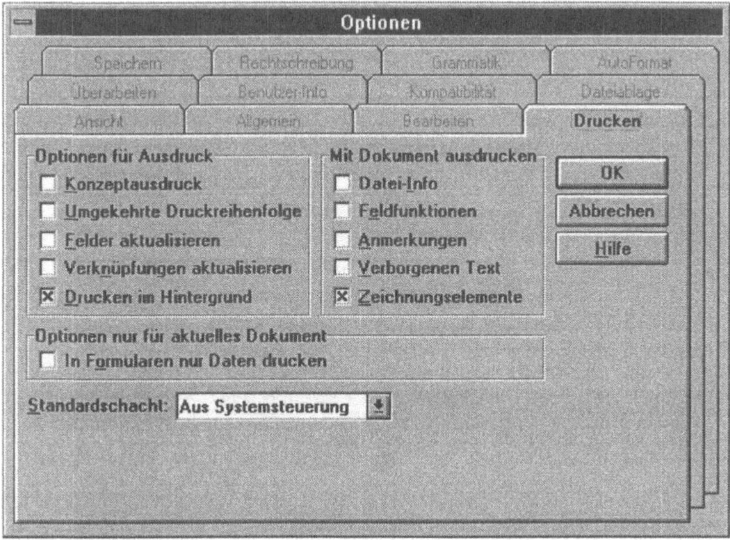

Die Bedeutung der Möglichkeiten gibt die folgende Zusammenstellung wieder:

Druck-Optionen	Bedeutung/Anwendung
Konzeptausdruck	Bei Aktivierung wird des sog. Konzeptmo-dus (Draft) des Druckers genutzt (sofern der Drucker darüber verfügt). Das Drucken geht schneller, spezielle Formatierungen entfallen allerdings.
Umgekehrte Druckreihenfolge	Beim Ausdruck wird mit der letzten Seite begonnen. Die Anwendung empfiehlt sich für Drucker, die eine Stapelung mit nach oben gerichteter Druckseite vornehmen.
Felder aktualisie-ren	Alle Feldeinfügungen werden automatisch aktualisiert.
Verknüpfungen aktualisieren	Vor dem Drucken werden sämtliche ver-knüpfte Informationen in einem Dokument aktualisiert.
Drucken im Hin-tergrund	Durch Deaktivierung kann Speicherplatz für das Durchführen eingespart werden.
Datei-Info	Nach dem Ausdruck des Dokuments wird auf einer separaten Seite auch die dazuge-hörige Datei-Information ausgedruckt.

Feldfunktionen	Statt der Feldergebnisse werden die Feldfunktionen gedruckt.
Anmerkungen	Auf einer separaten Seite werden am Ende die Anmerkungen zum Dokument gedruckt.
Verborgener Text	Bei Einstellung werden verborgen formatierte Textteile mit gedruckt.
Zeichnungselemente	Zeichnungselemente werden mit dem Dokument ausgedruckt.
Standardschacht	bestimmt den Schacht für den Papiereinzug.

Hinweis: Die genannten Optionen können Sie auch dadurch realisieren, daß Sie das Menü **Extras** aktivieren und hier nach Wahl des Befehls **Optionen** die Kategorie „Drucken" aktivieren.

2.3.3   Druckvorgang auslösen

Sind die Vorüberlegungen und Prüfungen zum Drucken abgeschlossen, dann können Sie den im Hauptspeicher befindlichen Text unmittelbar ausdrucken. Dazu muß im aktivierten Dialogfenster „Drucken" die Schaltfläche <OK> aktiviert werden.

Im Normalfall wird der Druck nun entsprechend durchgeführt werden; d. h. der im Hauptspeicher befindliche Text wird in der gewünschten Form auf dem Drucker ausgegeben. Die Seiten werden automatisch so umbrochen, wie es den eingegebenen Formaten entspricht (festgelegte Ränder, Zeilen- und Zeichenabstände).

Andernfalls sind zwei grundsätzliche Reaktionen des Computers nach Ausführung des Druckvorganges möglich:

a)   Es ergibt sich keine Druckausgabe. Im wesentlichen sind dann zwei Fehlerursachen denkbar:

- Sie haben vergessen, den Drucker einzuschalten.

- Der angeschlossene Drucker muß noch auf das Textprogramm abgestimmt werden.

b)   Das Format der Druckausgabe ist unbefriedigend (z. B. unzureichender Zeilen- und Seitenumbruch). In diesem Fall müssen Sie über den Befehl **Seite einrichten**, der sich im Menü **Datei** befindet, eine entsprechende Anpassung vornehmen.

Zusammenfassend ergibt sich folgender Ablauf zur Realisierung des Druckens:

Reihenfolge der Bearbeitung	Tastenfolge
1. Menü Datei wählen	Alt + D
2. Option Drucken wählen	D
3. Schaltfläche <OK> klicken	↵

Standardmäßig wird nach Auslösung des Druckvorganges das gesamte Dokument auf dem Drucker ausgegeben. Die Befehlsfläche „Bereich", die sich im Dialogfenster „Drucken" befindet, bietet Ihnen alternativ die Möglichkeit, bestimmte Teilabschnitte eines Dokumentes gezielt zu drucken. Dazu gibt es im einzelnen folgende Varianten:

a)   Druck ausgewählter Seiten:

Gehen Sie zum Eingabefeld bei „Seiten". In diesem Feld ist die Eingabe der Seitenzahl erforderlich, die gedruckt werden soll. Mehrere unabhängige Seiten sind jeweils durch ein Semikolon zu trennen. Handelt es sich um eine Seitenfolge, ist ein Bindestrich zu verwenden. Beispiele:

Eingaben	Wirkung
5	Es wird die Seite 5 gedruckt
3;7;15	Es werden die Seiten 3, 7 und 15 gedruckt.
3-15	Es werden die Seiten 3 bis 15 gedruckt.

b)   Druck der aktuellen Seite

Wählen Sie in diesem Fall nach Aufruf des Dialogfensters „Drucken" das Optionsfeld „Aktuelle Seite".

c)   Druck eines markierten Textbereichs

Um einen bestimmten ausgewählten Textbereich zu drucken, müssen Sie diesen zunächst markieren (Hinweis: Zu den Markierungsfunktionen siehe ausführlich die folgenden Seiten dieses Buches). Wenn Sie nun den Befehl **Drucken** aus dem Menü **Datei** wählen, wird statt „Aktuelle Seite" die Option „Markierung" kräftig angezeigt. Aktivieren Sie diese, und führen Sie dann den Druck aus.

2.4   Textüberarbeitung

In der Praxis stellt sich häufig die Notwendigkeit, eine nachträgliche Überarbeitung an einem Text vornehmen zu müssen. So kann etwa das Korrekturlesen eines ausgedruckten Textes ergeben, daß verschiedene Schreibfehler „auszumerzen" sind: Zeichen, Wörter, Sätze oder Absätze, die vergessen wurden, sind einzufügen; umgekehrt müssen bestimmte Zeichen oder Zeichenfolgen gelöscht werden. Diese nachträgliche Schreibfehlerkorrektur kann i. d. R. in gleicher Weise vorgenommen werden wie die bereits erläuterte Sofortkorrektur. Ergänzend bieten Textprogramme – insbesondere für umfangreiche Texte – weitere Funktionen, die die Korrekturarbeiten erleichtern (z. B. die Funktion „Suchen und Ersetzen" oder die Möglichkeit der Rechtschreibprüfung).

In der beruflichen Praxis entstehen viele Texte außerdem nicht selten in mehreren Arbeitsschritten. Erstmalig erfaßte Texte stellen mitunter eine vorläufige Fassung dar, an der vom Autor noch Korrekturen, Einfügungen, Umformatierungen und Kürzungen vorgenommen werden, die im nachfolgenden Arbeitsgang in den Text eingearbeitet werden müssen. Mehrere Überarbeitungen sind außerdem dann notwendig, wenn mehrere Personen für einen Text verantwortlich sind oder verschiedene Stellen Änderungswünsche äußern: Das ist etwa der Fall bei gemeinschaftlich erarbeiteten Untersuchungsergebnissen oder bei wichtigen betrieblichen Richtlinien oder Regelungen, die in einem längeren Änderungs- und Genehmigungsverfahren mehrere Stellen durchlaufen müssen.

Daraus ergeben sich folgende typische Textbearbeitungsaufgaben, auf die in diesem Kapitel ausführlich eingegangen wird:

- Textabschnitte löschen
- Texte hinzufügen oder einfügen
- Textabschnitte verschieben
- Textabschnitte kopieren
- Rechtschreibfehler korrigieren

Die wichtigsten Befehle zur Realisierung dieser Optionen stehen unter dem Menüpunkt **Bearbeiten**. Dieser hat nach einer Aktivierung folgendes Aussehen:

Bild 2-16:
Menü BEARBEITEN

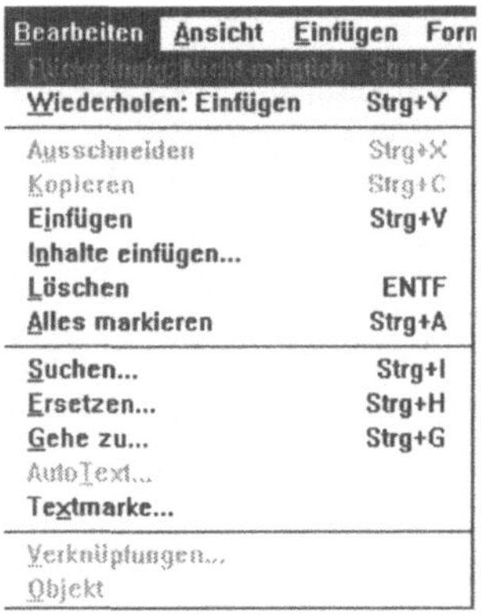

Bearbeiten	Ansicht	Einfügen	Forn

Rückgängig: Nicht möglich	Strg+Z
Wiederholen: Einfügen	Strg+Y
Ausschneiden	Strg+X
Kopieren	Strg+C
Einfügen	Strg+V
Inhalte einfügen...	
Löschen	ENTF
Alles markieren	Strg+A
Suchen...	Strg+I
Ersetzen...	Strg+H
Gehe zu...	Strg+G
AutoText...	
Textmarke...	
Verknüpfungen...	
Objekt	

Die Bedeutung der einzelnen Menüpunkte zeigt die folgende
Zusammenstellung:

Menüpunkt	Bedeutung
Rückgängig	macht die letzte Bearbeitung rückgängig.
Wiederholen	wiederholt die zuletzt durchgeführte Aktion.
Ausschneiden	löscht einen markierten Textabschnitt und überträgt diesen in einen Zwischenspeicher.
Kopieren	kopiert einen markierten Textabschnitt und überträgt ihn in einen Zwischenspeicher.
Einfügen	fügt den Inhalt der Zwischenablage an der Stelle im Dokument ein, an der die Einfügemarke positioniert ist.
Inhalte einfügen	fügt den Inhalt der Zwischenablage ein. Dabei ist eine Einfügung als Objekt, ohne Formatierung, als Grafik oder als Bild möglich. Auch eine Verknüpfung ist einstellbar.
Löschen	löscht markierte Abschnitte, ohne sie in die Zwischenablage zu übertragen.
Alles markieren	Das gesamte aktive Dokument wird für Bearbeitungszwecke markiert.
Suchen	sucht eine bestimmte Zeichenfolge, ein bestimmtes Wort oder eine bestimmte Formatierung.

Ersetzen	Es wird nach einer bestimmten Zeichenfolge, nach einem bestimmten Wort oder nach einer bestimmten Formatierung gesucht und der Suchbegriff durch eine andere Vorgabe ersetzt.
Gehe zu	ermöglicht die Positionierung der Einfügemarke an eine bestimmte Stelle im Dokument.
Auto-Text	ermöglicht die Definition oder das Einfügen eines Textbausteins.
Textmarke	weist der Markierung einen Namen zu.
Verknüpfung	Eingestellte Verknüpfungen können aktualisiert, geöffnet oder aufgehoben werden.
Objekt	Eingefügte Objekte können bearbeitet werden (z. B. ein eingefügtes Diagramm im Graph-Programm).

2.4.1   Einfügemarke bewegen und Bildlauf im Text

Wird ein gespeicherter Text auf den Bildschirm für Überarbeitungszwecke abgerufen, so ist die Einfügemarke (der Cursor) auf den Textanfang plaziert. Um die notwendigen Überarbeitungen vornehmen zu können, muß also noch die jeweils erforderliche Arbeitsposition aufgesucht und angesteuert werden.

Im einfachsten Fall wird der Cursor mit einer der vier Richtungstasten oder per Mausklick an die gewünschte Arbeitsposition auf dem Bildschirm bewegt. Dies ist allerdings insbesondere bei längeren Texten relativ aufwendig. Hinzu kommt, daß nur Textausschnitte auf dem Bildschirm sichtbar sind (beispielsweise 20 oder 25 Zeilen). Und wenn etwa Texte im Querformat erfaßt werden, dann bleiben die über die normale Zeilenbreite hinausragenden Text-Teile unsichtbar.

Um auch den nicht direkt auf dem Bildschirm sichtbaren Text schnell und komfortabel bearbeiten zu können, muß der Text deshalb über die Bildschirmfläche seitlich sowie auf und ab verschiebbar sein: Man nennt diese Bildlauffunktionen, die durch spezielle Tasten oder per Maussteuerung ausgelöst werden, horizontales und vertikales Rollen (engl.: scrolling).

Soll ein Text nach unten (zum Ende) oder nach oben (zum Anfang) bewegt werden, so bieten Textprogramme hierfür einen unterschiedlichen Komfort. Möglich ist etwa ein zeilen-, absatz- und seitenweises Verschieben des Textes. Im einzelnen stehen in WORD für Windows für die Anwendung des **Bildlaufes mit der Tastatur** die nachfolgend aufgeführte Varianten zur Verfügung. Testen Sie diese ruhig einmal der Reihe nach aus, nachdem Sie einen dazu geeigneten Text geöffnet haben; beispielsweise TEXT20.DOC.

Bildlaufoptionen	**Tasten/ Tastenkombin.**
1) Zeichenweises Bewegen - nach links - nach rechts	⬅ ➡
2) Zeilenweises Bewegen - nach unten - nach oben	⬇ ⬆
3) Wortweises Bewegen - nächsten Wortanfang - Anfang des vorher gehenden Wortes	[Strg]+[➡] [Strg]+[⬅]
4) Absatzweises Bewegen - Absatzanfang - Absatzende - Nächsten Absatz	[Strg]+[⬆] [Strg]+[⬇], [⬅] [Strg]+[⬇]
5) Bewegen auf einer Bildschirmseite - Zeilenanfang - Zeilenende - Fensterrand oben - Fensterrand unten	[Pos 1] [Ende] [Strg]+[Bild ⬆] [Strg]+[Bild ⬇]
6) Blättern im Text - Bildschirmseite oben - Bildschirmseite unten - Anfang vorherige Seite - Anfang nächste Seite - Textende - Textanfang	[Bild ⬆] [Bild ⬇] [Strg]+[Alt]+[Bild ⬆] [Strg]+[Alt]+[Bild ⬇] [Strg]+[Ende] [Strg]+[Pos 1]

Mausgesteuert kann die Einfügemarke ebenfalls relativ leicht bewegt werden. Die einfachste Methode besteht dabei darin, zunächst mit dem Mauszeiger auf die gewünschte Stelle zu zeigen. Durch Klicken der linken Maustaste wird dann die Einfügemarke gesetzt, und es kann eine Korrektur oder Einfügung vorgenommen werden.

In längeren Texten kann mit der Maus eine schnelle Positionierung unter Verwendung der Bildlaufleisten am rechten und unteren Rand des Fensters erfolgen. So können Sie einen anderen Teil Ihres in Bearbeitung befindlichen Dokuments im aktuellen Fenster sehen. Im einzelnen ist folgendes Vorgehen denkbar:

- Bildlaufpfeil in der Bildlaufleiste anklicken: bewegt eine Zeile nach oben oder nach unten.

- Ziehen des Bildlauffeldes in den Bildlaufleisten: ermöglicht einen schnellen Bildlauf um einen prozentualen Teil der Dokumentenlänge bzw. der Dokumentenbreite.

- Klicken auf der vertikalen Bildlaufleiste oberhalb oder unterhalb des Bildlauffeldes: ermöglicht eine Veränderung um eine Bildschirmseite nach oben oder nach unten.

Sie müssen allerdings beachten, daß dadurch die Einfügemarke nicht mitbewegt wird. Im angezeigten Textbereich ist dazu zunächst mit dem Mauszeiger auf die gewünschte neue Position zu klicken.

Befehlsgesteuert kann außerdem mit dem Menü **Bearbeiten** das Dialogfeld „Gehe zu" aufgerufen werden. Hiermit kann durch entsprechende Eingaben schnell eine bestimmte Zeile, Textseite oder Textmarke angesteuert werden. Nach der Befehlswahl, die auch mit F5 oder der Tastenkombination Strg+G ausgelöst werden kann, ergibt sich folgende Bildschirmanzeige:

Bild 2-17:
Dialogfenster
„Gehe zu"

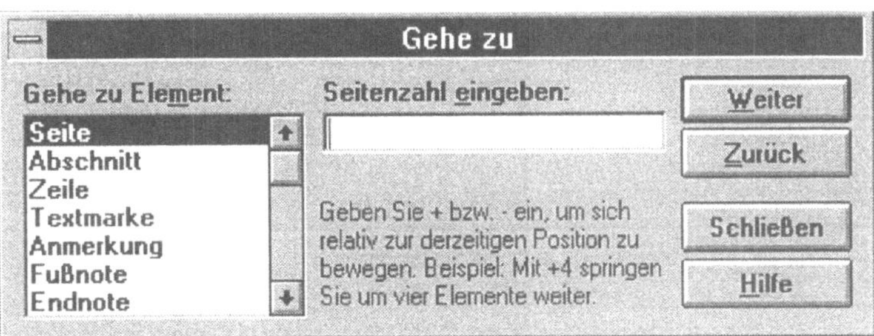

Folgende Eingaben sind in dem angezeigten Dialogfeld möglich:

Zielposition	**Notwendige Eingaben**
Zeile	z und Zeilennummer; Beispiel: z4
Seite	Seitenzahl oder s und Seitennummer; Beispiele: 8 oder s8
Abschnitt	i und Abschnittsnummer; Beispiel: i3
Fußnote	f und Fußnotennummer; Beispiel: f35
Textmarke	Textmarkennamen
Anmerkung	a und Anmerkungsnummer; Beispiel a9
Endnote	Endnotennummer
Feld	Name des Feldes
Tabelle	Tabellennummer
Grafik	Grafiknummer
Formel	Formelnummer
Objekt	Name des Objektes

Abschließend noch folgender **Hinweis**: WINWORD bietet auch die Möglichkeit, einfach an eine vorhergehende Bearbeitungsstelle zurückzukehren. Gespeichert werden nämlich die letzten drei Stellen, an denen Text eingegeben oder bearbeitet wurde. Folgende Optionen stehen zur Verfügung:

- Mit der Tastenkombination ⇧+F5 kann die Einfügemarke schrittweise zu jeder der drei vorhergehenden Stellen zurückbewegt werden.

- Nach Öffnen einer Datei können Sie mit ⇧+F5 die Einfügemarke automatisch an die Stelle setzen, an der Sie die Arbeit zuletzt beendet hatten.

2.4.2   Textstellen markieren

Eine typische Aufgabe im Rahmen der Text-Überarbeitung besteht darin, bestimmte Textstellen (Zeichen, Worte, Sätze, Absätze) zu löschen, einzufügen, zu kopieren oder neu zu formatieren. Möglich wird dies durch das Auslösen der entsprechenden Befehle. Voraussetzung hierzu ist allerdings, daß Sie vorher die entsprechenden Textstellen genau **markieren**.

Um bestimmte Wortteile, Worte, Sätze oder Absätze markieren zu können, müssen Sie diese Textstellen zunächst mit dem Cursor ansteuern; danach können Sie dann die gewünschte Markierungsfunktion (z. B. das Markieren eines Absatzes) aufrufen. Realisiert wird das Markieren über bestimmte Funktionstasten oder per Maussteuerung. Das Ergebnis des Markierens wird unmittelbar auf dem Bildschirm angezeigt: das bzw. die markierten Zeichen werden hervorgehoben dargestellt.

Textmarkierung mit der Tastatur

Die wichtigsten Möglichkeiten der Textmarkierung durch Betätigen bestimmter Tasten/Tastenkombinationen zeigt die folgende Zusammenstellung:

Markierungsvariante	Tasten/Tastenkombin.
1) Wort markieren	2 x [F8]
2) Zeile markieren	[Pos 1], [F8], [⇧]+[Ende]
3) Satz markieren	Einfügemarke auf Satzanfang setzen, [F8], [.] drücken oder 3 x [F8]
4) Absatz markieren	Einfügemarke in Absatz setzen, 4 x [F8]
5) gesamtes Dokument markieren	[Strg]+[5] (Hinweis: 5 auf der Ziffernstastatur) oder 5 x [F8]

Natürlich kann es auch sinnvoll sein, mehrere aufeinanderfolgende Zeichen, Wörter, Sätze oder Absätze zu markieren. In diesem Fall muß nach der ersten Markierung die Funktionstaste [F8] (= Erweiterungstaste) betätigt werden (es erscheint der Hinweis „ER" in der Statuszeile); anschließend können die nächsten Zeichen, Wörter, Sätze oder Absätze angesteuert werden. Alternativ kann zur Erweiterung einer Markierung auch die Taste [⇧] gedrückt gehalten werden.

Wollen Sie eine Markierung wieder aufheben (etwa weil Sie sich geirrt haben), dann betätigen Sie zunächst die Taste [Esc] und danach eine Richtungstaste. Die ursprünglich hervorgehobenen Zeichen erscheinen nun wieder in „normaler" Form.

Aufgabe: Textmarkierungen vornehmen

Öffnen Sie die Datei TEXT20.DOC, falls diese schon geschlossen wurde. Markieren Sie übungshalber der Reihe nach die folgenden Textteile:

- das Wort „Speichern" im zweiten Satz

- die Wortfolge „Speichern und das Drucken"

- den zweiten Satz des zweiten Absatzes

- die Zeile 4 des dritten Absatzes

- den gesamten zweiten Absatz.

Um das Markieren von Worten und Textblöcken im praktischen Einsatz zu testen, sind per Tastatur folgende Vorgehensweisen notwendig:

- Ansteuern eines beliebigen Zeichens des Wortes „Speichern"; Wortmarkierung durch zweimaliges Betätigen von [F8];

- Nach Markierung des Wortes ist zunächst die Erweiterungstaste [F8] zu betätigen. Anschließend muß [→] betätigt werden (zur Aufhebung der \Erweiterungs-Markierung ist zunächst [Esc] zu drücken und dann eine beliebige Richtungstaste zu betätigen);

- Zur Markierung des zweiten Satzes im zweiten Absatz ist zunächst ein beliebiges Zeichen in dem Satz anzusteuern. Anschließend ist dreimal [F8] zu drücken.

- Zur zeilenweisen Markierung ist zunächst das erste Zeichen in der 4. Zeile des dritten Absatzes anzusteuern. Nach Drücken von [F8] ist dann die Tastenkombination [⇧]+[Ende] zu betätigen.

- Um den gesamten zweiten Absatz zu markieren, ist zunächst ein beliebiges Zeichen im zweiten Absatz anzusteuern und dann viermal [F8] zu betätigen.

Die Bildschirmdarstellung nach Markieren des zweiten Absatzes zeigt für den Beispielfall Bild 2-18.

Textmarkierung per Mausklick

Ein einfaches Markieren von Textabschnitten kann auch per Maussteuerung und anschließendem Mausklick realisiert werden. Generell kann hierzu zunächst an einem Ausgangspunkt im Text geklickt werden und dann bei gedrückter linker Maustaste die Endposition angesteuert werden. Nach Loslassen der linken

Maustaste ist der Bereich markiert. Aufgehoben wird die Markierung, indem im Text an einer beliebigen Stelle geklickt wird.

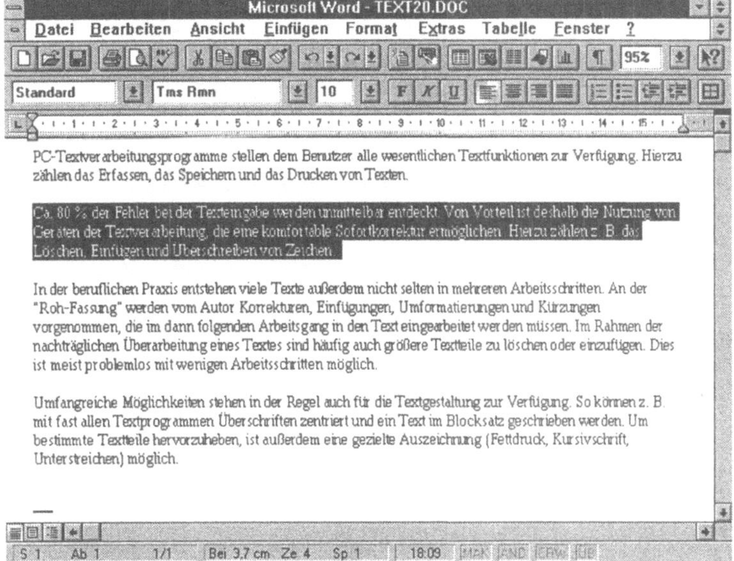

Das Markieren mit der Maus wird außerdem durch die sog. Markierungsleiste erleichtert. Es handelt sich dabei um eine schmale, unsichtbare Spalte am linken Bildschirmrand. Wird der Mauszeiger links vom Text in dieser Spalte plaziert, so nimmt er die Form eines nach rechts oben gerichteten Pfeiles an.

Besonderheiten zur schnellen und gezielten Markierung zeigt die folgende Zusammenstellung:

Markierungsvariante	Tasten/Tastenkombin.
1) Wort markieren	beliebiges Zeichen im Wort anklikken; zweimal linke Maustaste drükken.
2) Zeile markieren	Mauszeiger links von der Zeile positionieren; linke Maustaste drücken.
3) Satz markieren	Mauszeiger auf ein Zeichen im Satz postionieren; [Strg]-Taste gedrückt halten und linke Maustaste klicken.

4) Absatz markieren	Mauszeiger links vom Absatz in der sog. Markierungsleiste positionieren; Maustaste zweimal drücken; oder dreimal kurz im Absatz klicken.
5) gesamtes Dokument markieren	Mauszeiger in die Markierungsleiste setzen, Maustaste dreimal kurz drük- ken; oder: Strg-Taste gedrückt halten und links vom Text klicken. Wichtig: Der Mauszeiger muß die Pfeilform haben.
6) beliebig großen Textteil	Mauszeiger über den Textteil ziehen.

Testen Sie diese Varianten anhand der gleichen Aufgabenstellung, mit der Sie die Markierung mit der Tastatur vorgenommen haben.

2.4.3   Textabschnitte löschen

Text beliebiger Länge kann im nachhinein problemlos gelöscht werden. Dies können einzelne Zeichen oder Wortteile, aber auch ganze Sätze, Zeilen, Absätze oder Seiten sein.

Sollen größere Textteile aufgrund der Überarbeitung durch den Autor gelöscht werden, so müssen diese zunächst –wie im vorhergehenden Abschnitt beschrieben – markiert werden. Das Löschen kann entweder direkt erfolgen oder durch Übertragung des gelöschten Abschnitts in den Zwischenspeicher:

- Direkt gelöscht wird durch Betätigen der Taste Entf oder durch Wahl des Befehls **Löschen** aus dem Menü **Bearbeiten**.

- Durch Betätigen der Tastenkombination Strg+X oder

- Wahl des Befehls **Ausschneiden** aus dem Menü **Bearbeiten** wird eine Übertragung des gelöschten Abschnitts in den Zwischenspeicher bewirkt.

Die angegebenen Text-Portionen werden in allen Fällen vom Programm in einem Zug „geschluckt".

Aufgabe: Textabschnitte löschen
Öffnen Sie die Datei TEXT20.DOC, und löschen Sie den dritten Absatz.

Zur Lösung der Aufgabe müssen Sie nun lediglich den Absatz mit einer der Varianten markieren (wie im vorhergehenden Abschnitt beschrieben), und anschließend die Lösch-Tastenkombination Strg+X betätigen bzw. alternativ den Befehl **Ausschneiden** im Menü **Bearbeiten** wählen.

Generell gilt somit folgende Checkliste für das Löschen von Textteilen (Annahme: Löschen eines Absatzes):

Reihenfolge der Bearbeitung	Tastenfolge
1. Absatz markieren	4 x F8
2. Befehl Ausschneiden im Menü Bearbeiten wählen	Alt, B, U oder Strg+X

Löschbefehle können auch wieder aufgehoben werden. Dazu haben Sie drei alternative Möglichkeiten:

- Wahl des Befehls **Rückgängig** im Menü **Bearbeiten**
- Betätigen der Tastenkombination Strg+Z oder
- Klicken auf die Schaltfläche für Rückgängig.

2.4.4

Textabschnitte kopieren und verschieben

Ein weiterer wichtiger Anwendungsfall in der Praxis der Textbearbeitung ist die Möglichkeit des gezielten Kopierens von Textabschnitten. Darüber hinaus kommt es häufig vor, daß die Reihenfolge von Textabschnitten nachträglich geändert werden soll.

Textabschnitte, die kopiert bzw. umgestellt werden sollen, werden zunächst üblicherweise in einen Zwischenspeicher übertragen. Für das Arbeiten mit dem Zwischenspeicher sind zwei Aktivitäten zu unterscheiden:

a)   Textabschnitt in den Zwischenspeicher übertragen:
Um einen Textabschnitt für die spätere Wiederverwendung in den Zwischenspeicher zu übertragen, muß dieser zunächst markiert werden. Dann gibt es zwei grundsätzliche Möglichkeiten, einen Textabschnitt in den Zwischenspeicher zu übertragen:

- **Ausschneiden:** Durch Wahl des Befehls **Ausschneiden** aus dem Menü **Bearbeiten** wird ein markierter Textabschnitt in den Zwischenspeicher übertragen und gleichzeitig vom Bildschirm gelöscht.

- **Kopieren:** Durch Wahl des Befehls **Kopieren** im Menü **Bearbeiten** wird ein markierter Textabschnitt ebenfalls in den

Zwischenspeicher übertragen. Der Text erscheint jedoch weiterhin auf dem Bildschirm.

b)   Textabschnitt aus dem Zwischenspeicher einfügen:
Der Inhalt des Zwischenspeichers kann an einer beliebigen Stelle des Textes eingefügt werden. Dazu müssen Sie den Cursor auf die Einfügestelle positionieren und die Tastenkombination [Strg]+[V] betätigen oder den Befehl **Einfügen** im Menü **Bearbeiten** wählen.

Hinweis: Im Zwischenspeicher kann ein beliebig langer Text aufbewahrt werden. Sobald ein neuer Text hier hinein übertragen wird, erfolgt ein Überschreiben des alten Inhaltes.

Textabschnitte innerhalb eines Dokuments kopieren

Das Kopieren von Textabschnitten kann sowohl innerhalb eines Textes erfolgen (wenn sich Abschnitte wiederholen) als auch zwischen verschiedenen Texten. Der erste Fall ist einfacher zu realisieren, da nicht zwischen verschiedenen Dateien gewechselt werden muß.

Generell ist folgendes Vorgehen notwendig, um das Kopieren von Textblöcken zu realisieren. Als erstes müssen Sie den Textabschnitt, den Sie kopieren wollen, genau bestimmen (markieren). Dieser Text/Textabschnitt ist dann mit dem Kopierbefehl in einen Zwischenspeicher zu übertragen. Anschließend ist in dem Text, in dem die Einfügung vorgenommen werden soll, die Einfügestelle zu markieren und der Text/Textabschnitt aus dem Zwischenspeicher zu übernehmen.

Aufgabe: Textabschnitt kopieren
Öffnen Sie das Dokument mit dem Dateinamen TEXT20.DOC, und kopieren Sie den dritten Absatz an das Textende. Löschen Sie anschließend den dritten Absatz.

Zur Lösung der Aufgabenstellung müssen Sie zunächst die Datei TEXT20.DOC laden. Steuern Sie danach den 3. Absatz an, und markieren Sie diesen. Danach haben Sie mehrere Möglichkeiten des Vorgehens:

Wenn Sie **menügesteuert** vorgehen wollen, aktivieren Sie bitte den Befehl **Kopieren** im Menü **Bearbeiten** aus, um den Textabschnitt zwischenzuspeichern (alternativ die Tastenkombination [Strg]+[C]). Steuern Sie dann die gewünschte Einfügestelle am Textende an, und aktivieren Sie den Befehl **Einfügen** aus dem Menü **Bearbeiten**.

Für das Löschen des dritten Absatzes ist dieser zunächst zu markieren und danach die Taste (Entf) oder (Strg)+(X) zu betätigen. Jetzt muß sich dann das gewünschte Ergebnis einstellen. Schließen Sie dann die Datei, ohne zu speichern.

Auch per **Maussteuerung** kann ein Kopieren als sog. Drag & Drop Funktion erfolgen. Nach Markierung des zu kopierenden Textabschnittes müssen Sie zunächst die Taste (Strg) drücken. Anschließend ist der Textabschnitt bei gedrückter Maustaste auf die neue Stelle zu ziehen. Nach dem Loslassen erscheint dann hier der zuvor markierte Textabschnitt noch einmal.

Kopieren durch Übernahme aus anderen Texten

Im Regelfall werden Sie nicht innerhalb eines Dokuments Kopien vornehmen wollen. Wichtiger ist vielmehr meist, Textabschnitte aus anderen Dokumenten zu übernehmen, um so einen aktuellen Text zu erstellen oder zu vervollständigen.

Aufgabe: Text aus anderen Dokumenten kopieren

Fügen Sie durch Kopieren die ersten drei Sätze des Textes TEXT21.DOC am Ende des aktuell in Bearbeitung befindlichen Textes ein. Speichern Sie das Ergebnis als TEXT22.DOC.

Zur Lösung der Aufgabenstellung müssen Sie den Text, aus dem kopiert werden soll, zunächst öffnen (im Beispielfall TEXT21.DOC). Nach Markierung der ersten drei Sätze ist der Befehl **Kopieren** im Menü **Bearbeiten** zu wählen. Anschließend kann diese Datei geschlossen werden und in dem dann wieder angezeigten Dokument TEXT20.DOC die Einfügestelle angesteuert werden und die Einfügung mit dem Befehl **Einfügen** aus dem Menü **Bearbeiten** vorgenommen werden.

Speichern Sie das Ergebnis mit dem Befehl **Speichern unter** aus dem Menü **Datei** unter dem Dateinamen TEXT22.DOC.

Textblöcke verschieben/vertauschen

Wollen Sie mit dem Textprogramm WORD einen bestimmten Textabschnitt an eine andere Stelle im Text (vorher oder nachher) setzen, müssen Sie klassischerweise folgende vier Schritte durchlaufen:

- Textabschnitt markieren

- Befehl **Ausschneiden** aus dem Menü **Bearbeiten** wählen

- Neue Textposition ansteuern

- Befehl **Einfügen** aus dem Menü **Bearbeiten** wählen.

Aufgabe: Textabschnitte verschieben

Lassen Sie das Dokument TEXT22.DOC weiter aktiv. Positionieren Sie den zuletzt eingefügten Textabschnitt an den Anfang des Dokuments. Speichern Sie anschließend den Text unter dem Dateinamen TEXT23.DOC.

a)   Lösung per Menüsteuerung

Zur Lösung müssen Sie zunächst den letzten Absatz des Textes ansteuern und dann den Absatz markieren. Aktivieren Sie anschließend das Menü **Bearbeiten**, und wählen Sie den Befehl **Ausschneiden**, so daß ein Löschen des Textabschnittes am Bildschirm und eine Übertragung in den Zwischenspeicher bewirkt wird. Bewegen Sie den Cursor dann an den Textanfang, und fügen Sie den Abschnitt durch Wahl des Befehls **Einfügen** aus dem Menü **Bearbeiten** ein.

Der fertige Text kann schließlich unter dem gewünschten Dateinamen TEXT23 mit dem Befehl **Speichern unter** aus dem Menü **Datei** gespeichert werden.

b)   Lösung per Tastatur (Shortcuts)

Mit den folgenden Shortcuts können Sie einen markierten Textblock besonders schnell verschieben, wenn Sie gerade tastaturorientiert arbeiten:

Reihenfolge der Bearbeitung	Tastenfolge
1. Textblock markieren	3 x F8 (im Beispiel)
2. Textabschnitt in die Zwischenablage	Strg+X
3. Einfügestelle ansteuern	<Richtungstaste>
4. Textblock einfügen	Strg+V

c)   Lösung per Maus über die Symbolleiste

In der Standard-Symbolleiste finden Sie Schaltflächen für das Kopieren und Einfügen. Auch diese können Sie natürlich für das Verschieben von Textabschnitten nutzen.

d)   Lösung per Drag and Drop

Eine sehr elegante Lösung ist über die Maussteuerung möglich. Wörter, Sätze, Absätze, Tabellen und Grafiken können blitzschnell direkt mit der Maus verschoben werden. Diese Möglichkeit wird als „drag-and-drop"-Funktion bezeichnet. Damit ist gemeint, daß die zu verschiebende Textpassage zunächst nur markiert werden muß. Anschließend ist die linke Maustaste zu drücken; angezeigt wird jetzt ein kleiner, gepunkteter Rahmen und eine gepunktete Einfügemarke. Ziehen Sie die gepunktete Einfügemarke dann einfach bei gedrückter Maustaste an die neue gewünschte Stelle auf dem Bildschirm. Wird die Maustaste losgelassen, ist der zuvor markierte Textabschnitt bereits an der neuen Position abgelegt („drag-and-drop" für „Ziehen-und-Ablegen"). Probieren Sie dies einmal aus, indem Sie das vorherige Beispiel zunächst rückgängig machen und dann erneut ausführen.

Hinweis: Sollte die Drag & Drop-Funktion nicht ausführbar sein, aktivieren Sie bitte aus dem Menü **Extras** den Befehl **Optionen**. Sehen Sie dann im Register „Bearbeiten" nach, ob unter Bearbeitungsoptionen das Kontrollkästchen „Textbearbeitung durch Drag & Drop" eingeschaltet ist.

Beachten Sie außerdem: Die beschriebenen Blockoperationen können nicht nur für Textabschnitte, sondern in gleicher Weise auch bei Grafiken angewandt werden (Grafik löschen, verschieben, kopieren). Dazu später mehr.

2.4.5 Suchen im Text (Suchwortfunktion)

Um Korrekturen im Text am Bildschirm vornehmen zu können, müssen Sie mit dem Cursor zunächst an die jeweilige Stelle fahren. Das ist mitunter sehr aufwendig, wenn dies lediglich unter Einsatz der Richtungstasten erfolgt. Vor allem bei umfangreichen Texten, in denen jeweils kleine Korrekturen vorzunehmen sind, kann die sog. Suchworteingabe von erheblichem Nutzen sein. In diesem Fall muß nur eine charakteristische Zeichenfolge – z. B. Korrekturwort-Anfang oder vorangehendes Wort – eingegeben werden und schon ist es möglich, daß der Cursor unmittelbar die zu korrigierende Position ansteuert.

Aus Kontrollgründen kann es darüber hinaus sinnvoll sein, sich zu vergewissern, ob ein bestimmter, im Text mehrfach vorkommender Ausdruck richtig benutzt wurde oder nicht. Der Suchbefehl kann für solche Zwecke einfach wiederholt werden.

Zur Anwendung der Suchfunktion steht in WORD im Menü **Bearbeiten** der Befehl **Suchen** zur Verfügung. Nach Wahl des Befehls ergibt sich folgende Bildschirmanzeige:

Bild 2-19:
Dialogfeld „Suchen"

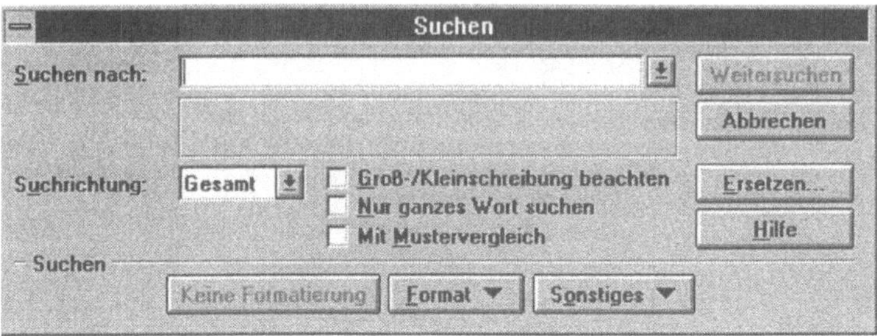

Hiermit können Sie nun nach Text, bestimmten Formaten (etwa Fettschrift) oder nach Sonderzeichen suchen. Bei der Anwendung der einzelnen Befehlsfelder ist folgendes zu beachten:

a)   Im ersten Feld „Suchen nach:" müssen Sie den Ausdruck bzw. Wortteil eingeben, der gesucht werden soll. Eingegeben werden können hier auch Sonderzeichen oder Formatierungsmerkmale (z. B. Absatzmarken, erzwungener Seitenwechsel oder Tabulatoren).

b)   Standardmäßig bezieht sich der Suchvorgang auf den gesamten Text. Die Standardoption im Feld „Suchrichtung:" ist die Variante „Gesamt". Die Alternative „Abwärts" bedeutet, daß der Suchvorgang ab der Cursorposition bis zum Textende hin durchgeführt wird. Umgekehrt bewirkt die Aktivierung der Variante „Aufwärts" ein Durchsuchen des Textes von der Markierung bis zum Textanfang hin.

c)   Mit der Option „Groß-/Kleinschreibung beachten" können Sie festlegen, ob die Schreibweise beim Suchvorgang berücksichtigt werden soll oder nicht. Wird die Option markiert, so wird das Suchwort nur dann gefunden, wenn die Schreibweise hinsichtlich Groß- und Kleinbuchstaben mit dem eingegebenen Begriff übereinstimmt. Andernfalls wird die Schreibweise des Suchbegriffs nicht berücksichtigt.

d)   Im rechteckigen Optionskästchen „Nur ganzes Wort suchen" können Sie durch eine Markierung bewirken, daß der eingegebene Suchbegriff nur als selbständiges alleinstehendes Wort erkannt wird. Bei Nichtmarkierung werden Suchbegriffe auch als Teil eines größeren Wortes gefunden. Heißt der Suchbegriff z. B. „Text", dann wird nicht nur das Wort „Text" im Dokument gesucht und gefunden, sondern etwa auch Begriffe wie „Textverarbeitung", „Textbearbeitung" oder „Textbaustein".

e)   Durch das Feld „Mit Mustervergleich" können Sie gezielte, komplexe Suchvorgänge realisieren.

Aufgabe: Suchen im Text

Aktivieren Sie die Datei TEXT23.DOC. Suchen Sie in dem Dokument nach dem Wort „Text". Die Suche soll nach dem gesamten Wort erfolgen; Wortteile, in denen die Zeichenfolge „Text" vorkommt, sind als Suchergebnis nicht gewünscht.

Zur Lösung der Aufgabe sind folgende Einstellungen vorzunehmen:

Bild 2-20:
Anwendung der
Suchfunktion

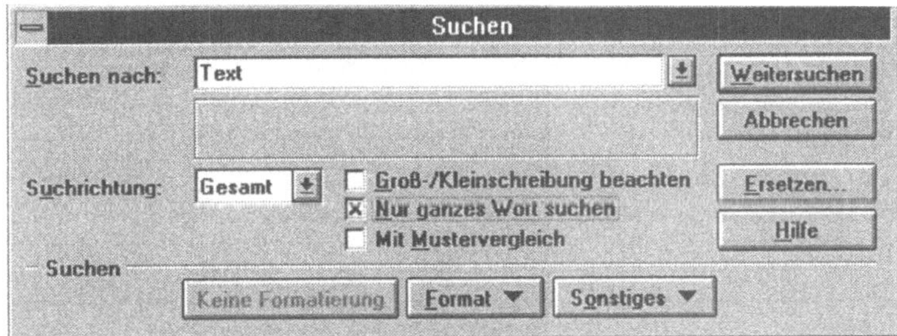

Gestartet wird der Suchvorgang durch Klicken auf die Schaltfläche <Weitersuchen>. Soll der Suchbefehl wiederholt werden, dann müssen Sie erneut die Schaltfläche <Weitersuchen> anklicken und schon wird die nächste Stelle gesucht und markiert, wo der Suchbegriff „Text" auftaucht. Ist der Suchvorgang innerhalb des Dokuments abgeschlossen, erfolgt ein entsprechender Hinweis. Nach Anklicken von <OK> erscheint wieder das Dialogfenster „Suchen". Mit <Abbrechen> erfolgt die Rückkehr zum Dokument.

2.4.6   Suchen und Ersetzen

Häufig in einem Text verwendete Wörter können sich nachträglich als fehlerhaft herausstellen – und sei es nur, weil keine durchgängig einheitliche Schreibweise gewahrt ist (z. B. Graphik /Grafik). Oft soll auch für einen fremdsprachlichen Ausdruck die eingedeutschte Version, für eine Abkürzung die ausführliche Fassung eingesetzt werden (nicht „i. d. R.", sondern „in der Regel"). Programme mit automatischer Such- und Ersetz-Funktion nehmen Ihnen das manuelle Durchforsten des Textes ab, so daß z. B. die Fehlersuche viel schneller erfolgt. Auch wird auf diese Weise sichergestellt, daß keiner der fraglichen Begriffe übersehen wird.

Im Programm WORD wird die Funktion „Suchen und Ersetzen" über den Befehl **Ersetzen** aus dem Menü **Bearbeiten** ausgelöst. Dieser Befehl hat starke Ähnlichkeiten mit dem Suchbefehl ergeben. Er ist nur um einen Teil erweitert, mit dem das Gefundene durch etwas anderes ersetzt werden kann.

Aufgabe: Suchen und Ersetzen anwenden

Ersetzen Sie im vorliegenden Textdokument den Begriff „Textverarbeitung" durch den Begriff „Dokumentenverarbeitung". Speichern Sie das Ergebnis als Datei TEXT24.DOC.

Zur Lösung der Aufgabenstellung ist nach Wahl des Befehls **Ersetzen** aus dem Menü **Bearbeiten** das Dialogfenster in folgender Weise auszufüllen:

Bild 2-21:
Anwendung des Befehls ERSETZEN

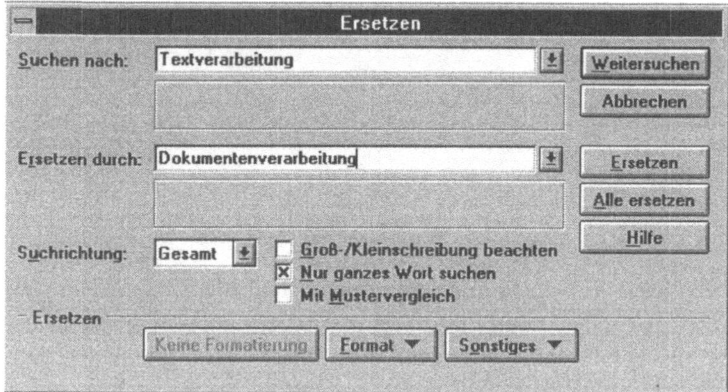

Mit Ausnahme der Eintragungen in den Befehlsfeldern „Suchen nach:" und „Ersetzen durch:" sind also keine Änderungen gegenüber der Standardvorgabe notwendig. Im Optionsfeld „Groß-/Kleinschreibung beachten" darf keine Markierung erfolgen, da sowohl Groß- als auch Kleinschreibung ersetzt werden sollen. Im Feld „Nur ganzes Wort suchen" sollte eine Markierung erfolgen.

Zur Auslösung des Befehls gibt es zwei Varianten:

- <Alle ersetzen> sollten Sie wählen, wenn automatisch die Realisierung ohne Abfragen erfolgen soll.

- <Weitersuchen> führt dazu, daß jeweils einzeln eine Abfrage erfolgt, ob der Ersetzvorgang durchgeführt werden soll.

Aktivieren Sie einmal die Schaltfläche <Weitersuchen>. Nach Auslösung des Befehls springt der Cursor zunächst auf das erste

Wort, das ersetzt werden soll. Sie können nun entscheiden, ob ein Wechsel stattfinden soll oder nicht. Soll gewechselt werden, ist die Schaltfläche <Ersetzen> zu klicken, bei Nein die Schaltfläche <Weitersuchen>; mit [Esc] oder durch Anklicken der Schaltfläche <Abbrechen> kann der gesamte Vorgang abgebrochen werden. Bei vollständiger Durchführung müßte sich nun der korrigierte Text ergeben.

Machen Sie anschließend die Durchführung wieder rückgängig, indem Sie den Befehl **Rückgängig** im Menü **Bearbeiten** wählen. Lösen Sie dann den Vorgang noch einmal aus; wählen Sie jetzt allerdings das Schaltfeld <Alle ersetzen>. Danach ist dann das Schaltfeld <Schließen> anzuklicken, das nach Durchführung statt <Abbrechen> erscheint.

Eine komfortable Form der Überarbeitung von Textgestaltungen ist die Anwendung der Befehle **Suchen** und **Ersetzen** aus dem Menü **Bearbeiten**. Auf diese Weise können ebenfalls bestimmte Textstellen für eine Korrektur von Gestaltungsmerkmalen schnell angesteuert sowie vorhandene Formatierungen gezielt ausgetauscht werden. Möglich ist dies sowohl für Zeichen- als auch für Absatzformate. Darüber hinaus können auch Dokumentvorlagen gezielt gesucht werden. Dazu dienen die Schaltflächen im unteren Bereich des Dialogfensters.

Wollen Sie beispielsweise alle Absätze suchen, die mit einem bestimmten Zeilenabstand formatiert sind (z. B. zweizeilig), dann müssen Sie aus dem Menü **Bearbeiten** den Befehl **Suchen** wählen und zunächst die Schaltfläche <Format> anklicken. Durch Aktivierung von „Doppelt" im Feld „Zeilenabstand" kann dann der gewünschte Suchvorgang gestartet werden. Nach Auslösung des Befehls wird der Absatz markiert, der das gesuchte Format aufweist.

Der Befehl **Ersetzen** des Menüs **Bearbeiten** ermöglicht außerdem das gezielte Ändern von Formaten in einem Text. Das kann wichtig sein, wenn ein längerer Text später eine einheitliche Gestalt erhalten soll. Besteht etwa im nachhinein der Wunsch, alle fett ausgezeichneten Textteile durch Unterstreichung zu kennzeichnen, müssen Sie nach Wahl des Befehls **Ersetzen** im Menü **Bearbeiten** die Schaltfläche <Format> und dann die Schaltfläche <Zeichen> wählen. Aktivieren Sie nach Wahl des Befehls die Formate, nach denen gesucht werden soll (im Beispiel „Fett:" einstellen). Nach Ausführung mit der Taste [↵] werden Sie nach dem gewünschten neuen Format gefragt. Im Beispiel müßte das Feld „Unterstrichen:" eingestellt werden.

2.4.7

Rechtschreibprüfung

Eine besondere Funktion, die auch für alle diejenigen von Nutzen ist, die in der Rechtschreibung sicher sind, ist die Möglichkeit, Texte mit dem Programm auf Orthographiefehler zu überprüfen. Insbesondere bei Texten, die man mehrfach überarbeitet hat und inhaltlich kennt, werden beim Korrekturlesen nicht selten Schreib- und Flüchtigkeitsfehler übersehen. Hier kann ein Rechtschreibprüfprogramm helfen, über das viele Textprogramme als Zusatzfunktion heute verfügen.

Auch WORD bietet die Möglichkeit, vorhandene Texte auf ihre Rechtschreibung zu prüfen und - sofern erforderlich - unmittelbar Korrekturen vorzunehmen. Grundlage für die computergestützte Rechtschreibprüfung ist ein in das eigentliche Textprogramm **integriertes Rechtschreibprüfprogramm** sowie der Zugriff auf ein mehr oder weniger umfangreiches **Wörterbuch**. Auch das Wörterbuch wird dabei in der Regel vom Softwarehersteller mitgeliefert (zumindest in einer Standardversion).

Bei Aufruf der Rechtschreibprüffunktion schaut das Programm dann nach, ob die Schreibweise der Wörter des Dokumentes mit der Schreibweise in dem elektronischen Wörterbuch übereinstimmt. Ist ein Wort nicht vorhanden, so wird dieses zunächst markiert und Sie können entscheiden, ob eine Korrektur erfolgen soll oder nicht.

Einen Überblick über die organisatorischen Grundlagen der Rechtschreibprüfung gibt Bild 2-22.

Bild 2-22:
Organisatorische
Grundlagen der
Rechtschreibprüfung

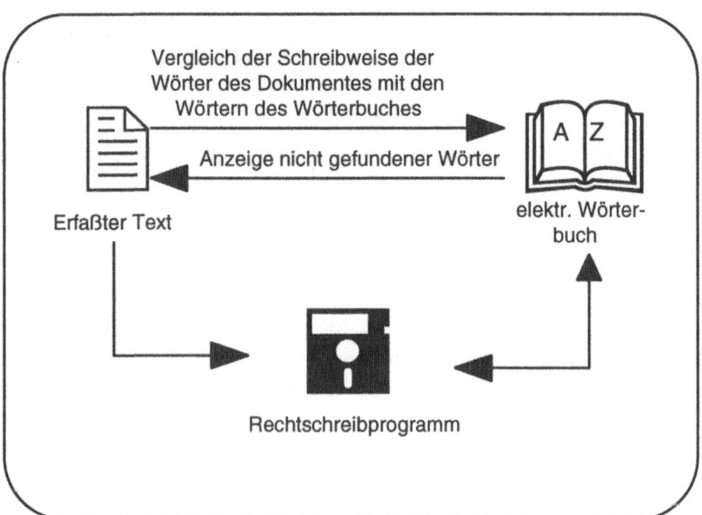

Das Rechtschreibprüfprogramm von WORD arbeitet nach dem Vollformen-Prinzip. Die Wörter werden folglich nicht wie beim regelorientierten Verfahren in ihre Bestandteile (Vor- und Endsilben, Wortstämme) zerlegt, sondern als Ganzes geprüft. Daher müssen alle Formen eines Wortes und Wortzusammensetzungen im Wörterbuch enthalten sein (z. B. bei Hauptwörtern die verschiedenen Fälle und bei Verben die jeweiligen Beugungen). Dadurch wird das Wörterbuch natürlich recht umfangreich; die Lösung hat jedoch den Vorteil, daß falsche Zusammensetzungen nicht akzeptiert werden (z. B. Rechthilfe statt Rechtshilfe).

Um das Wörterbuch nicht zu sehr aufzublähen, stellt WORD einen Basiswortschatz in einem Standardwörterbuch zur Verfügung, das zwangsläufig und sinnvollerweise über einen beschränkten Wortschatz verfügt. Der Benutzer kann das Wörterbuch jedoch selbst um eigene Wörter erweitern, so daß das Lexikon mit der Zeit immer mehr dem individuellen Wortschatz angepaßt ist.

Darüber hinaus gibt es ein fachspezifisches Wörterbuch. Dies ist von Nutzen, wenn man Texte aus verschiedenen Fachgebieten bearbeitet. Das Standardwörterbuch wird dann nicht zu umfangreich und behält im Einsatz eine akzeptable Geschwindigkeit.

Grundsätzlich verfügt WORD über eine deutschsprachige Rechtschreibprüfung. Aber auch fremdsprachige Texte können in der neuen Version sehr gut geprüft werden. Standardmäßig wird auch eine englische Rechtschreibhilfe mitgeliefert; Versionen für weitere Sprachen können erworben werden. Im nächsten Kapitel wird noch gezeigt, wie dies zum Beispiel sogar innerhalb eines Textes komfortabel möglich ist.

Aufgabe: Rechtschreibprüfung
Öffnen Sie das auf Ihrer Arbeitsdiskette unter dem Dateinamen TEXT20.DOC gespeicherte Dokument. Im ersten Absatz sind die Fehler einzubauen, wie die folgende Darstellung des Absatzes deutlich macht. Rufen Sie dann das Rechtschreibprüfprogramm auf, und wenden Sie die Prüffunktion an.

```
PC-Textverarbeitungsprograme stellen dem Benuzer alle wesendlichen
Textfunktionen zur Verfügung. Hierzu zälen das Erfassen, das Spei-
chern und das Drucken von Texten.
```

Hinweise zur Lösung:

- Nehmen Sie die Korrekturen in der Weise vor, daß für falsch erkannte Wörter zunächst eine Abfrage einer Vorschlagsliste erfolgt.

- Sofern kein geeignetes Wort vorgeschlagen wird, nehmen Sie bitte eine entsprechende Korrektur vor, ohne diese allerdings im Wörterbuch zu speichern.

- Sofern ein korrekt geschriebenes Wort moniert wird, ignorieren Sie den Korrekturhinweis.

Im Regelfall möchten Sie einen gesamten Text auf korrekte Rechtschreibung hin überprüfen. Standardmäßig muß dieser Text zunächst vollständig erfaßt werden bzw. ein vorhandener Text geladen werden. Erst dann ist die Rechtschreibprüfung aufzurufen.

Der Cursor sollte am Anfang des Textes plaziert sein, wenn der gesamte Text geprüft werden soll. Für die Auslösung des Prüfvorganges kann dann aus dem Menü **Extras** der Befehl **Rechtschreibung** gewählt werden. Nach Aktivierung des Befehls erscheint folgende Bildschirmanzeige:

Bild 2-23:
Befehl RECHT-
SCHREIBUNG

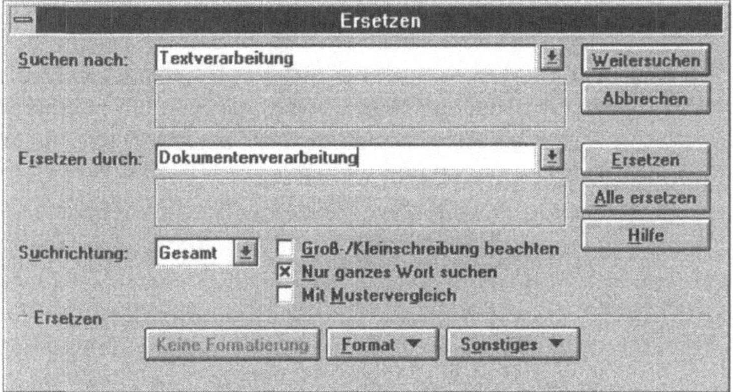

Im Textbildschirm und im Dialogfenster wird das erste Wort angezeigt, das für das Programm unbekannt ist. Im Beispielfall ist das falsch geschriebene Wort „PC-Textverarbeitungsprograme" nicht im Wörterbuch vorhanden.

Unter der Rubrik „Nicht im Wörterbuch" wird im Dialogfenster das Wort angezeigt, das im aktuellen Wörterbuch nicht vorhanden ist. Darunter erscheint im Feld „Ändern in" gegebenenfalls ein Korrekturvorschlag, der aber noch variiert werden kann. So können Sie hier selbst eine Korrektur eingeben. Im Beispielfall erscheint zunächst kein Vorschlag.

Im Listenfeld „Vorschläge" wird unter Umständen ein Korrekturvorschlag angeboten. Der markierte Vorschlag erscheint sodann im Feld „Ändern in". Die weitere Option ist „Wörter hinzufügen zu". Hier kann noch das Wörterbuch ausgewählt werden, dem das markierte Wort hinzugefügt werden soll.

Die Schaltflächen haben folgende Bedeutung:

a) **Nicht ändern:** Das markierte Wort wird in diesem Fall übergangen und – sofern vorhanden – das nächste falsch geschriebene Wort markiert. Diese Option bietet sich an, wenn ein richtig geschriebenes Wort moniert wird.

b) **Nie ändern:** Im Unterschied zum Fall a) wird das Wort nun an   allen nachfolgend in Ihrem Dokument gefundenen Stellen übersprungen.

c) **Ändern:** Sie fordern damit das Programm zum Korrigieren des Wortes auf. Es setzt eine Änderung des Ursprungs voraus.

d) **Immer ändern:** Im Gegensatz zum Fall c) wird jetzt das Wort automatisch an sämtlichen Stellen geändert, an denen es anschließend im Dokument gefunden wird.

e) **Hinzufügen:** ermöglicht die Aufnahme neuer Wörter in ein ausgewähltes Wörterbuch. Dabei wird neben dem Standardwörterbuch zwischen benutzerdefinierten Wörterbüchern   unterschieden. Dies kann sinnvoll sein für Wörter, die richtig geschrieben worden sind, aber nicht im Wörterbuch gefunden wurden. Um das Wörterbuch zu wechseln, müssen Sie ein anderes in der Liste „Wörter hinzufügen zu" wählen.

f) **Vorschlagen:** aktiviert die Vorschlagsliste.

g) **Rückgängig:** macht die Änderungen rückgängig.

h) **Abbrechen:** Die Rechtschreibprüfung wird abgebrochen.

i) **Optionen:** zur Einstellung von Prüfungsoptionen.

j) **AutoKorrektur:** Wörter werden der sog. AutoKorrekturliste hinzugefügt. So kann das Programm automatisch während der Texteingabe Fehler korrigieren.

Korrigieren Sie in der Beispielanwendung das falsch geschriebene Wort „Textverarbeitungsprograme" im Feld „Ändern in" durch

Hinzufügen des Buchstabens „m", und wählen Sie dann die Option <Ändern>. Ergebnis ist die folgende Bildschirmanzeige:

Bild 2-24:
Dialogfeld zur Bestätigung von Änderungen

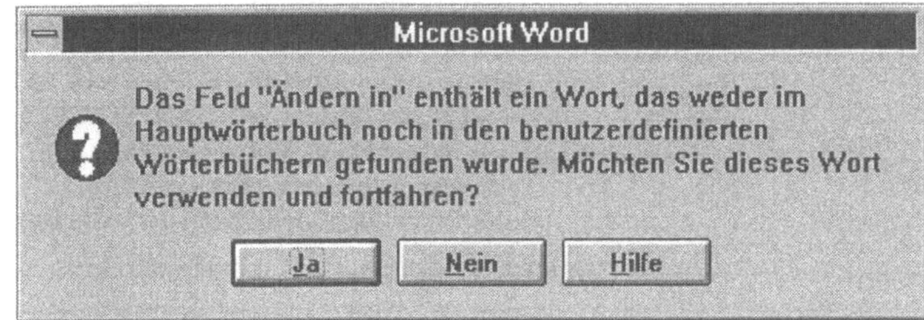

Nach Bestätigung der Abfrage mit <Ja> wird das nächste falsch geschriebene Wort angezeigt; im Beispiel „Benuzer":

Bild 2-25:
Fehleranzeige mit Korrekturvorschlag

Es erscheint nun also ein annehmbarer Korrekturvorschlag. Wählen Sie jetzt <Ändern> oder <Immer ändern>. Gleiches gilt für andere falsch geschriebene Wort „zälen".

Bei weiterer Anwendung der Rechtschreibprüfung wird deutlich, daß sowohl tatsächliche Fehler angezeigt werden als auch Wörter, die richtig geschrieben wurden. So erscheint anschließend ein Korrekturhinweis für das korrekt geschriebene Wort „Sofortkorrektur".

Auch die monierten Wörter „Roh-Fassung" und „Umformatierungen" sind richtig geschrieben. Da sie jedoch nicht im Wörterbuch vorhanden sind, werden Sie zunächst als falsch reklamiert. Sobald richtig geschriebene Wörter markiert werden, bieten sich zwei grundsätzliche Reaktionsmöglichkeiten an:

a)   Einmal kann der Hinweis ignoriert werden, so daß der Text weiter auf Rechtschreibfehler durchsucht werden kann. Dazu ist dann die Option <Nicht ändern> oder die Option <Nie ändern> zu wählen.

b)   Alternativ kann auch eine Aufnahme in ein Wörterbuch erfolgen. Dann müßte die Option <Hinzufügen> gewählt werden.

Im folgenden sollten Sie sich bei Anzeige dieser Wörter zunächst mit der Wahl die Option <Nicht ändern> begnügen.

Werden keine unbekannten Wörter mehr gefunden, wird der gesamte Prüfvorgang beendet. Es erscheint das Dialogfenster „Die Rechtschreibprüfung ist abgeschlossen". Klicken Sie abschliessend bei <OK>, oder drücken Sie ⏎.

Die Lösung der Beispielaufgabe macht deutlich, daß die Rechtschreibprüfung im Programm WORD interaktiv vorgenommen werden kann. Das bedeutet, daß bei Aufruf der Prüfoption immer dann eine Unterbrechung erfolgt, wenn ein unbekanntes oder fehlerhaftes Wort gefunden wird. Der Bediener ist dann gefordert, eine Korrektur vorzunehmen oder den Hinweis zu ignorieren.

Bezüglich der Prüfung ist zu beachten, daß der Ablauf unter anderem von den Einstellungen bei der Schaltfläche <Optionen> abhängt.

Es wurde bereits erwähnt, daß Wörter, die bei der Prüfung dem System unbekannt waren, in das Standard-Wörterbuch übernommen werden können. Als Standard-Wörterbuch wird hier das Wörterbuch zur Rechtschreibprüfung verstanden, das mit dem Programm auf einer Diskette geliefert wird (mit einer Anzahl von mehr als 100.000 Wörtern).

In das Standard-Wörterbuch sollten Sie die Wörter aufnehmen, die in Texten, die Sie erstellen, häufiger vorkommen. Die Aufnahme kann dabei

a)   während der Prüfung eines Textes erfolgen oder

b)   auf direktem Wege vorgenommen werden.

WORD stellt für die Rechtschreibprüfung neben dem mitgelieferten Standard-Wörterbuch Optionen zur Verfügung, mit denen weitere Wörterbücher selbst aufgebaut werden können: sog. benutzerdefinierte Wörterbücher. Auf diese Weise kann vermieden werden, daß das Standard-Wörterbuch überlastet wird und damit die Rechtschreibprüfung bedeutend zeitintensiver wird. Gleichzeitig können Texte gezielter hinsichtlich Orthographiefehler geprüft werden.

In einem Benutzerwörterbuch können beispielsweise Wörter aufgenommen werden, die einem bestimmten Fach-/Themengebiet zuzuordnen sind (z. B. Informatik oder Chemie). Es bietet sich auch an für die Aufnahme von Eigennamen.

Um ein neues Benutzerwörterbuch anzulegen, müssen Sie aus dem Menü **Extras** die Dialogbox „Optionen" aktivieren. Nach Wahl der Kategorie „Rechtschreibung" ergibt sich folgende Bildschirmdarstellung:

Bild 2-26:
Bildschirm „Einstellungen" zur Rechtschreibprüfung

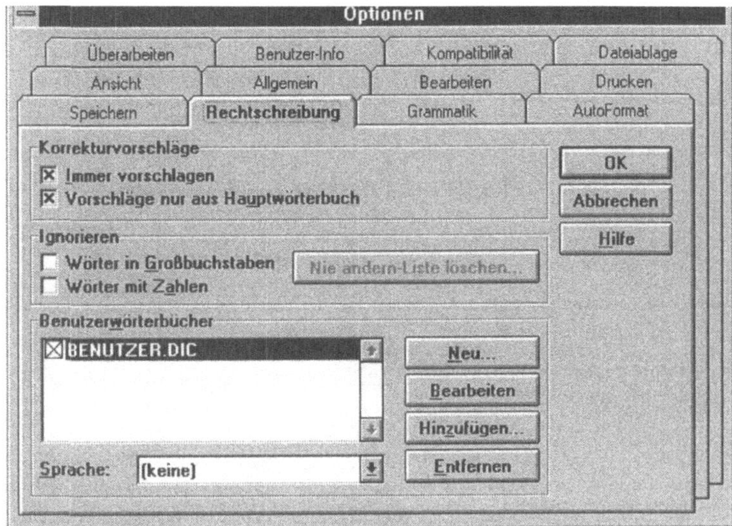

Dann muß unter „Benutzerwörterbücher" die Option „Hinzufügen" gewählt werden. Danach kann der gewünschte Name für das neue Wörterbuch im Dialogfeld eingegeben werden. Nach Betätigen der Taste ⏎ erfolgt der Rücksprung zum Menü des Rechtschreibprogramms und es wird eine entsprechende Datei mit der Erweiterung .DIC angelegt.

Das Einfügen von Wörtern in ein Benutzerwörterbuch erfolgt in ähnlicher Form wie beim Textwörterbuch. Mit der Option <Hinzufügen> ist nun lediglich die gewünschte Variante zu wählen.

Soll nun im Rahmen der Rechtschreibprüfung auf angelegte Benutzerwörterbücher zugegriffen werden, müssen Sie dies öffnen. Dazu ist nach Wahl der Kategorie „Rechtschreibung" das Feld „Benutzerwörterbücher" zu öffnen und dann das gewünschte Wörterbuch auszuwählen. Grundsätzlich können für die Durchführung bis zu vier Wörterbücher gleichzeitig geöffnet werden.

Um das Arbeiten mit dem Rechtschreibprogramm den individuellen Bedürfnissen anzupassen, verfügt WORD über verschiedene Möglichkeiten, auf die in diesem Abschnitt hingewiesen werden soll.

a)   Ausschließen von Großbuchstaben

Eine weitere Möglichkeit besteht darin, Wörter, die durchwegs in Großbuchstaben geschrieben sind, von der Rechtschreibprüfung auszuschließen. Dazu ist im Bereich „Ignorieren" das Optionsfeld „Wörter in Großbuchstaben" anzuklicken. Dies empfiehlt sich z. B. bei Texten, die viele Abkürzungen, Akronyme oder Befehle aus Programmiersprachen enthalten.

b)   Wörter mit Zahlen ausschließen

Durch Aktivierung des Optionsfeldes „Wörter mit Zahlen" können Sie das Programm anweisen, Wörter bei der Rechtschreibprüfung zu ignorieren, die Zahlen enthalten.

c)   Abrufen von Korrekturvorschlägen

Im Feldbereich „Korrekturvorschläge" kann die Art des Aufrufens einer Vorschlagsliste bestimmt werden. Während bei Aktivierung der Option das Programm automatisch bei Auffinden eines unbekannten Wortes eine Liste mit Korrekturvorschlägen anzeigt, ist dies sonst nur dann der Fall, wenn zuvor die Schaltfläche <Vorschlagen> gewählt wird. Außerdem werden die Vorschläge standardmäßig nur aus dem Hauptwörterbuch übernommen.

2.4.8   Prüfung mehrsprachiger Texte

Im vorhergehenden Abschnitt dieses Buches wurde bereits erläutert, wie mit WINWORD ein Dokument auf korrekte Rechtschreibung geprüft werden kann. Dabei wurde auf das mitgelieferte deutschsprachige Wörterbuch zugegriffen.

Mitunter sind in der Praxis jedoch auch Dokumente zu erstellen, die Texte in unterschiedlichen Sprachen enthalten. Durch Zuweisung eines Sprachenformats kann die Rechtschreibprüfung mehrsprachiger Texte erheblich erleichtert werden. Bei Formatierung der verschiedenen Textteile in der jeweils zutreffenden Sprache wird dann bei Durchführung der Rechtschreibkontrolle automatisch auf das zutreffende Sprachwörterbuch zugegriffen.

Beispiel: Sie haben annahmegemäß ein Handbuch erstellt, das sowohl deutschsprachige als auch englischsprachige Texte enthält. Für die Durchführung einer automatischen Rechtschreibprüfung soll eine entsprechende Formatierung in der jeweiligen Landessprache vorgenommen werden.

Standardmäßig gilt eine deutschsprachige Rechtschreibprüfung. Um eine automatische Umschaltung auf eine andere Sprache zu bewirken, ist im einzelnen folgendes Vorgehen notwendig:

- Sie markieren die jeweiligen Absätze des Textes, die in englischer Sprache verfaßt sind.

- Sie wählen den Befehl „Sprache" im Menü FORMAT. Nach der Befehlswahl erscheint das folgende Dialogfenster:

Bild 2-27:
Dialogfenster
„Sprache"

Hier bestimmen Sie nun jeweils die Sprache „Englisch" und bestätigen dann die Schaltfläche mit <OK>.

Nachdem alle englischsprachigen Absätze Ihres Dokuments in dieser Sprache formatiert sind, können Sie nun aus dem Menü **Extras** den Befehl **Rechtschreibung** wählen. Nach Auslösung des Befehls erfolgt die Rechtschreibprüfung nun in der Form, daß aufgrund der Formatierung das Programm automatisch auf das zutreffende Sprachwörterbuch zugreift.

Abschließend noch folgender Hinweis: Mit der Auslieferung von WINWORD 6 erhalten Sie automatisch eine deutsche und englische Rechtschreibprüfung. Wörterbücher für weitere Sprachen können mit einerm Proofing Tools Kit separat über Microsoft erworben werden.

2.4.9   **Autokorrektur-Funktionen**

Word 6.0 für Windows verfügt auch über eine sog. AutoKorrektur-Funktion. Damit können Sie häufig vorkommende Eingabefehler automatisch und schnell berichtigen lassen. Zur Anwendung müssen Sie aus dem Menü **Extras** den Befehl **AutoKorrektur** wählen und dann sowohl den Fehler als auch die korrekte Schreibweise des Wortes angeben.

2.4.10 Grammatikprüfung

Auch eine Grammatikprüfung wird zunehmend in Textprogrammen interessant. Allerdings fehlt noch eine deutschsprachige Lösung. Nur wenn Sie britisch-englische Texte verfassen, können Sie mit WORD 6 recht gut eine Prüfung der Grammatik vornehmen. Weitere Informationen dazu können Sie der Online-Hilfe unter dem Stichwort „Grammatik" entnehmen.

3 Professionelle Textgestaltung

WORD bietet Ihnen eine Vielzahl besonderer Gestaltungsmöglichkeiten. Diese können direkt bei der Texteingabe, aber auch im nachhinein schnell vorgenommen werden.

Zur Gestaltung eines Dokuments sind verschiedene Aktivitäten erforderlich, die allgemein als **Formatieren** bezeichnet werden. Beispielsweise lassen sich mit speziellen Formatierungsbefehlen folgende Gestaltungsmöglichkeiten realisieren:

- die gezielte Festlegung von Seitenrändern und Seitenlayout eines Dokumentes (z. B. Papierformat, Randbreiten, Paginierung, Kopf- und Fußzeilen);

- die Variation der Absatzgestaltung (z. B. Zeilenabstände, Zentrieren oder Anordnung im Blocksatz) und

- die Auszeichnung von Wörtern oder Sätzen (z. B. in Fettdruck oder Kursivschrift).

Um ein Dokument innerhalb kurzer Zeit ansprechend formatieren zu können, müssen Sie beachten, daß Texte programmtechnisch in verschiedenen Hierarchieebenen organisiert sind. Dies wurde bereits beim Markieren von Textstellen deutlich. Im Textverarbeitungsprogramm WORD für WINDOWS müssen bezüglich der Textgestaltung folgende **Hierarchieebenen** unterschieden werden: Zeichen, Absatz, Seite, Spalte und Abschnitt. In den einzelnen Hierarchieebenen können nun jeweils besondere Optionen zur Textgestaltung realisiert werden. Die Bedeutung der einzelnen Ebenen zeigt die folgende Zusammenstellung:

Hierarchieebenen	**Formatierungsbefehl**
1) Zeichen	Durch entsprechende Befehle kann die Auszeichnung von Textteilen gezielt festgelegt werden (z. B. Fettdruck, Unterstreichen, Schriftart, Schriftgröße).
2) Absätze	Absatzspezifische Merkmale wie beispielsweise die Ausrichtung, der Zeilenabstand sowie Einrückungen werden auf dieser Ebene festgelegt.

3) Spalten	Zum Spaltenformat rechnen die Spaltenzahl, der Spaltenbeginn sowie der Spaltenabstand.
4) Seite	Das Seitenlayout umfaßt Angaben zur Seitenlänge, Seitenbreite und zu den Seitenrändern.
5) Abschnitt	Zusammengehörige Teile eines Dokuments bilden Abschnitte; z. B. Vorspann, Hauptteil und Anhang.

WORD bietet Ihnen verschiedene Möglichkeiten der **Vorgehensweise**, wenn Sie einen Text formatieren wollen:

a) **Direktformatierung**:
Unmittelbar bei der Erfassung werden der Reihe nach alle Formatierungsoptionen eingestellt. Dies ist möglich
- durch Wahl eines Formatierungsbefehls,
- durch Betätigen programmierter Tasten (Shortcuts) oder
- durch das Anklicken von Symbolen in der Standard-Symbolleiste bzw. in der speziellen Formatierungsleiste.

b) Verwendung eines **integrierten Assistenten:** Durch Befolgung einer Reihe von einfachen Schritten, die vom Programm in Form von Dialogboxen vorgegeben werden, können Sie ein Dokument gezielt formatieren.

c) **Indirekte Formatierung über Formatvorlagen (Druckformate).** Auf diese Weise können Sie häufig benötigte Textformate in einer Vorlage abspeichern und mit einem Tastendruck/Befehl schnell wieder aufrufen.

d) Verwendung der **Autoformat-Variante:** Durch Aufrufen des Autoformat-Befehls lassen Sie sich das Dokument automatisch in einer bestimmten Standardform gestalten.

Im folgenden sollen die genannten Varianten des Vorgehens an Beispielen ausführlich erläutert werden.

3.1   Direktformatierung

In diesem Kapitel wollen wir uns mit der direkten Formatierung beschäftigen. Dabei sollen die wichtigsten Möglichkeiten auf der Seiten-, Absatz- und Zeichenebene deutlich werden. Sofern die entsprechende Ansicht eingestellt ist, können Sie Änderungen der Formatierung unmittelbar erkennen.

3.1.1

Seitengestaltung

Bisher wurden im wesentlichen Texte erstellt und bearbeitet, die nicht über eine Druckseite hinausgehen. Im Regelfall hat man jedoch mit mehrseitigen Texten zu tun. Eine weitere wichtige Teilaufgabe bei der Schriftstückgestaltung ist deshalb die Formatierung der Seiten. Nur so kann z. B. sichergestellt werden, daß der Seitenumbruch entsprechend dem vorgegebenen Papierformat und den definierten Randeinstellungen erfolgt.

In der Vorlage des Programms WORD für Windows sind bereits Standardwerte zum Seitenlayout festgelegt, die nach dem Start des Programms unmittelbar wirksam werden; etwa zum Papierformat, zur Seitenausrichtung und zu den Seitenrändern. Können Sie diese Standardeinstellungen übernehmen, so brauchen Sie keine Festlegungen bezüglich der Formatierung der Seiten mehr vorzunehmen. Andernfalls ist der Menüpunkt **Datei** zu aktivieren und hier der Befehl **Seite einrichten** zu wählen.

Bild 3-1:
Befehl „Seite
einrichten"

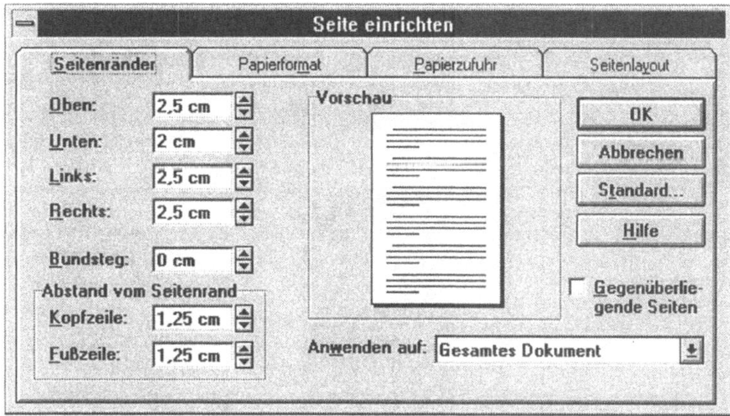

Über diesen Befehl können Sie unter anderem festlegen bzw. anpassen:

- die zu berücksichtigenden Seitenmaße (Seitenhöhe und Seitenbreite des verwendeten Papierformates),

- die gewünschten Seitenränder (linker, rechter, oberer und unterer Rand),

- ob die Ränder gespiegelt werden sollen sowie

- die Art der Papierzufuhr.

Für nahezu alle Anwendungen der Textverarbeitung bietet es sich an, bereits in der Planungsphase die Seiteneinstellung des

Dokuments festzulegen. In der Regel wird dabei für das gesamte Dokument ein einheitliches Seitenformat gewählt. Es gibt allerdings auch Ausnahmen: So ist es manchmal sinnvoll und in WORD auch möglich, innerhalb eines Dokuments zwischen Hoch- und Querformat zu wechseln (etwa um Tabellen einzubauen).

Aufgabe: Seiten- und Randmaße prüfen und ändern

Öffnen Sie die Datei, die Sie als TEXT20.DOC gespeichert haben, und kopieren Sie den gesamten aktivierten Text 15 x nach unten. Prüfen Sie danach den Seitenumbruch, und stellen Sie fest, welches Seitenformat für dieses Dokument gilt (Seitengröße, Seitenränder)

Ändern Sie anschließend das Seitenformat gemäß folgender Vorgabe:

- Seitenrand links auf 5 cm einstellen

- Seitenrand rechts auf 1 cm einstellen.

Das gewünschte Layout verdeutlicht die folgende Seitenansicht:

Bild 3-2:
Seitenansicht
(Beispiel)

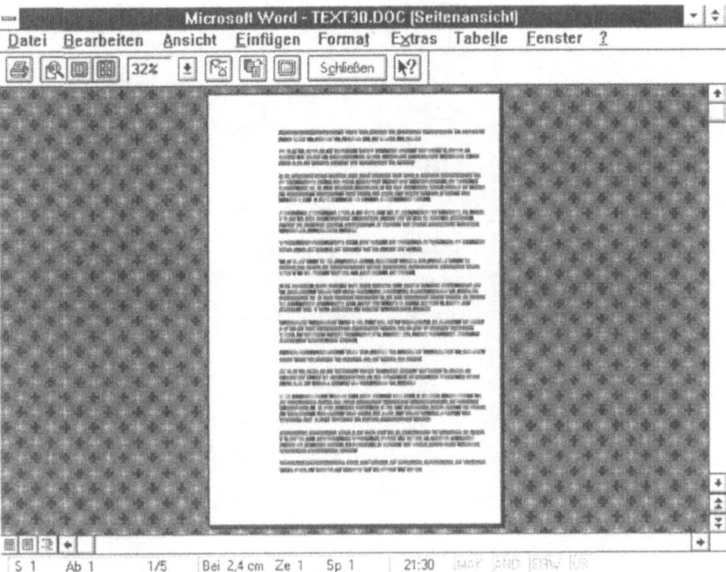

Speichern Sie die neue Datei unter dem Dateinamen TEXT30.

Im Beispielfall sollen Sie auf relativ einfache Weise einen längeren Text erzeugen. Markieren Sie das geöffnete Dokument, und wählen Sie dann im Menü **Bearbeiten** den Befehl **Kopieren**.

Bewegen Sie danach den Cursor an das Textende. Anschließend ist 15 x hintereinander aus dem Menü **Bearbeiten** der Befehl **Einfügen** zu wählen (oder einfach 15 mal Strg+V drücken). Gehen Sie dann wieder mit Strg+Pos 1 an den Anfang des Dokuments.

Wählen Sie danach das Menü **Datei**, und aktivieren Sie dann den Befehl **Seite einrichten**. Im angezeigten Dialogfenster sind vier Hauptbereiche zu unterscheiden, die sich im oberen Bereich als Registermarken darstellen:

*   Seitenränder

*   Papierformat

*   Papierzufuhr

*   Seitenlayout.

Papierformat bestimmen

Nach Aufrufen des Befehls **Seite einrichten** sollen Sie zunächst das Register „Papierformat" aktivieren, falls dieses nicht bereits aktuell gilt. Ergebnis sollte dann folgende Bildschirmdarstellung sein:

Bild 3-3:
Register
„Papierformat"

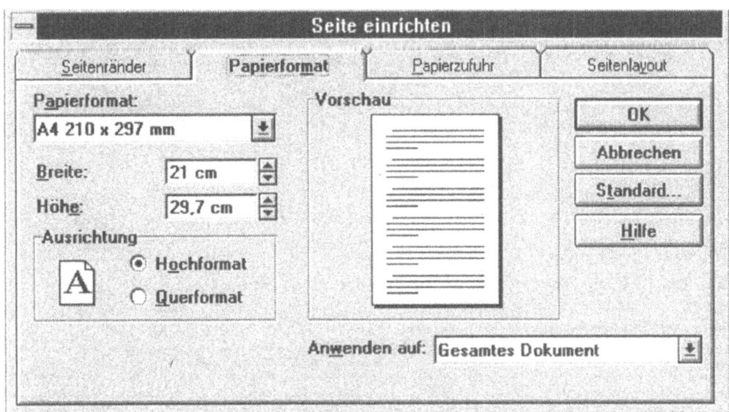

Mit dem Papierformat legen Sie das äußere Erscheinungsbild Ihres Dokuments fest. Eine Prüfung des Formates zeigt, daß standardmäßig bestimmte Papierformate bereits definiert sind. Es wird von der Papiergröße A4 ausgegangen, wobei eine Ausrichtung im Hochformat erfolgt. Im einzelnen gelten grundsätzlich folgende Maße (in Zentimeter):

*   Seitenbreite: 21 cm

*   Seitenhöhe: 29,7 cm.

Alternativ werden in Abhängigkeit von den Leistungsmerkmalen des installierten Druckers weitere Papiergrößen angeboten. Darüber hinaus sind benutzerdefinierte Größen möglich. Dies erfolgt durch Eingaben in den Feldern „Breite" und „Höhe" in dem angezeigten Dialogfenster.

Die Angaben zur Seitengröße (Breite und Höhe der Seite) müssen Sie in Abhängigkeit von dem verwendeten Papierformat und Druckertyp unter Umständen angepaßt festlegen. Häufig kommt es beispielsweise vor, daß Sie bei Nutzung von Endlospapier die Seitenlänge auf 30,5 cm einstellen müssen. Dies ist wichtig, damit der Drucker den Seitenvorschub korrekt durchführt.

Unter dem Begriff „Ausrichtung" finden Sie zwei Optionsfelder: Hoch- bzw. Querformat. Im Regelfall gilt die vertikale Ausrichtung „Hochformat". Für Übersichten, tabellarischen Aufstellungen oder für das Erstellen von mehrspaltigen Broschüren kann aber auch die Variante „Querformat" interessant sein.

Im einzeiligen Listenfeld „Anwenden auf" können Sie außerdem den Bereich wählen, dem Sie das neue Seitenformat zuweisen wollen. Grundsätzlich gilt hier der Bezug für ein ganzes Dokument. Alternativ können Sie jedoch unterschiedliche Abschnitte definieren und dann festlegen, daß die Festlegungen nur für den Abschnitt gelten sollen (zur Abschnittsteilung siehe ausführlicher Kapitel 6 dieses Buches). Wählen Sie etwa im Feld „Anwenden auf" die Option „Dokument ab hier", so wird automatisch an der Position der Einfügemarke ein Abschnittswechsel eingefügt.

Schließlich bietet Ihnen die Schaltfläche <Standard> noch die Möglichkeit zur Änderung von Standardeinstellungen. Wenn Sie mit den Standardvorstellungen von WORD nicht einverstanden sind, können Sie zunächst die Einstellungen in der Dialogbox ändern und dann die Schaltfläche <Standard> anklicken. Nach einer Bestätigung werden alle künftigen Dokumente, die auf dieser Vorlage basieren, automatisch angepaßt.

Hinweis: Auswirkungen von eingestellten Änderungen werden im Feld „Vorschau" dargestellt. Klicken Sie testhalber auf „Querformat", wird der Unterschied deutlich. Danach sollten Sie wieder das Hochformat einstellen.

Seitenränder festlegen

Nach Prüfung der Seitengröße sollen Sie in einem nächsten Schritt die Seitenränder neu einstellen. Klicken Sie deshalb jetzt einmal im oberen Bereich des Dialogfensters bei der Registermarke „Seitenränder", so daß sich folgende Darstellung ergibt:

Bild 3-4:
Register
„Seitenränder"

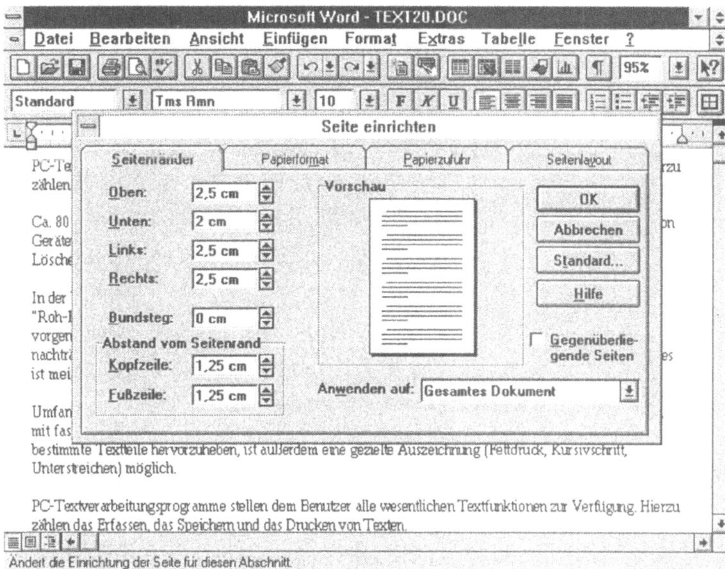

Das Bild macht deutlich, daß bezüglich der Seitenränder folgende Einstellungen gelten:

- Seitenrand oben: 2,5 cm

- Seitenrand unten: 2 cm

- Seitenrand links: 2,5 cm

- Seitenrand rechts: 2,5 cm

- Bundsteg: 0 cm

Die Angaben zu den Seitenrändern (Oben, Unten, Links, Rechts) können nach Ansteuern der Befehlsfelder ebenfalls frei festgelegt werden. Die Maßeinheiten beziehen sich dabei auf den Abstand zwischen Text und Papierrand. Im einzelnen haben Eingaben also folgende Bedeutung

- **Oben:** Abstand zwischen oberem Blattrand und erster Textzeile.

- **Unten:** Abstand zwischen unterem Blattrand und letzter Textzeile.

- **Links:** Abstand zwischen linkem Blattrand und linkem Textrand.

- **Rechts:** Abstand zwischen rechtem Blattrand und rechtem Textrand.

Hinweis: Bei der Berechnung werden mögliche Zeileneinzüge nicht berücksichtigt.

Angaben im Befehlsfeld „Bundsteg:" sind bei mehrseitigen Texten notwendig, wenn die erstellten Textseiten später beidseitig bedruckt und gebunden werden sollen. In diesem Fall legen Sie mit einer Zahlenangabe fest, wieviel zusätzlicher Leerraum für das Binden freigehalten werden soll. Das bedeutet, daß für ungerade Seiten zusätzlich ein rechter Rand, für gerade Seiten zusätzlich ein linker Rand gebildet wird.

Interessant ist außerdem das Optionsfeld „Gegenüberliegende Seiten". Standardmäßig ist es nicht aktiviert. Einschalten sollten Sie das Feld, wenn ein beidseitiger Druck des Dokumentes erfolgen soll, da hiermit eine Spiegelung von linken und rechten Seiten erreicht wird.

Des weiteren können Sie die Position von eingefügten Kopf- und Fußzeilen hier gezielt angeben. Standardmäßig sind beide jeweils 1,25 cm vom Blattrand entfernt (siehe ausführlich zu Kopf-/Fußzeilen das Kapitel 6 dieses Buches).

Grundsätzlich gelten die Seitenrandeinstellungen für das gesamte Dokument. Alternativ können auch die Seitenränder abschnittsspezifisch für ein Dokument unterschiedlich festgelegt sein:

- Sofern das Dokument bereits Abschnitte aufweist, gelten die angegebenen Seitenrandmaße für den Abschnitt, in dem sich aktuell die Einfügemarke befindet.

- Sind noch keine Abschnitte eingerichtet, können Sie den Bereich gezielt festlegen, dem Sie die neuen Einstellungen zuweisen wollen. Sie müssen dann im Feld „Anwenden auf" angeben, daß die neuen Einstellungen erst ab der Position der Einfügemarke Gültigkeit erlangen sollen.

- Beachten Sie außerdem, daß automatisch Abschnittswechsel eingefügt werden, wenn Sie die Seitenrandänderungen für einen markierten Textabschnitt vornehmen.

Nehmen Sie in der Registerkarte „Seitenränder" nun die gewünschten Einstellungen gemäß der Aufgabenstellung vor. Nach Vornahme der Eintragungen muß das Dialogmenü das folgende Aussehen haben:

Bild 3-5:
Verändertes Dialog-
menü „Seite einrich-
ten"

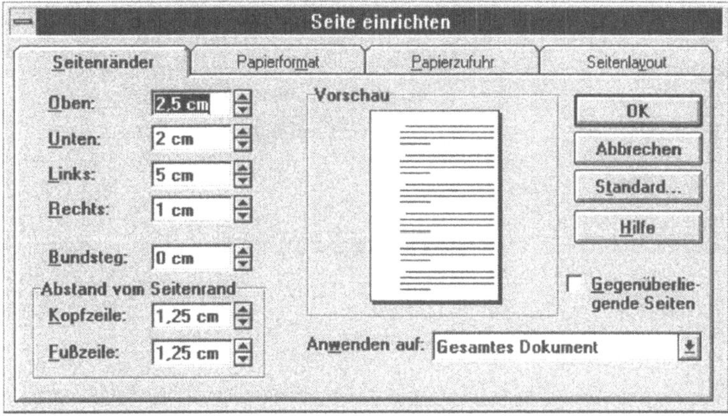

Achten Sie darauf, daß die Änderungen im Feld „Vorschau" veranschaulicht werden. Diese Voranzeige ist für Formatierungsbefehle typisch. Sie hat den Vorteil, daß auch festgelegte Schriftarten, Rahmen und andere grafische Elemente direkt nach der
Festlegung in der Dialogbox geprüft werden können.

Hinweis: Über das Lineal können Sie die Seitenränder schnell
und gezielt mit der Maus ändern. Sie müssen dazu nur die Sei-
tenrandbegrenzung auf dem Lineal an die gewünschte neue Position ziehen. Sobald die Maustaste gelöst wird, erfolgt eine Aktualisierung der Seitenanzeige. Zur optischen Kontrolle werden
die Seitenränder dabei durch graue Bereiche auf den Linealen
gekennzeichnet. Voraussetzung ist das Arbeiten in der Layout-
oder der Seitenansicht.

Papierzufuhr

Die dritte Hauptoption des Dialogfensters „Seite einrichten" betrifft die Papierzufuhr. Nach Aktivierung des entsprechenden Registers verändert sich das Dialogfenster wie in Bild 3-6 dargestellt
(Im Detail sind je nach Druckerinstallation Unterschiede denkbar):

Die Papierzufuhr kann – wie die Abbildung zeigt – für die erste
sowie für die übrigen Seiten eines Dokuments unterschiedlich
festgelegt werden. Die Option ist interessant, wenn Ihr Drucker
über unterschiedliche Zufuhrschächte verfügt. Beispiel: Für die
Erstellung von Korrepondenz liegt im oberen Schacht ein Vordruck mit den Firmendaten, im unteren Schacht Blankopapier.
Wählen Sie dann

- für „Erste Seite" die Option „Oberer Schacht" sowie

- für „Übrige Seiten" die Option „Unterer Schacht" aus.

Bild 3-6:
Register
„Papierzufuhr"

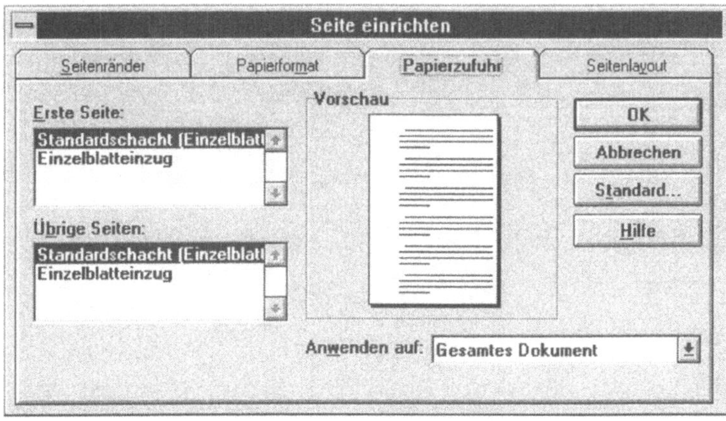

Nach Ausführung des Befehls „Seite einrichten" werden die Seiten automatisch neu umbrochen und in der Normalansicht am Ende einer jeden Seite eine aktuelle Seitenkennung (= eine punktierte Linie) in den Text eingefügt. Der Seitenumbruch wird außerdem bei Wahl des Befehls **Seitenansicht** im Menü **Datei** deutlich.

Standardmäßig wird eine Seite des Dokuments in verkleinerter Form dargestellt. Bei mehrseitigen Dokumenten können Sie folgende Tasten zur Veränderung der Seitenanzeige nutzen:

- ⎡Bild ↓⎤   nächste Seite
- ⎡Bild ↑⎤   vorhergehende Seite
- ⎡Strg⎤+⎡Ende⎤   letzte Seite
- ⎡Strg⎤+⎡Pos 1⎤   erste Seite.

Die Symbole unterhalb des Menüs haben folgende Funktionen:

- Ausdruck des aktiven Dokuments
- Lupe ändert im Dokument die Größe der Anzeige.
- In der Seitenansicht wird eine Seite angezeigt.
- Mehrere Seiten können zur Anzeige gebracht werden.
- Einstellen der Vergrößerungsansicht (etwa in %).
- Ein- bzw. Ausschalten des Lineals.
- Dokument soll mit einer Seite weniger dargestellt werden.
- Anzeige der Seitenansicht als ganzer Bildschirm.
- Schaltfläche zum Schließen der Seitenansicht.

Im folgenden sollen Sie in einer Reihe alle fünf Seiten des aktuellen Dokuments darstellen. Klicken Sie dazu auf das Symbol für mehrere Seiten, halten Sie die Maustaste gedrückt, und ziehen Sie die Maus dann solange bis 1 - 5 Seiten erscheint. Ergebnis müßt nach dem Loslassen der Maustaste die gewünschte Anzeige sein:

Bild 3-7:
Seitenansicht mit
mehreren Seiten

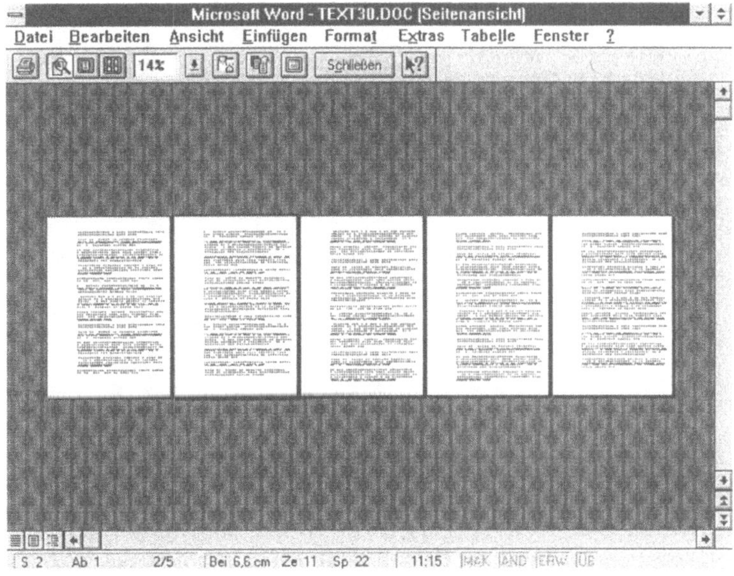

Testen Sie danach noch einmal das Symbol für eine Seite, und klicken Sie abschließend auf die Schaltfläche <Schließen>.

Hinweis: Die 4. Registerkarte „Seitenlayout" wird im 6. Kapitel dieses Buches an einem Beispiel ausführlich erläutert.

Seitenwechsel steuern

Generell findet – wie dargestellt – ein automatischer Seitenumbruch statt, sobald die aktuell bearbeitete Seite voll ist. Häufig ist jedoch auch gewünscht, darauf gezielt Einfluß zu nehmen. Schalten Sie dazu zweckmäßigerweise die Ansicht „Normal" ein, falls diese Ansicht noch nicht eingestellt ist.

Automatischer Seitenumbruch

Grundsätzlich wird ein Seitenwechsel immer dann aktualisiert, wenn Sie das Eingaben oder Bearbeiten von Text unterbrechen. Dieser automatische Seitenumbruch findet allerdings nur dann statt, in der Registerkarte „Allgemein" für das Kontrollkästchen „Seitenumbruch im Hintergrund" eine Einschaltung vorgenommen ist. Bei einer Aktivierung hat man nun ständig eine Übersicht darüber, auf welcher Seite man sich befindet. Eine Kontrolle nehmen Sie vor, indem Sie im Menü **Extras** beim Befehl **Optionen** die Kategorie „Allgemein" wählen.

Es ist außerdem zu beachten, daß je nach eingestellter Ansicht sich eine unterschiedliche Wirkung bei der Realisierung des Seitenumbruchs ergeben kann:

a) Bei der Ansicht „Normal" wird der Seitenwechsel für das gesamte Dokument berechnet und angezeigt.

b) Bei der Ansicht „Layout" werden nach der Befehlswahl nur die Seiten bis zur aktuellen Seite neu umbrochen, so daß man sich Änderungen am Seitenlayout noch anschauen kann.

Soll jedoch die manuelle Vorgehensweise beibehalten werden (etwa weil durch das Arbeiten im Hintergrund das „Zeitverhalten des Programms" leidet), so kann dies auch geändert werden. Wählen Sie dazu im Menü **Extras** den Befehl **Optionen**, und stellen Sie nach Aktivierung der Kategorie „Allgemein" im Befehlsfeld „Seitenumbruch im Hintergrund" die Option aus. Wenn Sie das Kontrollkästchen „Seitenumbruch im Hintergrund" deaktiviert haben, wird ein automatischer Seitenumbruch in folgenden Situationen vorgenommen: bei der Druckausgabe, bei Aktivierung der Layout- oder Seitenansicht sowie bei der Erstellung eines Index- oder Inhaltsverzeichnisses.

Unbedingter/gesetzter Seitenumbruch (= erzwungener Seitenumbruch)

Erzwungene Seitenumbrüche können zweckmäßig sein, wenn Sie ein neues Kapitel beginnen wollen. Realisiert werden sie entweder

*   durch Aktivierung des Menüs **Einfügen**, anschließender Wahl des Befehls **Manueller Wechsel** und Bestätigung der Option „Seitenwechsel" oder

*   mit der Tastenkombination ⌊Strg⌋+⌊ ↵ ⌋.

Nach Ausführung des erzwungenen Seitenwechsels wird dieser in der Normalansicht durch eine einfache punktierte Linie angezeigt, wobei zentriert die Bezeichnung „Seitenwechsel" eingefügt ist. Außerdem wird automatisch der Umbruch der restlichen Seiten vorgenommen.

Hinweis: Erzwungene Seitenumbrüche ändern sich nur dann, wenn man sie löscht oder verschiebt. Gelöscht wird in der Normalansicht durch Entfernen der punktierten Umbruchlinie; dazu ist die Linie zu markieren und dann ⌊ ⇦ ⌋ oder die Taste ⌊Entf⌋ zu drücken.

Seiten numerieren (Paginierung)

Bei mehrseitigen Texten ist es von Vorteil, wenn das Textprogramm automatisch eine richtige Seitennumerierung bei der Druckausgabe vornimmt. In WORD wird dies über das Menü **Einfügen** mit dem Befehl **Seitenzahlen** unterstützt. Da darüber hinaus ein automatischer Seitenumbruch erfolgt, wenn die Zeilen-Zahl eines Textes das Fassungsvermögen einer Papier-Seite übersteigt, können somit umfangreiche Texte schnell und mit fehlerfreier Seitennumerierung ausgegeben werden.

Standardmäßig erfolgt der Ausdruck eines Textes ohne Angabe der jeweiligen Seitenzahlen. Nach Wahl des Befehls **Seitenzahlen** erscheint das folgende Dialogmenü:

Bild 3-8:
Dialogmenü
„Seitenzahlen"

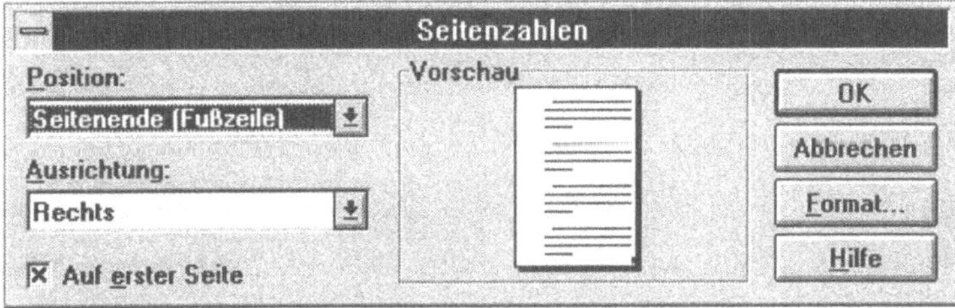

In dieser Dialogbox können Sie nun die Position und Ausrichtung für die Seitenzahl festlegen. Nach Anklicken der Schaltfläche <Format> kann auch die Formatierung noch gezielt eingestellt werden.

Aufgabe: Seitenzahlen zuordnen
Öffnen Sie den unter dem Dateinamen TEXT30 gespeicherten Text, und erstellen Sie anschließend ein Dokument mit Angabe der Seitenzahlen. Sie sollen in arabischen Ziffern rechts oben erscheinen. Auf der 1. Seite soll die Seitennummer allerdings nicht gedruckt werden. Speichern sie das Ergebnis als TEXT31.DOC.

In der Dialogbox „Seitenzahlen" kann das Einfügen der Paginierung am oberen oder unteren Rand festgelegt werden. Bestimmen Sie im Beispielfall, daß die Seitenangabe rechts oben erfolgen soll. Wenn auch die erste Seite mit in die Paginierung einbezogen werden soll, muß das Optionsfeld „Auf erster Seite" eingeschaltet sein.

Öffnen Sie zur Aufgabenlösung zunächst die Datei TEXT30, und wählen Sie den Befehl zur Paginierung. Wenn Sie jetzt einen Ausdruck vornehmen, wird eine fortlaufende Paginierung der

Seiten vorgenommen (d. h. der Text beginnt auf Seite 1). Die Paginierung erscheint beim Ausdruck in arabischen Ziffern an der festgelegten Position; auf dem Bildschirm ist dies allerdings nur in der Seitenansicht erkennbar.

Zur Positionierung der Seitenangabe wird Ihnen im Befehlsfeld „Position" die Möglichkeit eingeräumt, festzulegen, ob die Seitenangabe oben oder unten gedruckt werden soll. Außerdem gibt es das einzeilige Listenfeld „Ausrichtung". Varianten sind Links, Zentriert und Rechts (bei gegenüberliegenden Seiten auch Innen und Außen). Grundsätzlich gilt, daß die Seitenzahlen innerhalb der Seitenränder gesetzt werden. Da auf der 1. Seite keine Pagina erfolgen soll, muß darüber hinaus das Kontrollfeld „Auf erster Seite" ausgeschaltet werden.

Seitenbeginn und Format der Pagina können Sie nach Aktivierung der Schaltfläche <Format> festlegen. Ergebnis ist die folgende Bildschirmanzeige:

Bild 3-9:
Format der Seitennummer

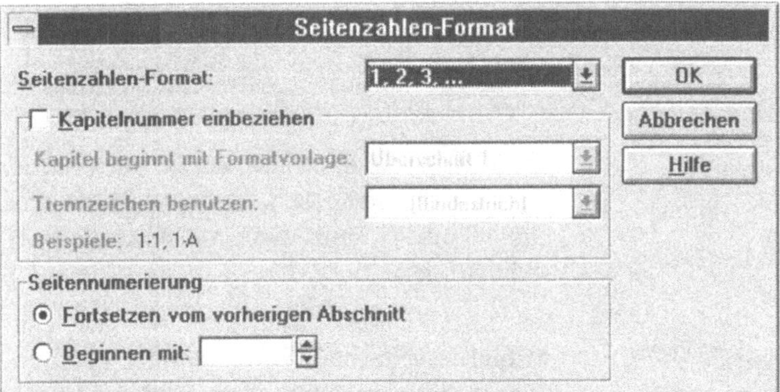

Das Befehlsfeld „Seitenzahlen-Format" ermöglicht eine Festlegung, in welcher Form die Pagina gedruckt werden soll. Standardmäßig werden die Seitenzahlen in arabischen Ziffern angegeben (1, 2, 3 ....). Alternativ können aber auch römische Ziffern (groß bzw. klein), Groß- sowie Kleinbuchstaben gewählt werden.

Im Befehlsbereich „Seitennumerierung" erhalten Sie die Möglichkeit, festzulegen, ob die Seitennumerierung „fortlaufend" erfolgen soll (d. h. bei 1 beginnen soll) oder ob ab einer bestimmten Zahl weitergezählt werden soll. Letzteres kann dann sinnvoll sein, wenn der Folgetext auf einer anderen Diskette bzw. unter einem anderen Textnamen gespeichert war. Die Zahl, mit der die Paginierung dann beginnen soll, müssen Sie im Befehlsfeld „Beginnen mit" angeben.

Durch Anklicken des Optionsfeldes „Kapitelnummer einbeziehen" stehen Ihnen weitere Möglichkeiten zur Verfügung. Damit haben Sie die Wahl, den Seitenzahlen automatisch die Kapitelnummern beizufügen. Voraussetzung dazu ist, daß für die Kapitelüberschrift mit einem einheitlichen Druckformat gearbeitet wurde.

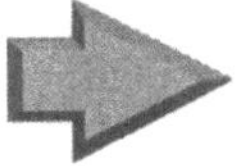

Hinweis: Alternativ können Sie Seitenzahlen auch gezielt in Kopf- bzw. Fußzeilen einfügen. Siehe dazu ausführlicher Kapitel 6 dieses Buches.

3.1.2   Absätze gestalten

Weitere Gestaltungswünsche können die einzelnen Absätze betreffen. Je nach Art der Texte, die erstellt werden sollen, werden höchst unterschiedliche Anforderungen an die Gestaltung der Absätze gestellt; z. B. Brieftexte in einzeiliger und Aktennotizen in anderthalbzeiliger Schreibweise. Meist besteht auch der Wunsch, innerhalb eines Textes verschiedene Varianten der Absatzgestaltung vorzunehmen (z. B. Einrückungen für bestimmte Absätze).

Spezielle Einstellungen zur Absatzformatierung sind entbehrlich, wenn die vorgegebenen Standard-Absatzformate übernommen werden können. Standardmäßig werden in einem Absatz

- die Zeilen linksbündig angeordnet;
- Zeileneinzüge nicht vorgenommen;
- Zeilenabstände einzeilig realisiert;
- die Seitenwechsel bei jeder Zeile eines Absatzes in Abhängigkeit von der festgelegten Seitenlänge vorgenommen.

Alternativ bietet WORD die Möglichkeit, eine Vielzahl von Änderungen individuell einzustellen (z. B. das Einstellen auf Blocksatz, das Einrücken bestimmter Absätze oder die Festlegung unterschiedlicher Zeilenabstände).

Vorgehensweise und Möglichkeiten

Die Gestalt eines Absatzes können Sie direkt bei der Erfassung des Textes gezielt festlegen. Um eine einheitliche Gestaltung eines längeren Dokuments vorzunehmen, bietet es sich freilich häufig an, die Absätze erst im nachhinein zu formatieren. Dann müssen Sie den Absatz zunächst markieren und danach den Formatierungsbefehl aufrufen.

Unterschiede ergeben sich auch in der Art der Befehlsrealisierung. Möglich sind

- Einstellungen über die Formatierungsleiste,

- die Wahl des Befehls **Absatz** im Menü **Format**,

- das Betätigen bestimmter Funktionstasten/Tastenkombinationen.

Die Möglichkeiten der Absatzgestaltung zeigt das Dialogfenster nach Wahl des Befehls **Absatz** aus dem Menü **Format**. Nach der Befehlswahl ergibt sich das folgende Dialogfenster:

Bild 3-10:
Dialogmenü „Absatz"
(Register „Einzüge
und Abstände")

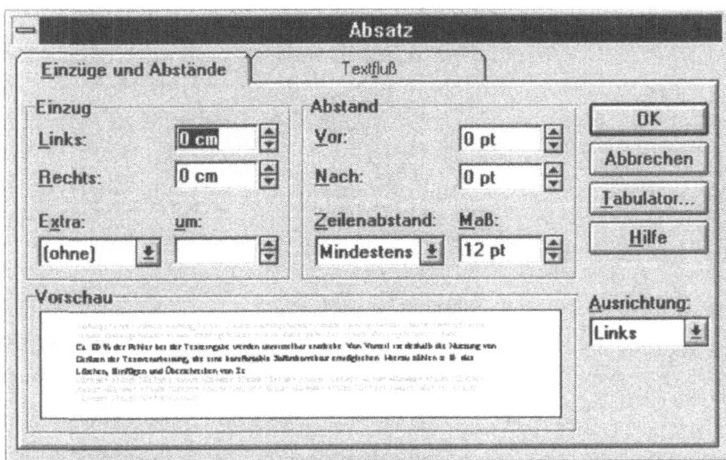

In der Registerkarte „Einzüge und Abstände" stehen folgende Möglichkeiten zur Verfügung:

- **Einzug:** Durch eine Variation des Zeileneinzuges können Einzüge von links und von rechts erfolgen. Dazu sind entsprechende Werte in den Feldern einzustellen oder einzugeben.

- **Extra:** Hier können Sie einen Erstzeileneinzug oder einen hängenden Einzug bewirken. Hängend bedeutet, daß in den markierten Absätzen sich die Zeilen, die der Anfangszeile folgen, entsprechend des Distanzwertes nach rechts verschieben, der im Feld „Um" eingegeben wurde.

- **Abstand:** Hier ist eine Variation des Absatzabstandes vor und nach dem zu gestaltenden Absatz möglich. Dazu ist ein entsprechendes Zeilenmaß einzugeben (pt = in Punkten).

- **Zeilenabstand**: Varianten für den Abstand zwischen den Zeilen eines Absatzes sind Einfach, anderhalbzeilig, Doppelt, Mindestens, Genau und Mehrfach.

- **Ausrichtung:** Über das einzeilige Listenfeld sind die verschiedenen Möglichkeiten der Anordnung eines Absatzes (z. B. Blocksatz oder Zentrierung) angesprochen.

- **Vorschau:** In diesem Feld sehen Sie, wie sich die ausgewählten Formatierungen auf Ihr Dokument auswirken.

Aktivieren Sie – nachdem Sie sich über die Bedeutung der verschiedenen Befehlsfelder einen Überblick verschafft haben – die Registerkarte „Textfluß". Ergebnis:

Bild 3-11:
Textfluß auf
Absatzebene
festlegen

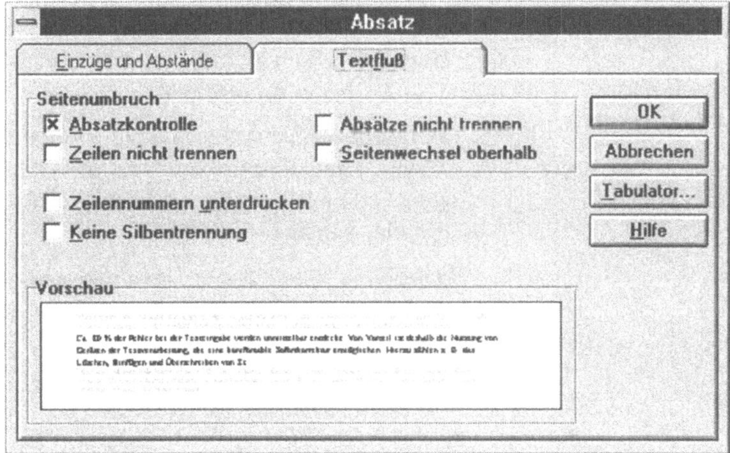

Die Felder lassen sich bei der Registerkarte „Textfluß" im wesentlichen folgenden Bereichen zuordnen:

- **Seitenumbruch:** Hierüber kann der Seitenumbruch vor und innerhalb von Absätzen gezielt beeinflußt werden. So kann beispielsweise über die Befehlsfelder „Absätze nicht trennen" und „Zeilen nicht trennen" sichergestellt werden, daß ein ausgewählter Absatz beim Seitenumbruch nicht auseinandergerissen wird.

- **Zeilennummern unterdrücken:** Um Zeilennummern neben markierten Absätzen zu überspringen, muß diese Option ausgeschaltet sein.

- **Keine Silbentrennung:** Bei Aktivierung wird eine automatische Silbentrennung verhindert.

Wenn beim Ausfüllen von Befehlsfeldern des Dialogfensters „Absatz" Maße einzugeben sind, haben Sie die Wahl zwischen verschiedenen Maßeinheiten. Mögliche Maßeinheiten, die nach der jeweiligen Zahl (Ganzzahl oder Dezimalbruch) angegeben werden müssen, sind: Zoll („ = Zoll), Cm, Pica sowie Pt (für Punkte, wobei 1 Zoll 72 Punkte entspricht). Die im Befehlsfeld vom Textprogramm getroffene Vorgabe ist davon abhängig, welche Maßeinheit voreingestellt ist. Eine Änderung der Maßeinheit ist möglich nach Wahl des Befehls **Optionen** im Menü **Extras**. Wenn Sie hier die Kategorie „Allgemein" wählen, können Sie im Listenfeld „Maßeinheit" die gewünschte Neueinstellung vornehmen.

Absatz-Ausrichtung festlegen

Grundsätzlich lassen sich vier verschiedene Formen der Ausrichtung von Absätzen unterscheiden:

- **Linksbündig.** Standardmäßig werden die Zeilen in einem Absatz linksbündig angeordnet. Unter Umständen ergibt sich am rechten Rand ein mehr oder weniger unansehnlicher Flatterrand.

- **Zentriert.** Bei Überschriften kann das Zentrieren von Zeilen in Betracht kommen. Der eingegebene oder markierte Text wird dann automatisch exakt in die Mitte zwischen einem vorher festgelegten linken und rechten Rand des Schriftstückes plaziert.

- **Rechtsbündig.** Das rechtsbündige Anordnen von Zeilen dürfte sicherlich die Ausnahme sein. Diese Funktion ist eigentlich nur im Rahmen von Tabellen sowie bei spaltenorientierter Arbeitsweise interessant.

- **Blocksatz.** Eine aus Büchern und Zeitungen bekannte Form der Zeilenanordnung ist der Blocksatz. Der Text wird in diesem Fall gleichzeitig an den linken und an den rechten Rand angeglichen (außer am Absatzende). Wo die Textzeichen zur Füllung einer Zeile nicht ausreichen, werden zusätzliche Leerstellen zwischen den Wörtern eingefügt.

Aufgabe: Absatzausrichtung ändern

Aktivieren Sie die Datei TEXT31.DOC, und setzen Sie den gesamten Text in Blocksatz. Anschließend sind folgende Aktivitäten durchzuführen:

- Fügen Sie anschließend zu Beginn des Dokuments folgenden Überschriftstext ein:

```
Anwendungen moderner Textverarbeitung
```

  Diese Überschrift ist zu zentrieren.

- Fügen Sie folgende Zwischenüberschriften ein, die jeweils linksbündig zu setzen sind:

  - Texteingabe und Sofortkorrektur (nach dem 1. Absatz)

  - Textbearbeitung (nach dem 6. Absatz)

  - Textgestaltung (nach dem 11. Absatz).

Der Text ist abschließend als TEXT32.DOC zu speichern.

In der Aufgabe soll die Zeilenanordnung des gesamten Textes nachträglich von „Linksbündig" in „Blocksatz" geändert werden. Markieren Sie dazu zunächst den gesamten Text (beispielsweise mit der Tastenkombination [Strg]+[A]), und gehen Sie dann nach einer der folgenden Möglichkeiten vor:

- Klicken Sie das Symbol für Blocksatz in der Formatierungsleiste.

- Betätigen Sie die Tastenkombination [Strg]+[B].

- Wählen Sie den Befehl **Absatz** im Menü **Format**, und stellen Sie in der Registerkarte „Einzüge und Abstände" im Feld „Ausrichtung" die Option „Block" ein.

Fügen Sie jetzt noch am Anfang des Dokuments die gewünschte Überschrift ein. Nach Markierung eines beliebigen Zeichens in der Überschrift kann dann in ähnlicher Weise die Zentrierung des Absatzes eingestellt werden. Den Anfang des Dokumentes mit den Änderungen gibt der Bildschirm aus Bild 3-12 wieder:

Speichern Sie das Ergebnis nach Eingabe der weiteren Zwischenüberschriften als TEXT32.DOC durch Wahl des Befehls **Speichern unter** im Menü **Datei**.

Einen Überblick über die möglichen Formatierungtasten zur Beeinflussung der Ausrichtung eines Absatzes gibt die folgende Zusammenstellung:

- [Strg]+[L]   Linksbündig

- [Strg]+[E]   Zentriert

- [Strg]+[R]   Rechtsbündig

- [Strg]+[B]   Blocksatz

Bild 3-12:
Veränderung der
Absatz-Ausrichtung

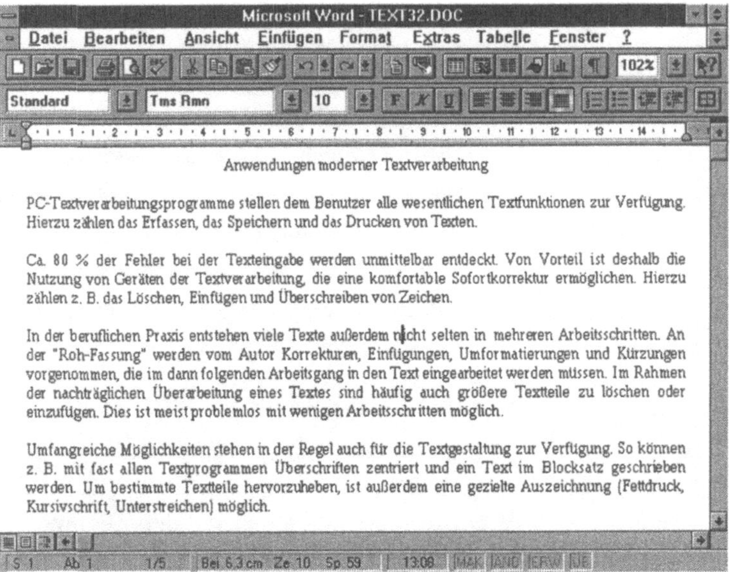

Zeileneinzüge festlegen (Einrückungen)

Es wurde bereits erwähnt, daß grundsätzlich keine Absatzeinzüge im Text erfolgen. Das Herausheben bestimmter Informationen eines Textes, aber auch DIN-Regeln für Geschäftsbriefe können jedoch einen Zeileneinzug notwendig machen. Ein gutes Textprogramm bietet dabei die Möglichkeit, beliebig viele Zeilen mit unterschiedlichen Einzügen zu versehen.

Zur Realisierung des Zeileneinzuges enthält der Befehl **Absatz** des Menüs **Format** unter der Registermarke „Einzüge und Abstände" drei verschiedene Befehlsfelder, in die entsprechende Maßeinheiten einzugeben sind:

1. **Links:** Eintragungen in diesem Befehlsfeld bewirken, daß der gesamte Absatz eingerückt wird. Das eingegebene Maß bezieht sich dabei auf den Abstand zwischen dem linken Rand und dem Zeilenanfang des Absatzes.

2. **Rechts:** Zwischen dem rechten Rand und dem Zeilenende kann durch eine Eintragung ein gewünschter Abstand gesetzt werden.

3. **Extra:**

   a) **Erste Zeile**: Hier ist der Einzug der ersten Zeile größer (d. h. die erste Zeile wird nach rechts eingerückt), was durch Eingabe eines positiven Wertes in dem Befehlsfeld erreicht wird.

b) **Hängend**: Soll der Einzug der ersten Zeile kleiner als derjenige der folgenden Zeile sein, dann spricht man von hängendem Einzug. Dies kann etwa sinnvoll bei der numerischen Untergliederung von Absätzen sein.

Aufgabe: Einrückungen realisieren

Aktivieren Sie die Datei TEXT32.DOC, und nehmen Sie folgende Änderungen vor:

a) Steuern Sie den dritten Absatz an, und rücken Sie diesen 2 Zentimeter von links und 1 Zentimeter von rechts ein.

b) Markieren Sie die Absätze 5 bis 7, und erzeugen Sie einen hängenden Erstzeileneinzug. Setzen Sie danach vor dem Absatz jeweils die Zahlen 1., 2. und 3.

Speichern Sie das Ergebnis unter dem Namen TEXT33.DOC.

Zur Lösung der Aufgabe Teil a) müssen Sie nach einer Markierung des dritten Absatzes das Menü **Format** aktivieren und dann den Befehl **Absatz** wählen. Im Feld „Links:" ist das gewünschte Maß 2 (für 2 cm) einzugeben, im Feld „Rechts" ist der Wert 1 einzutragen. Die möglichen Wirkungen der Eintragungen werden unmittelbar in der Fläche „Vorschau" deutlich gemacht. Nach Ausführung des Befehls wird die Veränderung im Dokument realisiert.

Zur Lösung der Teilaufgabe b) müssen Sie nach Markierung der Absätze im Dialogfenster „Absatz" das Dialogfeld „Extra" aktivieren und hier die Variante „Hängend" wählen. Danach ist im Feld „Um" der Wert 0,8 einzugeben. In diesem Fall wird die Formatierung der drei Absätze in der vorgesehenen Form vorgenommen. Ergebnis soll die Bildschirmanzeige aus Bild 3-13 sein, nachdem auch die Aufzählungsnummern hinzugefügt wurden:

Festgelegte Absatzeinzüge lassen sich besonders schnell mit der **Maus** ändern. Dazu dienen die Symbole am linken Rand des Lineals. Folgende Möglichkeiten bestehen:

- Einen **Zeileneinzug von links** erreichen Sie, indem Sie mit dem Mauszeiger auf das untere Rechteck klicken und dieses dann bei gedrückter linker Maustaste nach rechts ziehen. Beim Test werden Sie feststellen, daß dabei beide darüber liegenden Dreiecke auf einmal nach rechts verschoben werden.

- Einen **positiven Erstzeileneinzug** erhalten Sie, indem Sie das obere Dreieck anklicken und dieses bei festgehaltener linker Maustaste nach rechts ziehen.

- Einen **hängendenen Erstzeileneinzug** erhalten Sie, indem Sie zunächst einen Zeileneinzug von links mit der Maus realisieren. Wenn Sie dann das obere Dreieck nach links ziehen, ergibt sich ein negativer Erstzeileneinzug.

Bild 3-13:
Absätze mit negativem Erstzeileneinzug

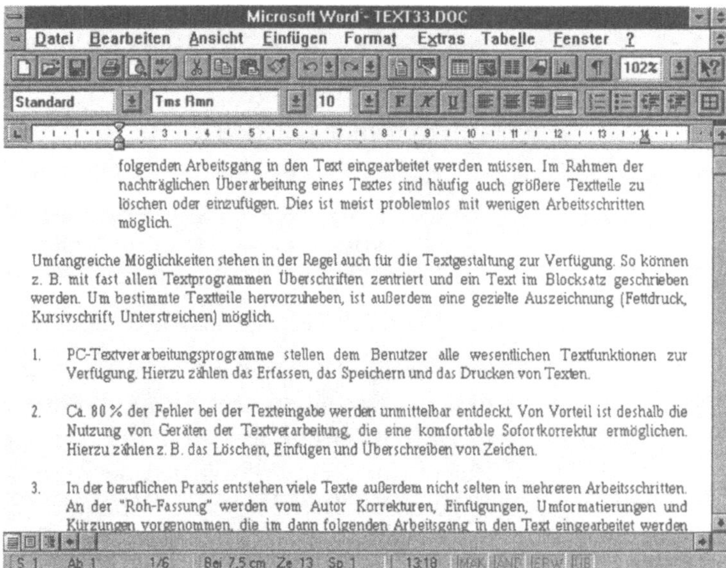

Testen Sie diese Varianten ruhig einmal aus. Sie sehen also, daß das für den Erstzeileneinzug zuständige obere Dreieck unabhängig vom unteren bewegt werden kann. Eine Bewegung des unteren Rechtecks zieht dagegen immer das obere Dreieck mit sich.

Noch folgender **Hinweis:**

Für das Erzeugen von Aufzählungen kann auch das Symbol in der Formatierungsleiste genutzt werden. Dazu müssen Sie nach Erfassen der Absätze diese nur markieren und dann per Mausklick das Symbol aktivieren. Textabschnitte können auf ähnliche Weise auch auf einen Schlag mit vorangestellten Punkten, Kästchen, Herzen, Dreiecken oder anderen Listenzeichen versehen werden.

3.1.3   Zeichen formatieren (Schriftbildgestaltung)

Um die Übersicht für den Empfänger eines Textes zu erhöhen, ist es sinnvoll, wichtige Textteile in einer geeigneten Form hervorzuheben.

Möglichkeiten der Zeichenformatierung

Um einen Überblick über die Textauszeichnung zu erhalten, wählen Sie bitte zunächst einmal den Befehl **Zeichen** im Menü **Format** (Tastenfolge [Alt]+[T] [Z]). Ergebnis ist dann das folgende Dialogfenster, das anzeigt, welche Möglichkeiten der Textauszeichnung in WORD für WINDOWS zur Verfügung stehen.

Bild 3-14:
Dialogfenster
„Zeichen"

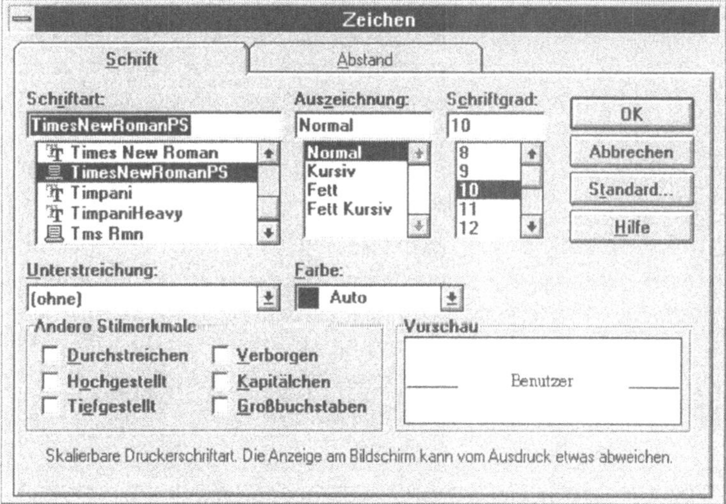

Das Bild zeigt, daß sich im oberen Bereich die drei verschiedenen Listenfelder „Schriftart", „Auszeichnung" und „Schriftgrad" befinden. Durch eine Auswahl kann eine entsprechende Variation erfolgen. Sie haben im einzelnen folgende Bedeutung:

- **Schriftart:** Hier handelt es sich um ein Listenfeld, das hinsichtlich der angebotenen Auswahlmöglichkeiten von dem jeweils installierten Drucker abhängt. Gängige Schriftarten sind Antiqua- und Groteskschriften (Pica und Elite als Schriftfamilien, Arial, Times, Helvetica etc.). Soll auf einem anderen Drucker ausgegeben werden, können hier auch die Namen von Schriftarten angegeben werden, die nicht in der Liste enthalten sind.

- **Auszeichnung:** Hier handelt es sich um ein Listenfeld, das hinsichtlich der angebotenen Auszeichnungsvarianten von der Schriftart abhängig ist. Möglich sind die Varianten Fett und Kursiv bzw. eine Kombination dieser Auszeichnungsmerkmale.

- **Schriftgrad:** In diesem Befehlsfeld kann eine Variation der Schriftgröße erfolgen, die in Punkten festgelegt wird. Im

Beispielfall ist die Schriftart „Times" sowie die Schriftgröße „10" eingestellt. Bei dieser Schriftart stehen dann für die Schriftgröße noch verschiedene Alternativen zur Wahl. Auch hier ist eine Eingabe oder Auswahl der Option möglich.

Darüber hinaus werden zwei einzeilige Listenfelder angeboten:

- <u>Unterstreichung</u>: Die Unterstreichung kann entweder einzelne Wörter oder auch ganze Sätze und Absätze umfassen. Infrage kommt sie vor allem für Überschriften und Schlüsselwörter eines Textes. Möglich ist in dem Listenfeld die Auswahl zwischen verschiedenen Unterstreichungsarten: einfache, wortweise, doppelte oder punktierte Unterstreichung.

- Farbe: Dieses Feld bietet die Möglichkeit, die Farbe des gedruckten Textes festzulegen, wenn ein Drucker oder Plotter mit Farbausgabefähigkeiten installiert ist. Es stehen 16 vordefinierte Farben zur Verfügung. Die gewünschten Farbbezeichnungen sind in dem Befehlsfeld auszuwählen. Das Ergebnis der Auszeichnung wird bei Farbbildschirmen auch in Farbe dargestellt.

Im unteren Bereich des Dialogfensters „Zeichen" stehen als Optionsfelder weitere Stilmerkmale bereit, die auch in Kombination eingeschaltet werden können. Die angeführten Varianten bieten folgende Anwendungsmöglichkeiten:

- ~~Durchstreichen~~: Mit dieser Option können Sie bestimmte Textteile durchstreichen. Das kann interessant sein, wenn in einem Vertragstext bestimmte Vertragsbedingungen für ungültig erklärt werden sollen.

- <u>Verborgen</u>: Mit dieser Option können Sie bestimmte Textteile unsichtbar machen. Das kann z. B. sinnvoll sein, wenn man persönliche Anmerkungen in einen Text einfügen möchte. Notwendig ist die Anwendung dieser Formatierungsfunktion für das Erstellen von Formularen sowie für die Aufnahme von Textteilen in Index- bzw. Inhaltsverzeichnissen.

- Option ^{Hochgestellt}: Anwendungsgebiete sind etwa Fußnotendarstellung, die Kennzeichnung von Warenzeichen oder die Darstellung mathematischer Formeln.

- Option $_{Tiefgestellt}$: Typisches Anwendungsbeispiel ist die Darstellung von chemischen Formeln.

- KAPITÄLCHEN: Bei dieser Hervorhebung wird die Zeichenfolge insgesamt in Großbuchstaben, aber in einem kleineren Schriftgrad dargestellt.

- GROSSBUCHSTABEN: Auf diese Weise läßt sich die Schreibweise eines bestimmten Textbereiches sehr schnell in „Großbuchstaben" ändern.

Weitere Spezifikationen sind über das Register „Abstand" möglich. Aktivieren Sie dies ruhig einmal, um sich darüber zu informieren.

Das Feld „Zeichenabstand" gibt den Abstand zwischen den Zeichen an. Abweichend vom Standard kann eine Vergrößerung oder Verkleinerung erfolgen:

a) Laufweite: Mit dieser Option kann der Zeichenabstand um max. 14 Punkte vergrößert werden.

b) Gesperrt: Hiermit ist einer Verkleinerung des Zeichenabstandes möglich (um mindestens 1,75 Punkte).

Wie bei den anderen Formatierungs-Dialogfenstern gibt es auch ein Feld mit der Bezeichnung „Vorschau". Damit werden dann die Auswirkungen von gewählten Zeichenformatierungen vorab angezeigt.

Für den Benutzer ist es von Vorteil, wenn die genannten Schriftbildgestaltungsfunktionen in der Form realisiert sind, daß die Auszeichnungen am Bildschirm erkennbar sind, um so das Erscheinungsbild eines Textes vor dem Druck am Bildschirm überprüfen zu können.

Interessant ist außerdem die Schaltfläche <Standard>. Die Wahl dieser Schaltfläche hat zur Folge, daß die neuen Einstellungen in der aktuellen Dokumentvorlage (hier Normal.DOT) gespeichert werden. Dies bewirkt, daß nun immer die neuen Einstellungen gelten, wenn Sie ein Dokument mit dieser Vorlage erstellen. Dies gilt gleichzeitig auch für den Fall, daß Sie ein Dokument öffnen, das mit dieser Vorlage erstellt wurde.

Vorgehensweise bei der Zeichenformatierung

Auch bezüglich der Text-Auszeichnung besteht die Wahl, ob das Auszeichnen unmittelbar bei der Erfassung eines Textes oder im nachhinein erfolgt.

Hinsichtlich der **Art der Befehlsauslösung** gibt es folgende Varianten:

a)   Zeichenformatierung mit der Formatierungsleiste

b)   Menügesteuertes Auszeichnen; z. B. bei der Erfassung:

- Befehl **Zeichen** aus dem Menü **Format** wählen ([Alt]+[T], [Z])
- Zeichenformate auswählen
- Befehl mit [↵] oder <OK>-Mausklick ausführen

c)   Tastenkombinationen betätigen (mit Shortcuts)

Zeichenformatierung mit der Formatierungsleiste

Sofern die sogenannte Formatierungsleiste aktiviert ist, lassen sich hierüber mit der Maus die Schriftart, die Schriftgröße sowie die drei am meisten verbreiteten Schriftmerkmale Fettdruck, Kursivschrift und Unterstrichen einstellen.

Abgesehen von Schriftart und Schriftgrad werden Sinnbilder verwendet. Diese haben die Funktion eines Toggle-Schalters; das heißt durch Anklicken erfolgt ein Ein- bzw. Ausschalten. Varianten sind:

- Schriftart
- Schriftgrad (in Punkten)
- Fettdruck (= F)
- Kursivschrift (= K)
- Unterstreichung (= U).

Zu beachten sind folgende Aspekte bei der Einstellung:

a)   Änderung der Schriftart
Zur Änderung der Schriftart muß der senkrechte Pfeil neben dem Textfeld angeklickt werden. Abhängig vom installierten Drucker erscheinen dann die verfügbaren Schriftarten. Nach Auswahl der gewünschten Schriftart wird das Feld automatisch geschlossen.

b)   Änderung der Schriftgröße
Eine Änderung der Schriftgröße kann durch Anklicken des senkrechten Pfeils rechts von der aktuell angezeigten Punktgröße erfolgen. Die dann angezeigten Schriftgrößen hängen von der aktivierten Schriftart ab. Neben der Auswahl aus dem Listenfeld kann der gewünschte Schriftgrad auch dirckt im Feld neben dem Listenfeld eingegeben werden.

c)   Änderung der Textauszeichnungen

In der Formatierungsleiste können die drei Schriftmerkmale Fett, Kursiv und Unterstrichen gewählt werden. Um eine Zuordnung vorzunehmen, müssen Sie nach Markierung eines bestimmten Textabschnittes einen der drei Kennbuchstaben in der Mitte der Formatierungsleiste anklicken (F = Fettdruck, K = Kursivschrift, U = Unterstreichung). Die Kennbuchstaben der zugeordneten Merkmale werden dann in der Formatierungsleiste invers dargestellt.

Testen Sie das Arbeiten mit der Formatierungsleiste einmal mit folgendem Beispiel aus:

Aufgabe: Textauszeichnung mit der Formatierungsleiste

Öffnen Sie die Datei TEXT33.DOC, und nehmen Sie folgende Auszeichnungen bei der Überschrift vor:

- Wahl einer anderen Schriftart; beispielsweise „Script".
- Einstellung einer größeren Schrift; beispielsweise 22 Punkte.
- Auszeichnung in Fettschrift.

Speichern Sie die Datei unter dem neuen Namen TEXT34.DOC.

Zur Lösung der Aufgabenstellung müssen Sie zunächst die Überschrift markieren. Dann können Sie der Reihe nach in der Formatierungsleiste die Schriftart, Schriftgröße sowie Fettschrift in der beschriebenen Weise einstellen. Ergebnis ist dann die folgende Bildschirmanzeige:

Bild 3-15:
Auszeichnung von Texten

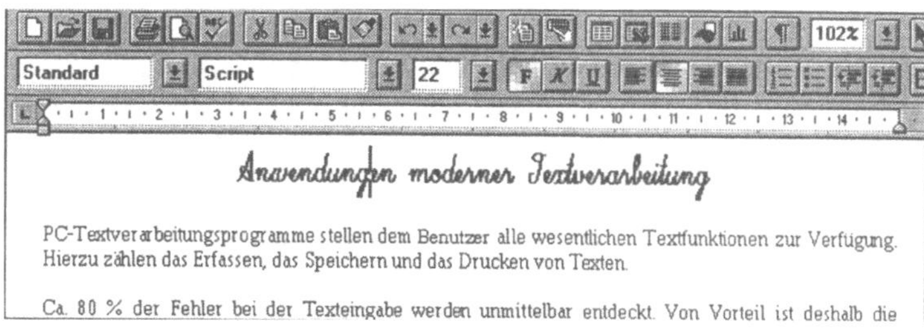

Mit dem Befehl **Speichern unter** aus dem Menü **Datei** ist dann das Dokument unter dem Namen TEXT34 zu speichern.

Auszeichnen durch Menüsteuerung

Mit dem Befehl **Zeichen** aus dem Menü **Format** stehen Ihnen sämtliche Möglichkeiten der Zeichenformatierung zur Verfügung.

Dazu zählen dann etwa auch das Einstellen von Farben oder die Hoch- und Tiefstellung von Zeichen.

Zur Anwendung der Menüsteuerung müssen in dem vorhandenen Text lediglich die gewünschten Wörter markiert werden und die Auszeichnung durch entsprechende Befehlswahl erfolgen.

Aufgabe: Auszeichnen über das Dialogmenü
Laden Sie den von Ihnen bereits erstellten und unter dem Dateinamen „Text49.DOC" gespeicherten Text, und zeichnen Sie die ersten beiden Absätze so aus, daß sich folgende Darstellung ergibt:

```
PC-TEXTVERARBEITUNGSPROGRAMME stellen dem Benutzer alle wesentlichen
Textfunktionen zur Verfügung. Hierzu zählen das Erfassen, das Spei-
chern und das Drucken von Texten.

Ca. 80 % der Fehler bei der Texteingabe werden unmittelbar entdeckt.
Von Vorteil ist deshalb die Nutzung von Geräten der Textverarbeitung,
die eine komfortable Sofortkorrektur ermöglichen. Hierzu zählen z. B.
das Löschen, Einfügen und Überschreiben von Zeichen.
```

Speichern Sie das Ergebnis unter dem Dateinamen TEXT35.DOC.

Im Beispielfall müssen Sie zunächst die Wortkombination „PC-Textverarbeitungsprogramme" markieren. Wählen Sie anschließend den Befehl **Zeichen** aus dem Menü **Format**, und klicken Sie im Register „Schrift" auf das Feld „Großbuchstaben". Nach Ausführung des Befehls mit der Taste ⏎ ist das Wort in der gewünschten Weise ausgezeichnet.

In ähnlicher Form sind die übrigen Textauszeichnungen vorzunehmen. Die generelle Vorgehensweise bei der nachträglichen Auszeichnung von Texten zeigt folgende Checkliste:

Reihenfolge der Bearbeitung	Tastenfolge
1. Wörter/Sätze/Absätze markieren	
2. Wahl des Menüs FORMAT	Alt + T
3. Befehl „Zeichen" wählen	Z
4. Auszeichnungswunsch markieren/anklicken	.....
5. Befehl ausführen	⏎

Auszeichnen über Funktionstasten

Das Auszeichnen von Texten über die Wahl des Befehls **Zeichen** aus dem Menü **Format** ist mitunter recht umständlich. Eine erhebliche Zeitersparnis bringt in vielen Fällen die Anwendung der sog. Strg-Tastenkombinationen. Mit Hilfe der Shortcuts können Sie auf einfache Weise bei der Erfassung oder im nachhinein bestimmten Zeichen die gewünschten Auszeichnungsmerkmale zuordnen. Insbesondere während der Erfassungsarbeit ist diese Variante nützlich, da man nicht erst auf die Mausbedienung „umsteigen" muß.

Die Bedeutung der einzelnen Formatierungstasten zur Auszeichnung wird in der folgenden Zusammenstellung gezeigt.

Tasten-kombination	Schriftmerkmal
[Strg]+[⇧]+[F]	Fettdruck
[Strg]+[⇧]+[K]	Kursivschrift
[Strg]+[⇧] [U]	Unterstreichen (durchgehend)
[Strg]+[⇧] [W]	Wort unterstreichen
[Strg]+[⇧] [D]	Doppelt unterstreichen
[Strg]+[⇧] [Q]	Kapitälchen
[Strg]+[⇧] [G]	Großbuchstaben
[Strg]+[+]	Hochgestellt (um 3 Punkte)
[Strg] +[#]	Tiefgestellt (um 3 Punkte)
[Strg]+[⇧] [A]	Schriftartenfeld wird gewählt
[Strg]+[⇧] [P]	Schriftgrößenfeld wird gewählt
[Strg]+>	Schriftgröße um eine Stufe vergrößern
[Strg] +[<]	Schriftgröße um eine Stufe verkleinern
[Strg] +[ ]	Standard
[Strg] +[8]	Schrift um einen Punkt verkleinern
[Strg] +[9]	Schrift um einen Punkt vergrößern
[⇧]+[F3]	Wechsel zwischen Klein- und Großbuchstaben

Die wichtigsten Tastenkombinationen lassen sich leicht merken. Achten Sie auf den zugeordneten Buchstaben und die Bedeutung der Tastenkombination.

Wollen Sie einen Text im nachhinein mit Hilfe der Formatierungstasten auszeichnen, müssen Sie die entsprechende Zeichenfolge zunächst markieren. Danach können Sie dann die gewünschte Tastenkombination betätigen.

Umgekehrt können Sie nachträglich auch eine gewählte Auszeichnung wieder löschen, indem Sie die Zeichenfolge markieren und dann die Tastenkombination Strg+⬚ betätigen.

Aufgabe: Textauszeichnung mit Funktionstasten
Sie sollen nun die vorherigen beiden Aufgaben über Formatierungstasten lösen. Laden Sie dazu erneut den Text mit dem Dateinamen TEXT35.DOC.

Betätigen Sie dann nach der Markierung der jeweiligen Zeichenfolge die Tastenkombination, so wird die gewünschte Auszeichnung vorgenommen.

3.1.4 Silbentrennung (Zeilenumbruch)

Üblich ist bei Textprogrammen ein automatischer Wortumbruch: Das letzte über den rechten Zeilenrand hinausreichende Wort – erkennbar an der vorangehenden Leerstelle – wird komplett in die nächste Erfassungszeile hinübergezogen.

Für englischsprachige Texte reicht der automatische Wortumbruch in der Regel aus, da die Wörter meist sehr kurz sind. In deutschen Texten entsteht aber oft ein unansehnlicher Flatterrand. Um zu erreichen, daß der rechte Rand eines Textes ein harmonisches Bild bietet, ist eine Silbentrennung von Wörtern deshalb vielfach unumgänglich.

Grundsätzlich bieten sich zwei Möglichkeiten, eine Silbentrennung zu organisieren. Einmal kann die Silbentrennung durch den Benutzer selbst vorgenommen werden. Dabei setzt er die Trennstriche entweder bei der Erfassung oder nachträglich nach Ansteuerung der Trennposition.

Daneben verfügen gute Textverarbeitungsprogramme alternativ auch über die Möglichkeit, Hilfen für die Silbentrennung zu geben. Dies ist vor allem für lange Texte sinnvoll, die noch häufig umformatiert werden. Allerdings ist ein Silbentrennprogramm nicht vollständig zuverlässig. So werden Ausnahmefälle nicht unbedingt berücksichtigt. Beispielsweise erfolgt keine Korrektur bzw. Rücknahme einer ck-Trennung.

Grundsätzlich sind folgende **Varianten der Silbentrennung** zu unterscheiden, wenn Sie Texte mit einem Computer erstellen:

a)   Manuelle Silbentrennung durch den Benutzer: Dies ist in der Regel am aufwendigsten:

b)   Silbentrennung mit Computerunterstützung

halbautomatische Silbentrennung

vollautomatische Silbentrennung

Trennstriche bei der Erfassung setzen

Um die Silbentrennung vorzunehmen, gibt es bei WORD – wie bereits erwähnt – die Möglichkeit, selbst Trennstriche einzufügen. Dabei lassen sich drei Eingabealternativen unterscheiden:

a)   bedingte (vorgegebene) Trennstelle

b)   gewöhnlicher Bindestrich

c)   geschützter Bindestrich

zu a)

Sofern Sie bei der Erfassung eines Textes am Zeilenende eine Silbentrennung vornehmen wollen sowie als Vorbeugung bei längeren Wörtern, sind sog. „weiche" Trennstriche zu setzen. Das Wirksamwerden der Trennung erfolgt je nach Position im Text; das Trennzeichen erscheint nur dann, wenn dies im Falle eines notwendigen Zeilenumbruchs sinnvoll ist. Diese Eingabe vorgegebener Trennstellen wird in WORD durch Betätigen der Tastenkombination [Strg]+[-] realisiert. Diese Vorgehensweise lohnt sich bei außerordentlich langen Wörtern in Texten, für die künftig eine weitere Bearbeitung zu erwarten ist.

Hinweis: Die vorgegebenen Trennstellen können auch wieder gelöscht werden, indem Sie den Befehl **Optionen** aus dem Menü **Extras** aufrufen und hier die Kategorie „Ansicht" wählen. Nun können Sie die Option „Bedingte Trennstriche" aktivieren; das Löschen erfolgt durch Markieren der Trennstelle und Betätigen der <Entf>-Taste.

zu b)

Setzen Sie bei der Texterfassung am Zeilenende für die Worttrennung – ähnlich wie bei der Schreibmaschine – einen gewöhnlichen Bindestrich, so führt dies ebenfalls zu der gewünschten Worttrennung. Allerdings ist dieses Vorgehen nicht für die normale Silbentrennung anzuwenden. Wenn der Text später Veränderungen erfährt (z. B. durch das Einfügen oder Löschen von Textabschnitten), sind dann nämlich zusätzliche Arbeiten notwendig, da die fest eingegebene Trennstelle auch nach Einfügungen und Löschungen erhalten bleibt, wenn sie in der Mitte einer Zeile (und nicht mehr am Textende) steht. Das Setzen eines normalen Bindestriches ist deshalb nur dann angebracht, wenn es sich tatsächlich um Bindestriche handelt (z. B. für zusammengehörige Wortgruppen).

zu c)

Neben dem gewöhnlichen Bindestrich, der im Bedarfsfall auch zum Zeilenumbruch führt, gibt es Verbindungen, wo grundsätzlich kein Zeilenwechsel vorgenommen werden soll (z. B. bei Doppelnamen oder dem Minuszeichen vor Zahlenangaben). Einen solchen geschützten Bindestrich können Sie über die Tastenkombination [Strg]+[⇧]+[-] realisieren.

Trennhilfe-Funktion nutzen

Neben selbst eingestellten Silbentrennungen können die Silbentrennungen auch vom Programm vorgeschlagen oder automatisch vorgenommen werden. Die Ausführung der Silbentrennung bleibt im ersten Fall auch dann noch der Einschätzung des Bedieners überlassen.

Grundsätzlich kann eine programmgestützte Silbentrennung im Zuge der Erfassung oder in einem nachträglichen Trenn-Durchlauf erfolgen. Im ersten Fall wird der Bediener im Erfassungsfluß allerdings unter Umständen stark gehemmt, da ihm immer wieder Trennüberlegungen und -entscheidungen abverlangt werden.

Gehen Sie für das Erlernen der computergestützten Silbentrennung von der folgenden Beispielaufgabe aus:

Aufgabe: Silbentrennung
Öffnen Sie die auf Ihrer Arbeitsdiskette befindliche Textdatei TEXT35.DOC. Wenden Sie die Funktionen zur Silbentrennung

- einmal mit Bestätigung und

- zum anderen in einem automatischen Durchlauf an.

Bei WORD findet sich die Möglichkeit, einen nachträglichen Durchlauf vorzunehmen. Das sollen Sie am Beispiel des Textes mit dem Dateinamen TEXT35 testen. Laden Sie diesen Text, und wählen Sie den Befehl **Silbentrennung** aus dem Menü **Extras**.

Nach der Befehlsauslösung ergibt sich das in Bild 3-16 wiedergegebene Dialogmenü.

Bild 3-16:
Dialogmenü
„Silbentrennung"

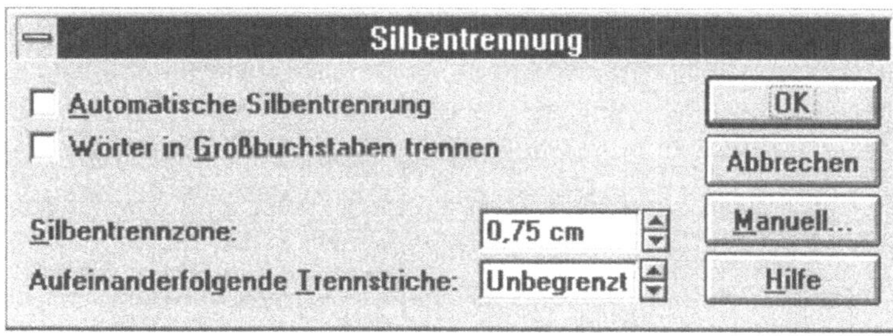

Die Darstellung zeigt, daß nach der Befehlswahl die beiden Optionskästchen „Automatische" und „Großbuchstaben" erscheinen. Diese sind standardmäßig eingeschaltet. Durch Veränderungen kann folgendes bewirkt werden:

- im ersten Optionsfeld „Großbuchstaben" kann durch Ausschalten festgelegt werden, daß alle Wörter mit Großbuchstaben bei der Trennung unberücksichtigt bleiben sollen.

- Im zweiten Optionsfeld können Sie festlegen, ob Sie eine automatische Trennung realisieren wollen oder ob sicherheitshalber zunächst eine Abfrage mit Bestätigung erfolgen soll. Sie müssen somit die Option „Bestätigen" ausschalten, damit WORD eine automatische Silbentrennung vornimmt.

Im Beispielfall soll die Silbentrennung zunächst mit Bestätigung erfolgen, so daß im Kontrollkästchen „Bestätigen" die Aktivierung bestehen bleiben muß. Bei Ausführung des Befehls wird grundsätzlich der Text ab der aktuellen Position des Cursors bis zum Textende nach Trennmöglichkeiten untersucht. Es empfiehlt sich deshalb, den Cursor zunächst an den Anfang des Textes zu positionieren. Es ist auch möglich, nur einen bestimmten Textteil auf Trennmöglichkeiten zu prüfen; dazu ist lediglich eine Markierung des Teils erforderlich.

Durch die vorherige Aktivierung des Kontrollkästchens „Bestätigen" wird erreicht, daß am Bildschirm die erste mögliche Trennstelle markiert wird. Möglich sind dann drei Reaktionen:

a) Sie wollen an der Stelle trennen und müssen deshalb die Taste Ⓙ betätigen.

b) Sie wollen das Wort überhaupt nicht trennen und geben deshalb ein Ⓝ ein.

c) Sie brechen ab.

Im Beispielfall kann der unterbreitete Trennvorschlag übernommen werden. Betätigen Sie deshalb die Taste ⒥. Anschließend zeigt das System den nächsten Trennvorschlag an. Dieser Vorgang wiederholt sich bis zum Textende. Danach kehrt das Programm wieder in den Texteingabemodus zurück.

Wichtig ist, daß die Wirkungsweise der nun im Text vorhandenen Trennstriche dieselbe ist wie bei einem „weichen" Trennstrich. Somit können später Einfügungen und Löschungen problemlos vorgenommen werden.

Um den gleichen Vorgang anschließend mit automatischer Silbentrennung durchführen zu können, müssen Sie erneut den Text mit dem Dateinamen „Text49" laden. Nach Wahl des Befehls **Silbentrennung** im Menü **Extras** muß das Optionskästchen „Bestätigen" deaktiviert werden. Das System führt dann die Trennungen automatisch durch und gibt am Ende die Vollzugsmeldung: „Die Silbentrennung ist abgeschlossen" aus. Um in den Texteingabemodus zurückzukehren, muß <OK> geklickt oder ⏎ betätigt werden.

3.2   Arbeiten mit den integrierten Assistenten

Bei der Gestaltung der bisher erstellten Dokumente wurde deutlich, daß im Programm WINWORD standardmäßig bestimmte Format-Optionen eingestellt sind. Diese sind in der Datei „NORMAL.DOT" (DOT für Dokumentvorlage) gespeichert und werden beim Programmstart automatisch geladen. Damit sind zunächst bestimmte Festlegungen für die Formatierung von Seiten, Absätzen und Zeichen vorgenommen; beispielsweise ein bestimmtes Seitenlayout und eine ausgewählte Schriftart in einer bestimmten Schriftgröße.

Um Ihren Dokumenten eine individuelle Gestalt zu geben, mußten Sie bisher die Formatierungen immer gesondert einstellen und dazu die entsprechenden Befehle wählen. Diese Art des Vorgehens, bei dem eine Formatänderung durch Aufruf von Formatbefehlen wie „Zeichen", „Absatz", „Rahmen" oder „Abschnitt" erfolgt, wird als **direkte Formatierung** bezeichnet. Sind bestimmte Regeln für die Gestaltung von Dokumenten vorgegeben, kann das Arbeiten mit dem sog. Assistenen, die automatische Dokumentformatierung oder die Nutzung von Formatvorlagen (Druckformaten) hilfreich sein.

Durch Interaktion mit einem vorhandenen Assistenten können Sie ein Dokument bestimmter Art schnell und gezielt erstellen, indem Sie eine Reihe von vorgegebenen Schritten befolgen. Vorhanden sind Assistenten zu folgenden Themen: Agenda, Brief, Fax, Kalender, Lebenslauf, Memo, Rundschreiben, Tabellen und Urkunden.

Aufgabe: Assistenten nutzen

Erstellen Sie folgende Urkunde mit dem Urkunden-Assistenten:

Bild 3-17:
Urkunde in der Seitenansicht

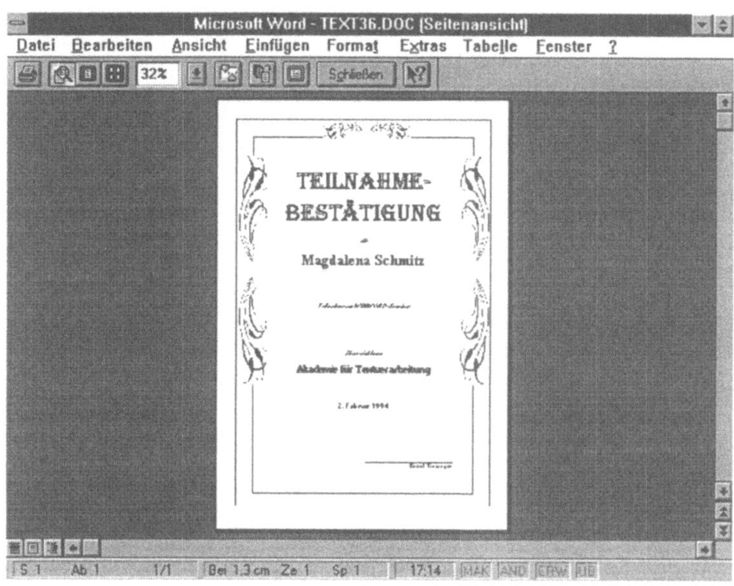

Hinweis: Es ist die Stilart „Klassisch" zu verwenden.

Speichern Sie das Ergebnis unter dem Dateinamen TEXT36.DOC.

Zur Aufgabenlösung müssen Sie zunächst aus dem Menü **Datei** den Befehl **Neu** wählen. In der angezeigten Dialogbox ist dann aus dem Listenfeld „Vorlage" der gewünschte Assistent zu wählen; im Beispielfall der „Urkunde-Assistent". Nach der Markierung im Listenfeld und dem Anklicken von <OK> erscheinen der Reihe nach verschiedene Dialogboxen:

- Wählen Sie in der ersten Dialogbox die Stilart „Klassisch", so daß sich folgende Einstellung ergibt:

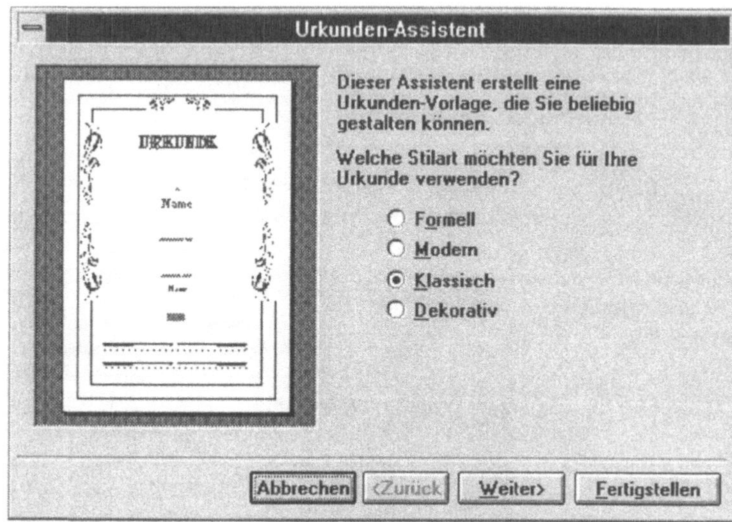

Klicken Sie danach auf <Weiter>.

- In der nächsten Dialogbox können Sie das Format festlegen sowie die Frage beantworten, ob ein vorbedruckter Rand verwendet wird. Behalten Sie das Hochformat sowie die Vorgabe <Nein> bei, und klicken Sie auf <Weiter>.

- In der nächsten Dialogbox müssen Sie den Empfängernamen für die Urkunde sowie die Überschrift festlegen. Im Beispiel sind folgende Eingaben notwendig:
  - Name: Magdalena Schmitz
  - Überschrift der Urkunde: Teilnahme-Bestätigung
  Klicken Sie dann auf <Weiter>.

- Legen Sie in der nächsten Dialogbox den Namen des Unterzeichners der Urkunde fest, und fügen Sie ihn hinzu; beispielsweise „Ernst Tiemeyer".

- Danach ist der Name der Organisation einzutragen, welche die Urkunde überreicht; im Beispielfall „Akademie für Textverarbeitung". Danach ist wieder auf <Weiter> zu klicken.

- In der nächsten Dialogbox ist einzugeben:
  Datum: beispielsweise 2. Februar 1994
  Text: Teilnahme am WINWORD-Seminar.
  Anschließend ist auf <Weiter> zu klicken.

- Danach können Sie sich die Urkunde anzeigen lassen, indem Sie auf <Fertigstellen> klicken. Das in der Seitenansicht wiedergegebene Ergebnis können Sie anschließend wie gewünscht speichern.

3.3 Automatische Dokumentenformatierung

Für Standarddokumente kann eine automatische Formatierung vorgenommen werden.

Aufgabe: Autoformatierung nutzen

Öffnen Sie das Dokument mit dem Dateinamen TEXT30.DOC. Fügen Sie folgende Überschrift in das Dokument ein:

a)   Am Anfang:

Textverarbeitung im Wandel der Zeit

Textverarbeitung gestern

b)   Jeweils durch einige Absätze getrennt:

Textverarbeitung heute

Textverarbeitung morgen.

Speichern Sie das Ergebnis unter dem Dateinamen TEXT37.DOC.

Nach Öffnen der Datei und Wahl des Befehls **Autoformat** ergibt sich folgende Bildschirmanzeige:

Bild 3-19:
Autoformat-Befehl aufrufen

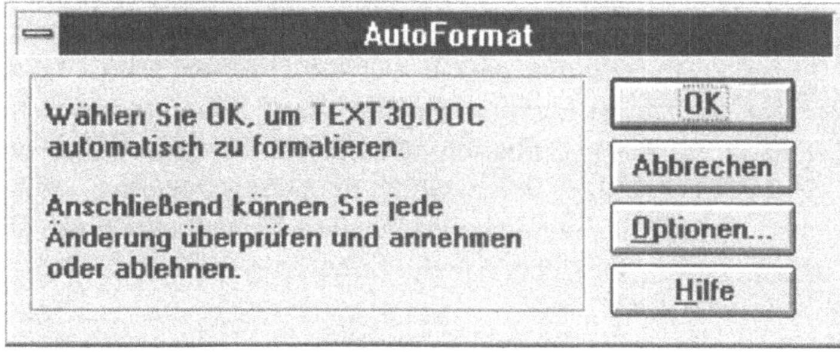

Wenn Sie den Befehl bestätigen, wird die Formatierung vorgenommen, und es erscheint die folgende Dialogbox:

Bild 3-20:
Abschlußhinweis zur AutoFormatierung

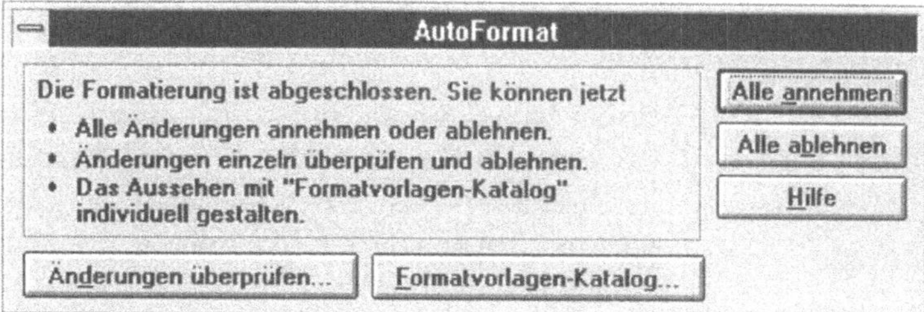

Sie können jetzt entweder die Schaltfläche <Alle annehmen> wählen, wenn Sie sicher sind, daß alles Ihren Wünschen entspricht. Andernfalls sollten Sie zunächst auf <Änderungen überprüfen> klicken und dann Änderungen vornehmen.

Hinweis: Werden alle Änderungen durchgeführt, sollten Sie noch die Schriftart „Arial" einstellen.

3.4   Nutzung eigener Dokumentvorlagen

Um den Aufwand für sich wiederholende Formatfestlegungen zu reduzieren, bietet sich das Anlegen von Formatvorlagen für bestimmte Dokumentarten an; zum Beispiel für Briefe, Protokolle oder Berichte. Diese können dann in einer individuellen Dokumentvorlage zusammengefaßt werden. Ist nun ein Dokument einer bestimmten Art zu erstellen, kann mit Hilfe der zugehörigen Vorlage der Text schnell und einfach einheitlich formatiert werden. Dies wird als **indirekte Formatierung** bezeichnet.

Was ist die Grundidee von Format- bzw. Dokumentvorlagen? Im Rahmen der direkten Formatierung von Texten werden Sie festgestellt haben, daß Sie eine bestimmte Kombination von Formatierungen wiederholt für Ihre Textgestaltung verwenden. Hinzu kommt, daß in der betrieblichen Praxis Texte einer bestimmten Art auch in gleicher Weise gestaltet werden sollen (etwa Texte mit Fußnoten, Geschäftsbriefe oder Aktennotizen). In solchen Fällen kann die Verwendung von Formatvorlagen und ihre Zusammenfassung in einer Dokumentvorlage unter Umständen erhebliche Vorteile bringen.

Zunächst zum Begriff **Formatvorlage** (in früheren WORD-Versionen „Druckformat" genannt). In einer Formatvorlage sind die Angaben zur Formatierung von Absätzen mit den jeweiligen Zeichenformatierungen, Definitionen von Tabstopps und Angaben zur Positionierung zusammengefaßt. Unter Umständen kann es sich aber auch um eine Gruppe von Zeichenformaten handeln.

Bisher haben Sie immer nur mit einer Formatvorlage gearbeitet; der Formatvorlage „Standard". Damit wurden Absätze standardmäßig linksbündig ausgerichtet, ohne Einzüge/Einrückungen gesetzt, mit einfachem Zeilenabstand versehen und in der Schriftart „10 Punkt Tms Rmn" geschrieben.

Diesen Standard können Sie natürlich ändern. Künftig soll etwa mit der Schrift ARIAL 12 Pt als Standard gearbeitet werden. Stellen Sie diese zunächst durch Aktivierung des Menüs **Format** und

Wahl des Befehls **Zeichen** ein. Klicken Sie dann auf die Schaltfläche <Standard>. Nach Bestätigung der Abfrage, daß die Standardschrift geändert werden soll sowie bei einer Aktualisierung der Vorlage NORMAL.DOT wird dann die Änderung gespeichert. Wenn Sie damit künftig arbeiten, wird sich auch die Lesbarkeit der Schrift am Bildschirm entsprechend dem größeren Schriftgrad erhöhen.

Dies reicht natürlich im Regelfall nicht aus. Beispielsweise möchten Sie in einem Bericht neben dem Haupttext immer wieder die Hauptüberschrift, Zwischenüberschriften sowie wichtige Absätze in gleicher Weise formatieren. Es liegt deshalb nahe, die Formatierungen hierfür einmal vorzunehmen und unter einem Namen zu speichern, um sie damit leicht zuordnen zu können.

Dies ist mit WINWORD relativ einfach durch das Anlegen neuer **Formatvorlagen** (Absatz- oder Zeichen-Formatvorlagen) möglich. Damit haben Sie ein Mittel, um eine Gruppe zusammengehöriger Formate unter einem Namen aufzuzeichnen (es kann sich dabei um eine beliebige Kombination von Zeichen-, Absatz-, Tabulator- oder Positionsformatierungen handeln). Mit Hilfe des Namens können Sie dann später beliebigen Abschnitten eines gerade zu gestaltenden Dokumentes schnell ein gewünschtes Format geben.

Die Verwendung von Formatvorlagen hat folgende **Vorteile:**

- Einmal definierte Formate können über die Zuordnung des Namens immer wieder schnell verwendet werden. Getrennte Formatierungsteile müssen nicht mehr einzeln über verschiedene Menüpunkte eingestellt werden (= Zeitgewinn).

- Bestimmte Dokumentarten können nach den gleichen Richtlinien gestaltet werden (= Einheitlichkeit).

Verschiedene Formatvorlagen, die in einer Dokumentart vorkommen können, werden zweckmäßigerweise zu einer speziellen Dokumentvorlage zusammengefaßt. Dies erleichtert die Organisation des Arbeitens mit Formatvorlagen erheblich.

Typischerweise wird man Dokumentvorlagen anlegen für

- Aktennotizen/Protokolle

- Briefe (unter Umständen mit Varianten von 1 bis n)

- Berichtstexte (Monatsbericht, Tätigkeitsberichte)

- Ausschreibungen

- juristische Schriftsätze (Verträge)

- Artikel/Aufsätze verschiedene Art

Hinweis: Dokumentvorlagen müssen in WINWORD nicht nur Formatvorlagen enthalten. Alternativ oder ergänzend ist es auch möglich, daß in einer Dokumentvorlage enthalten sind:

- feste Textabschnitte (Autotexte, Bausteine)
- Feldeinfügungen
- Makros
- eigene Menüs und Tastenbelegungen.

3.4.1   Vorgehensweise beim Arbeiten mit Dokumentvorlagen

Um zu Format- und Dokumentvorlagen zu kommen, die auf den eigenen Gebrauch oder eine firmenspezifische Anwendung zugeschnitten ist, bieten sich verschiedene Möglichkeiten des Vorgehens an:

a) Die Formate werden aus einem bereits vorhandenen Mustertext übernommen. Ausgangspunkt ist also ein Text, der hinsichtlich der Gestaltung als mustergültig angesehen werden kann. Nach Markierung der jeweiligen „Musterabsätze" können dabei über die Formatierungsleiste oder durch Aufruf des Befehls **Formatvorlage** im Menü **Format** spezifische Formatvorlagen erzeugt werden.

b) Es werden bestimmte Merkmale für die Gestaltung eines ausgewählten Dokumentes definiert und zu sog. Dokumentvorlagen zusammengefaßt. In diesem Fall erfolgt zunächst eine gezielte Layoutplanung sowie die Festlegung der gewünschten Absatz- und Auszeichnungsmerkmale. Um die Formatierungsmerkmale anzulegen, müssen Sie das Menü **Format** aktivieren und nach Aufruf des Befehls **Formatvorlage** die Schaltfläche <Neu> aufrufen.

c) Bereits vorhandene Formatvorlagen werden modifiziert. Zu diesem Zweck wird zunächst die Muster-Vorlage geöffnet. Danach kann eine Ergänzung oder Änderung der darin enthaltenen Eintragungen erfolgen. Anschließend ist dann noch eine Umbenennung des Namens notwendig und schon ist eine weitere Vorlage erzeugt.

Gespeichert werden die neu erstellten Druckformatvorlagen ebenfalls über das Menü **Datei**. Nach Wahl des Befehls **Speichern unter** muß lediglich angegeben werden, daß es sich als Dateityp nun um eine „Dokumentvorlage" handelt.

Vorhandene Dokumentvorlagen können dann im Bedarfsfall wieder gezielt verwendet werden. Die Nutzung von Dokumentvorlagen ist nun auf zweierlei Art möglich:

- Soll ein **vollkommen neues Dokument** auf der Basis einer bestimmten Dokumentvorlage erstellt werden, ist zunächst das Menü **Datei** zu aktivieren und hier der Befehl **Neu** zu wählen. Wichtig ist jetzt, daß in der dann angezeigten Dialogbox der Name der zu verwendenden Vorlage aktiviert wird, bevor auf <OK> geklickt wird.

- Soll ein **bereits vorliegendes Dokument** mit einer bestimmten Vorlage gestaltet werden, muß für das Zuordnen von Formatvorlagen zunächst das zu formatierende Dokument geöffnet werden. Anschließend ist die Vorlage zu aktivieren (über den Befehl **Formatvorlagen** im Menü **Format**) und dann der Text unter Nutzung der hier festgelegten Namen zu gestalten.

3.4.2 Dokumentvorlage aus einem Beispieltext erzeugen

In der Regel reichen die mitgelieferten Vorlagen für die eigene Anwendung nicht aus, da

- jeder Nutzer besondere Anforderungen an die Dokumentengestaltung hat,

- für bestimmte Dokumentarten auch verschiedene Varianten denkbar sind,

- in jedem Betrieb andere Regeln für die Schriftstückgestaltung gelten.

Deshalb werden Sie sehr schnell eigene Formatvorlagen anlegen wollen. Dies geht relativ einfach, wenn Sie Ihre Beispieltexte zur Hand nehmen.

Formatvorlagen definieren

Dokumentvorlagen umfassen – wie bereits dargelegt – eine mehr oder weniger große Zahl von Formatvorlagen. Wenn Sie eine neue Dokumentvorlage anlegen wollen, müssen Sie sich natürlich darüber im klaren sein, welche Format-Varianten in den Dokumenten vorkommen, für die Sie eine Vorlage anlegen wollen.

Sind die Vorüberlegungen abgeschlossen, können Sie mit der Definition der Formatvorlagen beginnen. Zunächst sollen Sie kennenlernen, wie mit einem Beispieltext Formatvorlagen angelegt werden.

Aufgabe: Formatvorlagen mit einem Beispieltext erzeugen

Aktivieren Sie den von Ihnen erzeugten Fließtext mit dem Dateinamen TEXT35.DOC, und legen Sie dafür die folgenden Druckformate an:

- Hauptüberschriften sollen grundsätzlich in Fettdruck sowie in einer größeren Schrift (22 Punkte) erscheinen. Beachten Sie auch, daß ein Folgeabsatz beim Seitenumbruch nicht auf die nächste Seite gesetzt wird. Geben Sie als Name der Formatvorlage an: Haupttitel.

- Bestimmte Absätze, die hervorgehoben werden sollen, sind links mit 2 cm und rechts mit 1 cm einzurücken und in Blocksatz zu setzen. Später werden sie noch mit einer Umrandung versehen. Formatname: Umrandung.

- Für Aufzählungen soll ein hängender Erstzeileneinzug gelten. Formatname: Aufzählung.

Fertigen Sie zunächst die Formatvorlagen unter Nutzung des Beispieldokuments an. Legen Sie dann damit eine Vorlage für das Erstellen von Berichtstexten an. Vergeben Sie als Dateiname DOKU1.DOT.

Im wesentlichen lassen sich folgende **Teilschritte** unterscheiden, wenn mit einem Beispieldokument eine neue Vorlage erstellt werden soll:

(1)   Beispieldokument aufrufen

(2)   Formatvorlagen erzeugen

     a) über die Formatierungsleiste oder

     b) mit dem Befehl **Formatvorlage** des Menüs **Format**

(3)   Beispieltext löschen

(4)   Speicherung mit dem Befehl **Speichern unter** des Menüs **Datei** bei Wahl des Dateityps „Dokumentvorlage".

Rufen Sie zur Lösung der Beispielaufgabe deshalb zunächst das Basisdokument auf. Dies ist die Datei TEXT35.DOC. Legen Sie dann die drei gewünschten Formatvorlagen an.

Formatvorlage über die Formatierungsleiste erzeugen

Das in der Formatierungsleiste vorhandene Textfeld „Standard" kann zur Erstellung, Änderung und Zuordnung von Formatvorlagen verwendet werden. Zunächst soll die Formatvorlage für den Haupttitel auf diese Weise angelegt werden.

Markieren Sie in dem geöffneten Dokument TEXT35.DOC zuerst die bereits wunschgemäß formatierte Überschrift. Klicken Sie dann doppelt bei dem Feld „Standard" in der Formatierungsleiste, und geben Sie den Formatnamen ein; im Beispielfall: Haupttitel. Im oberen Bildschirmbereich sollte sich folgende Darstellung ergeben:

Bild 3-21:
Neue Formatvorlage in der Formatierungsleiste

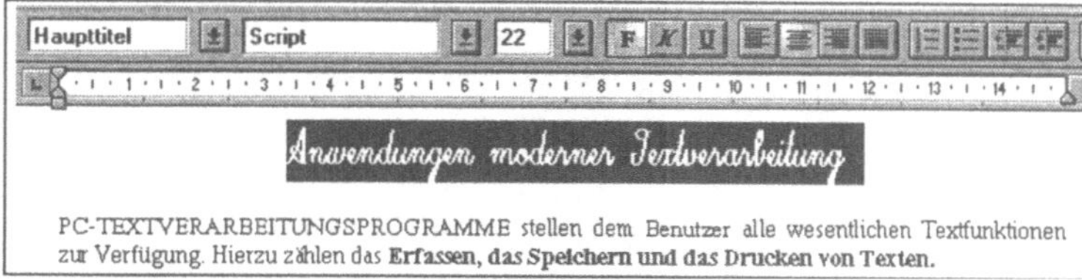

Bestätigen Sie nun die Angabe durch Betätigen von ⏎. Damit ist die erste eigene Formatvorlage angelegt. In ähnlicher Form können Sie auch die weiteren Formatvorlagen erzeugen. Immer ist in folgender Reihenfolge vorzugehen:

1.   Absatz mit dem zu übernehmenden Format markieren

2.   Doppelklick beim Listenfeld für Formatvorlagen: „Standard"

3.   Neuen Namen eingeben; z. B. Haupttitel

4.   Befehl mit ⏎ ausführen

Formatvorlagen befehlsorientiert erstellen

Alternativ zum Vorgehen über die Formatierungsleiste ist ein befehlsorientiertes Vorgehen möglich. Dies sollen Sie für das Anlegen der zweiten Formatvorlage einmal ausprobieren.

Markieren Sie dazu im noch geöffneten Dokument TEXT35.DOC den Absatz, der die Absatz-Einrückungen von links und rechts beinhaltet. Wählen Sie dann das Menü **Format** und hier den Befehl **Formatvorlage**. Klicken Sie dann auf <Neu>, und geben Sie als erstes den Namen der Formatvorlage ein; hier Umrandung. Ergebnis ist die folgende Bildschirmanzeige:

Bild 3-22:
Dialogbox „Neue
Formatvorlage"

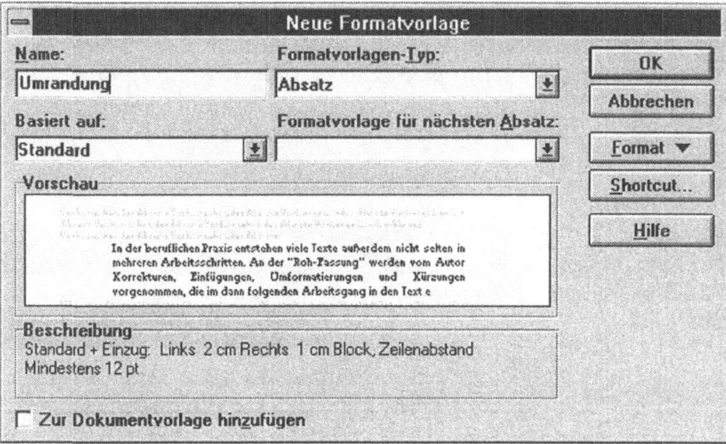

Zusätzlich können Sie jetzt auch eine Tastenkombination/Short-
cut definieren. Klicken Sie dazu auf die Schaltfläche <Shortcut>.
In der angezeigten Dialogbox ist der Tastenschlüssel einzutragen. Damit kann später auch ein Aufruf der Formatvorlage mit
der Tastenkombination Strg+⇧+R erfolgen. Beim Zuordnen
von Tastenschlüsseln müssen Sie jedoch aufpassen, daß nicht
bereits für andere Befehle bestehende Tastenschlüssel durch den
Abruf Ihres Druckformates überschrieben werden. Daher können
Sie sich in der Dialogbox unter dem Stichwort „Derzeit zugeordnet zu" die aktuelle Aufgabe eines Tastenschlüssels abrufen. Da
dies im Beispiel nicht belegt ist, können Sie auf <Zuordnen>
klicken. Die Bildschirmanzeige hat dann folgendes Aussehen:

Bild 3-23:
Vergabe von Tasten-
schlüsseln

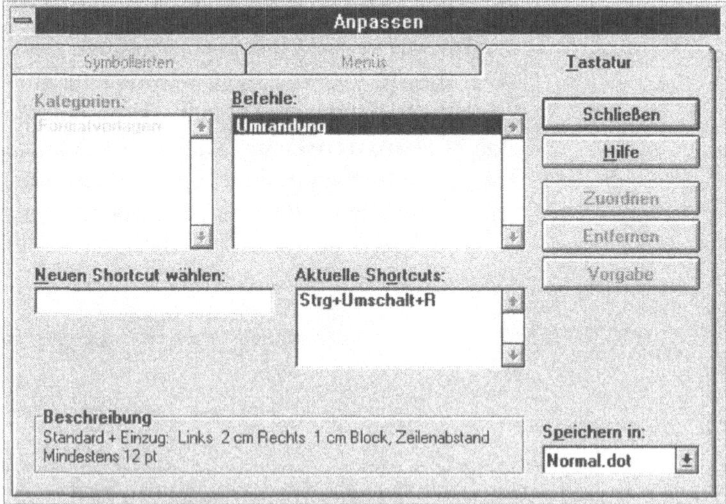

Sie sehen jetzt auch eine Eintragung im Feld „Beschreibung", eine sicherlich häufig hilfreiche Information. Klicken Sie abschließend bei der Schaltfläche <Schließen>.

Dokumentenvorlage speichern

Nun sollen Sie die neuen Formatvorlagen in einer gemeinsamen Dokumentenvorlage speichern. Legen Sie dazu zunächst noch das dritte gewünschte Druckformat mit dem Namen „Aufzählung" an, indem Sie eine der beiden zuvor beschriebenen Vorgehenweisen wählen.

Löschen Sie danach den gesamten Text. Dazu ist dieser lediglich zu markieren und dann [Entf] zu betätigen. Dies ist notwendig, da beim Speichern als Dokumentenvorlage auch konstante Texte gespeichert werden.

Nun können Sie das Menü **Datei** aktivieren und hier den Befehl **Speichern unter** aufrufen. Wählen Sie hier zunächst den Dateityp „Dokumentvorlage". Dann können Sie den Dateinamen DOKU1 angeben. Die Dialogbox soll dann folgende Aussehen haben:

Bild 3-24:
Speichern einer neuen Dokumentenvorlage

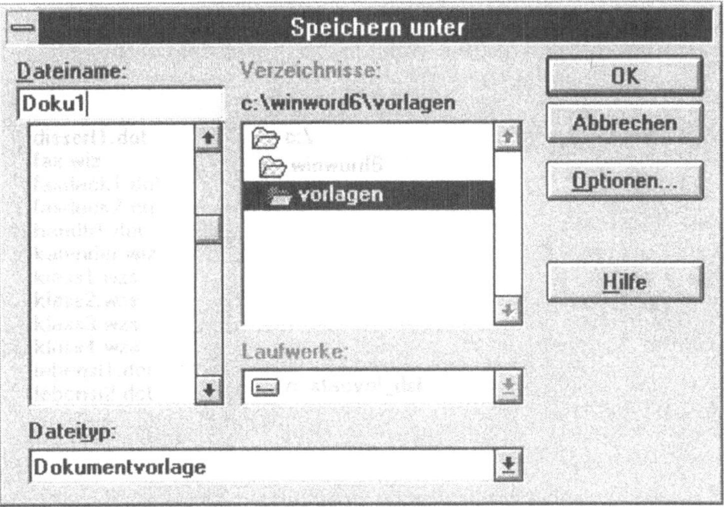

Nach Ausführung des Befehls ist nun eine neue Vorlage angelegt.

Beachten Sie noch folgenden Hinweise für das Anlegen von Vorlagen:

- Es können maximal 220 Formatvorlagen zu einer Dokumentenvorlage zusammengefaßt werden.

- Vorlage-Dateien werden mit dem Suffix .DOT gespeichert.

- Die Speicherung der Dokumentvorlage erfolgt automatisch im Winword-Unterverzeichnis VORLAGEN. Wenn Sie ein anderes Verzeichnis bei der Speicherung wählen, kann die so gespeicherte Vorlage nicht so ohne weiteres bei der Neuanfertigung eines Dokumentes aktiviert werden.

Formatvorlagen einem Dokument zuordnen

Wir wollen die im vorgehenden Abschnitt erstellten Formatvorlagen, die in der Dokumentvorlage DOKU1.DOT gespeichert sind, nun einem Text gezielt zuordnen. Dabei sind zwei grundsätzliche Fälle denkbar:

a) Sie wollen ein neues Dokument unter Verwendung der Vorlage erstellen.

b) Sie wollen ein vorhandenes Dokument im nachhinein mit der Vorlage gestalten.

Beide Möglichkeiten können Sie mit WINWORD realisieren.

Neuen Text mit einer Vorlage gestalten

Als erstes sollen Sie die Zuweisung von Formatvorlagen mit einem neu zu erstellenden Text testen. Schließen Sie dazu zunächst einmal alle noch geöffneten Dateien, und nehmen Sie dann die folgende Aufgabe in Angriff.

Aufgabe: Mit Dokumentvorlagen gestalten

Schreiben Sie zunächst folgenden Text, und gestalten Sie ihn unter Verwendung der Druckformatvorlage DOKU1.DOT:

```
Vorlagen erleichtern die Arbeit
Das Arbeiten mit Vorlagen hat viele praktische Vorteile:
- Einmal definierte Formate können über die Zuordnung des Namens
  immer wieder schnell verwendet werden. Getrennte Formatierungs-
  teile müssen nicht mehr einzeln über verschiedene Menüpunkte
  eingestellt werden (= Zeitgewinn).
- Bestimmte Dokumentarten können nach den gleichen Richtlinien
  gestaltet werden (= Einheitlichkeit).

Auch Sie sollten sich deshalb Vorlagen für Ihre Dokumente anlegen.
```

Das Ergebnis ist als TEXT38 zu speichern.

Richten Sie zunächst zur Lösung der Aufgabe eine neue Datei ein, indem Sie im Menü **Datei** den Befehl **Neu** wählen. Nun können Sie im Dialogfeld **Vorlage** aus einem Angebot von Vorlagen auswählen, welche für das neu zu erstellende Dokument genutzt werden sollen. Im Beispielfall ist die soeben erstellte Vorlage DOKU1.DOT aktivieren, damit die dort definierten Formatvorlagen verwendet werden können.

Bild 3-25:
Aktivierung von Vorlagen

Wenn Sie dann bei <OK> geklickt oder ⏎ bestätigt haben, können Sie zunächst die Erfassung des Textes vornehmen.

Direkt bei der Erfassung oder im Anschluß daran kann jetzt der Text einfach unter Nutzung der erstellten Dokumentvorlage gestaltet werden. Um die in der Vorlage festgehaltenen Formate einem Text zuzuweisen, bestehen nach Markierung des zu gestaltenden Textteils gundsätzlich drei Varianten:

- Zuweisung der Formatvorlage über die Formatierungsleiste

- Wahl des Befehls **Formatvorlage** im Menü **Format**

- Betätigen des definierten Tastenschlüssels

Variante 1: Zuordnung über die Formatierungsleiste

- Textbereich markieren

- Listenfeld für Formatvorlagen in der Formatierungsleiste aktivieren (mit Mausklick)

- Namen der Formatvorlage eingeben oder auswählen
- Befehl ausführen

Wählen Sie dieses Verfahren für die Zuordnung des Formats „Haupttitel" zur Überschrift des Dokuments.

Variante 2: Zuordnung mit dem Befehl „Formatvorlage"

- Textbereich markieren
- Menü **Format** wählen
- Befehl **Formatvorlage** aufrufen
- Namen der Formatvorlage eingeben oder aus der Liste wählen
- Schaltfläche <Zuweisen> wählen

Wählen Sie dieses Verfahren für die Gestaltung des Aufzählungstextes mit dem Druckformat „Aufzählung".

Hinweis: Um das Arbeiten mit spezifischen Dokumentvorlagen zu erleichtern, bietet es sich nach der Befehlswahl an, unter der Rubrik „Anzeigen" erst die Variante „Benutzerdef. Formatvorlagen" zu wählen. Dies erhöht die Übersicht, wenn nur eigene Formatnamen verwendet werden.

Variante 3: Zuordnung per Tastenschlüssel

- Textbereich markieren
- Festgelegte Tastenkombination betätigen

Die Zuordnung von Tastenkombinationen funktioniert im Beispielfall nur bei der Einrückung des Absatz von links und rechts (der Formatvorlage „Umrandung"), da nur hier ein Tastenschlüssel vergeben wurde. Markieren Sie die letzte Zeile des erfaßten Textes, drücken Sie dann die Tastenkombination Strg+⇧+R.

Speichern Sie das so erzeugte fertige Dokument unter dem Dateinamen TEXT38.DOC.

Vorlage einem vorhandenen Text zuordnen

Mitunter möchte man auch bereits erfaßte Dokumente nachträglich unter Nutzung der Vorlage gestalten. Auch dies ist natürlich möglich.

Aufgabe: Mit Dokumentvorlagen vorhandene Dokumente gestalten

Öffnen Sie die Datei TEXT30.DOC, und formatieren Sie diesen Text unter Nutzung der erstellten Dokumentvorlage DOKU1.DOT in folgender Weise:

- Ordnen Sie dem zweiten Absatz das Format „Umrandung" zu.

- Versehen Sie Absätze für Aufzählungen mit einem negativen Erstzeileneinzug.

Wählen Sie zur Aktivierung der Textdatei TEXT30.DOC den Befehl **Öffnen** aus dem Menü **Datei**. Danach ist das Menü **Format** zu wählen, um die gespeicherte Dokumentvorlage mit dem aktuellen Text zu verbinden. Das weitere Vorgehen zeigt folgende Checkliste:

- Befehl **Formatvorlagen-Katalog** wählen

- Dokumentvorlage auswählen (hier DOKU1), unter Umständen müssen Sie zunächst <Durchsuchen> wählen und dann das Vorlagenverzeichnis optieren.

- <OK> klicken

Nun können Sie wie bereits bekannt mit den Formatvorlagen der Vorlage DOKU1.DOT arbeiten.

Anzeige von zugeordneten Formatvorlagen im Textdokument

Um die einem Dokument zugeordneten Formatvorlagen zu identifizieren, kann im Bearbeitungsbildschirm ein zusätzlicher vertikaler Ausschnitt am linken Rand eingerichtet werden. Diese sog. **Formatvorlagenanzeige**:

- zeigt für jeden Absatz, der aktuell auf dem Bildschirm erscheint, die zugehörigen Formatnamen (z. B. Standard, Haupttitel),

- kann beliebig breit bis zur Fenstermitte festgesetzt werden.

Voraussetzung ist allerdings, daß die Ansicht nicht auf „Layout" eingestellt ist. Stellen Sie deshalb – bevor Sie die nächste Aufgabe in Angriff nehmen – die Ansicht auf „Normal".

Aufgabe: Formatvorlagen im Dokument anzeigen

Aktivieren Sie das Dokument mit dem Dateinamen TEXT38.DOC, und lassen Sie sich die Formatvorlagen im Dokument anzeigen. Stellen Sie dabei die Breite der Anzeige auf 2 cm.

Zur Einrichtung der Anzeige ist folgendes Vorgehen notwendig:

1. Menü **Extras** wählen

2. Befehl **Optionen** aufrufen und Kategorie „Ansicht" aktivieren

3. Textfeld „Breite der Formatvorlagenanzeige" ansteuern

4. Maß für die Anzeigebreite eingeben (z. B. 2 cm)

5. Schaltfläche <OK> klicken oder Taste (↵) betätigen

Zur Anwendung des Befehls ist zu beachten, daß im 3. Teilschritt ein positives Dezimalmaß eingegeben wird, das die Anzeige so weit öffnet, wie dies zum Hinweis auf die Namen der Formatvorlage erforderlich ist.

Um die Formatvorlagenanzeige wieder auszuschalten, muß erneut der Befehl **Optionen** gewählt werden und dann im Textfeld „Breite der Formatvorlagenanzeige" die Ziffer 0 eingegeben werden.

Interessant ist auch hier das Arbeiten mit der Maus. Mit dem Mauszeiger kann die Breite der Formatvorlagenanzeige einfach variiert werden. Dazu muß der Mauszeiger auf die Teilungslinie positioniert werden, nach Änderung der Anzeigeart des Mauszeigers kann die Teilungslinie per Drag & Drop auf die neue Position gezogen werden. In ähnlicher Form kann die Formatvorlagenanzeige auch ganz ausgeschaltet werden. Die Teilungslinie ist dann zum linken Rand des Fensters zu ziehen.

Hinweis: Wenn die Einfügemarke in einem Absatz positioniert ist, der mit einem bestimmten Formatvorlage gestaltet wurde, erscheint der aktuelle Name in der Formatierungsleiste.

| 3.4.3 | **Formatvorlagen ohne Beispiedokument erzeugen** |

Nun sollen Sie noch einen anderen Weg zum Erzeugen neuer Vorlagen kennenlernen.

Aufgabe: Neue Formatvorlagen für einen Brief erstellen
Im Rahmen der Vorplanung wird in einer Abteilung eines Unternehmens festgelegt, daß Briefe nach einem einheitlichen Schema gestaltet werden sollen. Unter anderem sollen folgende Formate gelten, die in einer Dokumentvorlage zu fixieren sind:

*   Die Absenderangaben (zur Abteilung, Namen des Bearbeiters) sind einzeilig zu schreiben, wobei eine Einrückung von links mit 12 cm vorzunehmen ist. Wählen Sie dafür aus-

serdem die Schriftgröße „10 Punkt". Legen Sie eine Formatvorlage mit dem Namen „Absender1" an.

- Der Betreff ist einzeilig (bei mehrzeiligen Betreffs) festzulegen und in Fettschrift zu formatieren. Formatname: Betreff.

- Die Schlußformel ist einzeilig zu schreiben. Dabei ist ein zentrierter Tabstop bei 9 cm zu setzen. Formatname: Schluss.

Erzeugen Sie die Formatvorlagen, und stellen Sie diese zu einer Dokumentvorlage unter dem Dateinamen DOKU2.DOT zusammen. Lassen Sie sich die erstellten Formatvorlagen zu Dokumentationszwecken ausdrucken.

Voraussetzung für das Erstellen und Speichern neuer Dokumentvorlagen ist, daß zunächst die Befehl **Neu** im Menü **Datei** aktiviert wird. In der dann angezeigten Dialogbox ist die Option „Vorlage" im Optionsfeld „Neu" zu aktivieren.

Nach Bestätigung des Dialogmenüs mit <OK> wird ein neues Fenster mit dem Namen „Vorlage1" eingerichtet (vgl. Titelzeile). Für das Erstellen neuer Formatvorlagen muß beim Pull-Down-Menü **Format** die Variante **Formatvorlage** aktiviert werden. Danach ist das Schaltfeld <Neu> zu wählen. Ergebnis ist die folgende Bildschirmanzeige:

Bild 3-26:
Definition neuer Formatvorlagen

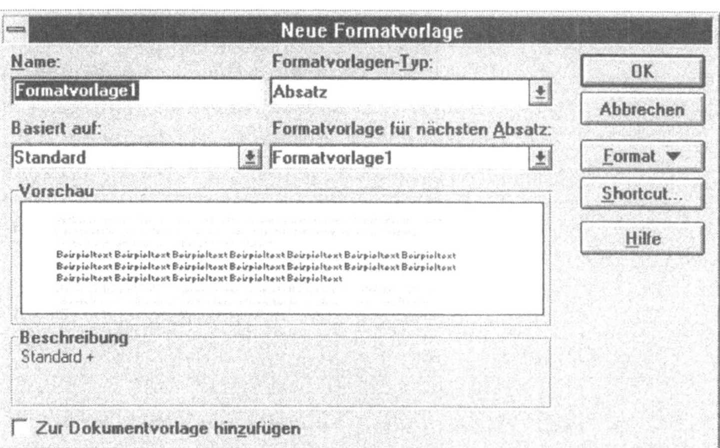

Nach Eingabe eines Namens für die Formatvorlage und eventueller Wahl eines Formatvorlagen-Typs sind die unter der Schaltfläche <Format> liegenden Befehle aufzurufen und entsprechende Einstellungen vorzunehmen. Die danach angezeigten Dialogboxen haben Sie bereits im Rahmen der direkten Formatierung kennengelernt. Sie bieten im einzelnen folgende Möglichkeiten für die Formatfestlegung:

Befehle	**Anwendung**
Zeichen	ermöglicht eine gezielte Festlegung der Auszeichnung.
Absatz	Absatzformate wie Zeilenabstand und Einrückungen werden zugewiesen.
Tabulator	legt Tabstopps für die Erfassung fest.
Rahmen	Ein Absatz kann eine Leiste oder eine bestimmte Form der Umrandung erhalten.
Sprache	legt die Sprache fest, mit der ein Text auf Orthografiefehler geprüft wird.
Positionsrahmen	Es kann eine bestimmte Seitenposition für den Absatz bestimmt werden, auf den das Druckformat später angewendet wird; beispielsweise die Angabe von Absender, Empfänger und Betreff.
Numerierung	ermöglicht eine automatische Numerierung von Absätzen.

Um eine neue Formatvorlage anzulegen, geben Sie nach dem Befehlsaufruf zunächst den neuen Namen, hier „Absender1" ein. Nehmen Sie danach über die zutreffenden Befehle über die Schaltfläche <Format> die zur Formatierung notwendigen Einstellungen vor. Danach ist dann die Schaltfläche <OK> anzuklicken. Es erscheint wieder das Dialogfenster „Neuer Formatvorlage". Wenn Sie auch dann wieder <OK> anklicken, erscheint das Dialogfenster „Formatvorlage".

Nachdem Sie die Formatvorlagen angelegt haben, können Sie dann die Speicherung so vornehmen wie Sie das bereits kennen. Aus dem Menü **Datei** muß der Befehls **Speichern unter** gewählt werden. In der Dialogbox ist der Name für die Vorlage anzugeben.

3.4.4   Vorhandene Vorlagen ändern und verbessern

Die dritte Variante zum Erstellen einer neuen Dokumentvorlage besteht darin, eine vorhandene Vorlage als Muster zu nehmen und diese zu ändern. Anschließend muß dann die Vorlage nur unter einem neuen Namen gespeichert werden.

In der Praxis kommt es natürlich auch immer wieder vor, daß vorhandene Vorlagen einer permanenten Pflege bedürfen. Nach Vornahme der Änderungen erfolgt in diesem Fall dann die Speicherung der Vorlage unter dem bisherigen Namen.

In diesem Zusammenhang sind folgende Wünsche denkbar:

- Formatvorlagen löschen

- Formatvorlagen ergänzen

- Namen von Formatvorlagen ändern

- Formatvorlagen ändern

Um die zu ändernde Dokumentvorlage aufzurufen, kann zunächst aus dem Menü **Datei** der Befehl **Öffnen** gewählt werden. Da die Dokumentvorlagen im Verzeichnis VORLAGEN gespeichert sind, sollten Sie dieses Verzeichnis zunächst aktivieren, sofern dies nicht bereits der Fall ist. Darüber hinaus muß beim Listenfeld „Dateityp" nun die Option „Dokumentvorlage" eingestellt sein. Jetzt können Sie im Feld „Dateiname" die Vorlage aufrufen, die bearbeitet werden soll. Die geöffnete Vorlage kann nun nach Ihren Wünschen geändert werden.

Um beispielsweise eine Formatvorlage zu löschen, ist in folgender Weise vorzugehen:

1. Menü **Format** aktivieren

2. Befehl **Formatvorlage** wählen

3. Formatvorlagen-Name auswählen

4. Schaltfläche <Löschen> aktivieren

5. Löschen bestätigen

6. Schaltfläche <Schließen> aktivieren

Denken Sie an die erneute Speicherung der Vorlage nach Beendigung der Arbeiten. Soll dabei ein neuer Name vergeben werden, ist dies einfach dadurch möglich, daß Sie diesen nach Wahl des Befehls **Speichern unter** eingeben.

3.4.5   Besonderheiten der Nutzung von Dokumentvorlagen

In WINWORD werden außerdem verschiedene Mustervorlagen angeboten, in denen dann auch jeweils eine mehr oder weniger große Anzahl von Formatvorlagen definiert sind. So finden sich Beispiele für das Erstellen von Pressemitteilungen, Privatbriefen, Fax-Mitteilungen und vieles mehr.

Bei den Mustervorlagen handelt sich jedoch nicht nur um die Zusammenfassung von verschiedenen Formatvorlagen. Sie umfassen vielmehr auch konstanten Text, Textbausteine, Feldeinfügungen und Makros. Außerdem sind meist noch eigene Menüpunkte definiert.

Dies können Sie am besten testen, wenn Sie einmal im Menü **Datei** den Befehl **Neu** wählen und dann für eine Mustervorlage optieren. Wählen Sie etwa die Vorlage „Presse1", so erfolgt ein automatisierter Ablauf für das Erstellen einer Pressemitteilung.

Protokolle/Notizen erstellen

Die Ergebnisse von Besprechungen und Meetings verschiedener Art werden zweckmäßigerweise schriftlich fixiert. Oft erfolgt auch eine Verteilung des Ergebnisprotokolls an die Teilnehmer der Besprechung. Gleiches gilt für Gesprächsnotizen bzw. Telefonnotizen. Es bietet sich an, den Kopf für die Notizen einheitlich zu gestalten. Dies erhöht die Übersicht für die Adressaten.

Anhand des folgenden Beispiels lernen Sie folgende Funktionen von WORD 6 für Windows genauer kennen:

- Einfügen eines Absatzrahmens

- Setzen von Tabulatoren

- Nutzung der Aufzählungs-/Numerierungsfunktion

- Variation von Zeilen- und Absatzabständen

- Nutzung des Memo-Assistenten.

Aufgabe: Notiz erstellen
Erstellen Sie das auf der folgenden Seite dargestellte Memo.

Hinweise zur Lösung der Anwendung:

- Als Schrift soll Arial mit der Punktgröße 12 verwendet werden.

- Im oberen Bereich soll der Kopf der Notiz in einem Abstand von 1,5 Zeilen geschrieben werden.

- Der eigentliche Text ist im einzeiligen Abstand zu schreiben.

- Speichern Sie das Ergebnis unter dem Dateinamen TEXT40.DOC.

Zur Aufgabenlösung sollten Sie zunächst aus dem Menü **Datei** mit dem Befehl **Neu** ein leeres Fenster öffnen. Danach sind dann die gewünschten Teilschritte in Angriff zu nehmen.

Besprechungsnotiz (Memo)

1.6.94
Finanzen/B3-Z
Herr Klein
Tel. 96 10

An: Frau Vranitzko
Von: Dipl.-Kfm. Klein
Betrifft: Projekt "PC-Einsatz"
Kopie an: Geschäftsführung

Im Rahmen der letzten Arbeitssitzung des Arbeitskreises "Optimierung des PC-Einsatzes" wurde festgelegt, daß Frau Vranitzko eine Studie zu den Möglichkeiten moderner Texterkennung erstellt. Es wäre wünschenswert, wenn in dieser Studie, die in ca. 3 Monaten vorgelegt werden soll, auch auf das aktuelle Softwareangebot eingegangen wird.

Folgende Angaben sollten in der Softwarübersicht enthalten sein:
1)   Wichtige Funktionen der markführenden Programme. Eine Darstellung als vergleichende Tabelle bietet sich an.
2)   Bedienungskonzept der Programme in Stichworten.
3)   Preis-/Leistungsverhältnis. Neben dem Listenpreis ist auch eine Information über den marktüblichen Verkaufspreis (dem sog. Straßenpreis) nützlich.

gez.
Dipl.-Kfm. Marcus Klein
Abt. Finanzen -

4.1   Seitenformat und Schrift für Memos einstellen

Im Beispielfall ist beabsichtigt, Notizen im A4 Hochformat zu erfassen. Dabei soll noch der linke und rechte Rand erhöht werden. Wählen Sie aus dem Menü **Datei** den Befehl **Seite einrichten,** und nehmen Sie folgende Einstellungen vor:

- Papierformat: Hochformat

- Links: 3,5 cm

- Rechts: 3 cm.

Außerdem ist als Schrift Arial 12 Pt. einzustellen. Dies erreichen Sie mit dem Befehl **Zeichen** aus dem Menü **Format.**

4.2 Rahmen und Schattierungen

Die Überschrift „Besprechungsnotiz (Memo)" soll mit einem Rahmen und einer Hintergrundschattierung versehen werden. Um dies zu Beginn problemlos zu realisieren, sollten Sie im Textbereich zunächst mit der Taste ⏎ eine Leerzeile schalten und dann mit ⬆ den Cursor wieder auf den Textanfang zurücksetzen. Schreiben Sie danach die Überschrift, und zentrieren Sie sie.

Um jetzt den Rahmen zu setzen, müssen Sie die Überschrift zunächst markieren. Danach ist aus dem Menü **Format** der Befehl **Rahmen und Schattierung** zu wählen. Die dann angezeigte Dialogbox bietet Ihnen die Möglichkeit, Rahmen bzw. Rahmenlinien einzufügen. Dies können sowohl Textabsätze sein als auch Absätze in Tabellen, Grafiken und Positionsrahmen.

4.2.1 Rahmen setzen

Zur Lösung der Aufgabenstellung müssen Sie in der angezeigten Dialogbox
- die Schaltfläche „Kasten" wählen,
- die Linienart 3 pt aktivieren sowie
- pt beim Feld „Abstand zum Text" einstellen.

Nach Vornahme der Einstellungen sollte die Dialogbox das folgende Aussehen haben.:

Bild 4-1:
Dialogfenster
„Rahmen"

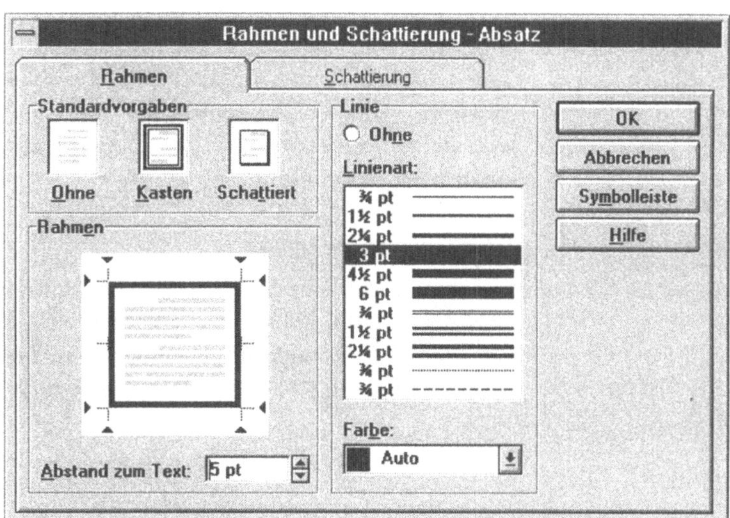

Die Bedeutung und Anwendung der Felder gibt die folgende Übersicht wieder:

Felder	Bedeutung/Anwendung
Rahmen	Hier kann alternativ ein Kasten oder ein schattierter Rahmen gewählt werden.
Grafikvorschau für Rahmen	Statt Gesamtrahmen in Kasten- oder Schattenform kann auch nur eine bestimmte Leiste (links, rechts, oben, unten) erzeugt werden. Dazu ist der gewünschte Bereich per Mausklick zu markieren. Wenn Sie in der Mitte der Grafikvorschau klicken, können Sie zwischen markierten Absätzen Rahmenlinien einfügen. Dreiecke kennzeichnen dann die jeweils markierten Seiten.
Abstand zum Text:	ermöglicht die präzise Angabe des Abstandes vom Text. Die Angabe erfolgt in Punkten. Durch Eingaben verhindern sie, daß die Rahmenlinien zu nahe am Text gesetzt werden.
Linie	Hier können Sie die Strichstärke der Linie bestimmen.
Farbe:	ermöglicht, die Farbgebung für einen Rahmen bzw. eine Linie exakt festzulegen.

Hinweis: Falls Sie einen zugeordneten Rahmen wieder entfernen wollen, müssen Sie erneut den Befehl **Rahmen und Schattierung** wählen und dann bei der Standardvorgabe auf die Fläche „Ohne" klicken. Nach der Befehlsauslösung wird die Rahmenlinie dann entfernt.

4.2.2 Schattierungen hinzufügen

Da der Rahmen noch mit einer Hintergrundschattierung versehen werden soll, klicken Sie anschließend in der Dialogbox auf das Register „Schattierung". Ändern Sie hier den Wert für die Schattierung auf 20 %, so daß die Dialogbox folgendes Aussehen hat:

Bild 4-2:

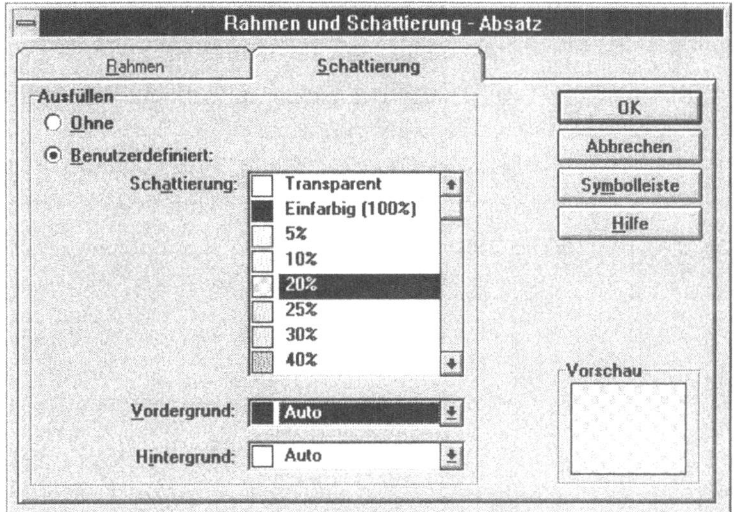

Über die abgebildete Dialogbox können Sie auch die Hintergrund- und Vordergrundfarben von markierten Absätzen verändern.

Nach Ausführung des Befehls wird der Rahmen mit der festgelegten Schattierung um die Überschrift gesetzt. Dabei ist zu beachten, daß sich die Länge des Rahmens bzw. der Schattierung am linken und rechten Einzug des markierten Absatzes orientiert. Soll also eine Änderung erfolgen, so müssen Sie Einzüge vornehmen (etwa die linke oder rechte Einzugsmarke auf dem Lineal an eine neue Position ziehen).

4.2.3   **Symbolleiste nutzen**

Besonders einfach und schnell können Sie einem markierten Absatz über die Rahmen-Symbolleiste die verfügbaren Standardrahmen und -schattierungen direkt zuweisen. Testen sie dies einmal aus, indem Sie die Symbolleiste einblenden. Dies geschieht durch Wahl des Menüs **Ansicht** und Aktivierung des Befehls **Symbolleisten**. Dann können Sie die Symbolleiste für Rahmen aktivieren. Ergebnis:

Bild 4-3:

Im einzelnen stehen jetzt folgende Möglichkeiten (von links nach rechts) zur Verfügung:

- Wahl der Linienart: Sie kann über ein einzeiliges Listenfeld gewählt werden.

- Zuordnung einfacher Rahmenlinien: Linien können damit oberhalb, unterhalb, links oder rechts des markierten Absatzes gesetzt werden.

- Rahmen mit Linien zwischen Textabsätzen oder Zellen einer Tabelle.

- Kastenrahmen

- Entfernung des gesetzten Rahmens

- Wahl der Schattierung

Beachten Sie außerdem noch folgenden **Tip**: Sie können auch gezielt verhindern, daß eingerahmte und schattierte Absätze beim Seitenwechsel auseinandergerissen werden. Dazu müssen Sie die jeweiligen Absätze zunächst markieren und anschließend aus dem Menü **Format** den Befehl **Absatz** wählen. Wenn Sie hier im Register „Textfluß" das Kontrollkästchen „Zeilen nicht trennen" einschalten, wird ein automatischer Seitenwechsel mitten im Absatz verhindert.

4.3   Tabulatoren setzen

Textverarbeitungsprogramme verfügen heute über mehr oder weniger komfortable Tabulatorfunktionen. Zeitvorteile bringt die Nutzung des Tabulators in einer Vielzahl von Fällen wie beispielsweise beim:

- Erfassen von statistischen Aufstellungen;

- Schreiben von Gliederungen;

- Ausfüllen von Formularen sowie beim

- Erstellen herkömmlicher A4-Briefe.

Wie bei der Schreibmaschine können Tabstopps an beliebigen Stellen innerhalb einer Schreibzeile gesetzt werden. Dabei kann zwischen verschiedenen Formen bei der Anordnung des Tabstopps (wie Dezimaltabulation, zentrierende und linksbündige Tabulation) unterschieden werden.

Sind die Tabulatoren positionsgerecht gesetzt, können im Rahmen der Texterfassung die jeweiligen Spalten schnell angesteuert werden. Dabei muß lediglich die Funktionstaste (hier die Taste ⓢ) betätigt werden, der Cursor springt dann unmittelbar an den nächsten Tabstopp, und ermöglicht so eine gezielte Erfassung von Daten und Texten.

4.3.1   Einfache Tabulatoren setzen

Bei WORD für WINDOWS kann das **Setzen individueller Tabulatoren** auf zweierlei Art erfolgen:

- durch Wahl des Befehls **Tabulator** im Menü **Format**
- durch Einstellungen im Zeilenlineal.

Menügesteuertes Vorgehen

Bei Wahl des Befehls **Tabulator** im Menü **Format** ergibt sich ein Dialogfenster mit verschiedenen Befehlsfeldern, wie die folgende Bildschirmdarstellung zeigt.

Bild 4-4:
Dialogfenster
„Tabulator"

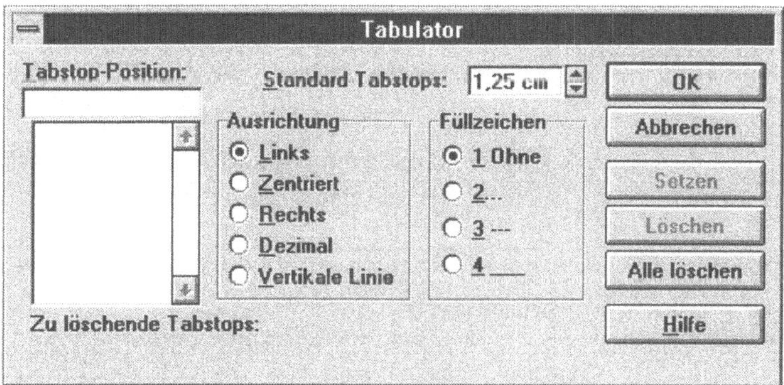

Durch Eintragungen in den Befehlsfeldern bieten sich folgende Möglichkeiten:

a)   Tabstop-Position festlegen

Im Eingabefeld „Tabstop-Position" können Sie eingeben, an welcher Stelle der Tabulator stehen soll. Die einzugebende Maßgröße kann in unterschiedlichen Maßeinheiten erfolgen: Zoll (Inch), cm, Pica (sog. 10er-Teilung), Punkte. Es ist nicht notwendig, die Maßeinheit mit einzugeben; sie wird in Abhängigkeit von der im Dialogfenster „Optionen" vorgegebenen Variante für Maßeinheiten automatisch zugeordnet.

b)   Ausrichtung des Tabstops wählen

Haben Sie die Position des Tabstops festgelegt, dann können Sie in einem nächsten Teilschritt festlegen, wie die Eingabe, die an der jeweiligen Tabstopp-Position erfolgt, angeordnet werden soll (linksbündig, rechtsbündig, zentriert oder dezimal).

Im einzelnen ergibt sich folgende Bedeutung der im Feldbereich „Ausrichtung" zur Verfügung stehenden Optionen:

- **Links:** Bei dieser Form der Tabulatoranordnung werden die eingegebenen Zeichen an der vorgegebenen Stelle linksbündig ausgerichtet (sinnvoll bei Texteingaben).

- **Zentriert:** Die eingegebenen Zeichen werden links und rechts unter der gewählten Tabulatorposition gleichverteilt.

- **Rechts:** Die an der Tabulatorposition eingegebenen Zeichen werden rechtsbündig untereinander gesetzt. Dies kann etwa bei der Eingabe von numerischen Informationen sinnvoll sein.

- **Dezimal:** Die Ausrichtung erfolgt nach dem eingegebenen Dezimalkomma. Die Dezimaltabulation ist z. B. zweckmäßig, wenn bei Zahlenkolonnen eine stellengerechte Eingabe der Ziffern erforderlich ist.

- **Vertikale Linie:** In diesem Fall wird eine vertikale Linie an die Stelle des Tabstops gesetzt.

Die verschiedenen Möglichkeiten der Tabulatoranordnung verdeutlicht Ihnen das folgende Bild:

Bild 4-5: Tabulatoranordnungen

Tabulator-Anordnung	Beispiel	
Linksbündig		Maier Maus Schumann
Rechtsbündig	S. 43 S. 122 S. 44	
Dezimaltabulator	3384,78 34,34 23,56	
Zentrierende Tabulation	Programm Veranstaltung Leitung	
Vertikale Tabulation		

Standardmäßig gilt die linksbündige Anordnung. Welcher Tabulator im Einzelfall zu wählen ist, hängt von der jeweiligen Anwendung (Textart bzw. dem Spalteninhalt) ab.

c)   Füllzeichen setzen

Im Befehlsbereich „Füllzeichen" bieten Ihnen verschiedene Optionsfelder die Möglichkeit, die Spalte vor dem Tabstop mit Punkten (...), Gedankenstrichen (----) oder Unterstrichen (___) aufzufüllen. Standardmäßig bleibt der Zwischenraum allerdings frei. Dies bedeutet, daß die Option „Ohne" markiert ist.

Im rechten Teil der Dialogfläche „Tabulator" befinden sich drei besondere Schaltflächen. Sie haben folgende Bedeutung:

Schaltfläche	Bedeutung
<Setzen>	definiert einen angegebenen Tabstop und ermöglicht die Vergabe weiterer Tabstops.
<Löschen>	bewirkt, daß ein in der Tabliste markierter Tabulator gelöscht werden kann. Das Löschen erfolgt nach Schließen des Dialogfeldes mit <OK>.
<Alle löschen>	Alle Tabstops werden direkt gelöscht.

Im Beispielfall sollen für die oberen Bereich der Besprechungsnotiz jeweils linksbündige Tabulatoren gesetzt werden.

Um zunächst nach der Titelung die Absenderangaben korrekt erfassen zu können, sollen Sie zunächst einen linksbündigen Tabulator bei 10 cm setzen. Geben Sie in der angezeigten Dialogbox bei Tabstop-Position den Wert 10 ein. Durch Klicken auf die Schaltfläche <Setzen> wird 10 cm im Listenfeld übernommen. Nach Klicken auf <OK> wird der Tabulator im Lineal angezeigt.

In einer Checkliste kann das Vorgehen für das Setzen eines Tabulators somit folgendermaßen dargestellt werden:

Reihenfolge der Bearbeitung	Tastenfolge
1. Befehl Tabulator im Menü Format aufrufen	[Alt]+[T], [T]
2. Tabulatorposition eingeben	10 cm
3. Ausrichtung bestimmen (oder akzeptieren)	2 x [⇆], [L]
4. Füllzeichen wählen (sofern notwendig)	[⇆]
5. Schaltfeld <Setzen> aktivieren	[Alt]+[E]
6. Schaltfeld <OK> aktivieren	[↵]

Jetzt können Sie zunächst die Erfassung vornehmen. Drücken Sie zunächst die Taste ⇥, und geben Sie die erste Zeile ein. Wenn Sie danach eine Zeilen- oder Absatzschaltung machen, ist der Tabstop weiterhin vorhanden. So können Sie auch die weiteren Zeilen erfassen. Sobald dieser Bereich erfaßt ist, müssen Sie den gesetzten Tabulator wieder löschen. Wählen Sie dazu erneut aus dem Menü **Format** den Befehl **Tabulator**, klicken Sie auf die Wertangabe und anschließend auf die Schaltfläche <Löschen>. Die Maßanzeige verschwindet. Wenn Sie auf <OK> klicken, gilt dies auch für das Zeilenlineal.

Tabstops mit dem Lineal setzen

Alternativ zum menügesteuerten Arbeiten mit der Dialogbox „Tabulator" können Tabstops auch über das Lineal gesetzt werden. Dies sollen Sie nun für den zweiten Bereich kennenlernen, in dem die Angaben für „An", „Von" und den Betreff gemacht werden.

Bei Einblendung des Lineals wird die Festlegung von Tabulatoren wesentlich erleichtert, da Sie so deutlich erkennen können, wo sich aktuelle Tabstops befinden. Sofern das Zeilenlineal nicht eingeblendet ist, können Sie das Menü **Ansicht** aktivieren und dann den Befehl **Lineal** aktivieren.

Im Lineal werden unterhalb der Zentimeter-Angaben neben den Text-Einzügen (linker bzw. rechter Einzug) die jeweiligen Tabstops eines gerade markierten Absatzes (gesetzte Tabulatoren) angezeigt. Dabei ist nicht nur die Position für jeden Tabulator ersichtlich, sondern auch die Art des Tabstopps: erkennbar am Symbol.

Mausgesteuert sind zwei Teilschritte zu unterscheiden:

- **Ausrichtung festlegen:** Im Zeilenlineal ist links ein Schalter für Tabulatoren vorhanden. Standardmäßig ist der linksbündige Tabulator aktiviert. Durch Anklicken mit der Maustaste können die verschiedenen Ausrichtungskennungen erzeugt werden; nach Links folgen Zentriert, Rechts und Vertikal.

- **Position festlegen:** Zur Festlegung der Tabstop-Position müssen Sie anschließend den Mauszeiger in das Lineal an die Stelle setzen, an der ein Tabulator positioniert sein soll. Das Setzen erfolgt dann durch Drücken der linken Maustaste. Klicken Sie im Beispielfall wie gewünscht auf 2,5 (für 2,5 cm).

Hinweis: Per Doppelkllick auf das Lineal können Sie die zuvor erläuterte Dialogbox „Tabulator" sehr schnell öffnen und Spezifikationen zur Tabulatoreinstellung vornehmen.

4.3.2 Tabulatoren für die Erfassung nutzen

Sind die Tabulatoren gesetzt, ist die Erfassung von Tabellen eine recht einfache Aufgabe. Die jeweilige Tabulatorposition wird mit der Taste ⇥ angesprungen; ein Rücksprung kann mit ⇦ bewirkt werden.

Nun können Sie die weitere Lösung der Übung in Angriff nehmen. Dazu ist zunächst der Text „An" schreiben, dann der Tabulator zu betätigen und danach der Adressat einzutragen. Dann ist die nächste Zeile durch Betätigen von ⇧+↵ anzusteuern. Dadurch können Sie bewirken, daß die Tabelle als ein Absatz gilt, was das Formatieren und Überarbeiten in vielen Fällen vereinfacht.

Am Beispiel der Erfassung der zweiten Zeile veranschaulicht die folgende Checkliste, in welchen Teilschritten eine gezielte Erfassung in Textzeilen erfolgt, die einen Tabulator beinhalten:

Reihenfolge der Bearbeitung	Tastenfolge
1. Ausfüllen der 1. Spalte	Von:
2. Nächste Position ansteuern	⇥
3. Text eingeben	Dipl.-Kfm. Klein
4. Nächste Zeile ansteuern	⇧+↵
5. Teilschritte 1 - 4 wiederholen	....
6. Befehl ausführen (bei letzter Zeile)	↵

Die Erfassung unter Nutzung der gesetzten Tabulatoren wird vom Textprogramm intern anders behandelt als das Arbeiten mit Leerzeichen. Dies würde deutlich, wenn Sie einmal das Menü **Extras** aktivieren und hier den Befehl **Optionen** aufrufen. Bei der Kategorie „Ansicht" gibt es dann einen Feldbereich „Nicht druckbare Zeichen". Wenn Sie hier die Option „Tabstops" aktivieren, wird erkennbar, daß durch das Betätigen der Taste ⇥ in den Leerraum zwischen den Spalten ein kleiner nach rechts gerichteter Pfeil auf dem Bildschirm eingefügt wurde (das sog. Steuerzeichen für den Tabulator).

Speichern Sie nun – so Sie die gesamte Notiz erfaßt und die Anzeige der Steuerzeichen wieder entfernt haben – die Datei mit dem Befehl **Speichern unter** mit dem Dateinamen TEXT40.

4.4   Absatzformate festlegen

Je nach Textart kann es zweckmäßig sein, den Zeilenabstand zu variieren. Dies gilt selbst innerhalb eines Textes. Es ist zum Beispiel üblich, bei Texten mit Fußnoten den eigentlichen Text 1,5-zeilig zu schreiben, während der Fußnotentext einzeilig geschrieben wird.

WORD bietet die Möglichkeit, sowohl den Zeilenabstand (also den Abstand zwischen zwei Zeilen) als auch den Absatzabstand (= Abstand zwischen zwei Absätzen) auf komfortable Art und Weise festzulegen.

4.4.1   Zeilenabstände festlegen

Zur Gestaltung von Zeilen- und Absatzabständen können Sie den Befehl **Absatz** im Menü **Format** wählen und hier das Register „Einzüge und Abstände" verwenden. Nach der Wahl stehen unter der Überschrift „Abstand" die Befehlsfelder „Vor:", „Nach:", „Zeilenabstand" sowie „Maß:" zur Verfügung.

Standardmäßig findet sich bei „Zeilenabstand" z. B. die Eintragung „Einfach" (für einzeilig). Varianten sind 1,5 Zeilen, Doppelt, Mindestens, Genau und Mehrfach.

Zur Lösung der Aufgabe des Anwendungsbeispiels müssen Sie zunächst den Absatz, der den Bereich „An" bis „Kopie an" umfaßt, markieren. Wählen Sie dann den Befehl **Absatz**"im Menü **Format**. Wählen Sie nun im Befehlsfeld „Zeilenabstand:" die Angabe „1,5 Zeilen", und bestätigen Sie den Befehl mit ⏎.

Wenn Sie per Tastenkombination eine Änderung des Zeilenabstandes vornehmen wollen, gibt es folgende Möglichkeiten:

- Strg + 1   Einzeiliger Zeilenabstand
- Strg + 2   Doppelter Zeilenabstand
- Strg + 5   Zeilenabstand 1,5-zeilig

4.4.2   Absatzabstände festlegen

Mit den beiden Befehlsfeldern „Vor:" und „Nach:" läßt sich der Platz grundsätzlich bestimmen, der zwischen zwei Absätzen freibleiben soll. So können Sie im nachhinein etwa alle Absätze über eine entsprechende Maßeingabe durch eine Leerzeile trennen, ohne nach jedem Absatz noch einmal ausdrücklich die Taste ⏎ zu betätigen. Die Festlegung eines Abstandsmaßes kann auch zweckmäßig sein, um immer nach der Überschrift oder Zwischenüberschrift einen bestimmten Abstand sicherzustellen.

Im Beispielfall markieren Sie einmal den letzten Absatz der Notiz, in dem das Wort „gez" steht. Organisieren Sie hierfür teshalber einmal einen Abstand von 12 Punkten im Feld „Vor". Dann müßte die Wirkung der Einstellung von Absatzabständen deutlich werden.

4.4.3   Numerierungen/Aufzählungen

Besonders typisch dürften in Notizen Aufzählungen zu bestimmten Besprechungspunkten und Ergebnissen sein. Hier ist der hängender Erstzeileneinzug besonders wichtig. Allerdings brauchen Sie dies bei der Erfassung noch nicht zu berücksichtigen. Schreiben Sie die Absätze zunächst normal. Durch Nutzung der automatischen Aufzählungs- und Numerierungsfunktion ist dann eine einfache Formatierung möglich.

Schreiben Sie im Beispielfall einmal die drei notwendigen Absätze, in denen eine Aufzählung vorgenommen werden soll. Markieren Sie diese anschließend, und wählen Sie dann aus dem Menü Format den Befehl Numerierung und Aufzählung. Ergebnis:

Bild 4-6:
Aufzählungsart
wählen

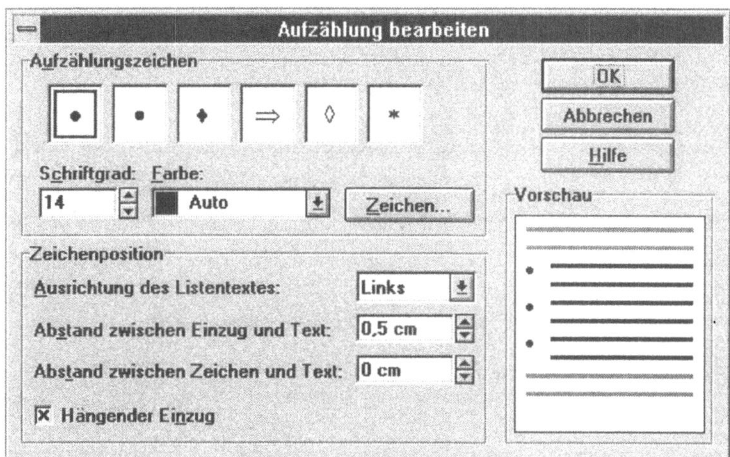

Wählen Sie nun per Mausklick die zweite Variante und klicken Sie dann bei <OK>. Ergebnis müßte die gewünschte Formatierung sein.

Alternativ hätten Sie aber auch andere führende Aufzählungszeichen als in der Dialogbox angezeigt werden, erzeugen können. Klicken Sie nach erneuter Befehlswahl auf die Schaltfläche <Bearbeiten>, so wird dies deutlich.

Bild 4-7:
Aufzählung
bearbeiten

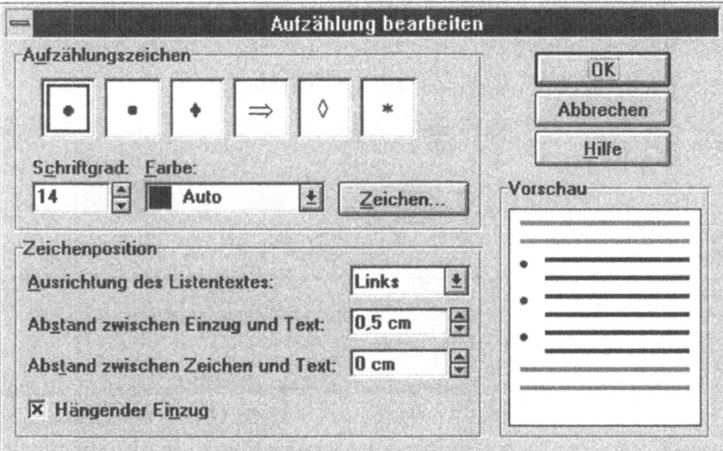

Sie können nun durch Klicken auf Zeichen eine andere Wahl trefen. Dann würde das Zeichen, das von den sechs aktuell gültigen Zeichen markiert war, durch das aus einer Zeichentabelle neu gewählte Zeichen ersetzt werden.

Auch eine automatische Numerierung von Absätzen ist denkbar. Testen Sie dies einmal aus, indem Sie nach Markierung beliebiger Absätze aus dem Menü **Format** den Befehl **Numerierung und Aufzählung** wählen und hier die Registermarke „Numerierung" aktivieren. Ergebnis:

Bild 4-8:
Numerierungsart
wählen

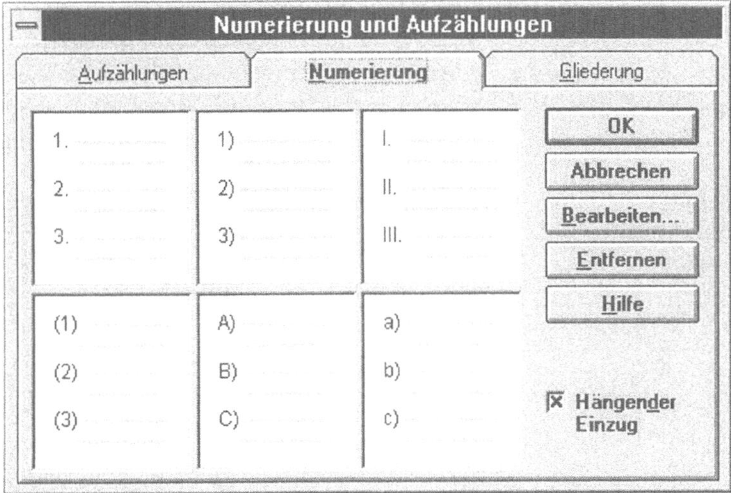

4.5   Memo mit dem Assistenten erzeugen

Im vorhergehenden Kapitel dieses Buches haben Sie bereits am Beispiel des Urkunde-Assistenten die Arbeitsweise und Vorteile der Nutzung der in WORD integrierten Assistenten kennengelernt. In ähnlicher Form wird auch für das Erzeugen von Memos ein spezieller Assistent bereitgestellt.

Zur Realisierung müssen Sie zunächst aus dem Menü Datei den Befehl Neu wählen. In der angezeigten Dialogbox ist dann aus dem Listenfeld „Vorlage" der gewünschte Assistent zu wählen; im Beispielfall der „Memo-Assistent". Nach der Markierung im Listenfeld und dem Anklicken von <OK> erscheinen der Reihe nach verschiedene Dialogboxen:

- In der ersten Dialogbox ist zunächst die Überschrift einzugeben oder die Vorgabe (hier „Internes Memo") zu akzeptieren. Dieser Text erscheint später beim Ausdruck als Kopfzeile. Im Beispielfall können Sie die Vorgabe übernehmen.

- Nach Anklicken von <Weiter> erscheint die Abfrage, ob eine eigene Seite für die Verteilerliste angelegt werden soll. Dies bietet sich an, wenn das Memo an eine große Zahl von Personen verteilt werden soll. Da im folgenden die Anzahl begrenzt ist, ist die Vorgabe „Nein" zu übernehmen. Klicken Sie also ohne Änderung auf die Schaltfläche <Weiter>.

- In einem nächsten Schritt legen Sie die Elemente des Memos fest: Auswählbar sind Datum, An (=Adressat), Kopie an, Von (mit Angabe), Betreff, Priorität und Trennlinie. Außer „Priorität" sind alle Angaben gewünscht. Der Bildschirm sollte nach der Festlegung folgendes Aussehen haben:

Bild 4-9:
Memo-Elemente
festlegen

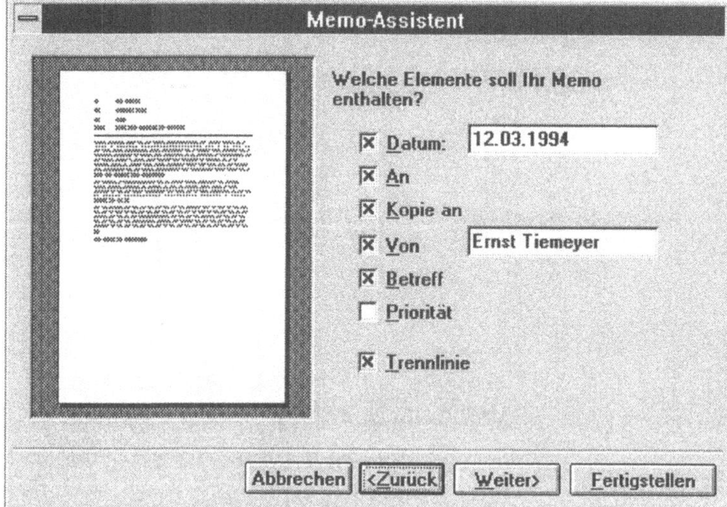

- Klicken Sie dann auf <Weiter>.
- In der nächsten Dialogbox sind weitere Elemente festzulegen. Klicken Sie nur die Variante „Erstellt von" an, und danach auf <Weiter>.
- In der nächsten Dialogbox können Sie die Elemente der Kopf- und Fußzeilen festlegen. Übernehmen Sie hier die Vorgaben, und klicken Sie danach auf <Weiter>.
- In der folgenden Dialogbox wird von Ihnen die Angabe des Stils erwartet. Übernehmen Sie die Vorgabe „Klassisch", und klicken Sie dann auf <Weiter>.
- Nun sind Sie bei der letzten Dialogbox des Memo-Assistenten angelangt, und Sie können das Memo erzeugen. Klicken Sie deshalb auf <Fertigstellen>. Ergebnis:

Bild 4-10:

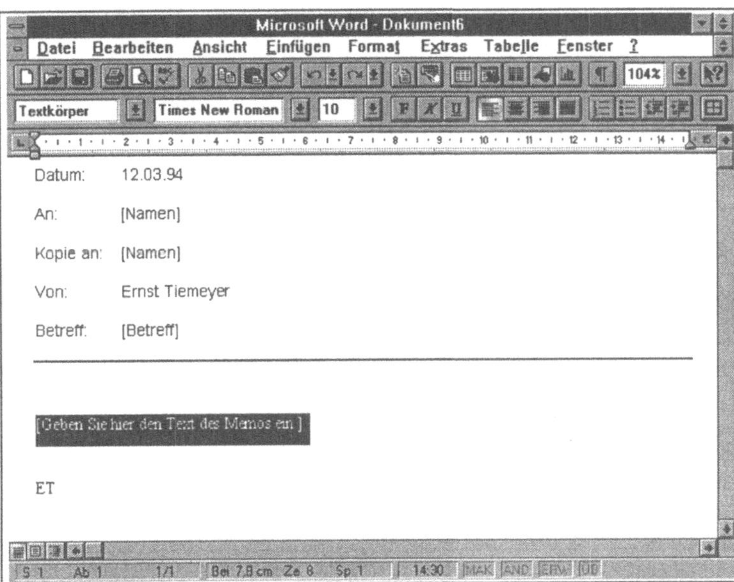

Jetzt kann der weitere Text zur Erzeugung des Memos erfaßt werden. Speichern Sie das Ergebnis unter dem Namen TEXT41.DOC.

Briefe erstellen (Korrespondenz)

Ein typisches Anwendungsgebiet moderner Textverarbeitungsprogramme ist das Erstellen von Brieftexten verschiedener Art,
sei es für geschäftliche oder private Zwecke. Dabei müssen insbesondere im Geschäftsleben gewisse Formregeln beachtet werden. Die normgerechte Gestaltung eines Geschäftsbriefes mit
WORD zeigt an einem Anwendungsbeispiel folgender Abschnitt.

Hinsichtlich des **Vorgehens** lernen Sie drei Varianten kennen:

- Direktformatierung eines Briefes

- Nutzung des Brief-Assistenten

- Erstellung und Nutzung einer Dokumentvorlage für Briefe

Für den Schriftverkehr existieren DIN-Normen, die bei der Erstellung von Geschäftsbriefen zu beachten sind. Um einen Brief mit
WORD normgerecht erstellen zu können, müssen Sie in jedem
Fall die verschiedenen Formatierungsoptionen des Programms
anwenden können. Außerdem kann es zur Erleichterung des Arbeitens sinnvoll sein, die Anwendung des Assistenten sowie der
Dokumentvorlagen zu beherrschen.

Ausgangsbeispiel: Brief ohne Vordruck erstellen

Im Rahmen einer Angebotsschreibung ist folgender Geschäftsbrief zu erstellen. Unterstellt wird dabei zunächst, daß der Brief
auf Papier ohne Voreintragungen gedruckt wird. Es fehlt also ein
vorgedruckter Briefkopf und die Bezugszeichenzeile. Diese sollen bei der Erstellung des Briefes automatisch erzeugt werden.
Speichern Sie den fertigen Brief unter dem Namen BRIEF1.DOC.

Der Lösungsweg sieht vor, daß Sie den Ausdruck des Briefes auf
neutralem Papier vornehmen. Briefkopf, Bezugszeile und Fußbereich (z. B. Bankverbindung) werden vom Textprogramm mit
ausgegeben. Dies ist heute bei einem leistungsfähigen Laser-
drucker und der Vielzahl der Schriften und Formatierungsmög-
lichkeiten mit WORD kein großes Problem. In der Praxis ergeben sich daraus wesentliche Vorteile:

- Wenn Sie über einen Drucker mit mehreren Einzugschäch-
  ten verfügen, müssen Sie nämlich nicht bei jedem Druckvorgang angeben, welcher Papierschacht benutzt werden
  soll.

- Wenn Sie einen Drucker mit nur einem Papierschacht besitzen, ist es nicht mehr nötig, ständig das Papier zu wechseln oder vorbedrucktes Papier manuell zuzuführen.

Zunächst könnte man allerdings meinen, nun mehr Arbeit zu haben, da Sie jetzt jedesmal den Briefkopf bis hin zum Absender extra mit eingeben müssen. Doch auch diesen Weg können Sie sich sparen, wenn Sie eine entsprechende Vorlagedatei anlegen. Dies lernen Sie zum Schluß des aktuellen Abschnittes kennen. Später brauchen Sie dann nur noch die Vorlage zu laden, den Brieftext hinzuzufügen und dann den fertigen Brief auszudrukken. Bei geschicktem Entwurf der Vorlage, brauchen Sie sich auch nicht mehr um Details zur Formatierung zu kümmern; etwa: paßt die Adreßangabe in das Fenster des Briefumschlags?

Hard & Soft GmbH
Technik - Schulung - Verkauf

Hard- & Soft GmbH, Falkstr. 5, 45147 Essen

An
Sanyo GmbH
z. Hd. Herrn Gert Müller
Starnberger Str. 4

46535 Dinslaken

Ihre Zeichen	Unsere Zeichen	Telefon	45147 Essen
MI/KR	HWsoft/LA	02101/4456-51	10.5.94

Angebot über die Lieferung eines Laserdruckers

Sehr geehrter Herr Müller,

für ihre schriftliche Anfrage danken wir Ihnen. Gern sind wir bereit, Ihnen ein interessantes Angebot zu unterbreiten.

Im einzelnen bieten wir Ihnen
    Laserdrucker Laserjet 4, Micro Tuner
    8 Seiten/Min., 600 dpi, 2 MB, 40 Fonts, RISC Prozessor, RET
    Listenpreis 2999,00 DM (zuzüglich MWSt.)

Zahlungsziel 60 Tage oder innerhalb von 8 Tagen unter Abzug von 3% Skonto.

Unsere Lieferung erfolgt frei Haus. Die Lieferzeit beträgt 2 - 3 Wochen.

Mit freundlichen Grüßen

Anlagen

5.1   Briefe direkt formatieren

In folgenden soll zunächst die direkte Formatierung deutlich werden. In der Regel können Sie daraus dann geeignete Formatvorlagen ableiten und so einfach Korrespondenz mit gleichem Layout in hochwertiger Qualität erstellen.

In einem ersten Schritt müssen Sie das Seitenlayout Ihrer Briefe sowie die zu verwendende Schrift (Schriftart und Schriftgröße) festlegen. Danach können die einzelnen Elemente des Briefes eingegeben und gezielt formatiert werden. Typische Elemente, für die Sie in Briefen gesonderte Formate festlegen müssen, sind:

- der Briefkopf
- das Adreßfeld
- der Absender über dem Adreßfeld
- die Bezugszeichenzeile sowie
- der Fußbereich (Bank- und Telefonverbindungen).

Zur Aufgabenlösung müssen Sie zunächst aus dem Menü **Datei** den Befehl **Neu** wählen. Schalten Sie danach durch Aktivierung des Menüs **Ansicht** in die Layoutdarstellung. Dies ist wichtig, weil Sie im folgenden das Arbeiten mit Positionsrahmen genauer kennenlernen sollen, und das funktioniert nur in der Ansicht „Layout".

5.1.1   Seiten- und Zeichenformat für Briefe bestimmen

Ausgangspunkt für die Festlegung der Formate ist zunächst einmal die Einrichtung der Seite, um sicherzustellen, daß der Brieftext auf einer Druckseite korrekt unter Berücksichtigung des Papierformates und der erforderlichen Randeinstellungen erscheint.

In WORD sind bekanntlich bereits Standardwerte zum Seitenformat festgelegt, die nach dem Start des Programms unmittelbar wirksam werden. Analog zur DIN-Norm für Geschäftsbriefe sind folgende Änderungen vorzunehmen:

- Einstellung eines oberen Randes von 1 Zentimeter. Abweichend vom üblichen Abstand von 4 Zeilen bzw. 8p10 bzw. 2 cm wurde ein größerer Abstand für das Einfügen eines Briefkopfes gewählt;
- Einstellung eines unteren Randes von 2 cm;
- Einstellung eines linken Randes von 2,54 cm (entspricht ca. 10 Zeichen bzw. 10p10);

- Einstellung eines rechten Randes von 1,27 cm (entspricht ca. 5 Zeichen bzw. 5p10).

Wählen Sie aus dem Menü **Datei** den Befehl **Seite einrichten**, und nehmen Sie im Register „Seitenränder" die gewünschten Einstellungen vor. Denken Sie daran, daß natürlich hier als Seitengröße A4 im Hochformat gilt.

Anschließend soll noch die Standardschrift für Briefe eingestellt werden. Es empfiehlt sich generell, für alle Ihre Briefe immer dieselbe Schrift zu verwenden. Wählen Sie dazu die Schrift ARIAL und die Schriftgröße 12. Dies können Sie entweder über den Befehl **Zeichen** des Menüs **Format** realisieren oder über die Formatierungs-Symbolleiste. Denken Sie daran, daß die Absatzmarke Ihres noch leeren Dokuments dieses Format zugewiesen bekommt.

5.1.2   Briefkopf erzeugen und verwenden

Der Briefkopf ist ein wesentliches Element des Dokuments. Hier steht in der Regel der Firmenname, ergänzt um Angaben zum Betätigungsfeld der Firma, um ein Firmenlogo oder auch den Absender. Nur für den Briefkopf ist es im allgemeinen zulässig, diesen in einer anderen Schrift zu setzen, um ihn von den übrigen Textteilen abzuheben.

Um die Angaben zum Briefkopf vornehmen zu können, betätigen Sie im leeren Dokument zunächst einmal die Taste ⏎, um sich eine Leerzeile zu verschaffen. Fahren Sie danach mit der Pfeiltaste wieder nach oben an den Anfang des Dokuments.

Schreiben Sie nun Ihren Briefkopf so wie vorgesehen ganz normal in das Dokument. Machen Sie nach Eingabe des Firmennamens „Hard & Soft GmbH" eine Zeilenschaltung, um zur Angabe der Geschäftsfelder in die zweite Zeile zu gelangen (⇧+⏎ betätigen). Schreiben Sie dann die zweite Zeile. Markieren Sie anschließend die erste Zeile des Briefkopfes, und wählen dafür über die Formatierungsleiste die Schrift „Arial", die Schriftgröße 24 Pt sowie die Auszeichnung als Fettschrift. Danach ist die zweite Zeile des Briefkopfes zu markieren und in Fettschrift mit 16 Pt-Schriftgröße auszuzeichnen.

Markieren Sie dann gleichzeitig die beiden Zeilen des Briefkopfes, und nehmen Sie der Reihe nach noch folgende Formatierungen vor:

- Wählen Sie die zentrierte Ausrichtung durch Mausklick auf das zutreffende Symbol in der Symbolleiste.

- Aktivieren Sie das Menü **Format**, und wählen Sie hier den Befehl **Rahmen und Schattierung**. Markieren Sie zunächst per Mausklick in dem angezeigten Register den Kastenrahmen, als Linienart eine doppelte Rahmenlinie sowie als Abstand zum Text 3 pt. Danach ist das Register „Schattierung" zu aktivieren und ein Wert von 10 % im Listenfeld „Schattierung" auszuwählen.

Ergebnis sollte die folgende Darstellung nach der Befehlsausführung sein:

Bild 5-1:
Briefkopf mit Rahmen

5.1.3 Adreßfeld festlegen

Die Empfängeranschrift muß bei einem Brief an einer bestimmten Position ausgedruckt werden. Nur so kann beispielsweise sichergestellt werden, daß die Anschrift bei einem Fensterumschlag genau paßt.

Grundsätzlich gilt: Mindestens 5 cm vom oberen Seitenrand kann mit dem Schreiben der **Empfängeranschrift** begonnen werden. Hierfür können in der Regel neun Zeilen genutzt werden.

Im folgenden soll eine gezielte Positionierung mit Hilfe des sog. Positionsrahmens erfolgen. Schreiben Sie dazu - nachdem Sie ca. 3 Leerzeilen geschalten haben, zunächst die Adresse in den Text Ihres Briefes:

```
An
Sanyo GmbH
z. Hd. Herrn Gert Müller
Starnberger Str. 4

46535 Dinslaken
```

Markieren Sie diese 6 Zeilen vollständig, und fügen Sie danach durch Wahl des Menüs **Einfügen** und Aktivierung des Befehls

Positionsrahmen einen Positionsrahmen im Dokument ein. Dazu müssen Sie sich – wie bereits erwähnt – in der Layoutansicht befinden. Ergebnis der Befehlswahl ist, daß nun um den Adreßbereich ein Rahmen gezeichnet wird.

Als nächstes muß die Empfängeranschrift aber noch genau positioniert werden. Das erledigen Sie, indem Sie das Menü **Format** aktivieren und hier den Befehl **Positionsrahmen** aufrufen. Die dann angezeigte Dialogbox ist in der folgenden Weise auszufüllen:

Bild 5-2:
Positionsrahmen für Empfängeranschrift formatieren

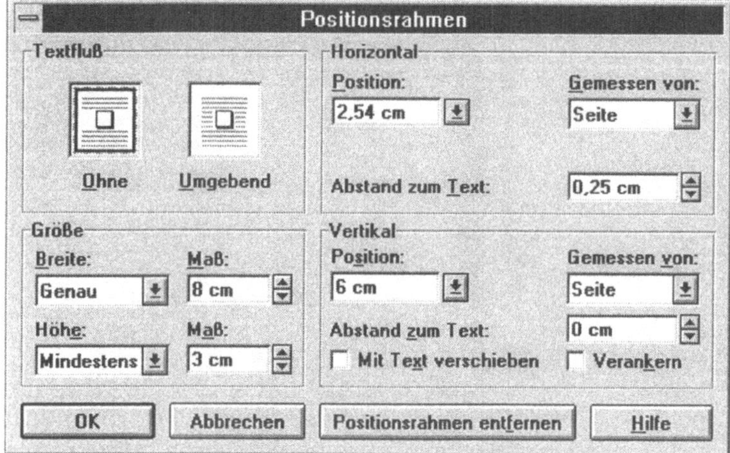

Die Abbildung zeigt, daß

- ein Textfluß nicht zugelassen wird (durch Wahl der Fläche „Ohne" bei Textfluß),

- als horizontale Position 2,54 cm von der Seite gemessen eingestellt werden soll (die Größe entspricht dem linken Randsteller),

- als vertikale Position 6 cm von der Seite gemessen einzustellen ist,

- bezüglich der Größeangabe die Breite auf 8 cm und die Höhe auf 3 cm zu setzen ist.

Nach der Befehlsauslösung mit <OK> positioniert WORD die Empfängeranschrift automatisch an der gewünschten Stelle im Dokument.

Damit ist die Vorbereitungsarbeit aber noch nicht beendet. Markieren Sie nach der Befehlsauslösung den Positionsrahmen, und stellen Sie durch Auswahl der Schrift sicher, daß auch hier die gewünschte Schrift Arial 12 Pt. eingestellt ist.

Außerdem muß noch der Kastenrahmen, der automatisch mit dem Einfügen des Positionsrahmen um das jeweilige Objekt erzeugt wird, entfernt und durch eine Überstrichlinie ersetzt werden. Dazu müssen Sie aus dem Menü **Format** den Befehl **Rahmen und Schattierung** wählen und hier im Register „Rahmen" folgende Einstellungen vornehmen:

Bild 5-3:
Erzeugen einer
Überstrichlinie

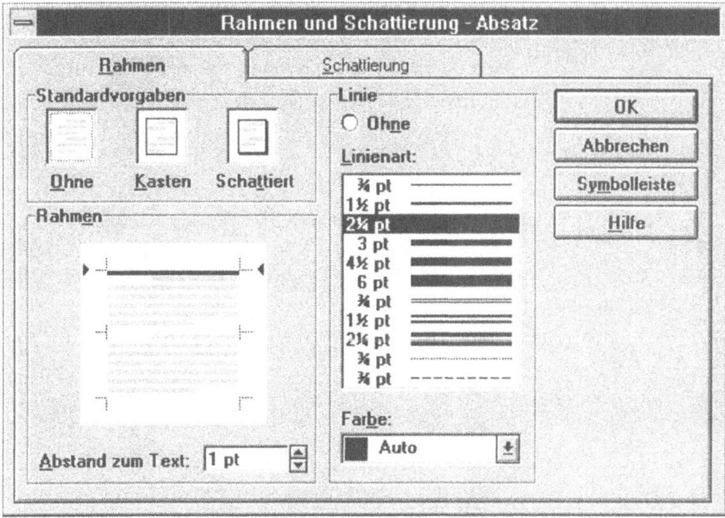

Damit der unerwünschte Kasten verschwindet, müssen Sie bei „Standardvorgaben" zunächst auf die Einstellung „Ohne" klicken. Die Abbildung zeigt dann weiter, daß die obere Linie im Feld „Rahmen" per Mausklick aktiviert sowie eine bestimmte Linienstärke zugewiesen wurde. Außerdem könnten Sie noch als Abstand zum Text eine Eingabe machen, damit die Trennlinie nicht am Text „klebt"; beispielsweise 3 pt.

Nach der Befehlsausführung ist die Empfängeranschrift in der gewünschten Weise fertig eingegeben und formatiert.

5.1.4   Absender über dem Adreßfeld festlegen

Es erleichtert Ihre Arbeit und ist zudem bei Geschäftsbriefen üblich, wenn Sie den Absender im Brief so plazieren, daß er im Sichtfenster eines Briefumschlages erscheint.

Schreiben Sie die gewünschte Absenderangabe zunächst im Dokument in einer Zeile:

```
Hard & Soft GmbH, Falkstr. 5, 45147 Essen.
```

Markieren Sie diese, um sie anschließend mit einer kleineren Schrift zu formatieren; zum Beispiel ARIAL 10 Pt. Hinweis: Falls Ihre eigene Adresse zu lang ist, müssen Sie eventuell eine noch kleinere Schriftgröße einstellen.

Anschließend ist die Absenderangabe so zu positionieren, daß sie über die Empfängeranschrift gesetzt ist (etwa auch möglich durch Einfügen eines Positionsrahmen, wobei als vertikale Position 5,5 cm von der Seite gewählt werden kann). Außerdem ist der Rahmen zu löschen, indem Sie aus dem Menü **Format** zunächst den Befehl **Rahmen und Schattierung** wählen.

Ergebnis müßte danach die folgende Bildschirmanzeige in der Layoutansicht sein:

Bild 5-4:
Empfängeranschrift
mit Absenderangabe

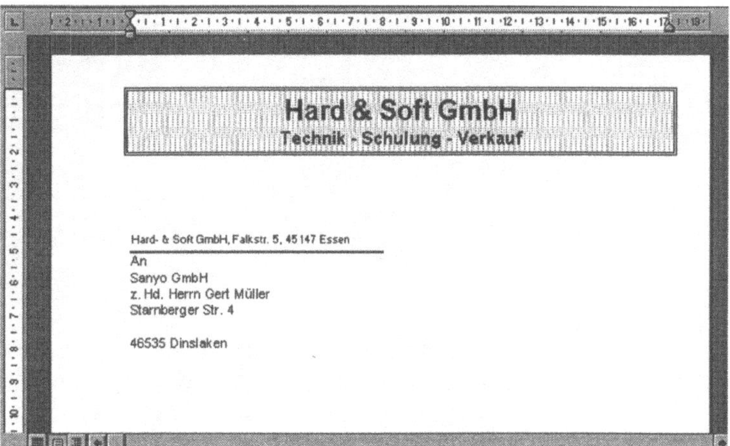

5.1.5   Bezugszeile erzeugen

Die nächste Aktivität sollte nun darin bestehen, die Bezugszeile zu erzeugen. Alternativ könnte man natürlich auch am rechten Rand ein Bezugsfeld entwerfen.

Im folgenden soll also eine Zeilenangabe gemacht werden. In der Bezugszeile werden wichtige Rahmeninformationen zu einem Brief abgelegt; im Beispielfall Ihre Zeichen, Unsere Zeichen, Telefon und Ort/Datum. Setzen Sie zunächst drei linksbündige Tabulatoren: bei 4, 9 und 13,5 cm. Wählen Sie außerdem die gewünschte Schriftgröße; im Beispiel 10. Danach können Sie mit der Erfassung beginnen:

- „Ihre Zeichen" schreiben, ⤶ betätigen
- „Unsere Zeichen" schreiben, ⤶ betätigen
- „Telefon" schreiben, ⤶ betätigen
- Essen" schreiben und ↵ betätigen.

Setzen Sie in der Zeile darunter die Schriftgröße wieder auf 12 Pt, und beginnen Sie mit der Erfassung der Angaben für den Beispielfall.

Schließlich sind auch hier Positionsrahmen einzufügen. Im Beispielfall ist für die erste Zeile

- als horizontale Position 2,54 cm von der Seite gemessen einzustellen,
- als vertikale Position 10,5 cm von der Seite gemessen einzustellen.

Für die zweite Zeile ist die vertikale Position auf 11 cm festzulegen.

Der automatisch eingefügte Kastenrahmen ist wieder zu löschen. Ergebnis sollte die folgende Bildschirmanzeige sein:

Bild 5-5:
Bezugszeile erzeugen

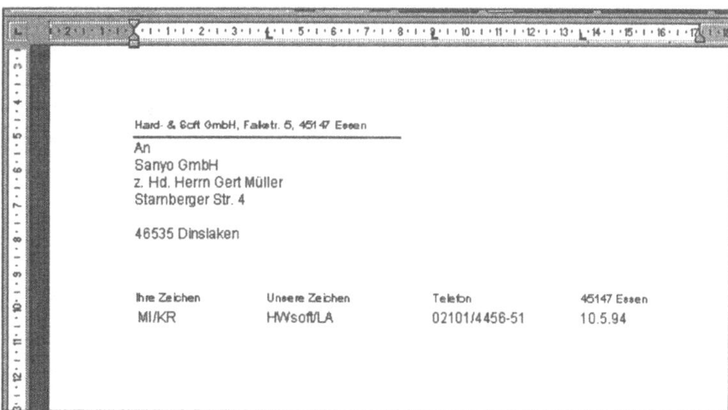

5.1.6   Brieffuß zuordnen

Insbesondere auf Geschäftsbriefen findet sich häufig noch ein Fußbereich. Hier finden sich meistens Angaben zur Geschäftsführung, zu der Bankverbindung bzw. zu den Bankverbindungen, zur Handelsregistereintragung sowie zu den Telekommunikationsverbindungen.

Im Beispielfall soll der Brieffuß in der Fußzeile mitgeführt werden und so auf jeder Seite des Briefes erscheinen. Er ist auf 3 Zeilen zu verteilen und in der Schriftgröße Arial 8 Pt zu schreiben.

Wählen Sie dazu aus dem Menü **Ansicht** zunächst den Befehl **Kopf-/Fußzeile**. Es erscheint dann die Eingabemöglichkeit für eine Kopfzeile. Durch Mausklick auf das entsprechende Symbol in der Symbolleiste gelangen Sie in den Fußzeilenbereich. Hier ist nun folgender Text zu erfassen:

Bild 5-6:
Fußbereich in Briefen

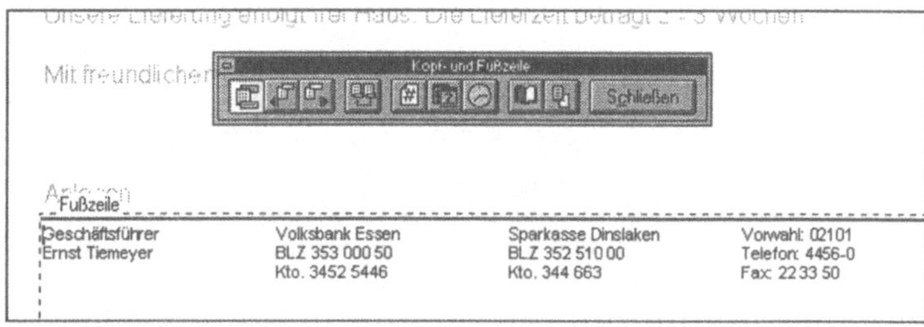

Für die Erfassung sollten drei linksbündige Tabulatoren gesetzt werden; beispielsweise bei 4, 8 und 12 cm.

Nach der Fertigstellung müssen Sie die Fußzeile markieren und noch eine Überstrichlinie einfügen. Gehen Sie dabei so vor, wie Sie dies bei der Formatierung der Empfängeranschrift kennengelernt haben. Durch Mausklick auf die Schaltfläche <Schließen> gelangen Sie wieder in den eigentlichen Textbereich.

5.1.7   Brieftexte erfassen und gestalten

Nun können Sie mit der Erfassung des eigentlichen Brieftextes beginnen. Zunächst ist die Betreffzeile zu erfassen. Die **Betreffangabe** hat ca. fünf Zeilenschritte nach der Empfängeranschrift an der Fluchtlinie (ohne Leitwort, wie z. B. „Betreff") zu beginnen. Hier ist nun die stichwortartige Information über den Inhalt des Briefes anzugeben. Sie soll in Fettschrift ausgezeichnet werden.

Danach ist zwei Leerzeilen nach dem Betreff zunächst die Anrede zu erfassen. Der eigentliche Brieftext wird dann durch eine Leerzeile von der Anrede abgesetzt. Der Text ist nun als Fließtext zu schreiben. Dies bedeutet, daß beim Erfassen des Textes eine Umschaltung in die nächste Zeile nicht durch einen ausdrücklichen Tastendruck erfolgt; der Zeilenwechsel wird vielmehr durch das Textprogramm automatisch vorgenommen.

Durch Gliederung des Briefes in verschiedene Absätze läßt sich eine übersichtliche Gestalt erreichen. Programmtechnisch erfolgt eine Einteilung in Absätze durch Betätigen der Taste ⏎ bei der Texterfassung. Dadurch wird eine Absatzkennmarke in den Text eingefügt.

Besondere Bedeutung kommt bei der Gestaltung von Absätzen auch der Silbentrennung zu. Dies gilt vor allem für den Fall, daß Absätze im Blocksatz geschrieben werden sollen. Um diese Arbeit zu vereinfachen, sollten die Hilfen zur Silbentrennung genutzt werden.

Spezielle Einstellungen zur Absatzformatierung sind dann entbehrlich, wenn die vorgegebenen Standard-Absatzformate übernommen werden können. Mitunter besteht jedoch der Wunsch, innerhalb eines Brieftextes eine Variation der Absatzgestaltung vorzunehmen (z. B. Einrückungen für bestimmte Absätze).

Der Brief endet schließlich mit einer üblichen Grußformel; z. B. „Mit freundlichen Grüßen". Sie steht eine Leerzeile unter dem Textende und endet ohne Satzzeichen.

Unter der Grußformel ist ein angemessener Raum für die Unterschrift freizulassen. Es empfiehlt sich, hierfür drei Leerzeilen zu reservieren. Anschließend kann ein Anlagenvermerk erfolgen.

Ergebnis ist dann der folgende Brieftext:

Bild 5-7:
Fertiger Brief in der Seitenansicht

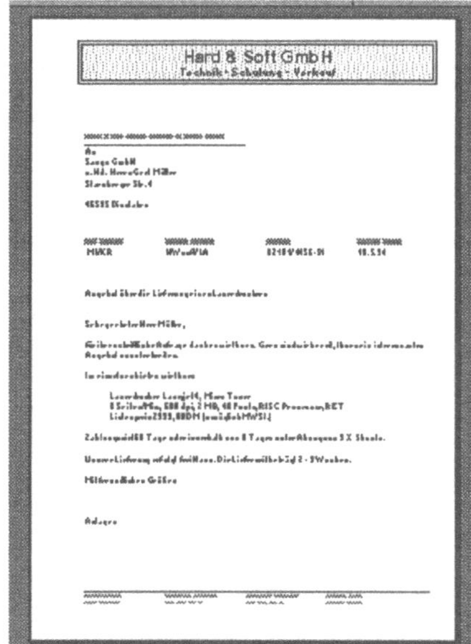

Speichern Sie das Ergebnis als BRIEF1.DOC.

Im Beispielfall geht der Text nicht über eines Seite hinaus. Bei mehrseitigen Texten kann WORD eine automatische Seitenformatierung vornehmen; beispielsweise mit dem Befehl **Seitenzahlen** aus dem Menü **Einfügen**. Dabei werden an den Stellen, an denen eine neue Seite beginnt, punktierte Linien eingefügt, die die Seitenumbruchsmarkierung darstellen. Eigene Änderungen des Umbruchs können Sie durch Betätigen der Tastenkombination [Strg]+[⇧]+[↵] erreichen.

5.2   Brieferstellung mit Nutzung des Assistenten

Auch für Briefe steht in WORD 6 für Windows ein besonderer Assistent zur Verfügung, der bei der Erstellung eigener und vorgefertigter Briefe hilft. Was er im Detail leistet, und wie man damit arbeitet, das sollen Sie im folgenden exemplarisch kennenlernen.

Zur Realisierung müssen Sie zunächst aus dem Menü **Datei** den Befehl **Neu** wählen. In der angezeigten Dialogbox ist dann aus dem Listenfeld „Vorlage" der gewünschte Assistent zu wählen; im Beispielfall der „Brief-Assistent". Nach der Markierung im Listenfeld und dem Anklicken von <OK> erscheinen der Reihe nach verschiedene Dialogboxen:

- In der ersten Dialogbox ist zunächst die Art des Briefes zu bestimmen: Vorgefertigter Geschäftsbrief, neuer Geschäftsbrief oder persönlicher Brief. Im Beispielfall können Sie die Vorgabe „Neuer Geschäftsbrief" übernehmen und dann direkt auf die Schaltfläche <Weiter> klicken.

- In einem nächsten Schritt legen Sie die Elemente des Briefs fest: Auswählbar sind Seitenzahlen, Datum, Betreff, Ihre Zeichen, Unsere Zeichen, Kopie an, Anlage und Mit separater Post. Außer „Priorität" sind alle Angaben gewünscht. Der Bildschirm sollte nach der Festlegung folgendes Aussehen haben:

Bild 5-8:
Brief-Elemente fest-
legen

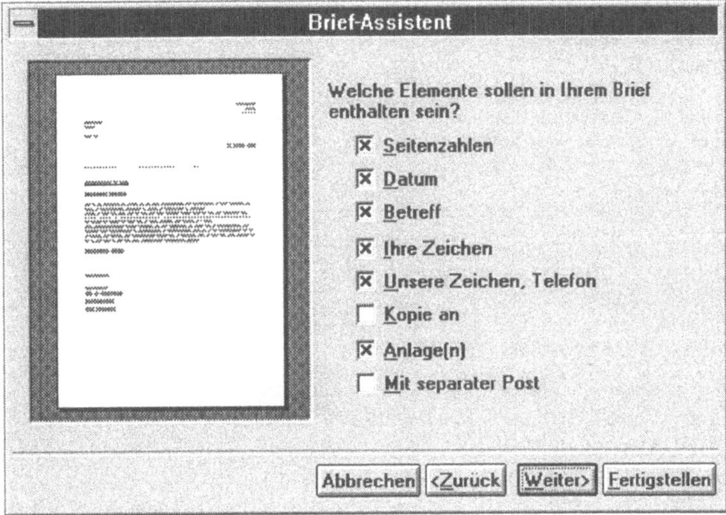

- Klicken Sie dann auf <Weiter>.

- In der folgenden Dialogbox ist die Art des zu verwendenden Papiers festzulegen. Wählen Sie „Standardpapier". Damit werden Ihre Angaben im Briefkopf erzeugt. Bei der Variante „Papier mit Briefkopf" würde im oberen Bereich ein entsprechender Freiraum gelassen. Dies werden Sie verwenden wollen, wenn Sie mit Vordruck-Briefpapier arbeiten.

- Die nächste Dialogbox erwartet von Ihnen die Angabe der Empfänger und Absenderdaten. Nehmen Sie diese vor, und klicken Sie dann auf <Weiter>.

- Schließlich wird in einer weiteren Dialogbox noch die Angabe des Stils gewünscht. Übernehmen Sie die Vorgabe „Klassisch", und klicken Sie dann auf <Weiter>.

- Nun sind Sie bei der letzten Dialogbox des Brief-Assistenten angelangt, und Sie können den Brief erzeugen. Klicken Sie deshalb auf <Fertigstellen>. Das Ergebnis entspricht dann Bild 5-9:

Jetzt kann der weitere Text zur Erzeugung des Briefs erfaßt werden. Speichern Sie das Ergebnis unter dem Namen TEXT51.DOC.

Bild 5-9:
Mit dem Assistenten
erzeugter Brief

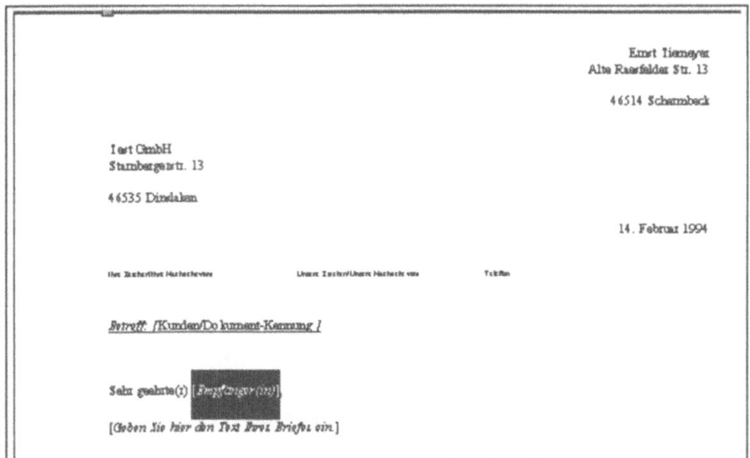

Hinweise: Wird in der ersten Dialogbox nach der Befehlsausführung die Variante „Vorgefertigter Geschäftsbrief" gewählt, stehen verschiedene Standardbriefe zur Verfügung, die nur noch modifiziert werden müssen. Beispiele sind ein Bewerbungsschreiben, ein Arbeitszeugnis, eine Bestellung, eine Mahnung, eine Mietvertrags-Kündigung sowie eine Reklamation.

In einigen Dialogboxen werden die letzten Eingaben übernommen; beispielsweise die gesamte Absenderadresse.

Eine weitere Professionalisierung wäre denkbar durch stärkere Nutzung der Formularfunktion. So kann es zweckmäßig sein, für sämtliche Stellen, an denen variable Eintragungen vorzunehmen sind, eine Ansprungstelle einzusetzen. Das auf diese Weise erstellte Muster kann dann im Bedarfsfall gezielt genutzt werden.

5.3 Individuelle Dokumentvorlage für Briefe erstellen

Der zu Anfang erstellte Brief kann als Muster für das Anlegen einer Dokumentvorlage dienen. Wenn Sie eine neue Briefvorlage anlegen wollen, müssen Sie sich natürlich darüber im klaren sein, welche Formatvorlagen darin vorkommen.

Sind die Vorüberlegungen abgeschlossen, können Sie mit der Definition der Formatvorlagen beginnen.

Aufgabe: Formatvorlagen mit einem Beispielbrief erzeugen
Aktivieren Sie den von Ihnen erzeugten Brief mit dem Dateinamen BRIEF1.DOC, und legen Sie dafür die folgenden Formatvorlagen an:

- Als Standardschrift soll 12 Pt ARIAL verwendet werden.

- Für das gezielte Erfassen der Empfängeradresse. Geben Sie als Druckformatname an: Empfängeradresse.

- Die Betreffzeile soll einheitlich in Fettschrift formatiert werden. Formatname: Betreff.

- Die individuelle Eingabe der Bezugszeichenzeile. Name: Bezugszeichenzeileneingabe.

Fertigen Sie zunächst die Formate unter Nutzung des Beispieldokuments an. Legen Sie dann damit eine Vorlage für das Erstellen von Briefen an. Vergeben Sie als Dateiname KORRESP1.DOT.

Im wesentlichen lassen sich folgende **Teilschritte** unterscheiden, wenn mit dem Beispieldokument eine neue Vorlage erstellt werden soll:

(1)   Beispieldokument aufrufen

(2)   Formatvorlagen erzeugen

a)   über die Formatierungsleiste oder

b)   mit dem Befehl **Formatvorlage** des Menüs **Format**

(3)   Abschnitte aus Beispieltext löschen, Grundtexte wie Briefkopf, Absender über der Empfängeradresse sollen erhalten bleiben.

(4)   Speicherung mit dem Befehl „Speichern unter" bei Wahl des Dateityps „Dokumentvorlage".

Nach der Speicherung sollten Sie die angelegte Dokumentvorlage testen. Dazu ist aus dem Menü **Datei** der Befehl **Neu** zu wählen. Nach Aktivierung der Vorlage können Sie den Brief erfassen. Dabei müssen Sie jeweils den Cursor außerdem der neuen Position setzen und dann die jeweilige Formatvorlage auswählen.

6 Berichtstexte erstellen und gestalten

In der Praxis müssen in regelmäßigen Abständen Berichte verschiedener Art angefertigt werden. Monatsberichte über die wirtschaftliche Entwicklung, Tätigkeitsberichte, Projektberichte und vieles mehr.

An Berichte werden meist besonders hohe Anforderungen an die Gestaltungsqualität gestellt. Da sie meist mehrere Seiten umfassen, ist eine automatische Paginierung unumgänglich. Zur besseren Orientierung wird bei umfangreichen Berichten auch die Zuordnung spezieller Kopf- und Fußzeilen gewünscht.

Schließlich können bestimmte Hervorhebungen von Teilen des Berichts gewünscht sein. Beispiele dafür sind die Rahmung von Absätzen sowie die Zuordnung von Hintergrundschattierungen. All dies sollen Sie im folgenden Kapitel genauer kennenlernen.

6.1 Einstellung gegenüberliegender Seiten

Bisher wurden alle Seiten einheitlich gestaltet. Sollen Berichte beidseitig bedruckt und gebunden werden, kann es jedoch sinnvoll sein, hinsichtlich der Seitenformatierung zwischen geraden und ungeraden Seiten zu unterscheiden. Zur Realisierung stellt WORD eine besondere Funktion zur Verfügung: die Einstellung sogenannter gegenüberliegender Seiten.

Aufgabe: Seitenformat mit gegenüberliegenden Seiten definieren

Aktivieren Sie die Datei TEXT31.DOC. Hier sollen folgende Änderungen bei den Seiteneinstellungen vorgenommen werden:

- Da es sich im Beispielfall um einen mehrseitigen Bericht handeln soll, der auf Vor- und Rückseiten gedruckt und gebunden wird, sollen gegenüberliegende Seiten formatiert werden.

- Prüfen Sie danach durch Aufruf der Seitenansicht die Wirkungen dieser Veränderung. Speichern Sie das Ergebnis als Datei mit dem Namen BERICHT1.DOC.

Nach Wahl des Menüpunktes **Datei** ist zur Aufgabenlösung der Befehl **Seite einrichten** aufzurufen und hier das Register „Seitenränder" zu aktivieren. Wenn Sie nun das unterhalb der Schaltflächen liegende Kontrollkästchen „Gegenüberliegende Seiten" aktivieren, tauscht das Programm bei geraden Seiten die Festlegungen für den rechten und linken Seitenrand. Nach einer Aktivierung des Kontrollkästchens hat das Dialogfenster das folgende Aussehen:

Bild 6-1:
Einstellung gegenüberliegender Seiten

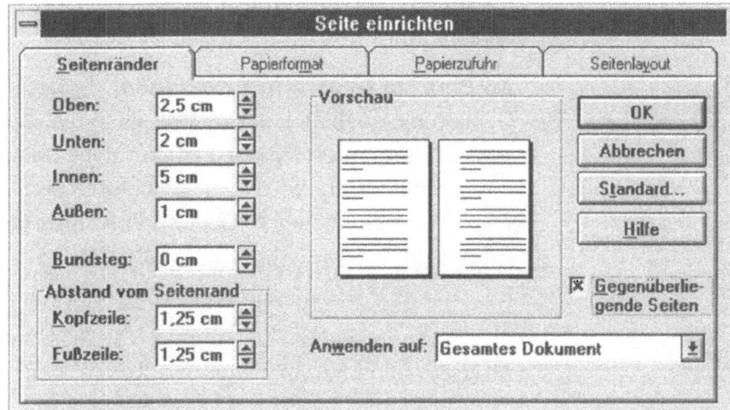

Das Bild macht deutlich, daß jetzt statt der Feldnamen „Links" und „Rechts" automatisch die Angaben „Innen" bzw. „Außen" erscheinen. Gleichzeitig werden auf der Feldfläche „Vorschau" gegenüberliegende Seiten dargestellt (bisher war dies nur eine Seite).

Wählen Sie nach der Befehlsausführung den Menüpunkt **Datei**, und lassen Sie sich die Seitenansicht anzeigen. Das Ergebnis für die Seiten 2 und 3 gibt die folgende Abbildung wieder (Hinweis: über die Schaltfläche „Mehrere Seiten" wurde auf 1 x 2 Seiten optiert):

Bild 6-2:
Seitenansicht mit gespiegelten Rändern

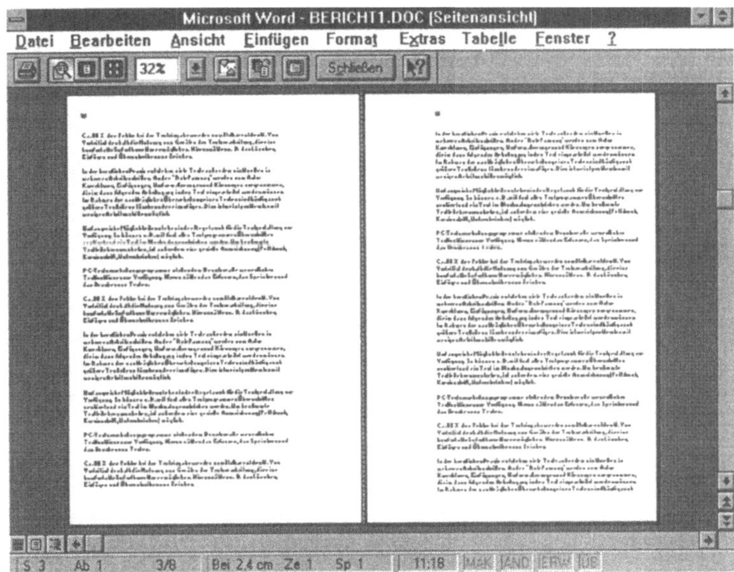

Das Ergebnis macht deutlich, daß nun die inneren und äußeren Seitenränder die gleiche Breite haben. Sie haben als inneren Seitenrand 5 cm und als äußeren Seitenrand die Angabe 1 cm vorgenommen. Bei ungeraden Seiten ist der Rand links auf 5 cm und rechts auf 1 cm gesetzt; bei geraden Seiten gilt dagegen ein linker Rand von 1 cm und ein rechter Rand von 5 cm.

Wählen Sie <Abbrechen> oder <Schließen>, um die Seitenansicht zu beenden. Speichern Sie das Ergebnis als BERICHT1.DOC.

Hinweis: Im Dialogfenster „Seiten einrichten" bietet Ihnen die Schaltfläche <Standard> ergänzend die Möglichkeit, daß die aktuell eingestellten Angaben zum Seitenrand auch für die danach neu erstellten Schriftstücke als Standardeinstellung gelten. Nach dem Klicken auf die Schaltfläche erfolgt die folgende Abfrage:

Bild 6-3:
Abfrage zur Standardübernahme

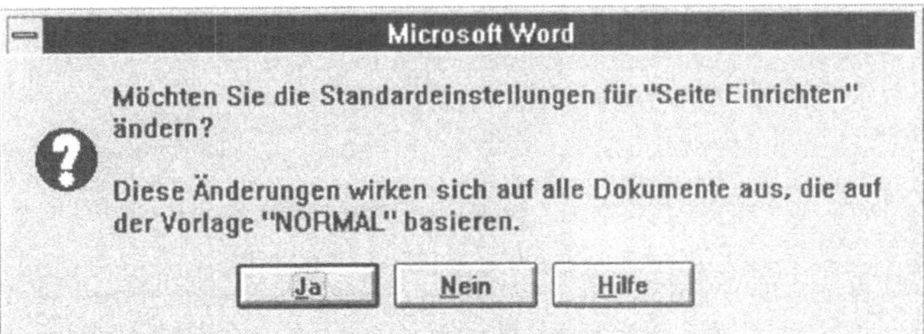

Bei einer Aktivierung von <Ja> würde bei einem späteren Neu-
start von WINWORD dann diese letzte Einstellung gelten. Im
Beispielfall sollten Sie allerdings <Nein> wählen.

6.2   Kopf- und Fußzeilen einfügen

Ein üblicher Weg zur Kennzeichnung mehrseitiger Dokumente
ist das Einfügen von Kopf- und Fußzeilen. Kopfzeilen erscheinen
dann am Anfang jeder Seie im oberen Seitenrand; Fußzeilen im
unteren Seitenrand am Ende jeder Seite. Beide können dem Leser die Orientierung enorm erleichtern. Dabei ist es auch sinnvoll, neben einer Textinformation hier die Seitennummern mitzu-
führen.

6.2.1   Einfache Kopf-/Fußzeilen einfügen

Aufgabe: Einfache Kopfzeile einfügen
Öffnen Sie die Datei TEXT31.DOC, und fügen Sie folgende
Kopfzeile ein:

```
Textverarbeitung im Wandel der Zeit.
```

Am rechten Rand soll die Seitennummer ausgewiesen werden;
die Kopfzeile soll außerdem zur Abgrenzung vom eigentlichen
Text unterhalb eine Leiste erhalten.

Das Ergebnis ist unter dem Dateinamen BERICHT2.DOC zu speichern.

Wählen Sie zur Aufgabenlösung nach Öffnen der Datei
TEXT31.DOC aus dem Menü **Ansicht** den Befehl **Kopf- und
Fußzeile.** Das Programm wechselt daraufhin automatisch in den
Layoutmodus, und es wird die Kopf-/Fußzeilen-Symbolleiste
eingefügt:

Bild 6-4:
Fenster zur Kopf-
/Fußzeilenerfassung

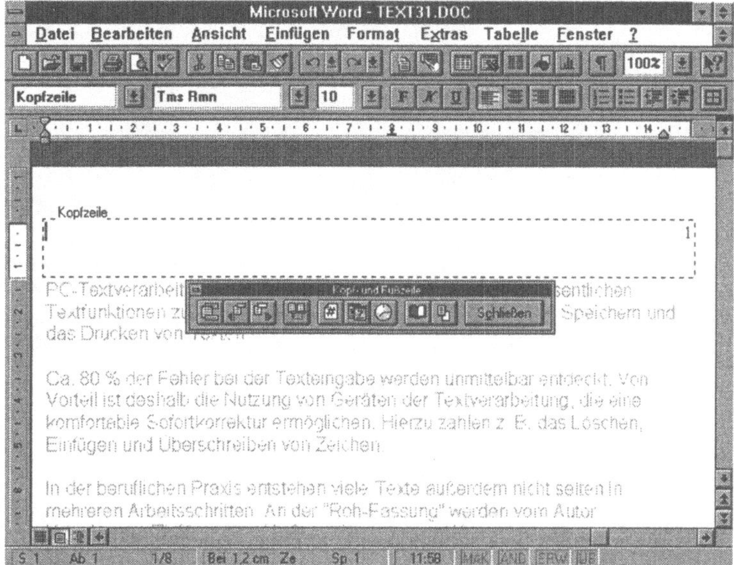

Durch gestrichelte Linien abgegrenzt finden Sie nun den Bereich, in dem Sie den gewünschten Kopfzeilentext eingeben können. Durch Klicken auf das erste Symbol von links in der Symbolleiste können Sie schnell von der Kopfzeile zur Fußzeile wechseln (und umgekehrt).

Aktivieren Sie zur Lösung des Beispielfalles den Kopfzeilenbereich. Die Texteingabe kann nun in gleicher Weise erfolgen wie eine normale Texteingabe; gleiches gilt für die Formatierung.

Geben Sie jetzt zunächst den Kopfzeilentext ein: „Textverarbeitung im Wandel der Zeit". Legen Sie dann einen rechtsbündigen Tabulator am rechten Seitenrand fest. Wenn Sie dann ⇥ betätigen, müssen Sie zunächst den Text „Seite" schreiben. Nach einem Leerschritt ist dann das Symbol für automatische Seitennumerierung anzuklicken.

Die beiden rechts davon liegenden Symbole ermöglich das Einfügen von

- Datum und

- Uhrzeit.

Um nun noch die untere Leiste zu erzeugen, markieren Sie zunächst die Kopfzeile. Wählen Sie dann den Befehl **Rahmen und Schattierung** im Menü **Format**. Nehmen Sie per Mausklick folgende Einstellungen vor:

Bild 6-5:
Leiste erzeugen

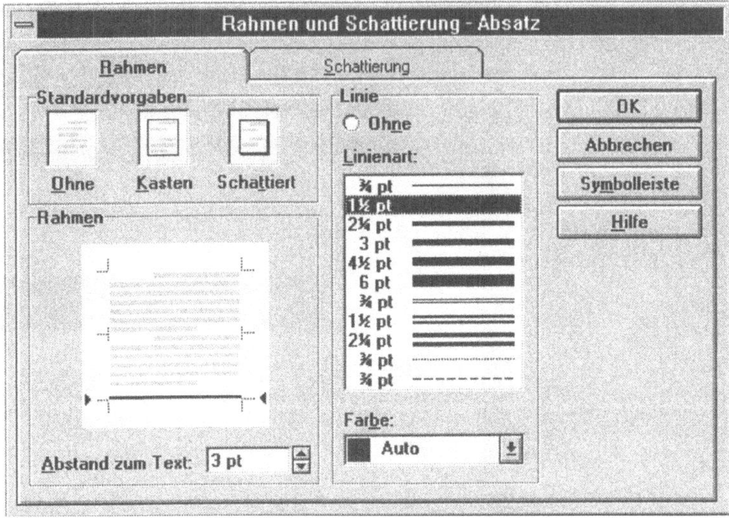

Beachten Sie, daß im Bereich „Rahmen" eine exakte Zuweisung erfolgt. Kontrollieren können Sie die Markierung anhand der Dreiecke, die die jeweils markierte Seite kennzeichnen. Im Beispielfall wird jetzt eine Leiste unterhalb des Kopfzeilentextes erzeugt. Es muß sich folgendes Aussehen ergeben:

Bild 6-6:
Kopfzeile mit Unterstrichlinie

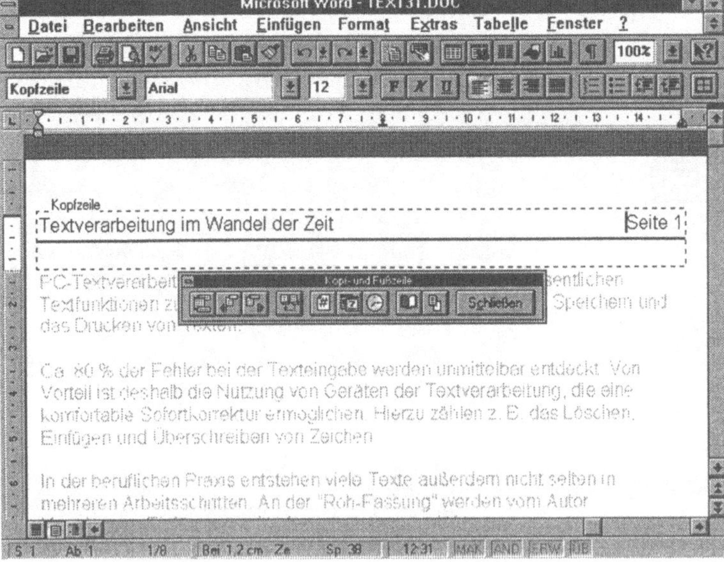

Klicken Sie danach die Schaltfläche <Schließen>, und schauen Sie sich das Ergebnis mit der Seitenansicht sowie im Layoutmodus an. Speichern Sie das Ergebnis anschließend als BERICHT2.DOC.

Hinweise: Unter Umständen müssen Sie noch die Schriftgröße der Kopfzeile Ihrem aktuellen Text anpassen. Grundsätzlich erscheint die Kopfzeile in der standardmäßig vorgegebenen Schrift. Fußzeilen werden analog den Kopfzeilen erzeugt.

6.2.2   Unterschiedliche Kopf- und Fußzeilen

Bisher haben Sie kennengelernt, wie Sie konstante Kopf-/Fußzeilen für alle Seiten eines Dokuments einfügen. Es gibt in WORD für WINDOWS jedoch noch weitergehende Möglichkeiten:

- Auf das Einfügen einer Kopf- oder Fußzeile kann auf der ersten Seite verzichtet werden. Dies ist dann sinnvoll, wenn eine Titelseite verwendet wird bzw. auf der ersten Seite eine besondere Überschrift oder Gliederung erscheint. Alternativ kann aber auch eine spezielle Kopf-/Fußzeile für die erste Seite des Dokuments festgelegt werden.

- Es sind auch wechselnde Kopf- und Fußzeilen möglich (linke und rechte Seite anders). Dies ist beispielsweise interessant, wenn Sie das Seitenlayout auf gegenüberliegende Seiten eingestellt haben.

- Haben Sie Ihr Dokument in verschiedene Abschnitte aufgeteilt, so kann eine Kopf-/Fußzeilenzuordnung abschnittsweise erfolgen.

Aufgabe: Wechselnde Kopf- und Fußzeilen für gerade/ungerade Seiten erzeugen

Öffnen Sie die Datei BERICHT1.DOC, und erzeugen Sie folgende Kopf- und Fußzeilen:

a) Kopfzeile für die ungerade Seiten:
„Textverarbeitung im Wandel der Zeit   S. #"

b) Kopfzeile für die geraden Seiten:
„S. #   Grundfunktionen der Textverarbeitung"

c) Fußzeile für gerade und ungerade Seiten:
„© Ernst Tiemeyer"

Speichern Sie das Ergebnis als BERICHT2.DOC.

Bild 6-7:
Wechselnde Kopf-
/Fußzeilen optieren

Zur Aufgabenlösung ist im Dialogfenster „Kopf-/Fußzeile" zunächst mit der links abgebildeten Schaltfläche die Seiteneinrichtung aufrufen und die Dialogbox in folgender Weise auszufüllen:

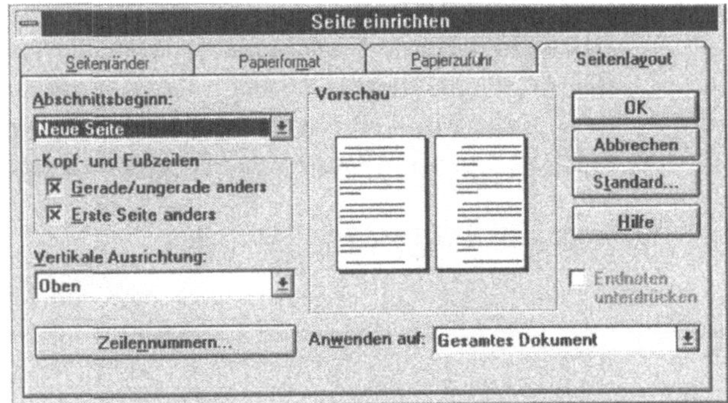

Im Eingabefenster des Kopf-/Fußzeilentextes können Sie nun durch Klicken auf die links abgebildete Schaltfläche die nächste Kopf- oder Fußzeile anzeigen lassen (Symbol rechts) bzw. auf die vorherige Kopf- oder Fußzeile zurückgehen (linkes Symbol).

Jetzt können Sie für die geraden und ungeraden Seiten in der gewünschten Weise wieder den Kopfzeilentext mit der automatischen Paginierung erzeugen. Kontrollieren Sie das Ergebnis im Layoutmodus oder in der Seitenansicht. Speichern Sie das Dokument unter dem Dateinamen BERICHT3.DOC.

Bild 6-8:
Seitenansicht bei
wechselnden Kopf-
/Fußzeilen

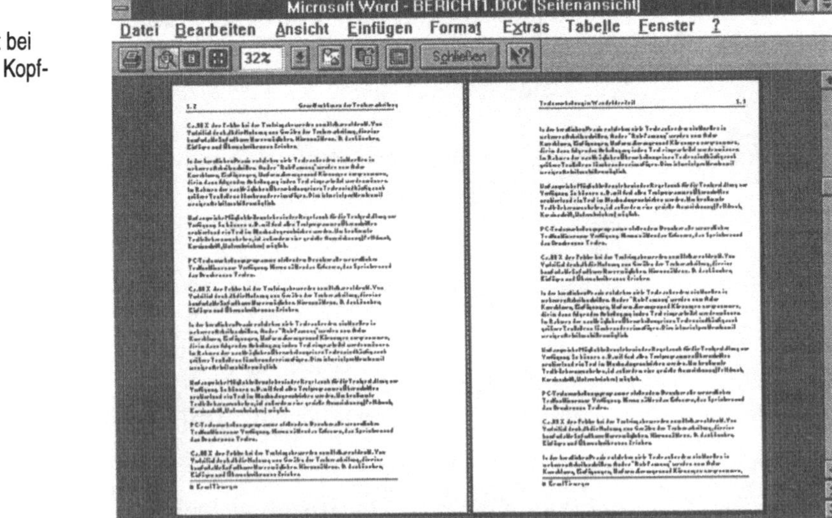

Hinweis: Kopf- oder Fußzeilen können Sie entfernen, wenn Sie diese im Text direkt markieren und dann die Löschtaste (Entf) betätigen.

6.3   Besondere Absatzformatierungen

In Berichtstexten sind verschiedene Absatzformate typisch. In der Regel erscheint die Formatierung des Textes als Blocksatz eine gute Lösung. Da es sich um mehrseitige Dokumente handelt, ist es natürlich auch wichtig, daß die Absätze beim Seitenumbruch so gestaltet werden, daß formale Regeln beachtet werden und Zusammenhänge gewahrt bleiben. Schließlich sollte man gerade bei längeren Texten mit Hervorhebungen arbeiten; etwa durch das Hervorheben von ausgewählten Absätzen.

6.3.1   Blocksatz für den gesamten Text einstellen

In dem gerade aktivierten Beispielbericht mit dem Dateinamen BERICHT3.DOC sollen Sie zunächst den gesamten Text in Blocksatz setzen. Dies ist optisch meist recht ansprechend; insbesondere wenn zuvor eine Silbentrennung korrekt vorgenommen wurde.

Zur Realisierung der Blocksatzformatierung müssen Sie zunächst das gesamte Dokument markieren. Danach haben Sie folgende Möglichkeiten:

- Wählen Sie aus dem Menü **Format** den Befehl **Absatz,** und stellen Sie hier die Ausrichtung auf Blocksatz. oder

- Klicken Sie in der Symbolleiste auf das Symbol für Blocksatz.

6.3.2   Berücksichtigung von Absatzregeln beim Seitenumbruch

Bei der Aufteilung von Absätzen über mehrere Seiten können sich unter Umständen Probleme beim Seitenumbruch ergeben. So ist es in vielen Fällen wichtig, daß zusammengehörige Textteile – z. B. abschließende Brief-Floskeln – gegen einen Seitenumbruch geschützt werden. Gleiches gilt für Tabellen und Verzeichnisse, die auf einer Seite erscheinen sollen.

Es erhöht darüber hinaus die Übersicht für den Leser eines Textes, wenn die folgenden Regeln beim Seitenumbruch Berücksichtigung finden:

- Eine neue Seite darf nicht mit der letzten Zeile des vorangehenden Absatzes beginnen (Typographen-Begriff: Hurenkind).

- Umgekehrt darf die Seite nicht mit der ersten Zeile eines neuen Absatzes enden (sog. Schusterjunge oder Waisenknabe).

Erreicht werden kann die Berücksichtigung der genannten Regeln natürlich in der Form des manuellen Seitenumbruchs (durch Betätigen der Tastenkombination [Strg]+[⇧]+[↵]). Das Verfahren ist allerdings relativ umständlich und bedarf bei Änderungen wiederum genauer Prüfungen. Gute Textverarbeitungsprogramme unterstützen den Benutzer deshalb über entsprechende Befehle.

In WINWORD kann eine automatische Berücksichtigung im Dialogfenster „Absatz" erfolgen, wenn das Register „Textfluß" aktiviert ist:

Bild 6-9:
Absatzkontrolle einschalten

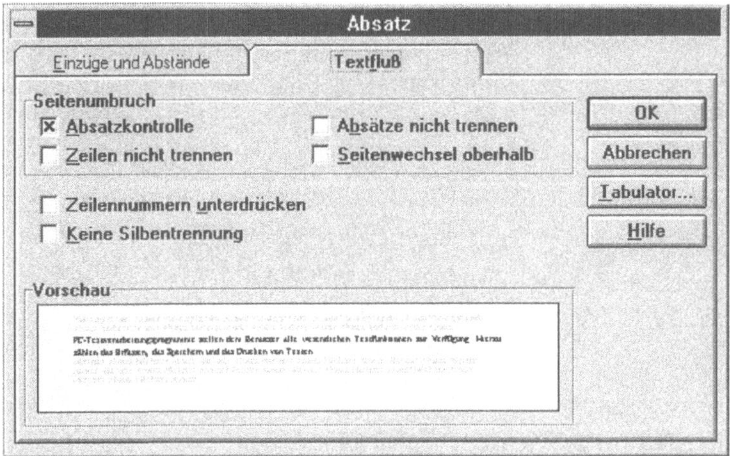

In den Optionsfeldern „Seitenwechsel oberhalb", „Absätze nicht trennen", „Zeilen nicht trennen" und „Absatzkontrolle" kann eine entsprechende Einstellung realisert werden. In ersten drei genannten Feldern ist standardmäßig keine Aktivierung gegeben. Dies bedeutet, daß der Seitenumbruch innerhalb eines Absatzes erfolgt, wenn die Zeilen entsprechend der festgelegten Seitenformatierung nicht mehr auf die Seite passen.

Mit einer Aktivierung des Optionsfeldes „Zeilen nicht trennen" können Sie darüber hinaus sicherstellen, daß innerhalb eines Absatzes grundsätzlich keine Trennung (zwischen verschiedenen Seiten) erfolgt. Dies ist etwa wichtig bei Tabellen und Verzeichnissen. Soll dies für den ganzen Text gelten, so ist der gesamte

Text zu markieren, bevor im Menü **Format** der Befehl **Absatz** gewählt wird.

Um sicherzustellen, daß ein Absatz mit einem folgenden zusammengehalten wird, müssen Sie das Optionsfeld „Absätze nicht trennen" aktivieren. Auf diese Weise können Sie etwa für eine Überschrift sicherstellen, daß diese nicht am Ende einer Seite steht und der Folgeabsatz dann am Beginn der darauffolgenden Seite steht.

6.3.3   Hervorhebungen/Rahmungen

Eine interessante Möglichkeit, bestimmte Absätze hervorzuheben, besteht darin, diese einzurahmen. Dazu steht ein besonderer Befehl im Menü **Format** zur Verfügung; der Befehl **Rahmen und Schattierung.** Nach Wahl dieses Befehls wird das folgende Dialogfenster angezeigt:

Bild 6-10:
Dialogfenster „Rahmen und Schattierung (Register „Rahmen")"

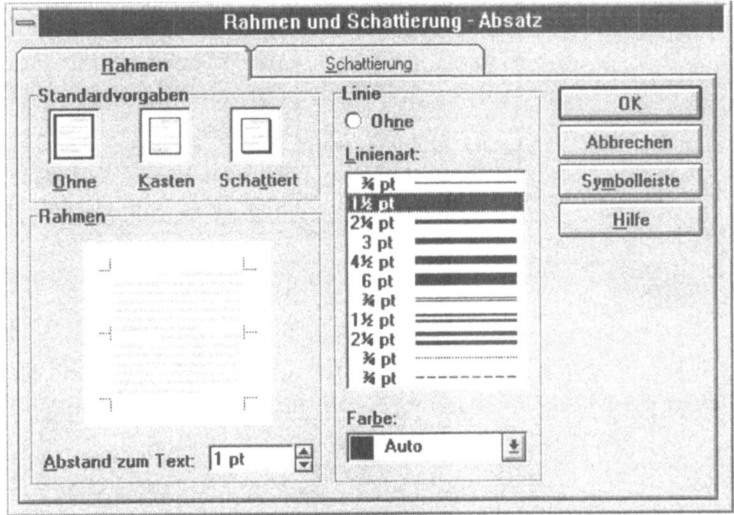

Die Bedeutung und Anwendung der Felder gibt die folgende
Übersicht wieder:

Felder/ Feldbereiche	Bedeutung/Anwendung
Standardvorgaben	Neben einem normalen Kasten kann auch ein Rahmen mit Schatteneffekt erzeugt werden.
Rahmen	Hier kann alternativ zum Gesamtrahmen auch nur eine bestimmte Leiste (links, rechts, oben, unten) erzeugt werden. Dazu ist der gewünschte Bereich per Mausklick in der Mitte der Leiste zu markieren.
Abstand zum Text:	ermöglicht die präzise Angabe des Abstandes vom Text. Die Angabe erfolgt in Punkten.
Linie	Hier können Sie die Art der Linie (doppelt oder einfach) sowie die Strichstärke bestimmen.
Farbe:	ermöglicht, die Farbgebung für einen Rahmen bzw. eine Linie exakt festzulegen.

Aufgabe: Absätze einrahmen
Aktivieren Sie die Datei BERICHT3.DOC, und

a) fügen Sie am Anfang eine zentrierte Überschrift „Textverarbeitung: Quo vadis?" ein. Versehen Sie diese Überschrift mit einem schattierten Kasten.

b) aktivieren Sie den dritten Textabsatz und versehen diesen mit einem doppelten Linienrahmen sowie mit einer Hintergrundschattierung.

Speichern Sie das Ergebnis erneut als BERICHT4.DOC.

Die Lösung erfolgt nach der Markierung jeweils durch Wahl des Befehls **Rahmen und Schattierung** im Menü Format. Im einzelnen ist folgendes Vorgehen notwendig:

Zur Lösung von Teilaufgabe a) müssen Sie nach Eingabe der Überschrift

- die Überschrift zunächst markieren,

- das Menü **Format** aufrufen,

- den Befehl Rahmen und Schattierung wählen,

- die Option „Schattiert" bei Standardvorgaben anklicken,

- beim Feld „Linienart" die dritte Option von oben auf der rechten Seite wählen.

Zur Lösung der Teilaufgabe b) müssen Sie

- den dritten Absatz zunächst markieren,

- das Menü **Format** aufrufen,

- den Befehl Rahmen und Schattierung wählen,

- die Option „Kasten" anklicken,

- bei „Abstand zum Text" die Größe 3pt wählen oder eingeben,

- beim Feld „Linieart" eine Doppellinienoption wählen.

Anschließend müssen Sie das Register „Schattierung" anklicken und hier die Einstellungen so vornehmen, wie dies im folgenden Bildschirm wiedergegeben ist:

Bild 6-11:
Hintergrund-
schattierungen
einstellen

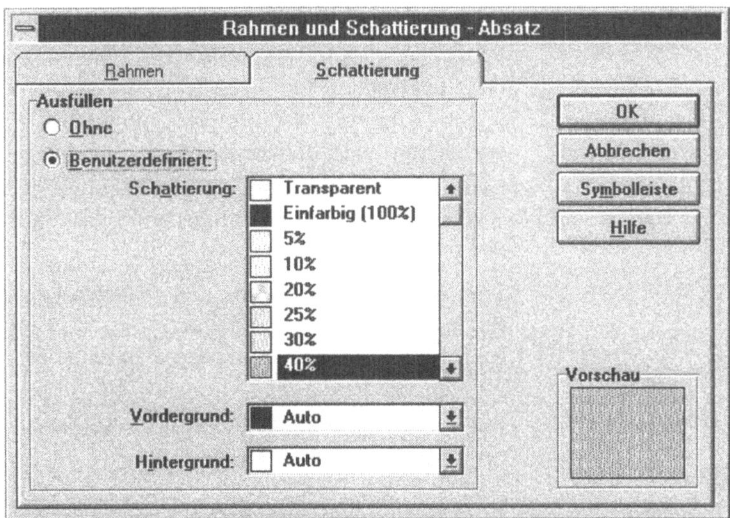

Nach Fertigstellung sollte der Bildschirm folgendes Aussehen haben:

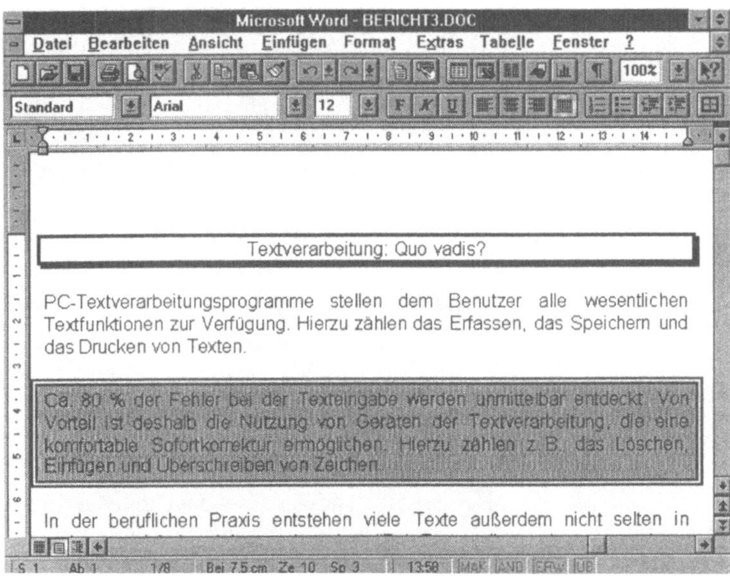

Die Qualität der Schattierung bei der Druckausgabe hängt insbesondere von dem verwendeten Drucker ab. Bei einem hohen Schattierungsgrad müssen Sie aufpassen, denn dann kann es leicht passieren, daß der stark eingefärbte Hintergrund den eigentlichen Text überdeckt. Besondere Möglichkeiten stehen bei Einsatz eines Farbdruckers zur Verfügung. Dann lassen sich zusätzliche Effekte über die farbliche Gestaltung des Vorder- sowie des Hintergrundes erzielen.

Alternativ zur Realisierung der Rahmung und Schattierung über Menü- und Befehlswahl können Sie auch die Einstellung mittels der Rahmen-Symbolleiste vornehmen. Diese können Sie beispielsweise einstellen, indem Sie aus dem Menü **Ansicht** den Befehl **Symbolleisten** wählen und dann das Optionsfeld „Rahmen" aktivieren. Noch einfacher gehts, wenn Sie in der Formatierungs-Symbolleiste einfach auf die Schaltfläche für „Rahmen und Schattierung" klicken.

Die Bedeutung der einzelnen Varianten können Sie am besten selbst austesten, indem Sie den Mauszeiger jeweils auf die Symbole setzen und dann die Information am unteren Bildschirmrand lesen.

6.4   Besondere Zeichenformatierungen

Auch für die Gestaltung auf Zeichenebene sind verschiedene Formatierungen zweckmäßig. So bietet es sich vor allem an, Überschriften in einer größeren Schriftart darzustellen und durch Fettschrift auszuzeichnen. Bei mehreren Überschriften bietet es sich an, eine Stufung der Auszeichnungen für Haupt- und Unterüberschriften vorzunehmen (etwa unterschiedliche Größe je nach Überschriftsebene).

6.4.1   Überschriften gestalten

Im Beispielfall sollen Sie die Überschrift in einer größeren Schrift und in Fettschrift auszeichnen. Wählen Sie nach der Markierung der Überschrift zum Auszeichnen aus dem Menü **Format** den Befehl **Zeichen**. Stellen etwa die Schriftgröße 18 ein. Nach der Ausführung sehen Sie, daß sich dann auch der zuvor festgelegte Rahmen automatisch in der Größe der Überschrift anpaßt.

6.4.2   Initialien für Absätze

Eine weitere Gestaltungsoption besteht darin, den ersten Absatz eines Abschnittes oder Kapitels mit einem Initial zu versehen. Durch einen größeren Anfangsbuchstaben für das erste Wort des Absatzes kann ein Blickfang für den Leser geschaffen werden und diesem in den Beitrag/Abschnitt „hineingeholfen" werden. Wenn Sie wollen, können Sie statt eines Buchstabens auch das gesamte erste Wort als Initial hervorheben.

Generell können Initiale in derselben Schriftart wie der Fließtext gestaltet werden. Die Heraushebung erfolgt durch ein größeres Schriftzeichen und eventuell durch Fett-Auszeichnung.

Im Beispielfall sollen Sie ein Initial in einem beliebigen Absatz des aktuell aktiviertenn Dokuments BERICHT4.DOC zuordnen. Markieren Sie zunächst den Absatz im Text, der ein Initial erhalten soll. Wählen Sie dann aus dem Menü **Format** den Befehl **Initial**. Das Ergebnis des Befehlsaufrufes zeigt Bild 6-14.

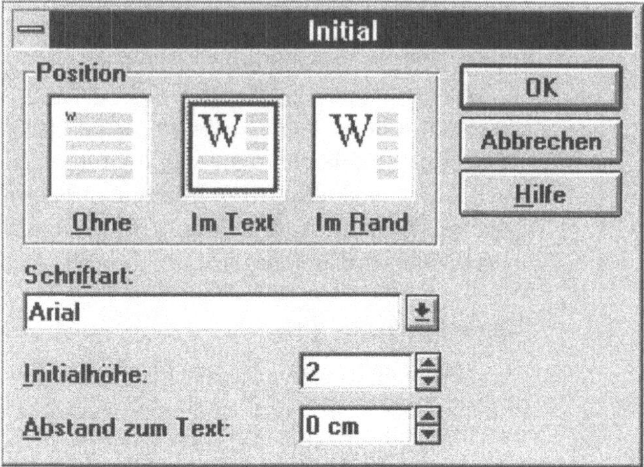

Die Abbildung macht deutlich, daß Sie Initial sowohl im Text als auch im Randbereich positionieren können. Auch ist eine Schriftart, eine Initialhöhe (in Zeilen) sowie der Abstand zum Text (in cm) einstellbar. Als Schriftart sollten Sie möglichst ladbare Schriften in hoher Qualität wählen; beispielsweise sog. True-Type-Schriften.

Im Beispielfall sollen Sie eine Initialhöhe von 2 wählen und das Initial im Text positionieren. Nach der Befehlsausführung kann sich beispielsweise die folgende Bildschirmanzeige ergeben:

die im dann folgenden Arbeitsgang in den Text eingearbeitet werden müssen. Im Rahmen der nachträglichen Überarbeitung eines Textes sind häufig auch größere Textteile zu löschen oder einzufügen. Dies ist meist problemlos mit wenigen Arbeitsschritten möglich.

Umfangreiche Möglichkeiten stehen in der Regel auch für die Textgestaltung zur Verfügung. So können z. B. mit fast allen Textprogrammen Überschriften zentriert und ein Text im Blocksatz geschrieben werden. Um bestimmte Textteile hervorzuheben, ist außerdem eine gezielte Auszeichnung (Fettdruck, Kursivschrift, Unterstreichen) möglich.

PC-Textverarbeitungsprogramme stellen dem Benutzer alle wesentlichen Textfunktionen zur Verfügung. Hierzu zählen das Erfassen, das Speichern und das Drucken von Texten.

Speichern Sie das Ergebnis unter dem bisherigen Dateinamen BERICHT4.DOC.

Hinsichtlich der Formatierung gilt, daß das eingefügte Initial automatisch mit einem Positionsrahmen versehen ist. Der nachfolgende Text fließt automatisch um diesen Positionsrahmen umher. Sie können diese Tatsache für eine besondere Formatierung nutzen und etwa aus dem Menü **Format** den Befehl **Rahmen und Schattierung** wählen. Damit ist es etwa dann möglich auch ein bestimmtes Rahmen- oder Schattierungsmuster dem Initial zuzuordnen.

Hinweis: Sie können ein eingefügtes Initial natürlich auch wieder aufheben. Dazu müssen Sie zunächst den Absatz markieren, der das betreffende Initial enthält. Anschließend ist aus dem Menü **Format** der Befehl **Initial** zu wählen. In der dann angezeigten Dialogbox muß dann auf die Schaltfläche <Ohne> geklickt werden. Nach Ausführung des Befehls mit <OK> wird das Initial wieder durch eine „normale" Zeichendarstellung ersetzt.

6.5   Berichte mit mehreren Abschnitten

Wenn Sie umfangreiche Dokumente erstellen wollen, kann es sinnvoll sein, daß Sie diese in verschiedene Abschnitte unterteilen. So ist es möglich, einzelne Teile eines Dokuments gezielt unterschiedlich zu gestalten. Innerhalb der jeweiligen Abschnitte können nämlich dann gesonderte Formatierungen vorgenommen werden. Die Seiteneinstellungen gelten dann nur für einen bestimmten Abschnitt des Dokuments.

Exemplarisch seien folgende Anwendungen genannt:

- Zusätzliche Abschnitte können etwa eingerichtet werden für den Vorspann sowie den Anhang eines Berichtes.
- Das Einrichten verschiedener Abschnitte ist dann sinnvoll, wenn die verschiedenen Teile eines Dokumentes jeweils eine unterschiedliche Kopfzeile erhalten sollen (orientiert am Inhalt des jeweiligen Kapitels).

Um eine Organisation in Abschnitten vornehmen zu können, müssen Sie natürlich zunächst wissen, wie ein **Abschnittswechsel** geschaltet werden kann. Positionieren Sie dazu zunächst die Einfügemarke an die Stelle im Text, an der ein neuer Abschnitt beginnen soll. Wählen Sie dann den Befehl **Manueller Wechsel** im Menü **Einfügen**.

In der Optionsgruppe „Abschnittswechsel" können Sie nun festlegen, wo der nächste Abschnitt beginnen soll. Danach können Sie jeden Abschnitt unterschiedlich formatieren. Wichtig für die Formatierung von Abschnitten ist auch der Befehl **Seite einrichten** aus dem Menü **Datei**. Nach der Befehlswahl und Aktivierung des Registers „Seitenlayout" können Sie nachträglich den Abschnittsbeginn noch variieren. Außerdem kann hierüber festgelegt werden, ob für den Fall, daß sich Fußnoten im Dokument befinden, diese am Ende eines Abschnittes oder am Ende des gesamten Dokuments ausgedruckt werden. Durch Einschalten der Option „Fußnoten unterdrücken" wird festgelegt, daß Fußnoten erst am Ende des Abschnittes ausgedruckt werden, bei dem die Option ausgeschaltet ist.

Das Unterteilen eines längeren Dokuments in mehrere Abschnitte gibt Ihnen neue Möglichkeiten in bezug auf das Einfügen von Kopf- und Fußzeilen. So können Sie jetzt jedes Kapitel eines Berichts mit einer eigenen Kopfzeile versehen.

Spaltentexte im Zeitungsstil

Eine besondere Funktion von Textverarbeitungsprogrammen, die viele Benutzer beim Lesen von Zeitschriften oder bei Büchern zu schätzen wissen, ist die Möglichkeit, einen Text in Spalten zu setzen. Dies bedeutet, daß auf einer Druckseite mehrere Spalten definiert werden können, in denen der Text bei der Erfassung und auch bei Überarbeitungsvorgängen kontinuierlich umläuft.

Wichtige Anwendungsfälle für Mehrspaltentexte in der Büropraxis sind:

- Berichte verschiedener Art
- Rundschreiben der Geschäftsleitung
- Vorbereitung von Werbebroschüren
- Firmenzeitschriften.

Nützlich ist die Möglichkeit der Mehrspaltenorganisation auch für das Erstellen von Listen sowie in ausgewählten Textabschnitten. Dies gilt beispielsweise für Gegenüberstellungen verschiedener Art: etwa für die Gegenüberstellung eines deutschsprachigen und eines fremdsprachigen Textes oder für den Vergleich von Kosten und Leistungen.

Die Organisation eines Textes in mehrere Spalten hat vor allem zwei Vorteile. Zum einen wird dadurch die Lesbarkeit eines Textes erhöht; zum anderen lassen sich so die Textseiten insgesamt lebendiger gestalten.

7.1 Regeln zur Gestaltung von Spaltentexten im Zeitungsstil

Auch bei der Gestaltung von Mehrspaltentexten müssen bestimmte Gestaltungsregeln eingehalten werden. Sie betreffen

- die Zahl der zweckmäßigerweise einzurichtenden Spalten,
- die Breite des Spaltentextes,
- den Abstand zwischen den einzelnen Spalten,
- die Möglichkeit der Einfügung von vertikalen Trennlinien zwischen den Spalten.

Spaltenzahl festlegen

Eine erste wichtige Entscheidung ist darüber zu treffen, wieviele Spalten die Textseite umfassen soll. Die sinnvolle Spaltenanzahl hängt jedoch von verschiedenen Faktoren ab; dazu rechnen insbesondere das zugrundeliegende Seitenformat (Hoch- oder Querformat, Papiergröße, Randeinstellungen) sowie die verwendete Schriftgröße.

Spaltenbreite definieren

Es empfiehlt sich, alle Spalten mit gleicher Breite zu definieren. Gerade dem in der typografischen Gestaltung wenig geübten Anwender wird deshalb in der Regel geraten, immer gleich große Spalten zu wählen. Allerdings können Sie dies mit WORD durchaus variieren.

Spaltenabstand bestimmen

Eine weitere Option besteht darin, den Abstand zwischen den Spalten festzulegen. Wichtig ist, daß der Abstand nicht zu klein, aber auch nicht zu groß gewählt wird. Als optimal gilt in der Regel ein Spaltenzwischenraum, der in etwa der Breite zweier durchschnittlich breiter Buchstaben entspricht (Beispiel: nn). Notwendig ist in jedem Fall, daß der Spaltenabstand größer ist als der Wortabstand.

Vertikale Trennlinien einfügen

Um die Trennung der Spalten deutlich hervorzuheben, gibt es ein weiteres Gestaltungsmittel: das Hinzufügen vertikaler Trennlinien. Damit können Sie Ihrem Dokument eine Struktur und Klarheit geben. Ob Sie diese verwenden, ist Ihrem ästhetischen Empfinden überlassen. Besondere formale Regeln hierfür gibt es nicht.

7.2   Mehrspaltenlayout einstellen

Um kennenzulernen, wie ein Layout für einen Mehrspaltentext zu erstellen ist, soll von folgendem Anwendungsbeispiel ausgegangen werden:

Aufgabe: Dokument im Mehrspaltenformat erstellen

Öffnen Sie den unter dem Dateinamen TEXT31.DOC gespeicherten Text, und verändern Sie den einspaltigen Text in einen Mehrspaltentext mit zwei Spalten. Speichern Sie den Text unter dem Dateinamen TEXT70.DOC.

Beachten Sie folgende **Hinweise:**

- Der Text soll auf einer A4-Seite im Hochformat ausgegeben werden.

- Folgende Randeinstellungen sollen gelten:

  - linker Rand 1 cm

  - rechter Rand 1 cm

- Die Breite der beiden Spalten soll gleich groß sein.

- Als Spaltenabstand zwischen der 1. und 2. Spalte ist 1,25 Zentimeter vorzusehen.

- Zwischen den Spalten soll eine vertikale Trennlinie gezogen werden.

- Versehen Sie den Text mit einem spaltenübergreifenden Titel.

Erstellen Sie nach Öffnen der Datei TEXT31 zur Aufgabenlösung zunächst das Seitenformat. Wählen Sie dazu den Befehl **Seite einrichten** aus dem Menü **Datei**. Die vorzunehmenden Einstellungen verdeutlicht die folgende Wiedergabe der veränderten Dialogbox:

Bild 7-1:
Seitenlayout für
Mehrspaltentext

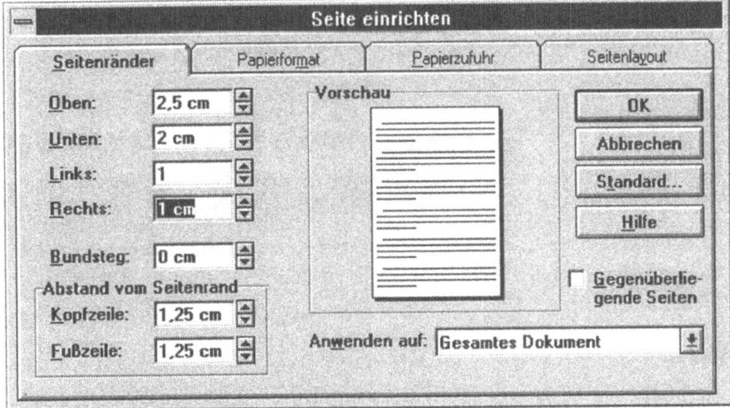

Anschließend ist das Menü **Format** zu aktivieren. Nun müssen Sie den Befehl **Spalten** wählen und das Dialogfenster so ausfüllen, wie dies im folgenden wiedergegeben ist:

- Spaltenanzahl: 2

- Abstand dazwischen: 1,25 cm

- Zwischenlinie als Option aktivieren.

Bild 7-2:
Zweispaltigen Mehr-
spaltentext einstellen

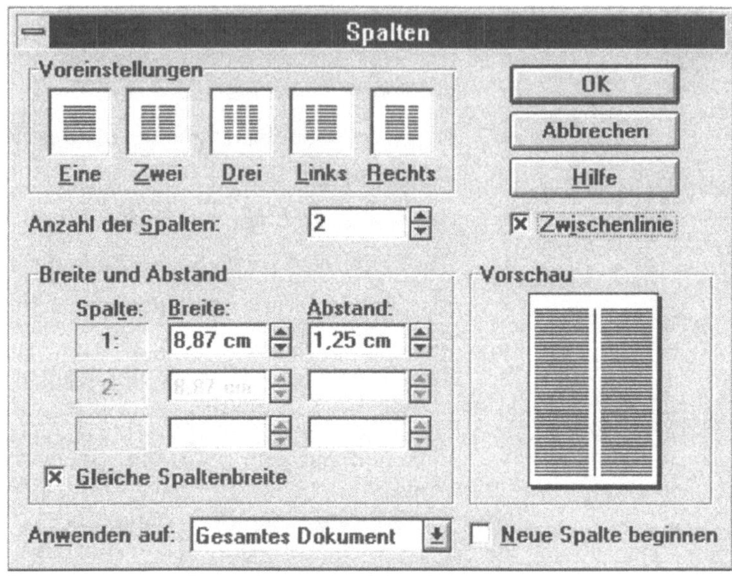

Nach Bestätigung mit <OK> wird die Bildschirmanzeige verändert. Ist die Normalansicht eingestellt, erscheint nur eine Spalte
auf dem Bildschirm. Stellen Sie deshalb entweder auf die Layoutansicht oder die Seitenansicht um. In beiden Fällen wird die
Spaltendarstellung deutlich. In der Layoutansicht müßte sich das
folgende Bild ergeben:

Bild 7-3:
Zweispaltiger Text in
der Layoutansicht

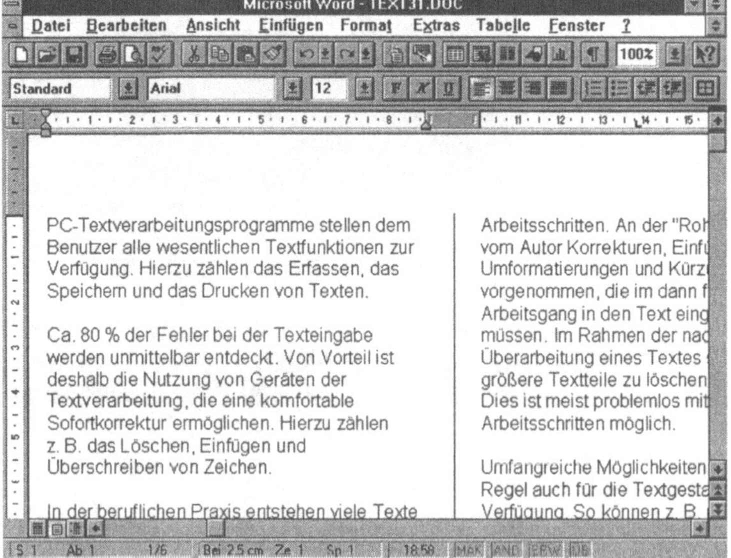

Auch die gewünschte Trennlinie zwischen den Spalten ist auf dem Bildschirm erkennbar. Grundsätzlich ist diese Linie so lang wie die längste Spalte auf einer Seite.

Aus der Wiedergabe wird deutlich, daß es optisch besser wirken würde, wenn der Text in Blocksatz gesetzt ist. Markieren Sie deshalb den gesamten Text, und klicken Sie danach in der Symbolleiste auf die Schaltfläche für Blocksatz.

Anschließend lassen Sie sich einmal das Dokument in der Seitenansicht anzeigen. Nach Aufruf des Befehls aus dem Menü Datei können Sie noch die Art der Anzeige bestimmen. Wählen Sie 2 x 3 Seiten, so daß sich folgende Darstellung ergibt:

Bild 7-4:
Seitenansicht

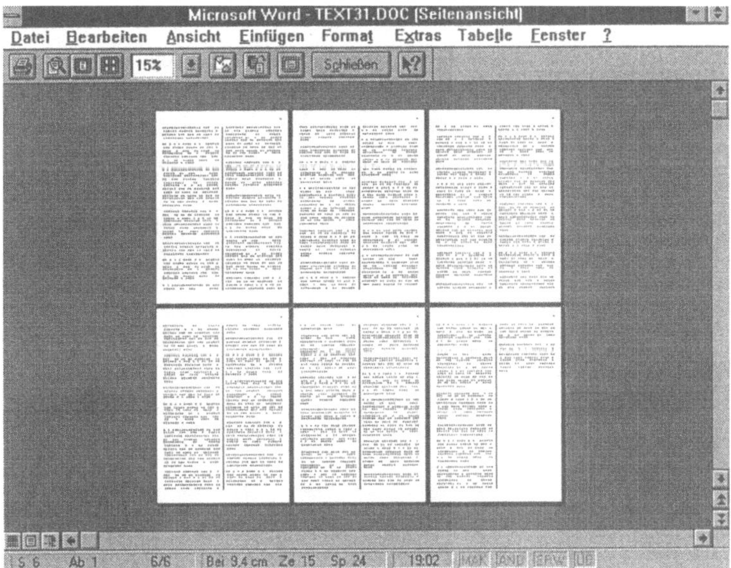

Speichern Sie das Dokument danach als TEXT70.DOC.

Deutlich wird, daß am Ende des Dokuments der Text unter den Spalten ungleichmäßig verteilt ist. Um einen Spaltenausgleich am Ende zu bewirken, müssen Sie in der Layoutansicht am Textende einen fortlaufenden Abschnittswechsel einfügen. Positionieren Sie dazu die Einfügemarke am Ende des Textes in die Spalten, die ausgeglichen werden sollen. Wählen Sie dann aus dem Menü **Einfügen** den Befehl **Manueller Wechsel.** Unter der Rubrik „Abschnittswechsel" müssen Sie jetzt nur noch die Option „Fortlaufend" einstellen. Nach Bestätigung von <OK> wird der Text auf der letzten Seite des Dokuments gleichmäßig auf die einzelnen Spalten verteilt.

Als nächstes sollen Sie jetzt noch kennenlernen, wie Sie eine **spaltenübergreifende Überschrift** einfügen können. Positionieren Sie dazu die Einfügemarke zunächst in der linken oberen Ecke des Textes, und geben Sie dann den Überschriftstext ein; im Beispielfall: „Textverarbeitung gestern, heute und morgen."

Betätigen Sie anschließend die Taste ⏎, und markieren Sie danach die Überschrift. Verändern Sie jetzt die Schriftart auf 20 Pt., und stellen Sie die Auszeichnung „Fettschrift" ein. Sie sehen jetzt, daß die Überschrift in der Spalte umbrochen wird. Um dies zu ändern, müssen Sie lediglich auf das Symbol für das Erzeugen von Spalten klicken und hier den Mauszeiger so markieren, daß eine Einzelspalte eingestellt ist. Ergebnis ist, daß dann der zuvor markierte Überschriftstext spaltenübergreifend geschrieben wird.

Zentrieren Sie anschließend die Überschrift, und nehmen Sie dann noch eine Absatzschaltung vor, so daß sich folgende Bildschirmanzeige ergibt:

Bild 7-5:
Mehrspaltentext mit spaltenübergreifender Überschrift

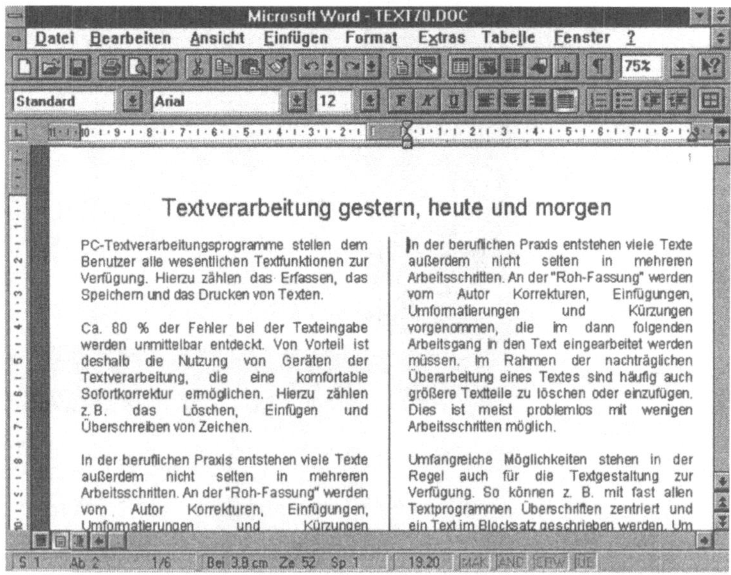

Speichern Sie das Ergebnis anschließend erneut unter dem Dateinamen TEXT70.DOC.

Hinweis: Auch über die Symbolleiste können Sie einen Spaltentext erzeugen. Dazu müssen Sie auf die Schaltfläche für „Spalten" klicken, die Maustaste gedrückt halten und den Mauszeiger schließlich so ziehen, bis die gewünschte Spaltenanzahl markiert ist. Danach wird dann das gesamte Dokument (oder ein aktuell markierter Abschnitt) in Spalten gleicher Breite gesetzt.

7.3   Mehrspaltentext im Querformat

Sie sollen jetzt noch eine weitere Option für das Seitenlayout kennenlernen; und zwar die Arbeitsweise im Querformat.

Aufgabe: Dreispaltiges Dokument im Querformat erstellen

Öffnen Sie den unter dem Dateinamen TEXT31.DOC gespeicherten Text, und verändern Sie den einspaltigen Text in einen Mehrspaltentext mit drei Spalten und im Querformat. Als Ränder sind jeweils 1,5 Zentimeter zu berücksichtigen. Speichern Sie den Text unter dem Dateinamen TEXT71.DOC.

Zunächst müssen Sie Querformat und Randangaben mit dem Befehl **Seite einrichten** aus dem Menü **Datei** ändern. Danach ist das Menü **Format** zu aktivieren und hier der Befehl **Spalten** zu wählen. Beim Befehl „Spalten" die Spaltenanzahl auf drei einstellen sowie auf Zwischenlinie optieren.

In der Seitenansicht ergibt sich folgende Bildschirmdarstellung nach Beendigung der Arbeit, die dann nach Wahl des Menüs **Datei** mit dem Befehl **Speichern unter** bei Vergabe des Dateinamens TEXT71.DOC zu archivieren ist.

Bild 7-6:
Seitenansicht mit dreispaltigem Text im Querformat

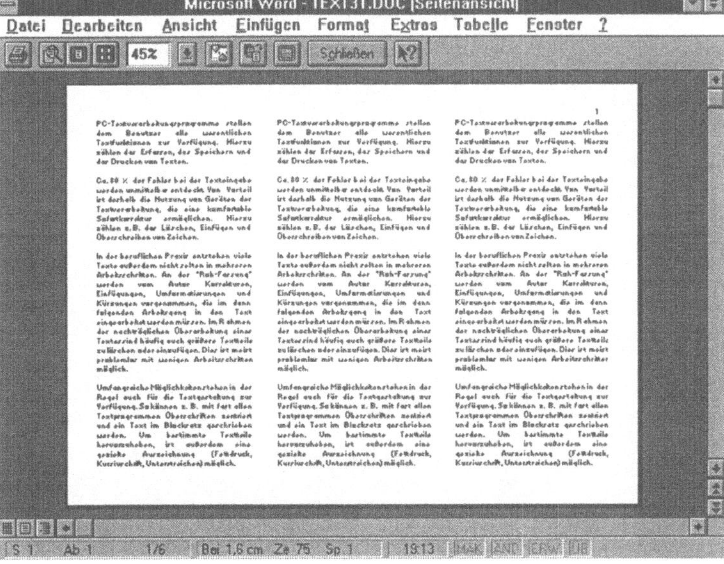

7.4 Mehrspaltentext mit unterschiedlicher Spaltenbreite

WORD bietet auch die Möglichkeit, einen Text mit Spalten unterschiedlicher Breite zu erstellen. Dazu müssen Sie aus dem Menü **Format** den Befehl **Spalten** wählen und dann unter der Rubrik „Voreinstellungen" entweder die Variante „Links" oder die Variante „Rechts" wählen.

Probieren Sie dies einmal nach Öffnen der Datei TEXT70.DOC aus. Wählen Sie beispielsweise die Variante „Links" in der Rubrik „Voreinstellungen". Nach der Befehlsausführung wird die linke Spalte schmaler als die rechte Spalte formatiert. Sie können jedoch vorher noch eine Variation der Spaltenbreiten vornehmen. Dazu müssen Sie unter der Rubrik „Breite und Abstand" die entsprechenden Maße eingeben.

Sofern Sie sich in der Layoutansicht befinden, können Sie nach der Befehlsausführung recht einfach die Spaltenbreiten ändern. Dazu müssen Sie mit dem Mauszeiger lediglich die Spaltenmarke auf dem Horizontal-Lineal ziehen.

7.5 Spaltenumbruch steuern

Der Spaltenwechsel wird generell automatisch vom Programm vorgenommen. Deshalb ist mitunter auch die Überprüfung des Spaltenumbruchs und im Bedarfsfall auch eine Änderung notwendig.

Aufgabe: Steuerung des Spaltenwechsels
Aktivieren Sie das Dokument TEXT70.DOC, und gehen Sie hier mit der Einfügemarke in die Mitte der dritten Seite. Nehmen Sie dann einen Spaltenwechsel vor, und testen Sie dabei verschiedene Varianten.

Beim Arbeiten mit Mehrspaltentexten haben Sie in WORD selbstverständlich auch die Möglichkeit, selbst festzulegen, wann ein Spaltenumbruch erfolgen soll. Dazu ist die Einfügemarke zunächst an die Stelle zu setzen, an der der Spaltenwechsel vorgenommen werden soll. Danach ist aus dem Menü **Einfügen** der Befehl **Manueller Wechsel** zu wählen und hier die Option „Spaltenwechsel" zu aktivieren. Nach der Befehlsausführung können Sie die Wirkung kontrollieren.

7.6   Dokumente mit wechselnder Spaltenformatierung

Es besteht mit WORD auch die Möglichkeit, nur einen Teil des Dokuments in Spalten im Zeitungsstil zu formatieren. Dies können Sie auf folgende Weise erreichen: Markieren Sie zunächst den Teil des Dokuments, den Sie in Spalten setzen wollen. Danach müssen Sie den Befehl zur Spaltenformatierung aufrufen bzw. per Symbol eine Spalteneinstellung vornehmen. Ergebnis ist, daß nur der zuvor markierte Abschnitt in Spalten formatiert wird. Gleichzeitig wird am Anfang und am Ende des markierten Textes ein Abschnittswechsel eingefügt.

Am Beispiel von TEXT31.DOC kann sich etwa folgende Darstellung ergeben:

Bild 7-7:
Wechselnde Spalten-
formatierung

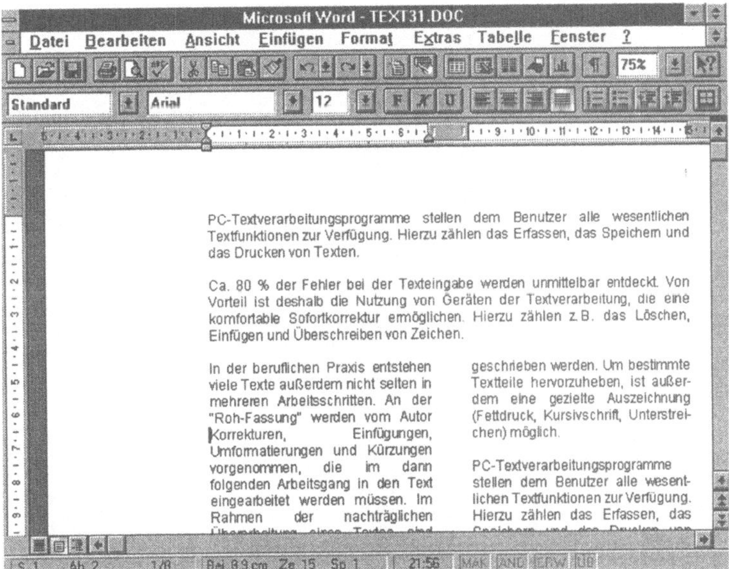

205

8   Aufstellungen, Listen und Verzeichnisse erstellen

Bisher haben Sie im wesentlichen Fließtexte erstellt, bearbeitet und gestaltet. Häufig müssen in diesen Texten jedoch auch tabellarische Aufstellungen angefertigt werden (etwa bei Berichten oder bei Angebotstexten). Dann ist eine fortlaufende Erfassung nicht mehr möglich und die **Nutzung eines Tabulators** außerordentlich hilfreich. Das gilt auch für das Erstellen von Gliederungen, Glossaren oder diversen Formtexten.

Hinzu kommt, daß in der Praxis verschiedene Arten von Listen (z. B. Telefonlisten, Mitarbeiterlisten, Teilnehmerlisten) sowie Verzeichnisse (Sachwortverzeichnisse, Lieferanten- und Artikelverzeichnisse) angefertigt werden müssen . Auch hier ist ein Tabulator einzusetzen.

Hinzu kommt häufig der Wunsch, Listen und Verzeichnisse aber auch Tabellen nach einem bestimmten Merkmal alphabetisch oder numerisch zu **sortieren**. Auch die in WORD vorhandenen Sortiermöglichkeiten sollen Sie in diesem Abschnitt genauer kennenlernen.

8.1   Gliederungen mit Tabulatoren schreiben

Sind Listen und Verzeichnisse zu erstellen, dann sollten Sie dazu unbedingt mit Tabulatoren arbeiten. Auf diese Weise können Sie eine schnelle und saubere Erfassung sicherstellen. Anderenfalls kann es auch passieren, daß der Ausdruck nicht korrekt erfolgt.

Einfach ist auch das Überarbeiten von Aufstellungen und Listen. So lassen sich gesetzte Tabulatoren mittels Maussteuerung oder durch Eingaben schnell auf eine neue Position setzen. Auch können Tabellenspalten gelöscht bzw. neue einfach hinzugefügt werden.

8.1.1   Vorgehensweise bei Anwendung eines Tabulators

Stehen Sie vor der Aufgabe, eine neue tabellarische Aufstellung oder Liste zu schreiben, dann ist es meist wenig sinnvoll, unmittelbar mit der Erfassung zu beginnen. Vielmehr sollten Sie sich zunächst Gedanken über die Aufteilung der Tabellenspalten machen und daraufhin die entsprechenden Tabulatoren setzen. Erst danach beginnen Sie zweckmäßigerweise mit dem Erfassen der Tabellenwerte und Texte.

Damit ergeben sich folgende Teilschritte:

a)   Tabellenaufteilung festlegen

Den Ausgangspunkt für die Vorüberlegungen bildet der zur Verfügung stehende Schreibraum (= Seitenbreite in Abhängigkeit von Seitenlayout und Seitenrändern). Daran anknüpfend muß die Spaltenzahl bestimmt sowie die jeweilige Spaltenbreite festgelegt werden. Soweit es sich um Spalten mit gleichartigen Informationsinhalten handelt, sollte aus optischen Gründen möglichst eine gleiche Spaltenbreite gewählt werden.

b)   Tabulatoren setzen

Liegt fest, wie die Tabelle gestaltet werden soll, kann mit dem Einstellen der Tabstopp-Positionen sowie deren Ausrichtung begonnen werden. Dabei ist es von Vorteil, wenn hierfür ein Zeilenlineal als Orientierung auf dem Bildschirm erscheint.

c)   Tabelle ausfüllen

Sind die Vorüberlegungen zum Tabellenaufbau getroffen und die Tabstopps eingestellt, können Sie mit dem Erfassen der Texte und Werte in der Tabelle beginnen. Durch Anspringen der Positionen mit der Tabulator-Taste ist dies nun zügig und formgerecht realisierbar.

Grundsätzlich sollte dazu auf dem Bildschirm zunächst mit dem Befehl **Lineal** des Menüs **Ansicht** in jedem Fall das Zeilenlineal zur Anzeige gebracht werden (sofern dies nicht bereits der Fall ist). Damit wird die Festlegung von Tabulatoren wesentlich erleichtert, da Sie so deutlich erkennen können, wo sich gesetzte Tabstopps befinden.

8.1.2   Tabstops setzen

Aufgabe: Mehrere Tabulatoren setzen

Erstellen Sie folgende Gliederung, und speichern Sie das Ergebnis unter dem Dateinamen TEXT81.DOC.

Gliederung

Hinweis: Erfassen Sie die Gliederung, indem Sie innerhalb der Schreibzeile neben

- dem linksbündigen Tabulator (an der Position 2,54 Zentimeter bzw. 1 Zoll)

- einen zweiten Tabulator an die Position 15,24 cm bzw. 6 Zoll mit rechtsbündiger Ausrichtung setzen und davor Punkte als Füllzeichen einfügen.

Im Beispielfall müssen Sie nach der Überschrift in einer Zeile mehrere Tabulatoren setzen. Um die Aufgabe zu lösen, ist nach Wahl des Befehls **Neu** im Menü **Datei** zunächst die Überschrift zu erfassen. Danach können Sie zwei Zeilen weiter schalten und dann über das Menü **Format** den Befehl **Tabulator** aktivieren. Hier sind nun zwei Tabulatoren zu setzen:

- Der erste Tabulator ist linksbündig unter Eingabe der Position 2,54 cm bzw. 1" zu setzen. Nach Eintragung der Position ist die Schaltfläche <Setzen> zu klicken oder alternativ die Tastenkombination (Alt)+(E) zu drücken. Dadurch wird das Textfeld „Tabstop-Position" für die Definition weiterer Tabulatoren freigemacht.

- Beim zweiten Tabulator muß neben der Position auch die Ausrichtung (auf Rechts) angegeben sowie bei der Option „Füllzeichen" die Variante „Punkte" aktiviert werden. Mit der Einstellung von Füllzeichen können die Leeräume vor der Tabulatorposition gefüllt werden. So läßt sich im Beispielfall durch die punktierte Linie eine übersichtliche Verbindung zwischen den Gliederungspunkten und den Seitenangaben herstellen. Nach Vornahme sämtlicher Eintragungen ist wiederum die Schaltfläche <Setzen> zu aktivieren.

Das Dialogfenster „Tabulator" muß danach das folgende Aussehen haben:

Bild 8-1:
Dialogfenster mit
mehreren Tabstops

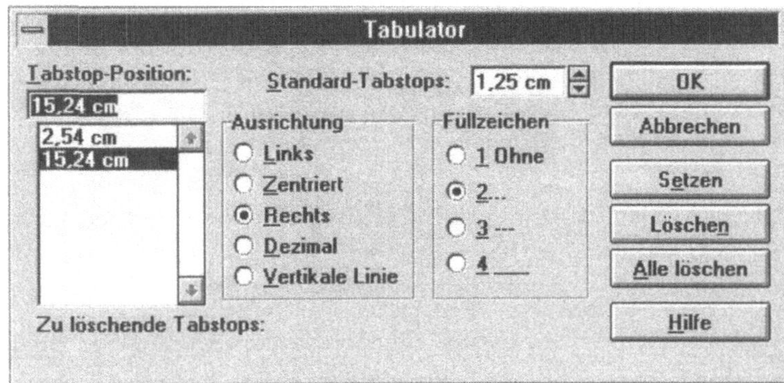

Aus der Abbildung ist ersichtlich, daß nun für die aktuelle Zeilenposition zwei Tabulatoren gesetzt wurden. In einem Listenfeld unter dem Begriff „Tabstop-Position" sind diese angezeigt. Durch Schließen des Dialogfensters mit <OK> werden dann die definierten Tabstop-Positionen gesetzt und im Lineal angezeigt:

Bild 8-2:
Zeilenlineal mit
Tabstops

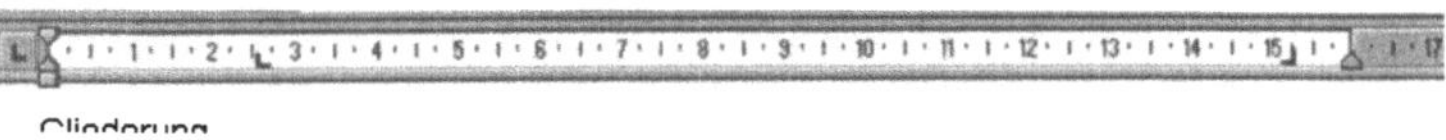

Es müßte auch deutlich werden, daß die beiden Tabstop-Markierungen im Lineal eine unterschiedliche Form haben. Damit soll auf die Art der Ausrichtung des jeweiligen Tabulators direkt hingewiesen werden.

Hinweis: Sie können die einzelnen Tabstop-Positionen natürlich auch mit der Maus im Lineal setzen. Dazu müssen Sie im Lineal auf das Symbol ganz links klicken, bis die Art der gewünschten Ausrichtung als Symbol angezeigt wird. Anschließend ist der Mauspfeil direkt im Lineal zu positionieren. Mit Betätigung der linken Maustaste wird der Tabulator dann an der gewünschten Stelle verankert.

8.1.3 Strukturierte Informationserfassung mit Tabulatoren

Sind die Tabulatoren gesetzt, können Sie mit der Texterfassung beginnen. Im Beispielfall müssen Sie die gewünschte Gliederung mit den Seitennummern erfassen. Jede Spalte läßt sich dabei schnell und exakt mit Hilfe der ⭾-Taste anspringen.

Bedenken Sie, daß bei einer Zeilen- oder Absatzschaltung auch die Tabulatoren mitgenommen werden. Die Verankerung der Tabulatoren bleibt solange erhalten, bis ausdrücklich wieder aufgehoben wird.

Nach der vollständigen Erfassung hat der Bildschirm folgendes Aussehen:

Bild 8-3:
Gliederung mit mehreren Tabulatoren

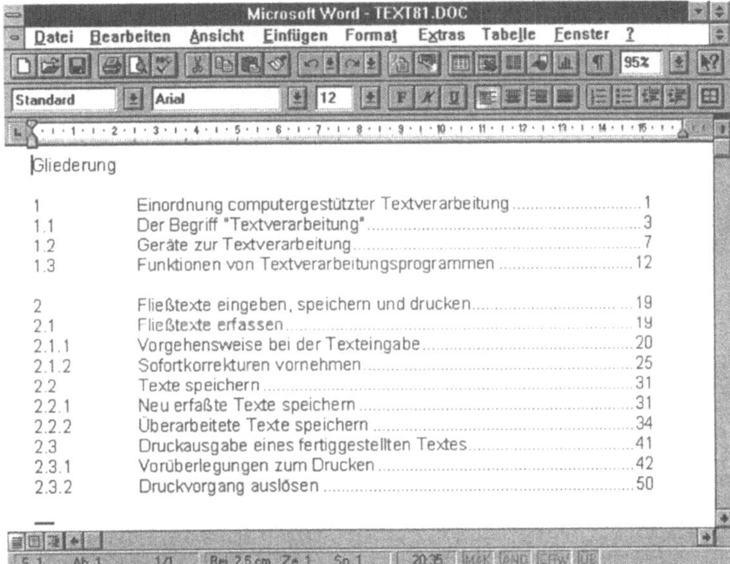

8.2 Tabulator-Einstellungen ändern

Mitunter ist die einmal gesetzte Tabulatorposition im nachhinein zu verändern. Ein Grund kann etwa sein, daß die Spalten etwas enger gesetzt werden sollen, um in dem Hochformat noch eine zusätzliche Spalte (etwa für ein weiteres Merkmal) anfügen zu können.

8.2.1 Tabulator-Position verschieben

Auch hier haben Sie zwei grundsätzliche Möglichkeiten des Vorgehens:

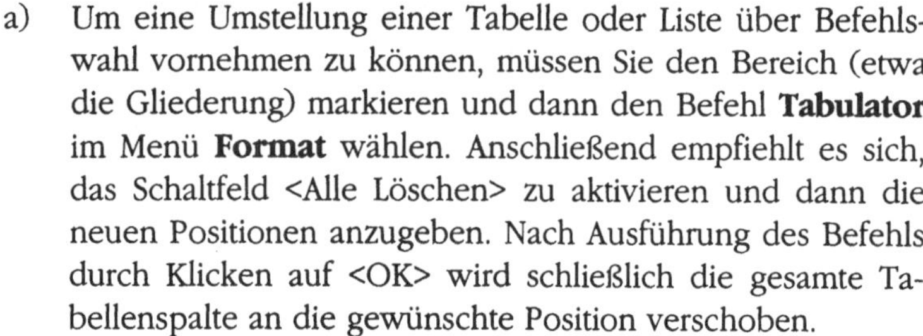

a) Um eine Umstellung einer Tabelle oder Liste über Befehlswahl vornehmen zu können, müssen Sie den Bereich (etwa die Gliederung) markieren und dann den Befehl **Tabulator** im Menü **Format** wählen. Anschließend empfiehlt es sich, das Schaltfeld <Alle Löschen> zu aktivieren und dann die neuen Positionen anzugeben. Nach Ausführung des Befehls durch Klicken auf <OK> wird schließlich die gesamte Tabellenspalte an die gewünschte Position verschoben.

b) **Elegant** ist die Lösung des Problems über die **Steuerung mit der Maus im Lineal.** Bewegen Sie nach der Markierung zu diesem Zweck den Mauszeiger auf den Tabstop, dessen Position geändert werden soll. Nach Anklicken des zu verschiebenden Tabstops müssen Sie lediglich bei gedrückter linker Maustaste die neuen Position ansteuern. Nach Loslassen der Maustaste ist der Tabulator dann neu positioniert.

Probieren Sie beide Varianten anhand der letzten Gliederung ruhig einmal aus.

Hinweis: Das Ändern von Tabstop-Positionen mit der Maus hat den Vorteil, daß die bereits definierten Tabulatoren nicht erst gelöscht werden müssen und danach dann ein neuer Tabulator gesetzt wird.

8.2.2   Tabulatoren löschen

Werden gesetzte Tabulatoren nicht mehr benötigt, so können Sie diese mit dem Befehl **Tabulator** im Menü **Format** einzeln oder insgesamt löschen. Voraussetzung für das Löschen ist, daß mindestens ein Zeichen in dem betreffenden Absatz markiert ist.

Im einzelnen kann unterschieden werden:

a) **Einzelne Tabulatoren löschen:** Positionsmaß anklicken oder Position ansteuern; Schaltfläche <Löschen> aktivieren; Dialogmenü schließen.

b) **Sämtliche Tabulatoren löschen:** erfolgt durch Aktivierung des Schaltfeldes <Alle löschen>.

Das Löschen sämtlicher Tabulatoren ist immer dann angebracht, wenn Sie das Erfassen der tabellarischen Aufstellung beendet haben. Demgegenüber kommt das Löschen einzelner Tabstopps insbesondere in den Fällen in Frage, wo bereits bei der Erfassung festgestellt wird, daß ein bestimmter Tabulator aus Platzgründen anders gesetzt werden sollte.

Auch wenn Sie die Maussteuerung bevorzugen, bietet sich eine elegante Lösung für das Löschen einzelner Tabulatoren. Folgendes Vorgehen ist dann bei eingeschaltetem Lineal notwendig:

- Mauszeiger auf den zu löschenden Tabstop im Lineal positionieren und linke Maustaste drücken,

- Mauszeiger bzw. Tabstop bei gedrückter Maustaste aus dem Lineal herausziehen.

Nach Loslassen der Maustaste ist dann der Tabulator aus dem Absatz entfernt.

8.3   Listen erzeugen

In der Büropraxis kommt es immer wieder vor, daß Listen verschiedener Art zu erzeugen sind. Dies kann etwa für Teilnehmerlisten einer Veranstaltung (Tagung, Seminar) interessant sein. In diesem Fall bietet sich eine automatische Numerierung der Namen an.

Eine Variante ist das Hinzufügen von Aufzählungszeichen in einer Liste. Als Beispiel dafür soll im folgenden das Erstellen einer Tagesordnung dienen.

8.3.1   Listen mit Numierungen erstellen

Aufgabe: Numerierte Liste erstellen
Erstellen Sie folgende Teilnehmerliste unter Nutzung der automatischen Numerierungsmöglichkeit. Speichern Sie das Ergebnis unter dem Dateinamen LISTE1.DOC.

Teilnehmerliste

Seminar-Nr.: 4712
Zeit und Geld sparen - durch effektiven PC-Einsatz

1.	Blöcher, Karl	Elektra Beckum AG
2.	Broehl, Ingrid	Krämer GmbH & Co. KG
3.	Hölter, Olaf	Huls Troisdorf AG
4.	Jany, Fritz	Siegwerk Druckfarben
5.	Keber, Theodor	Plettac GmbH
6.	Kehr, Marita	Isis-Pharma GmbH
7.	Kweton, Thomas	Ewag AG
8.	Pilsner, Christoph	Plettac GmbH
9.	Salz, Simon	Hüls Troisdorf AG

Zur Aufgabenlösung gibt es zwei alternative Möglichkeiten des Vorgehens:

a) Sie können zunächst den Listentext zeilenweise eingeben, ohne dabei die führenden Nummern zu erfassen. Nach Beendigung der Arbeiten ist dann der Listentext zu markieren. Wählen Sie danach aus dem Menü **Format** den Befehl **Numerierung und Aufzählungen.** Wählen Sie im Register die Variante **Numerierung,** und klicken Sie hier auf das gewünschte Format:

Bild 8-4:
Numerierungsart
wählen

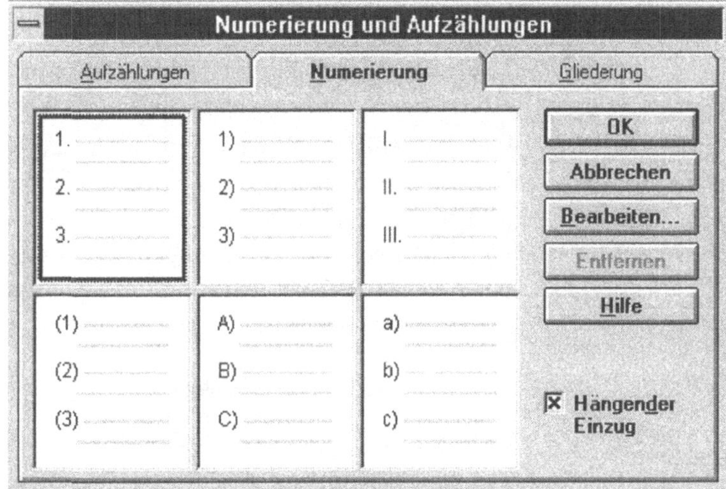

Nach der Befehlsausführung müßte die automatische Numerierung vorgenommen sein.

b) Alternativ können Sie schon mit der Eingabe den numerierten Listentext automatisch erzeugen. Dazu müssen Sie zunächst die Ausgangsposition im Dokument festlegen und dann in der Formatierungssymbolleiste auf die Schaltfläche für „Numerierung" klicken oder aus dem Menü **Format** den Befehl **Numerierung und Aufzählungen** wählen.

Bei der Erfassung des Listentextes wird nun jeder nachfolgende neue Absatz mit einer neuen Nummer versehen. Nach Beendigung der gesamte Texteingabe für die Liste müssen Sie die Taste ⏎ drücken, und dann erneut auf die Schaltfläche für „Numerierung" klicken oder aus dem Menü **Format** den Befehl **Numerierung und Aufzählungen** wählen. Nach Ausstellen der Automatik (bei menügesteuertem Vorgehen durch Klicken auf <Entfernen>) können Sie dann die folgende Texteingabe wieder als „normalen" Text ohne Numerierung vornehmen.

Hinweis: Das Vorgehen über das Menü Format werden Sie dann wählen, wenn Sie besondere Einstellungen vornehmen wollen, die vom Standard abweichen.

8.3.2

Listen mit Aufzählungszeichen erstellen

Auch bei Listen mit Aufzählungszeichen können Sie sich viel Zeit sparen, wenn Sie dazu die automatische Funktion für das Einfügen nutzen.

Aufgabe: Liste mit Aufzählungszeichen erstellen

Erstellen Sie folgende Themenliste für ein Seminar unter Nutzung der automatischen Aufzählungszeichen. Speichern Sie das Ergebnis unter dem Dateinamen LISTE2.DOC.

Themenliste

♦ Stand und Entwicklungstendenzenn der PC-Technologie und der PC-Anwendungen für den Einkauf

♦ Leistungspotentiale und Nutzung von Tabellenkalkulationsprogrammen

♦ Grafik-Anwendungen – Gezielter Einsatz von Präsentations- und Geschäftsgrafik im Einkauf

♦ Leistungspotentiale und Einsatzmöglichkeiten von Textverarbeitungssoftware

♦ Anwendungen persönlicher Datenbanken im Einkauf

♦ Nutzung externer Datenbanken und CD-ROM

♦ Strategien und Aktivitäten zur Optimierung des PC-Einsatzes im Einkauf

Zur Aufgabenlösung gibt es wieder zwei alternative Möglichkeiten des Vorgehens:

a)   Sie können zunächst den Listentext zeilenweise eingeben, ohne dabei die führenden Aufzählungszeichen zu erfassen. Nach Beendigung der Arbeiten ist dann der Listentext zu markieren. Wählen Sie danach aus dem Menü **Format** den

Befehl **Numerierung und Aufzählungen.** Wählen Sie im Register die Variante **Aufzählungen,** und klicken Sie hier auf das gewünschte Format:

Bild 8-5:
Aufzählungsart bestimmen

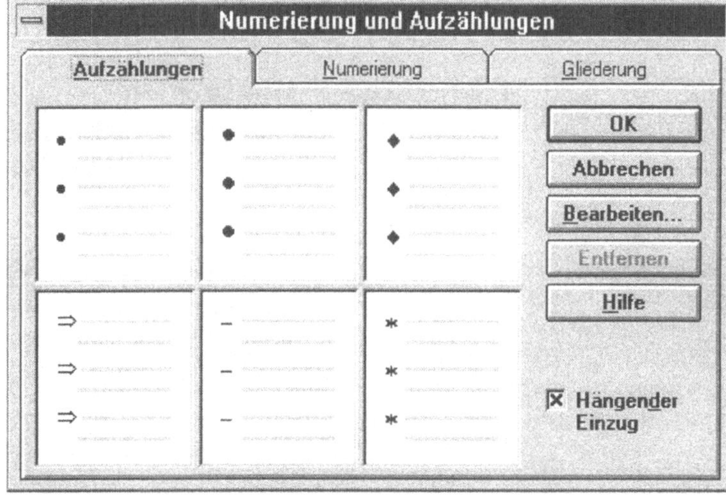

Wenn Sie in den Angeboten noch keine akzeptable Variante finden, klicken Sie bitte auf die Schaltfläche <Bearbeiten>, so daß sich die folgende Dialogbox ergibt:

Bild 8-6:
Aufzählungen bearbeiten

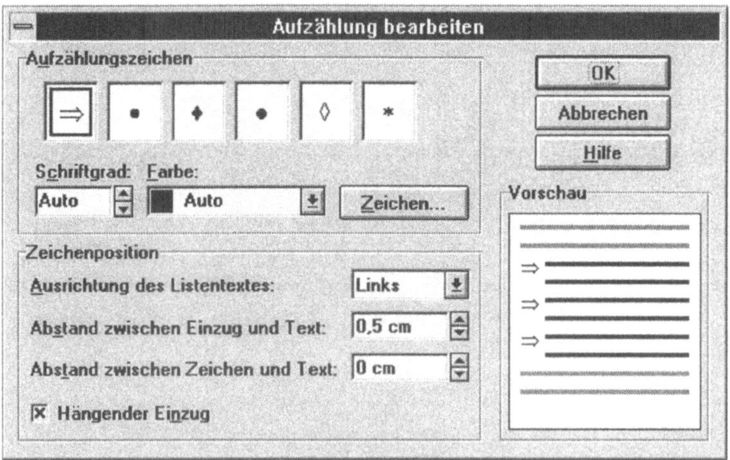

In dieser Dialogbox können Sie nun vor allem folgende Listenelemente gezielt formatieren:

- Ausrichtung der Aufzählungszeichen (Standard ist linksbündig)

- Abstand zwischen einem Aufzählungszeichen und einem
Listenelement.

Durch Klicken auf die Schaltfäche <Zeichen> können Sie eine Zeichentabelle aktivieren und hier das gewünschte Symbol für das Aufzählungszeichen auswählen. Nach der Befehlsausführung müßte die automatische Aufzählung vorgenommen sein.

b)   Alternativ können Sie schon mit der Eingabe die Aufzählungszeichen für die Liste automatisch erzeugen. Dazu müssen Sie zunächst die Ausgangsposition im Dokument festlegen und dann in der Formatierungssymbolleiste auf die Schaltfläche für „Aufzählungen" klicken oder aus dem Menü **Format** den Befehl **Numerierung und Aufzählungen** wählen.

Bei der Erfassung des Listentextes wird nun jeder nachfolgende neue Absatz mit dem Aufzählungszeichen versehen. Nach Beendigung der gesamte Texteingabe für die Liste müssen Sie die Taste ⏎ drücken, und dann erneut auf die Schaltfläche für „Aufzählungen" klicken oder aus dem Menü **Format** den Befehl **Numerierung und Aufzählungen** wählen. Nach Ausstellen der Automatik (bei menügesteuertem Vorgehen durch Klicken auf <Entfernen>) können Sie dann die folgende Texteingabe wieder als „normalen" Text ohne Aufzählungszeichen vornehmen.

8.4   Sortieren im Text

Im Zusammenhang mit dem Erstellen von Aufstellungen ist eine weitere Funktion von Textverarbeitungsprogrammen interessant: die **Möglichkeit des Sortierens.** Das Sortieren erfolgt in der Regel zeilenorientiert. Dabei kann sowohl eine auf- als auch eine absteigende Sortierung gewünscht sein.

Im wesentlichen kommen folgende **Anwendungsfälle für das Sortieren in Texten** in Betracht:

- Anlegen von Verzeichnissen verschiedener Art; in diesem Fall können mit Hilfe der Sortierfunktion z. B. sehr gut alphabetische Namensverzeichnisse oder numerisch geordnete Artikellisten angefertigt werden können.

- Anfertigung eines Glossars; die Sortierfunktion ermöglicht es dem Benutzer, sich ganze Textabschnitte alphabetisch sortieren lassen.

- Sortieren in Tabellen; wichtig ist eine solche Anwendung etwa für Auswertungen nach verschiedenen Kriterien.

8.4.1   Sortieren nach numerischen Merkmalen

WORD bietet – wie ausgeführt – eine komfortable Möglichkeit, Informationen zu ordnen, die mit Tabulatoren oder in Tabellen erfaßt sind. Dabei dienen die Datenfelder einer Spalte (z. B. Werte) als Ordnungsmerkmal. Bei Ausführung des Sortiervorganges können dann auch die übrigen Datenfelder mit umgestellt werden.

Um den Sortiervorgang durchführen zu können, ist eine Tabelle/Liste erforderlich, in der die Spalten durch TABS oder Semikolon getrennt sind.

Das Sortieren erfolgt nach einer korrekten Markierung über Wahl des Befehls **Text sortieren** im Menü **Tabelle**. Nach der Befehlswahl erscheint das folgende Dialogmenü:

Bild 8-7:
Dialogbox „Text sortieren"

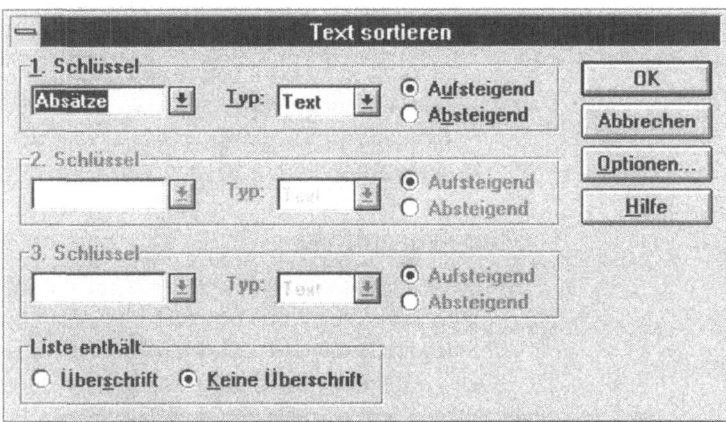

Aus dem Dialogmenü werden die zur Verfügung stehenden Einstellmöglichkeiten ersichtlich. Grundsätzlich können Sie für einen Sortiergang bis zu drei Kriterien als sogenannte Sortierschlüssel festlegen. So ist es zum Beispiel möglich

Die Felder in der Dialogbox haben im einzelnen folgende Bedeutung:

1) **Sortierschlüssel**: Hier ist das zutreffende Feld auszuwählen, wonach sortiert werden soll. Die möglichen Felder (= die Spaltenpositionen) werden automatisch im Listenfeld „1 Schlüssel" bzw. in den weiteren Sortierschlüsselfeldern vorgeschlagen. Möglich ist sowohl eine Feldnummer als auch ein Feldname.

2) **Typ:**
Als „**Sortierkriterien**" können Sie hier festlegen:
- Zahl: für numerische Sortierungen,
- Text: für alphanumerisches Sortieren,
- Datum: chronologische Sortierung.

3) **Sortierreihenfolge:**

Bei Wahl der Option „**Aufsteigend**" wird der markierte Textabschnitt beginnend vom kleinsten Wert bis zum größten sortiert (z. B. von 0 - 9 bzw. von A - Z).

Umgekehrt ermöglicht die Option „**Absteigend**" ein Sortieren vom größten zum kleinsten Wert. Sie setzt das Ende des Alphabets oder die höchste Zahl an die erste Stelle der sortierten Elemente.

Für Besonderheiten können Sie zuvor noch die Schaltfläche <Optionen> aktivieren. Ergebnis:

Bild 8-8:
Optionen für das
Sortieren im Text

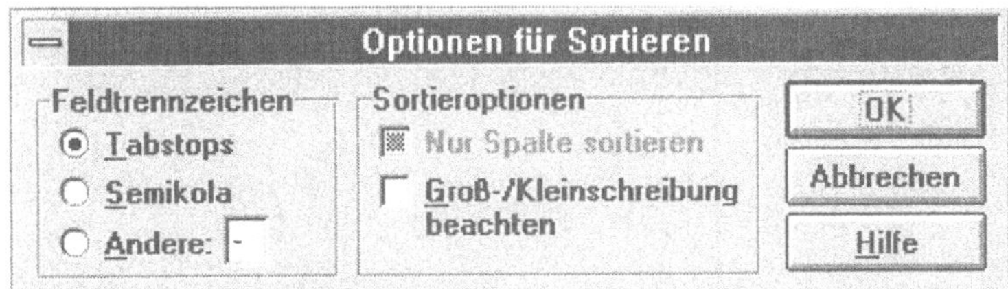

Im Feld „**Feldtrennzeichen**" kann angegeben werden, ob die Felder der Tabelle durch „Semikolon" oder „Tabulatoren" oder andere abgegrenzt werden.

Die beiden Sortieroptionen haben folgende Bedeutung:

- **Nur Spalte sortieren:** Bei Deaktivierung des Optionsfeldes werden die übrigen Zeilenwerte (z. B. einer Tabelle) analog mit umgestellt. Um nur die markierte Spalte zu sortieren, muß das Kontrollkästchen dagegen eingeschaltet werden.

- **Groß-/Kleinschreibung beachten:** Bei Aktivierung dieser Option wird im Fall der alphanumerischen Sortierung zwischen Groß- und Kleinschreibung unterschieden. Dies bedeutet, daß Großbuchstaben vor Kleinbuchstaben sortiert werden. Beispiel: AaBbCc

Aufgabe: Sortieren nach alphanumerischen Merkmalen

Um das Sortieren im Text kennenzulernen, soll zunächst die folgende Tabelle erstellt werden:

Umsatzzahlen (nach Regionen)

Regionen	1. Halbjahr	2. Halbjahr	Summen
Nord	4335,33	345,56	4680,89
Süd	456,90	1004,90	1461,80
Ost	3454,05	677,66	4131,71
West	5665,77	5453,99	11119,76
Summen	13912,05	7482,11	21394,16

Nehmen Sie anschließend eine Sortierung nach der Summenspalte vor. Die Sortierung der Regionen soll in absteigender Folge vorgenommen werden. Speichern Sie das Ergebnis als Datei TEXT83.DOC.

Es muß sich folgende Tabelle ergeben:

Bild 8-9:
Sortierte Tabelle

Umsatzzahlen (nach Regionen)

Regionen	1. Halbjahr	2. Halbjahr	Summen
West	5665,77	5453,99	11119,76
Nord	4335,33	345,56	4680,89
Ost	3454,05	677,66	4131,71
Süd	456,90	1004,90	1461,80
Summen	13912,05	7482,11	21394,16

Öffnen Sie zur Aufgabenlösung zunächst die gewünschte Datei, und markieren Sie dann den zu sortierenden Bereich. Anschließend ist folgendes Vorgehen erforderlich:

Reihenfolge der Bearbeitung	Tastenfolge
1. Menü Tabelle aktivieren	`Alt`+`L`
2. Befehl Text sortieren wählen	`O`
3. Feld auswählen	`4`
4. Sortiertyp „Zahl" wählen	
5. Sortierreihenfolge „Absteigend" wählen	`B`
6. Befehl ausführen	`↵`

Vor Ausführung des Befehls muß die Dialogbox folgendes Aussehen haben:

Bild 8-10:
Ausgefüllte Dialogbox „Sortieren"

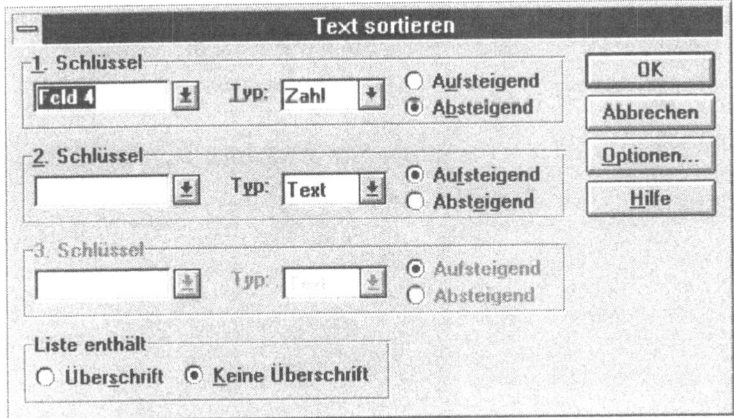

8.4.2

Alphabetisches Sortieren von Tabellen und Listen

Neben dem numerischen Sortieren bietet WORD auch die Option, eine alphabetische Folge in Listen und Tabellen zu realisieren. Interessant ist diese Option vor allem für das Erstellen von Verzeichnissen verschiedener Art. Zu diesem Zweck muß nach Aktivierung des Menüs **Tabelle** und Wahl des Befehls **Text** sortieren im Listenfeld „Typ" die Variante „Text" gewählt werden.

Aufgabe: Sortieren nach alphanumerischen Merkmalen

Aktivieren Sie die Datei TEXT82.DOC, und nehmen Sie eine alphabetische Sortierung nach den Namen der Regionen vor. Die Sortierung der Regionen soll in aufsteigender Folge vorgenommen werden. Speichern Sie das Ergebnis als Datei TEXT84.DOC.

Es muß sich folgende Tabelle ergeben:

Bild 8-11:
Sortierte Tabelle

Umsatzzahlen (nach Regionen)

Regionen	1. Halbjahr	2. Halbjahr	Summen
Nord	4335,33	345,56	4680,89
Ost	3454,05	677,66	4131,71
Süd	456,90	1004,90	1461,80
West	5665,77	5453,99	11119,76
Summen	13912,05	7482,11	21394,16

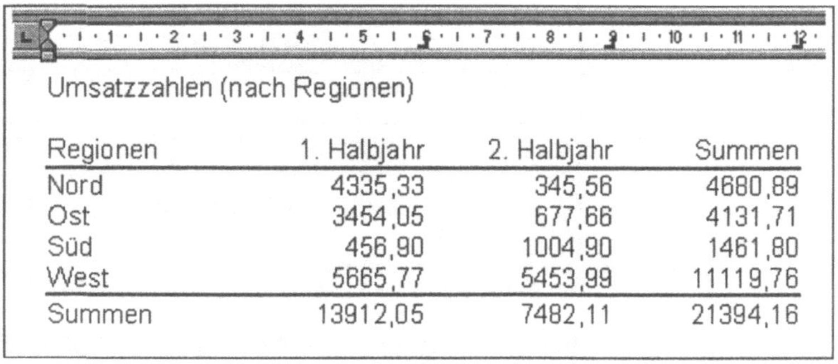

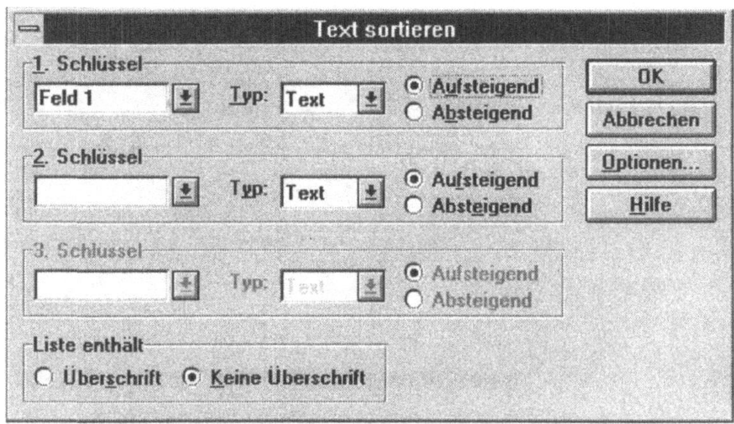

Nach Markierung des zu sortierenden Bereichs ist aus dem Menü **Tabelle** der Befehl **Text sortieren** zu wählen. Im dann erscheinenden Dialogmenü sind die Angaben in der Weise vorzunehmen, wie aus dem folgenden Bildschirm ersichtlich ist:

Bild 8-12:
Alphabetische Sortierung

Das Ergebnis ist dann als Datei TEXT84.DOC zu speichern.

Tabellen

In der Praxis müssen häufig Aufstellungen verschiedener Art angefertigt werden. Dazu bietet WINWORD mit der sog. Tabellenfunktion wertvolle Hilfe. Darüber hinaus können bei besonderen Anforderungen aber auch die Informationen aus der Tabellenkalkulation übernommen und sogar verknüpft werden.

9.1 Tabellen einrichten (Kalkulationsarbeitsweise)

Die wesentlichen Befehle zur Kalkulationsarbeitsweise finden sich unter dem Menü **Tabelle**. Die dort vorhandenen Optionen werden Sie vor allem dann nutzen, wenn Sie **Zahlenaufstellungen** erfassen und gestalten wollen. Da in der Tabelle auch Berechnungen mit Aktualisierungsmöglichkeiten denkbar sind, dürfte hier sicherlich der Schwerpunkt liegen.

Interessant ist die Funktion allerdings auch für den Fall, daß Sie eine **parallele Spaltenverarbeitung** (Mehrspaltensatz) wünschen, da innerhalb einer Tabellenspalte ein eigener Zeilenumbruch stattfindet, der eine Zelle nach unten automatisch erweitert. So können Sie recht einfach, Text als nebeneinanderstehende Absätze erfassen; interessant etwa für das Erzeugen einer Preisliste.

Schließlich kann diese Funktionalität nützlich sein, wenn Sie **Text und** dazugehörige **Grafik nebeneinander** anordnen wollen.

Ausgangspunkt soll im folgenden die Erstellung einer Tabelle sein, die bereits im Rahmen der Erläuterungen von Tabulatoren verwendet wurde. Vorteilhaft bei der Verwendung der Tabellenfunktion ist, daß Sie die Inhalte in den einzelnen Spalten auch ohne Verwendung von Tabulatoren gezielt formatieren und übersichtlich anordnen können.

Aufgabe: Tabelle mit der Tabellenfunktion erzeugen
Erzeugen Sie die im folgenden wiedergegebene Tabelle, und speichern Sie diese unter dem Dateinamen TEXT90.DOC.

Regionen	1. Halbjahr	2. Halbjahr	Summen
Nord	4335,33	345,56	4680,89
Süd	456,90	1004,90	1461,80
Ost	3454,05	677,66	4131,71
West	5665,77	5453,99	11119,76
Summen	13912,05	7482,11	21394,16

9.1.1   Tabellen in ein Dokument einfügen

Um eine Tabelle zu erzeugen, gibt es generell zwei Möglichkeiten: das Arbeiten mit dem Menü **Tabelle** oder die Nutzung des Symbols für Tabellenerstellung in der Funktionsleiste.

a)   Menügesteuertes Vorgehen

Ausgangspunkt ist zunächst die Position, an der die Tabelle im Text eingefügt werden soll. Wählen Sie dann das Menü **Tabelle**, und aktivieren Sie hier den Befehl **Tabelle einfügen.** Nach Wahl des Befehls erscheint eine Dialogbox, in der die Spalten- und Zeilenanzahl für die zu erstellende Tabelle einzutragen ist. Im Beispielfall hat die gewünschte Tabelle 4 Spalten und 6 Zeilen; nehmen Sie deshalb die entsprechenden Eintragungen vor. Im dritten Eingabefeld, dem Feld „Spaltenbreite" erscheint die Standardvorgabe „Auto". Dies bedeutet, daß bei der Erzeugung die Breite des Textes vom linken Seitenrand bis zum rechten Seitenrand zwischen den Spalten aufgeteilt wird. Da dies so geplant ist, brauchen Sie hier jetzt keine Veränderung vornehmen.

Nach Vornahme der gewünschten Eintragung muß sich die folgende Bildschirmanzeige ergeben:

Bild 9-1:
Dialogfenster
„Tabelle einfügen"

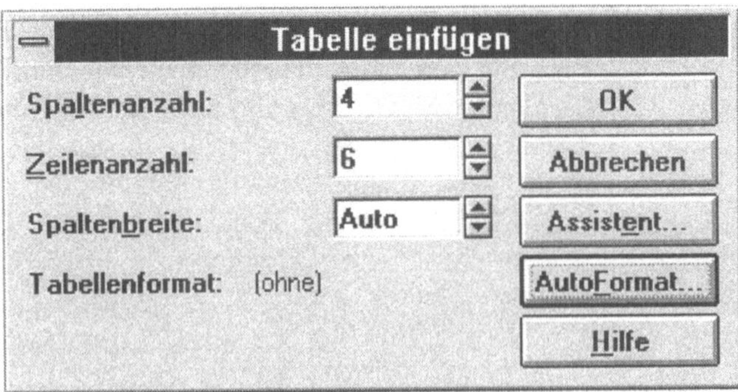

Nun können Sie mit <OK> den Befehl bestätigen. Ergebnis ist die Darstellung eines Gitternetzes auf dem Bildschirm, das die Aufteilung der Tabelle im Dokument verdeutlicht. Es sind lediglich Hilfslinien auf dem Bildschirm für das Erfassen und Bearbeiten der Tabelle. Beim Ausdruck erscheinen Sie standardmäßig nicht.

Vor Bestätigung der Tabelleneinfügung durch Klicken auf <OK> können Sie allerdings auch noch ein bestimmtes Format auswählen. Dazu müssen Sie in der Dialogbox „Tabelle einfügen" zunächst auf die Schaltfläche <AutoFormat> klicken. Ergebnis:

Bild 9-2:
Autoformatierung
von Tabellen

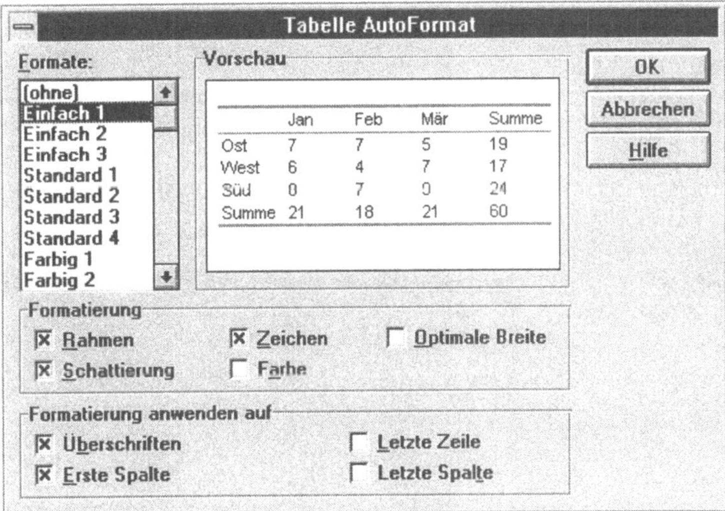

Wählen Sie als Format beispielsweise die Variante „3D-Effekt 1". Den Ablauf zur menügesteuerten Einfügung einer Tabelle zeigt im Überblick die folgende Checkliste:

- Einfügeposition ansteuern
- Menü **Tabelle** aktivieren
- Befehl Tabelle einfügen wählen
- Spaltenzahl eingeben: 4
- Zeilenzahl eingeben: 6
- Spaltenbreite eingeben oder Standardvorgabe „Auto" übernehmen
- Unter Umständen zunächst Schaltfläche <AutoFormat> anklicken und Formatierung einstellen.
- Schaltfläche <OK> aktivieren

Word verfügt außerdem über einen Tabellenassistenten, um besonders schnell eine Tabelle zu erstellen und zu formatieren. Dazu müssen Sie die Schaltfläche <Assistent> anklicken und dann die einzelnen Schritte der Reihe nach durchlaufen.

b)   Symbolgesteuertes Vorgehen

Alternativ können Sie für das Erzeugen der Tabelle auch das Tabellensymbol in der Funktionsleiste verwenden. Wenn Sie dies ausprobieren wollen, können Sie ja mit dem Befehl **Rückgängig** aus dem Menü **Bearbeiten** die soeben erzeugte Tabelle wieder löschen.

Aktivieren Sie dann das Tabellensymbol in der Standard-Symbolleiste. Unterhalb der Schaltfläche wird nun ein Raster angezeigt, mit dem Sie die Anzahl der Zeilen und Spalten für die Tabelle festlegen können. Halten Sie jetzt die Maustaste gedrückt, und ziehen Sie das Raster auf die gewünschte Größe (die geforderte Anzahl von Spalten und Zeilen ist zu markieren). Wenn Sie dann die Maustaste loslassen, muß eine Tabelle mit den Gitterhilfslinien in das Dokument eingefügt werden. Ergebnis:

Bild 9-3:
Eingefügte Tabelle

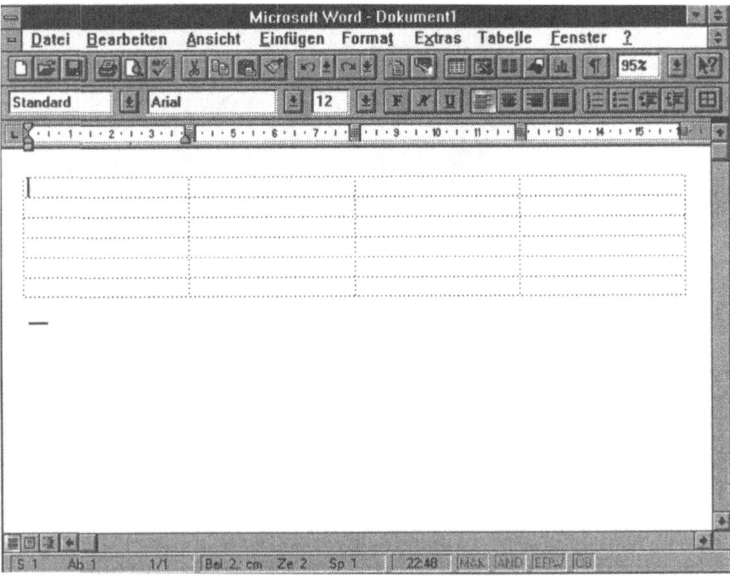

Nach der Befehlsausführung steht die Einfügemarke automatisch in der ersten Zelle der Tabelle. Sie können daher sofort mit der Erfassung der Inhalte beginnen.

Zeilen und Spalten werden in diesem Fall durch punktierte Linien gekennzeichnet und voneinander getrennt. So können Sie sehen, in welcher Zelle sie aktuell arbeiten. Um später einen Ausdruck dieser Linien mit zu bewirken, müssen Sie allerdings noch ausdrücklich eine Rahmung einstellen. Gedruckt werden die Gitternetzlinien nämlich nicht.

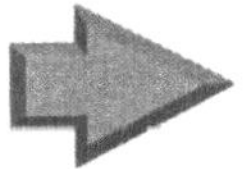

Hinweis: Sie können auch erreichen, daß die Gitterhilfslinien nicht auf dem Bildschirm erscheinen. Dazu müssen Sie aus dem Menü **Tabelle** den Befehl **Gitternetzlinien** wählen.

9.1.2 Tabelle mit Inhalt füllen (Eintragungen)

Nun können Sie mit der Erfassung der Tabelle beginnen. Notwendig dazu ist eine korrekte Ansteuerung des jeweiligen Tabellenfeldes. Durch Betätigen der Taste $\boxed{\leftrightarrows}$ können die Felder einer Tabelle der Reihe nach angesteuert werden. In einer Zelle ist dann der gewünschte Inhalt (Text oder Zahlen) einzugeben.

Grundsätzlich kann die Eingabe in einer Zelle als Fließtext erfolgen. Dies bedeutet, daß eingegebener Text automatisch innerhalb einer jeden Zelle umbrochen wird (genauso wie zwischen den Seitenrändern eines Dokuments).

Standardmäßig erfolgt die Eingabe linksbündig. Sie können jedoch auch innerhalb einer Tabelle noch gesonderte Tabulatoren setzen und so die Wiedergabe der Einträge beeinflussen. Alternativ kann jedoch auch später noch durch entsprechende Formatierungsbefehle eine Variation der Ausrichtung von Einträgen erfolgen (beispielsweise linksbündig oder rechtsbündig).

Hilfreich für das Bewegen in einer Tabelle ist außerdem die Kenntnis folgender festgelegter Tastenfunktionen:

- Nächste Zelle: $\boxed{\leftrightarrows}$
- Vorhergehende Zelle: $\boxed{⇧}$+$\boxed{\leftrightarrows}$
- Feld oben: $\boxed{↑}$
- Feld unten: $\boxed{↓}$
- Zeilenanfang: $\boxed{Alt}$+$\boxed{Pos 1}$
- Zeilenende: $\boxed{Alt}$+$\boxed{Ende}$
- oberstes Feld der aktuellen Spalte: $\boxed{Alt}$+$\boxed{Bild↑}$
- unterstes Feld der aktuellen Spalte: $\boxed{Alt}$+$\boxed{Bild↓}$

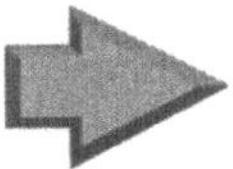

Hinweis: Es ist auch möglich, Inhalte aus der WINDOWS-Zwischenablage in eine Tabelle einzufügen.

Nach Eintragung sämtlicher gewünschter Angaben ist Bild 9-4 das Ergebnis:

Bild 9-4:
Tabelle mit
Eintragungen

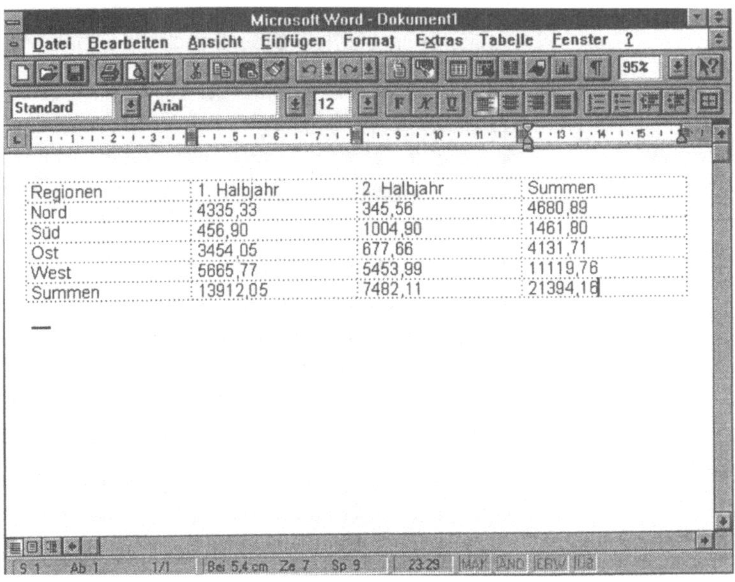

Speichern Sie das Ergebnis als TEXT90.DOC.

Hinweis: Sie können auch einen Text, der durch Absatzmarken, Semikola oder Tabulatoren voneinander getrennt ist, relativ einfach in Tabellenzellen umwandeln. Dazu müssen Sie nach Markierung des umzuwandelnden Textes aus dem Menü **Tabelle** den Befehl **Text in Tabelle** wählen.

9.1.3   Tabellen bearbeiten

Die bei der Erzeugung der Tabellen festgelegte Zahl von Zeilen und Spalten ist natürlich nicht endgültig. Sie können auch im nachhinein noch Veränderungen vornehmen und Zeilen und/oder Spalten hinzufügen.

Besonders einfach ist das Hinzufügen einer neuen Zeile am Ende der Tabelle: Setzen Sie die Einfügemarke in die letzte Zelle der Tabelle, und betätigen Sie dann die Taste ⇥. Es wird dann automatisch eine weitere Zeile am Tabellenende hinzugefügt.

Sollen innerhalb der Tabelle Einfügungen erfolgen, aber auch für andere gezielte Bearbeitungsaktivitäten bei Tabellen ist die Kenntnis der **Markierungsfunktionen** notwendig. Zu unterscheiden sind:

Markierungs-funktion	Realisierung
Zeile markieren	a) Einfügemarke in die Zeile setzen, Befehl **Zeile markieren** im Menü **Tabelle** b) Mauszeiger auf die Höhe der Zeile setzen, Doppelklick
Spalte markieren	a) Einfügemarke in die Spalte setzen, Befehl **Spalte markieren** im Menü **Tabelle** b) Mauszeiger auf die oberste Gitternetz- oder Rahmenlinie der Spalte setzen, Maustaste klicken
Tabelle insgesamt	Einfügemarke in Tabelle setzen, Befehl **Tabelle markieren** im Menü **Tabelle**

Weitere Hinweise: Die Funktionstaste F8 bewirkt, daß man die Tabellenmarkierung mit den Pfeiltasten erweitert werden kann. Innerhalb einer Zelle können Sie einen Textabschnitt markieren, indem Sie den Mauszeiger über den Text ziehen.

Nach entsprechender Markierung können Sie nun gezielt Zeilen und Spalten einfügen oder auch löschen.

Zur Einfügung von Zeilen und Spalten müssen Sie die Einfügemarke zunächst positionieren, eine Zeile bzw. Spalte markieren und dann das Menü **Tabelle** aktivieren:

- Wurde eine ganze Zeile markiert, wird mit dem Befehl **Zeilen einfügen**, genau eine Zeile eingefügt. Wurden zwei Zeilen markiert, erfolgt eine Einfügung von zwei neuen Zeilen über den markierten Zeilen.

- Wurde eine ganze Spalte markiert, können Sie mit dem Befehl **Spalten einfügen** genau eine Spalte einfügen. Die Einfügung der neuen Spalte wird links von der markierten Spalte vorgenommen. Wurden zwei Spalten markiert, erfolgt eine Einfügung von zwei Spalten usw.

Generell gilt: Die Anzahl der einzufügenden Zeilen bzw. Spalten hängt davon ab, wieviel Zeilen/Spalten vorher markiert wurden. Je nach Markierung innerhalb der Tabelle werden Ihnen unterschiedliche Optionen angeboten: Zellen einfügen, Spalten einfügen bzw. Zeilen einfügen.

Analog können Sie über das Menü **Tabelle** auch Zeilen oder Spalten im nachhinein löschen. Markieren Sie zunächst die zu löschenden Zeilen oder Spalten und wählen Sie dann den Befehl zum Löschen (Zellen löschen, Zeilen löschen oder Spalten löschen).

9.1.4   Berechnungen in Tabellen ausführen

Sie haben auch die Möglichkeit, in Tabellen gezielte Berechnungen vorzunehmen. Neben den Grundrechenarten können Sie auch spezifische Funktionen nutzen; etwa das Ermitteln von Durchschnittswerten, Minimal- und Maximalwerten.

Folgende Vorgehensweise ist dazu notwendig:

* Setzen Sie die Einfügemarke zunächst in die Zelle, in der das Ergebnis angezeigt werden soll.

* Wählen Sie aus dem Menü **Tabelle** den Befehl **Formel**.

* Akzeptieren Sie die vorgeschlagene Formel, oder geben Sie die korrekte Formel ein

* Klicken Sie auf die Schaltfläche <OK>.

Hinsichtlich des Formelaufbau gelten analoge Regeln, wie sie in der Tabellenkalkulation üblich sind. Dabei sind sog. Zellbezüge einzugeben.

Für das Einfügen einer Funktion müssen Sie das Feld <Funktion einfügen> auswählen. Wählen Sie dann die Funktion aus (etwa die Funktion „Summe"), und geben Sie dann die Zellbezüge in Klammern an, damit deutlich wird, aus welchen Zellen die Summenbildung erfolgen soll.

Um die Summe im ersten Halbjahr zu ermitteln, kann die Formel beispielsweise in folgender Weise eingegeben werden:

```
=Summe(B2:B5)
```

9.2   Tabellen gestalten

Um die Tabelle optisch ansprechender zu gestalten, stehen verschiedene Optionen zur Verfügung:

1) Spaltenbreite:
   Nach Wahl des Menüs **Tabelle** kann die Option **Zellenhöhe und -breite** gewählt werden. Für markierte Spalten kann in der Dialogbox die Breite durch Eingabe eines Dezimalmaßes verändert werden. Auch der Abstand zwischen den Texten kann in der angezeigten Dialogbox jetzt verändert werden.

2)   Zellenhöhe:
Nach Wahl des Befehls **Zellenhöhe und -breite** erscheint eine Dialogbox, mit der Sie einmal den linken Einzug verändern können. Einzugeben ist eine mögliche Einrückung, die vom linken Seitenrand vorgenommen würde. Außerdem kann ein Maß für die Zeilenhöhe eingegeben werden.

3)   Zeilenausrichtung:
Eine gezielte Veränderung ist nach Markierung möglich über den Befehl **Absatz** im Menü **Format** oder durch Klikken auf das gewünschte Ausrichtungssymbol in der Standard-Symbolleiste. Varianten sind Links, Zentriert, Rechts.

4)   Umrandung von Tabellenbereichen:
Wählen Sie hierzu den Befehl **Rahmen und Schattierung** im Menü **Format**. Möglich ist eine gesamter Rahmen, Teilbereiche sowie das Erzeugen eines Gitternetzes. Für jede Rahmenart kann ein Muster gewählt werden.

5)   Autoformatierung:
Durch Wahl des Befehls **Tabelle AutoFormat** können Sie bestimmte Formatierungsmuster einfach auswählen und Ihrer aktuellen Tabelle gezielt zuordnen. Zur Auswahl stehen unterschiedliche Rahmenlinien und Varianten zur Schattierung von Tabellenbereichen.

Aufgabe: Tabelle gestalten

Tragen Sie Sorge dafür, daß in der zuletzt erstellten Tabelle TEXT90.DOC die Spalteninhalte, in denen Zahlen enthalten sind (Spalten 2 - 4), rechtsbündig ausgerichtet werden. Nehmen Sie außerdem eine Gestaltung der Tabelle vor.

Tabelleninhalte ausrichten

Gehen Sie hierzu in folgender Reihenfolge vor:

1.   Spalten oder umfassende Bereiche markieren

2.   Im Menü **Format** den Befehl **Absatz** wählen und Ausrichtungsart einstellen oder das Symbol für Ausrichtung anklikken

Das Ergebnis muß der Abbildung in Bild 9-5 entsprechen.

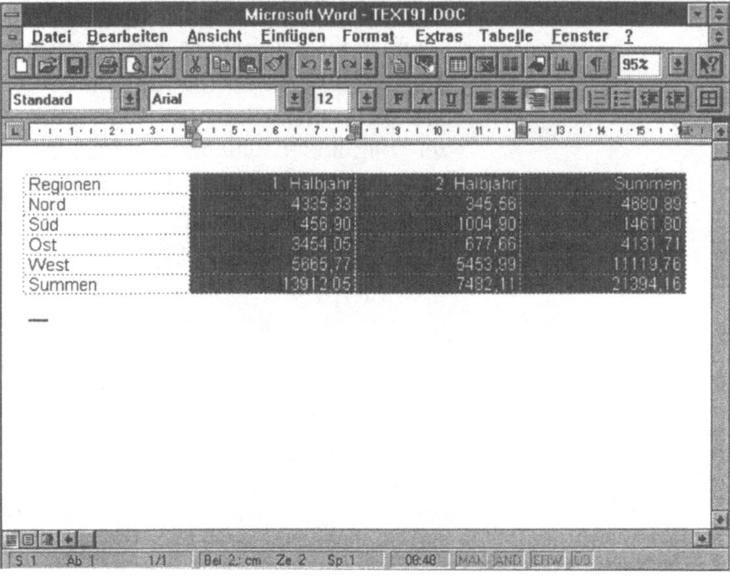

Bild 9-5:
Tabelle mit veränderter Ausrichtung von Eintragungen

Speichern Sie das Ergebnis als TEXT91.DOC.

Hinweis: Interessant kann bei Tabellen auch das Einfügen von Tabellenüberschriften sein. Dazu müssen Sie meist sicherstellen, daß die Überschrift sich über mehrere Spalten erstrecken kann. Folgendes Vorgehen ist notwendig:

- Geben Sie in der ersten Zelle der Tabelle zunächst die gewünschte Überschrift ein.

- Markieren Sie danach die Zellen, die mit der spaltenübergreifenden Überschrift gefüllt werden sollen.

- Aktivieren Sie das Menü **Tabelle**, und wählen Sie hier den Befehl **Zellen verbinden**.

Tabelle rahmen und Tabellenbereiche schattieren

Es wurde bereits darauf hingewiesen, daß Sie einer Tabelle ausdrücklich Rahmenlinien zuweisen müssen, wenn beim Ausdruck zwischen den Zellen der Tabelle vertikale und horizontale Linien erscheinen sollen. Vorgehensweise:

1. Gesamttabelle markieren (zum Beispiel)

2. Befehl Rahmen und Schattierung im Menü Format wählen

3. Feld „Rahmen" ansteuern und Option wählen (z. B. Kasten oder Gitternetz)

4. Feldbereich „Linienart" ansteuern und Linienart wählen (z. B. Fett oder Doppelt)

Hinweis: Möglich ist auch das Erzeugen vertikaler Linien. Durch das Hinzufügen von Hintergrundschattierungen können Sie ausserdem noch weitere optische Effekte erzielen.

Autoformate zuordnen

Eine schnelle Form der Formatierung ist die Verwendung von sog. Autoformaten. Hierzu ist zunächst die Einfügemarke an eine beliebige Stelle innerhalb der Tabelle zu positionieren und dann aus dem Menü **Tabelle** der Befehl **Tabelle AutoFormat** zu wählen. Wählen Sie aus den Formatangeboten die Variante „Standard 3". Folgendes Ergebnis müßte sich einstellen:

Bild 9-6:
Formatierte Tabelle

Regionen	1. Halbjahr	2. Halbjahr	Summen
Nord	4335,33	345,56	4680,89
Süd	456,90	1004,90	1461,80
Ost	3454,05	677,66	4131,71
West	5665,77	5453,99	11119,76
Summen	13912,05	7482,11	21394,16

Speichern Sie das Ergebnis unter dem Dateinamen TEXT92.DOC. Noch kurz einige Ausführungen zur **Variation der Spaltenbreiten.** Standardmäßig ist die Breite aller Spalten gleich groß. In folgender Weise ist eine Änderung möglich:

a) Änderung mit dem Menü **Tabelle**:
    - Spalten bzw. Gesamttabelle markieren
    - Menü **Tabelle** aktivieren
    - Befehl Zellenhöhe und -breite aufrufen
    - Maß eingeben

b) Änderung mit dem Lineal:
    - Mauszeiger im Lineal auf die Spaltenmarke über die vertikale Gitternetzlinie setzen
    - Maustaste gedrückt halten und Spaltenmarke nach links oder rechts ziehen.

c) Änderung mit Hilfe der Gitternetzlinien:
    - Mauszeiger auf die vertikale Gitternetzlinie, die verschoben werden soll, setzen
    - Gitternetzlinie nach links oder rechts ziehen (sobald sich der Mauszeiger ändert).

9.3 Tabellen aus Tabellenkalkulationsprogrammen einfügen

Wurden Informationen mit einem Tabellenkalkulationsprogramm (z.B. Excel oder Lotus) aufbereitet, ist es von Vorteil, wenn diese im Rahmen der Textverarbeitung nicht mehr gesondert erfaßt werden müssen, sondern sich direkt (z. B. für die Erstellung eines Verkaufsberichtes oder eines Angebotes) in den Text übernehmen lassen und dort entsprechend verwendet oder gestaltet werden können.

Möglich ist in WORD die Übernahme von Tabellen aus verschiedenen Tabellenkalkulationsprogrammen; z. B. aus Excel, MS-Works, Lotus 1-2-3, Quattro Pro und Symphony. Übernommen werden können sowohl gesamte Tabellen als auch genau definierte Tabellenbereiche.

Grundsätzlich lassen sich zwei Varianten des Einfügens von Tabellen in einen Text unterscheiden:

a)   Einfaches Einfügen einer Tabelle (ohne Verknüpfung). In diesem Fall soll bei der Erstellung eines Dokumentes lediglich der Erfassungsaufwand reduziert und die Fehlergefahr minimiert werden.

b)   Einfügen von Tabellen mit Verknüpfung. Die eingefügte Kalkulationstabelle kann in diesem Fall nach Wertänderungen im Textprogramm WORD direkt aktualisiert werden. Dies stellt z. B. dann eine große Arbeitserleichterung dar, wenn bestimmte Kalkulationstabellen regelmäßig in einen Monatsbericht übernommen werden sollen.

Grundsätzlich ist zu beachten, daß die übernommenen Tabellen im Textdokument zeichenweise bearbeitet und formatiert werden können. Alternativ ist auch eine Übernahme als Bild möglich. Bei entsprechender Vorgehensweise besteht darüber hinaus auch die Möglichkeit, schnell eine Anpassung der Daten im Textdokument an die in einer Kalkulationstabelle geänderten Werte vorzunehmen.

9.3.1 Einfache Übernahme aus EXCEL

EXCEL ist ein Tabellenkalkulationsprogramm, das ebenso wie WINWORD von der Firma Microsoft vertrieben wird. Deshalb ist der Datenaustausch mit diesem Programm besonders gut möglich.

Aufgabe: Direkte Übernahme aus der Tabellenkalkulation

Erstellen Sie die gleiche Tabelle, die Sie zuvor mit WORD erstellt haben, nun mit dem von Ihnen verwendeten Tabellenkalkulationsprogramm; beispielsweise EXCEL. Erstellen Sie zunächst die Tabelle in EXCEL, und speichern Sie das Ergebnis als TABELLE1.XLS.

Setzen Sie diese Tabelle dann in das Dokument mit dem Dateinamen TEXT35.DOC ein, indem Sie diese auf die dritte Seite nach dem 2. Absatz positionieren:

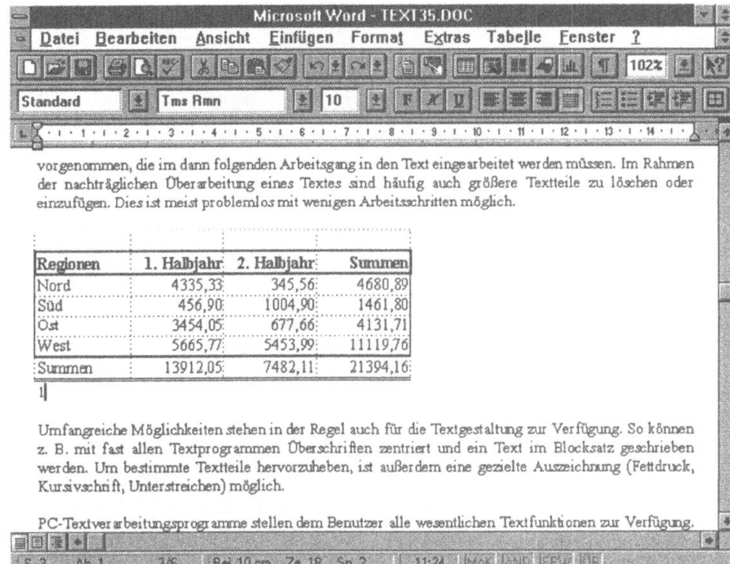

Bild 9-7:
Aus EXCEL eingefügte Tabelle im Text

Speichern Sie das Ergebnis als TEXT93.DOC.

Erstellen Sie zunächst die Tabelle mit dem Tabellenkalkulationsprogramm, und speichern Sie das Ergebnis anschließend unter dem gewünschten Dateinamen.

Für die Übernahme von gesamten Tabellen oder Teilbereichen einer Tabelle gibt es nun verschiedene Möglichkeiten. Die wesentlichen werden im folgenden vorgestellt:

a)   Import mit dem Menü EINFÜGEN

Eine direkte Möglichkeit zum Tabellenimport ist die Wahl des Befehls **Datei** im Menü **Einfügen**. Da in WINWORD ein Konvertierungsfilter für EXCEL vorhanden ist, lassen sich EXCEL-Tabellen unmittelbar vom Speichermedium Festplatte/Diskette in ein WINWORD-Dokument einlesen.

Für die Übernahme der Tabelle müssen Sie im Dokument zunächst die Einfügemarke an die Stelle im Text setzen, wo die Tabelle eingefügt werden soll. Dann können Sie das Menü **Einfügen** aufrufen und hier den Befehl **Datei** wählen. Es erscheint nun eine Dialogbox, die starke Ähnlichkeiten mit der Dialogbox hat, die beim Öffnen einer Datei erscheint.

Um den Namen der gespeicherten Datei, im Beispielfall der TABELLE1.XLS, angezeigt zu bekommen, müssen Sie zunächst das korrekte Laufwerk/Verzeichnis für den Zugriff einstellen und bei aufzulistenden Dateityp die Option „Alle Dateien" wählen. Nun können Sie den Namen der zu importierenden Datei im Feld „Einzufügende Datei" eingeben bzw. auswählen.

Nach Ausführung des Befehls mit <OK> erscheint eine Dialogbox, in der Sie festlegen, daß eine EXCEL-Tabelle konvertiert werden soll. Nach der Befehlsausführung muß zunächst noch bestätigt werden, daß die gesamte Tabelle übernommen werden soll; danach erscheint die Tabelle an der festgelegten Einfügeposition. Anschließend können Formatierungen vorgenommen werden, wie Sie für das Gestalten von Tabellen üblich sind; beispielsweise das Verbreitern der Tabellenspalten.

Beachten Sie noch folgende Hinweise zur Anwendung des gerade beschriebenen Befehls:

- Nach Wahl des Befehls können Sie in der angezeigten Dialogbox im Listenfeld „Bereich" festlegen, daß nur ein bestimmter Teil der Tabelle importiert werden soll. Voraussetzung dazu ist, daß dieser Bereich in EXCEL zuvor mit einem Namen versehen worden ist. Dieser Name ist nun im Feld „Bereich" anzugeben.

- Durch Einschalten des Optionsfeldes „Mit Datei verknüpfen" können Sie bewirken, daß Änderungen in der Ursprungstabelle automatisch im Textdokument aktualisiert werden.

- Ist die zu übernehmende EXCEL-Tabelle paßwortgeschützt, erfolgt die Paßwortabfrage unmittelbar im Programm WINWORD.

b)   Einfügen über die WINDOWS-Zwischenablage
Alle WINDOWS-Programme, so alle Tabellenkalkulationsprogramme unter WINDOWS, nutzen die sog. Zwischenablage. Dieser Weg ist ebenfalls relativ einfach und bietet eine Vielzahl von Varianten.

Ausgangspunkt ist zunächst einmal das Tabellenkalkulationsprogramm. Aktivieren Sie hier die Tabelle mit dem Namen TABELLE1.XLS. Markieren Sie anschließend den zu kopierenden Tabellenbereich, und wählen Sie danach im Menü **Bearbeiten** den Befehl **Kopieren**.

Nun muß der Übergang zum Textprogramm WINWORD erfolgen. Gehen Sie dazu in folgender Weise vor:

- Öffnen Sie das Systemfeldmenü, das oben links am Bildschirm verfügbar ist.

- Wählen Sie den Befehl „Wechseln zu". Es erscheint die sog. „Task-Liste".

- Aktivieren Sie das zutreffende Fenster. Dies ist entweder zunächst der Programm-Manager oder – falls WINWORD schon geöffnet ist – das Programm Microsoft-WORD.

- Klicken Sie danach die Schaltfläche <Wechseln zu>.

Öffnen Sie nun in WINWORD das Dokument, in das die Tabelle hineingesetzt werden soll; im Beispielfall TEXT35.DOC. Die Einfügung erfolgt dann in drei Teilschritten:

- Sie steuern im Dokument die Einfügestelle an.

- Sie aktivieren das Menü **Bearbeiten**.

- Abschließend wählen Sie den Befehl **Einfügen**.

Nun müßte die Tabelle wunschgemäß in das Dokument eingesetzt sein, was auch unmittelbar auf dem Bildschirm dargestellt wird.

9.3.2   **Tabellenübernahme mit Verknüpfungen**

WINWORD verfügt auch über die Möglichkeit, Tabellen aus einem Tabellenkalkulationsprogramm einzufügen und die Übernahme so zu organisieren, daß sich automatisch die Zahlen in einem Text ändern, wenn die Werte der integrierten Tabelle geändert wurden.

Aufgabe: Tabellen mit Verknüpfung einfügen

Im folgenden Anwendungsbeispiel soll die Übergabe in den Text so organisiert werden, daß Änderungen in der Ursprungstabelle in der Textverarbeitung automatisch fortgeschrieben werden können.

Organisieren Sie nun die Integration der Tabelle mit dem Dateinamen TABELLE1.XLS in der Form, daß eine Fortschreibung von

Tabellenwerten möglich ist. Rufen Sie anschließend die Excel-Tabelle im Programm Excel auf, und ändern Sie folgende Werte:

```
1. Halbjahr (Region Nord): 6666,66
```

Speichern Sie die geänderte Tabelle allerdings nicht ab.

Rufen Sie erneut die Datei in WINWORD auf, und prüfen Sie, ob die übernommene Tabelle aktualisiert wurde. Speichern Sie das Ergebnis unter dem Dateinamen TEXT94.DOC. Ergebnis:

Bild 9-8:
Tabelle nach
Aktualisierung

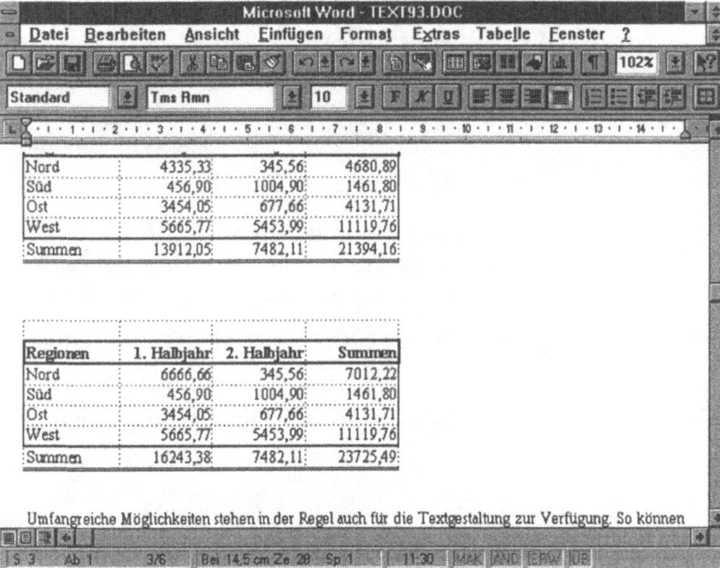

Auch die Verknüpfung von Tabellen kann auf verschiedene Weise erfolgen. Bei Verwendung des Menüs EINFÜGEN und Wahl des Befehls „Datei" muß in der angezeigten Dialogbox das Schaltfeld <Mit Datei verknüpfen> eingeschaltet werden. Wird in der Ursprungstabelle eine Veränderung vorgenommen, können Sie die eingesetzte Tabelle jetzt im Textdokument auch einfach aktualisieren. Dazu ist auf Anforderung die Taste zur Feldaktualisierung F9 zu betätigen.

Wird die Einfügung über die Zwischenablage organisiert, so müssen Sie nahezu in gleicher Weise vorgehen, wie bereits oben beschrieben wurde. Der einzige Unterschied besteht nun darin, daß Sie in WINWORD statt des Befehls **Einfügen** den Befehl **Inhalte einfügen** wählen.

Damit ergibt sich folgendes Vorgehen für den Beispielfall:

a)   Vorarbeiten in EXCEL:
- Tabelle/Tabellenbereich in die Zwischenablage kopieren
(Befehl **Kopieren**))

b)   Anwendungswechsel realisieren:
- Systemfeldmenü, das oben links am Bildschirm verfügbar
ist, öffnen.
- Befehl **Wechseln zu** wählen. Es erscheint die sog.
„Task- Liste".
- Aktivieren Sie das zutreffende Fenster. Dies ist entweder
zunächst der Programm-Manager oder – falls WINWORD
schon geöffnet ist – das Programm MS-WORD.
- Klicken Sie danach die Schaltfläche <Wechseln zu>.

c)   Arbeiten in WORD (nach Programm-Aktivierung)
- Einfügeposition ansteuern
- Menü **Bearbeiten** aktivieren
- Befchl Inhalte einfügen wählen

Nach Wahl des Befehls erscheint das folgende Dialogfenster, das
eine Vielzahl von Möglichkeiten bietet:

<table>
<tr><td>Bild 9-9:
Dialogfenster
„Inhalte einfügen"</td><td>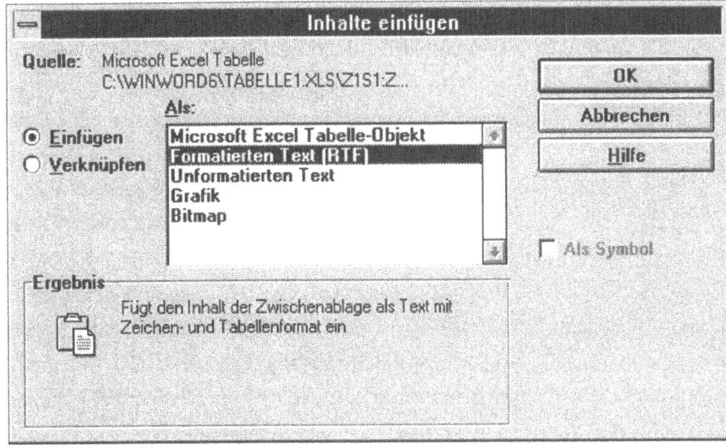</td></tr>
</table>

Alle Varianten sind nun für die EXCEL-Tabellenübernahme nutz-
bar. Je nach Anwendungsziel werden Sie unterschiedlich optieren:

a)   **Datentyp „Bitmap":** Wird diese Option gewählt, wird der
in EXCEL kopierte Tabellenbereich als eine Art Bildschirm-
kopie eingefügt. Übernommen werden auch die Spalten-
und Zeilenkennungen.

b) **Datentyp „Grafik"**: Auch hier findet eine Bildkopie statt, die allerdings eine andere Qualität aufweist und auch keine Spalten- und Zeilenkennungen enthält. Der Datentyp ist für Drucker mit hoher Druckqualität besser geeignet als Bitmap. Es ist zudem weniger Speicherplatz nötig. Die übernommene Tabelle kann jetzt ebenso wie im Fall a) in einem Grafikprogramm wie MS-Draw noch weiter bearbeitet werden.

c) **Datentyp „Unformatierten Text"**: In diesem Fall wird die Tabelle eingefügt, ohne das Formatierungen übernommen werden. Tabulatoren sind allerdings zwischen den Spalten enthalten, so daß die Tabelle einfach gestaltet werden kann.

d) **Datentyp „Formatierten Text (RTF)"**: Es ergibt sich das gleiche Ergebnis wie bei der Wahl des Befehls **Einfügen**. Der Inhalt der Zwischenablage wird als Text mit Zeichen- und Tabellenformat eingefügt.

e) **Dateintyp „Excel Tabelle Objekt"**: In diesem Fall wird eine sog. Einbetten-Verbindung zur Tabelle aufgebaut. Dies bedeutet, daß die Quelldaten der Tabelle in ein eigenes Datenblatt geschrieben werden, auf das nur von WINWORD aus zugegriffen werden kann.

Probieren Sie ruhig der Reihe nach alle Varianten aus. So erhalten Sie den besten Eindruck von der Wirkungsweise.

Wir wollen im Beispielfall die Einfügemarke unter die zuletzt ohne Verknüpfung importierte Tabelle setzen. Nach Wahl des Befehls **Inhalte einfügen** soll als Datentyp die Variante „Formatierten Text" gewählt werden. Nach Anklicken der Option „Verknüpfen" und Bestätigen mit <OK> wird die Tabelle in den Text hineingesetzt.

Das Aktualisieren von in einem Text integrierten Tabellen wird notwendig, wenn sich Daten in der Ursprungstabelle verändert haben. Aktivieren Sie jetzt testhalber das Programm EXCEL, und öffnen Sie die Tabelle TABELLE1.XLS, und ändern Sie anschließend die gewünschten Werte (Hinweis: Die Tabelle befindet sich auf der zu diesem Buch gehörenden Arbeitsdiskette). Speichern Sie die Tabelle danach unter dem bisherigen Dateinamen.

Um nun das Aktualisieren prüfen zu können, wechseln Sie wieder zur zuletzt bearbeiteten Textdatei. Sie müßten dann sehen, daß die Tabelle, die mit Verknüpfung eingefügt wurde, automatisch aktualisiert wurde.

Speichern Sie das Ergebnis als TEXT94.DOC.

Textbausteinverarbeitung (AutoTexte)

Ein Großteil der in der Praxis anfallenden **Texte wiederholt sich ständig insgesamt oder in Abschnitten.** In solchen Fällen hat die Nutzung von WINWORD einen weiteren Vorteil. So können Sie sich das Erstellen von Texten dieser Art vereinfachen, indem Sie

- **ganze Mustertexte** als Datei abspeichern und im Bedarfsfall einfach aktivieren bzw.

- **einzelne Textabschnitte** einmal im voraus formulieren und **als Textbausteine** anlegen, die dann mit einem einfachen Tastendruck in ein neu zu erstellendes Dokument eingefügt werden können.

Der zweite Fall soll in diesem Kapitel näher vorgestellt werden. Die Funktion wird ab WORD 6 als **AutoText** bezeichnet. Bekannter und sprachlich korrekter ist jedoch der in den Vorgängerversionen verwendete Begriff „Textbaustein".

Typische Beispiele, in denen sich Texte fast ausschließlich aus Bausteinen zusammensetzen können, sind: Vertragstexte, Anfragen, Angebots- oder Personaltexte. Sind diese Bausteine gezielt archiviert, kann auf die bereits erstellten Textteile einfach zugegriffen und so ein individueller Text schnell und fehlerfrei erstellt werden. Dazu ist lediglich eine Tastenkombination einzugeben oder ein entsprechender Befehl zu wählen.

Neben der Organisation von Abschnittstexten bietet sich die Nutzung von Textbausteinen darüber hinaus auch dann an, wenn nur ein kleiner Teil des gesamten Dokumentes aus sich wiederholenden Elementen besteht. Weitere typische Fälle für Textbausteine (AutoTexte) sind:

- die Verwendung von Brieffloskeln (Anreden, Grußformeln);

- die Speicherung und der Zugriff auf häufig verwendete Adressen;

- der Abruf urheberrechtlicher Hinweise (z. B. „Copywrite by CC");

- die Verwendung regelmäßig sich wiederholender, umfangreicher Verteilerlisten (für Memos und Notizen);

- das Einfügen des Firmennamens bzw. eines Firmenlogos;

- Unterschriften, die per Scanner in den Computer elektronisch gespeichert wurden und als Grafik in WINWORD übernommen wurden.

10.1 Vorüberlegungen und Organisation

Voraussetzung für eine gezielte Einführung und einen reibungslosen Einsatz der Bausteinverarbeitung in der Praxis ist eine Analyse des anfallenden Schriftgutes. Dabei gilt es zu prüfen, welche Textbestandteile häufig wieder vorkommen. Solche Phrasen, Floskeln und Textroutinen können als Textbaustein mit einem Kürzel gespeichert werden. Müssen Sie dann ein Standard-Schriftstück erstellen – beispielsweise ein Angebot oder ein Einladungsschreiben – brauchen Sie nur die Kürzel aus dem Bausteinverzeichnis einzugeben und können so schnell dieses Schriftstück erzeugen.

Wichtig für einen schnellen Zugriff auf Bausteine ist jedoch eine systematische Archivierung. Wie die Ablage erfolgt, dies hängt weitgehend vom Anwendungsgebiet ab. Ergebnis der Schriftgut-Analyse ist nämlich häufig, daß es einen Großteil an Bausteinen gibt, die in einer Vielzahl von Dokumenten verwendet werden können. Demgegenüber gibt es aber auch Bausteine, die nur für bestimmte Sachgebiete verwendet werden können.

Daraus sollten Sie folgende Konsequenzen ziehen:

- Bausteine, die in allen Arten von Texten vorkommen können, sollten allgemein schnell zugänglich sein. Beispiele hierfür sind Firmenname, Firmenadresse, Anreden etc.

- Bausteine, die exakt einem bestimmten Fachgebiet/Thema zuzurechnen sind, sollten zu einer speziellen Datei zusammengefaßt werden. Auf diese Weise kann die Übersicht über die angelegten Bausteine sichergestellt werden.

In WORD können Sie die gewünschte Differenzierung auf relativ einfache Weise vornehmen:

a) Wenn Sie mit der Vorlage NORMAL.DOT arbeiten, werden sämtliche Textbausteine automatisch so gespeichert, daß sie immer und von jedem Dokument aus zugänglich sind.

b) Sollen Bausteine nur für eine bestimmte Art von Dokumenten bereitgestellt werden, müssen Sie hierfür zunächst eine Vorlage anlegen. Ein Beispiel hierfür sind etwa alle Bausteine zur Erstellung von Angebotstexten. In dieser Vorlage, beispielweise mit dem Namen ANGEBOT.DOT, werden dann alle zugehörigen Bausteine gespeichert. Sie sind dann auch nur im Zusammenhang mit dieser Vorlage aufrufbar.

10.2 Neue Textbausteine erfassen

Nun sollen Sie zuerst kennenlernen, wie Sie mit WORD 6 Texte als Bausteine anlegen können. Zu diesem Zweck wird ein sog. AutoText-Eintrag in eine Dokumentenvorlage vorgenommen.

Textbausteine werden für sich wiederholende Textabschnitte gebildet. Je nachdem, ob im Anwendungsfall noch eine individuelle Einfügung vorgenommen werden soll oder nicht, lassen sich zwei grundsätzliche **Arten von Textbausteinen** unterscheiden:

a) Textbausteine mit Variablen

In diesen Bausteinen können gezielte Einfügungen vorgenommen werden. Die Einfügestellen müssen besonders gekennzeichnet werden; z. B. durch ein Sternchen oder andere Sonderzeichen. An dieser Stelle kann dann etwa ein Name oder ein bestimmter Zeitpunkt gezielt eingesetzt werden. Die Einfügungen (auch Variable genannt) ermöglichen es somit, auf spezielle Gegebenheiten bezogene Ergänzungen vorzunehmen. Auf diese Weise kann z. B. einem Bausteinbrief „Individualität" verliehen werden.

b) Textbausteine ohne Variablen

In vielen Fällen sind keine individuellen Einfügungen notwendig. Dadurch kann natürlich erheblicher Erfassungsaufwand eingespart werden.

Grundsätzlich ist folgender Ablauf für das Anlegen eines neuen Textbausteins typisch:

- Sie erfassen den Text, der als Baustein festgehalten werden soll, in der üblichen Weise.

- Der gewünschte Textabschnitt muß anschließend insgesamt markiert werden.

- Wählen Sie danach im Menü **Bearbeiten** den Befehl **Auto-Text**.

- Geben Sie schließlich in der dann angezeigten Dialogbox den Namen für den Baustein ein.

- Bestätigen Sie die Bausteinvergabe durch Wahl der Schaltfläche <Hinzufügen>.

Diese Schritte sollen Sie nun anhand des folgenden Beispiels praktisch durchführen:

Aufgabe: Textbausteine erfassen und speichern

Im Rahmen Ihrer täglichen Arbeit kommt es annahmegemäß immer wieder vor, daß Sie ein Memo bzw. eine Aktennotiz zu erstellen haben. Da Sie diese immer in gleicher Form strukturieren wollen, möchten Sie die folgenden zwei Textbausteine anlegen.

a)   Als Start der Erfassung soll das folgende Memo-Grundgerüst erscheinen. Es ist als globaler Baustein mit dem Namen MEMOKOPF zu speichern.

> **MEMORANDUM**
>
> AN:
> VON:
> BETRIFFT:
> KOPIE   AN:
> DATUM:

b)   Schreiben Sie anschließend folgenden weiteren Baustein, der als Abschluß für ein Memo verwendet werden kann und Ihre betriebsspezifischen Kenndaten enthält. Dieser Baustein ist ebenfalls global zu speichern, und zwar unter dem Namen MEMOFUSS.

> gez.
> Dipl.-Kfm. Marcus Klein
> - Abt. Finanzen -

Erfassen Sie zunächst den als Baustein gewünschten Textabschnitt in der bereits bekannten Weise am Bildschirm. Hinweis: Sofern gewünscht, können Sie Bausteinen bei der Erfassung auch ein gewünschtes Format für die Auszeichnung (z. B. Unterstreichen) oder den Absatz (z. B. Blocksatz) zuordnen. Markieren Sie danach den gerade erfaßten Textabschnitt mit einer passenden Markierungsfunktion.

Wählen Sie anschließend aus dem Menü **Bearbeiten** den Befehl **AutoText,** oder klicken Sie auf die Schaltfläche für AutoText in der Standard-Symbolleiste. Ergebnis ist die folgende Bildschirmanzeige:

Bild 10-1:
Dialogmenü „AutoText"

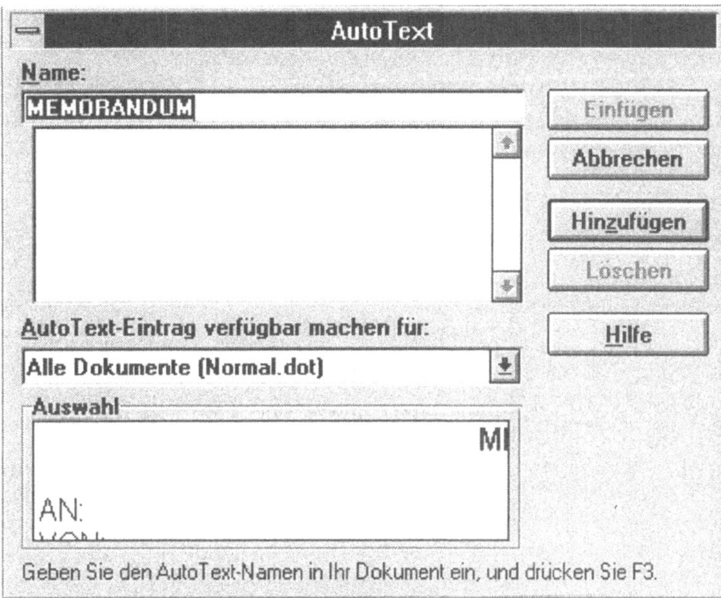

Im oberen Teilbereich der Dialogbox erscheint zunächst ein Feld für die Benennung des Textbausteins. Standardmäßig werden die ersten 16 Zeichen des Textes als Namensvorschlag unterbreitet. Sofern eine Markierung eines Namens im darunter liegenden Verzeichnis vorgenommen ist, wird dieser Feldbereich automatisch mit Inhalt gefüllt. Außerdem kann hier eine Eingabe erfolgen. Im Listenfeld „Name" sind alle verfügbaren Textbausteine einer Bausteindatei ersichtlich.

Unter der Auflistung der Namen gibt es ein einzeiliges Listenfeld „AutoText-Eintrag verfügbar machen für:". Sofern Sie die Bausteine auf der Basis einer speziellen DOT-Datei erstellt haben, können Sie nun wählen, ob eine Speicherung in der NORMAL.DOT oder in der speziellen DOT-Datei erfolgen soll.

Als Information für den Bediener wird unterhalb des Verzeichnisses in der Rubrik „Auswahl" darüber hinaus ein Teil der aktuellen Text-Markierung angegeben.

Im rechten Bereich des Dialogmenüs finden sich fünf verschiedene Schaltflächen. Die Bedeutung der Schaltflächen zeigt die folgende Zusammenstellung:

Schaltflächen	Bedeutung
<Einfügen>	bewirkt ein Einfügen eines Textbausteins in einen Text.
<Abbrechen>	bricht die Arbeit mit der Dialogbox ab.
<Hinzufügen>	erstellt einen neuen Textbaustein für die aktive Bausteindatei. Dies bedeutet, daß der markierte Textabschnitt als Baustein gespeichert wird.
<Löschen>	entfernt einen bestimmten Bausteineintrag aus einer geöffneten Bausteindatei.
<Hilfe>	ermöglicht den Aufruf der Hilfefunktion.

Den vorgeschlagenen Namen können Sie nun entweder übernehmen oder ändern, indem Sie ihn überschreiben. Zur Lösung der Beispielaufgabe müssen Sie zunächst den gewünschten Namen des Textbausteins eingeben; im Beispielfall den Namen „Memokopf".

Folgende Grundregeln für die Vergabe von Bausteinnamen sind zu beachten:

- Der Name des Textbausteins (AutoText-Name) kann bis zu 32 Zeichen lang sein (Leerzeichen eingeschlossen).

- Möglich ist sowohl die Vergabe von Nummern als auch von Stichworten.

- Sie sollten sich die Vergabe von Namen genau überlegen, da Sie den Namen ja wieder wissen müssen, wernn Sie den Textbaustein in eines Ihrer Dokumente einfügen wollen.

Aktivieren Sie nach der Namenseingabe die Schaltfläche <Hinzufügen>, indem Sie die Tastenkombination [Alt]+[Z] betätigen oder mit dem Mauszeiger die Fläche anklicken. Der Textbaustein ist dann in einem Zwischenspeicher abgelegt. Es ergibt sich folgende Bildschirmanzeige:

Bild 10-2:
Bildschirm nach
Bausteindefinition

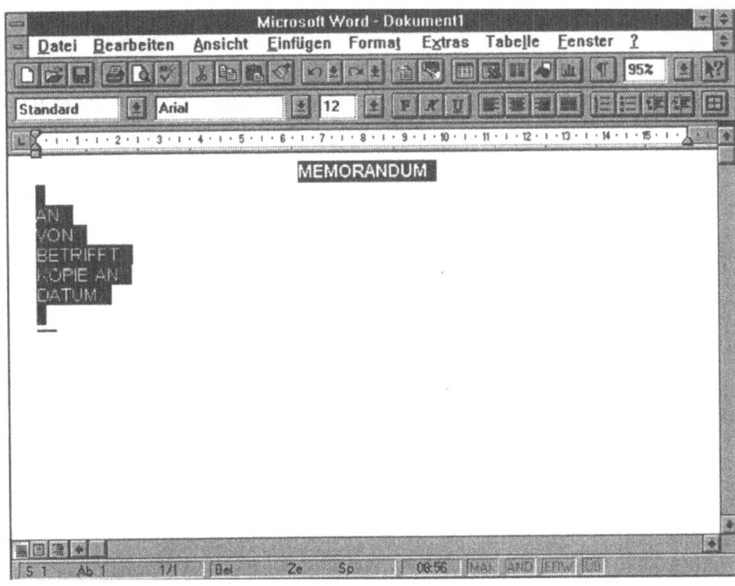

Es erfolgt also eine Rückkehr in den Textbildschirm. Drücken Sie danach die Taste (Entf), so daß der Text vom Bildschirm gelöscht wird.

Nun können Sie den nächsten Textbaustein schreiben:

gez.
Dipl.-Kfm. Marcus Klein
- Abt. Finanzen -

Führen Sie danach die gleichen Arbeitsschritte wie beim ersten Textbaustein durch:

- Markieren des Textes

- Menü **Bearbeiten** aufrufen

- Befehl **AutoText** wählen

- Bausteinnamen eingeben; hier MEMOFUSS

- Schaltfläche <Hinzufügen> aktivieren

Beachten Sie noch folgende Tips zur Markierung von Textbausteinen:

- Soll ein bestimmter Satz als AutoText gespeichert werden, sollten Sie ein Leerzeichen am Ende des Satzes in die Markierung einbeziehen. So können Sie später nach einer Einfügung des Satzes direkt mit der Eingabe fortfahren.

- Es empfiehlt sich, auch die Absatzmarke und eventuelle eine Leerzeile mit in die Absatzmarkierung einzubeziehen.

10.3   Textbausteine speichern

Ergebnis der bisherigen Arbeiten ist eine Speicherung der Textabschnitte in einem Zwischenspeicher. Die Länge der Textbausteine unterliegt grundsätzlich keinen Begrenzungen; sie kann von wenigen Buchstaben bis hin zu seitenlangen Dokumenten reichen. Ermöglicht wird dies durch eine sog. virtuelle Speicherverwaltung, die bewirkt, daß die Größe der Bausteine nur durch den auf dem Massenspeicher (Diskette, Platte) verfügbaren Speicherplatz begrenzt ist. Allerdings unterliegt die Anzahl der Bausteine pro Dokumentvorlage einer Begrenzung: maximal können 150 Textbausteine je Vorlage verwaltet werden.

Um die angelegten Textbausteine auch für alle zukünftig zu schreibenden Texte zugänglich zu machen, muß die Dokumentvorlage allerdings noch ausdrücklich gespeichert werden. Wie bzw. wo die Bausteine gespeichert werden, das hängt unter anderem davon ab, welche Dokumentvorlage dem aktuellen Dokument gerade zugeordnet ist:

a)   Sofern Sie keine Veränderung vorgenommen haben, liegt den erfaßten Bausteinen die Standard-Vorlage NORMAL.DOT zugrunde. Erfaßte Bausteine werden dann bei Beendigung automatisch global gespeichert; sie sind damit immer und von jedem Dokument aus zugänglich.

b)   Sofern die Erfassung und Definition der Bausteine auf der Basis einer besonderen Vorlage erfolgt, können Sie entscheiden, ob die Bausteine nur in Verbindung mit dieser Vorlage genutzt werden sollen oder ob eine globale Nutzung möglich sein soll.

Im Beispielfall liegt die Datei NORMAL.DOT zugrunde. Es wurde somit die globale Bausteindatei erweitert. Rufen Sie jetzt einmal das Menü **Datei** auf, und wählen Sie den Befehl den Befehl **Beenden**. In diesem Fall werden die Änderungen in der NORMAL.DOT automatisch gespeichert. Liegt dagegen eine spezielle DOT-Datei zugrunde, erfolgt zunächst eine Abfrage, ob die Änderungen in der geänderten Datei gespeichert werden sollen:

<table><tr><td>**10.4**</td><td>

Textbausteine aufrufen und in Texte einfügen
</td></tr></table>

Sind die Textbausteine erfaßt und in der Vorlage NORMAL.DOT oder anderen individuellen Vorlagen gespeichert, dann können diese gezielt für das Zusammenstellen eines individuell abgestimmten Textes genutzt werden. Dies ist natürlich beliebig oft möglich. So können Sie den Schreibaufwand erheblich reduzieren.

Legen Sie zunächst durch Aktivierung des Menüs **Datei** und Wahl des Befehls **Neu** ein neues Dokument an. Zur Realisierung einer Einfügung müssen Sie dann die Einfügemarke auf die jeweilige Stelle setzen, wo der Textbaustein eingefügt werden soll. Nach entsprechendem Aufruf des Bausteinnamens wird der Baustein dann links von der Cursorposition eingefügt.

Das Einfügen selbst kann prinzipiell auf zweierlei Weise erfolgen:

a) Wahl des Befehls **AutoText** aus dem Menü **Bearbeiten**. Nach Aktivieren des Befehls müssen Sie den gewünschten Bausteinnamen eingeben oder den Bausteinnamen in der angezeigten Liste markieren. Anschließend ist die Schaltfläche <Einfügen> zu aktivieren. Der aufgerufene Textbaustein erscheint danach an der gewünschten Stelle auf dem Bildschirm.

b) Eingabe des Bausteinnamens im Dokument und Betätigen der Funktionstaste F3 (sog. Bausteintaste). Der Textbaustein erscheint dann ebenfalls unmittelbar im Text auf dem Bildschirm an der gewünschten Stelle. Gleichzeitig wird der zuvor geschriebene Textbausteinname gelöscht. Hinweis: Statt der Betätigung von F3 können Sie auch alternativ auf die Schaltfläche für AutoText in der Standard-Symbolleiste klikken.

Die Wahl des Befehls **AutoText** und die Auswahl aus dem Baustein-Inhaltsverzeichnisses ist insbesondere dann vorteilhaft, wenn viele Bausteine vorhanden sind, die man sich nicht alle merken kann. Hilfreich ist auch, daß nach Wahl eines Namens der Anfang des Textbausteins am unteren Rand der Dialogbox angezeigt wird. Das direkte Schreiben des Bausteins und das Betätigen der Bausteintaste F3 ist demgegenüber bedeutend schneller, wenn Sie die Namen der Textbausteine auswendig wissen.

Mit diesem Wissen können Sie nun folgende Übungsaufgabe lösen:

Aufgabe: Texterstellung durch Zugriff auf Bausteine

Erstellen Sie das folgende Memo unter Nutzung der angelegten Textbausteine:

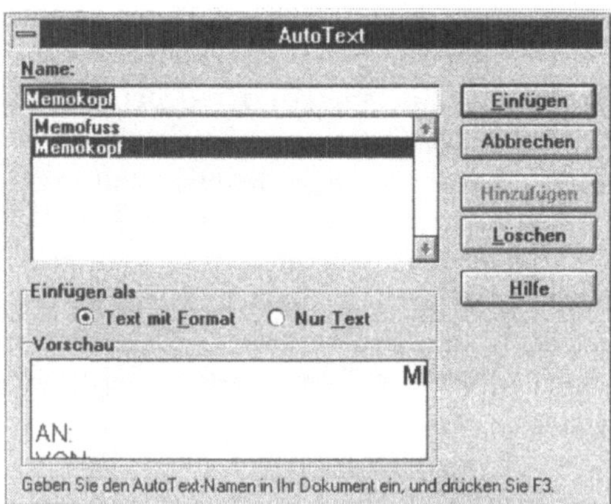

```
                    MEMORANDUM

AN:             »Frau Vranitzko
VON:            »Dipl.-Kfm. Klein
BETRIFFT:       »Projekt „PC-Einsatz"
KOPIE    AN:            »Geschäftsführung
DATUM:          01.06.94

Im Rahmen der letzten Arbeitssitzung des Arbeitskreises „Optimierung
des PC-Einsatzes" wurde festgelegt, daß Frau Vranitzko eine Studie
zu den Möglichkeiten moderner Texterkennung erstellt. Diese Studie
sollte auch auf das Softwareangebot eingehen und nach ca. 3 Mona-
ten vorgelegt werden.


gez.
Dipl.-Kfm. Marcus Klein
- Abt. Finanzen -
```

Zur Aufgabenlösung sollten Sie zunächst mit dem Befehl **Neu** aus dem Menü **Datei** in leeres Fenster öffnen. Danach kann dann am Anfang des Fensters der erste Baustein MEMOKOPF eingefügt werden. Probieren Sie einmal beide zuvor beschriebenen Varianten aus. Bei Wahl der Variante a) müssen Sie das Dialogfeld „AutoText" wie nachfolgend wiedergegeben ausfüllen und dann die Schaltfläche <Einfügen> aktivieren.

Bild 10-3:
Textbaustein
einfügen

Erfassen Sie anschließend den zugehörigen Text. Am Textende ist dann der Textbaustein MEMOFUSS einzufügen. Der Bildschirm muß schließlich das folgende Aussehen haben:

Bild 10-4:
Mit Bausteinen
erstellter Text

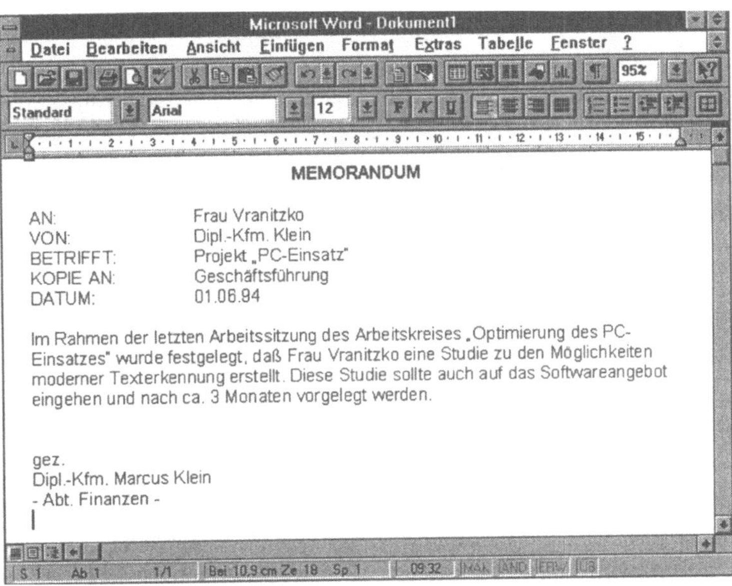

Speichern Sie das Ergebnis unter dem Dateinamen TEXT110.DOC.

Abschließend noch folgender **Hinweis:** Sofern Sie im Text keine Markierung für die Anlage eines Bausteins vorgenommen haben und wenn Sie eine Vorlage aktiviert haben, die keine Textbausteine enthält, so ist der Befehl **AutoText** logischerweise auch nicht aktivierbar.

10.5 Textbausteinpflege

Textbausteinbibliotheken verändern sich natürlich im Laufe der Zeit: neue Bausteine sollen hinzugefügt, überflüssige gelöscht werden. Auch dies können Sie mit WINWORD einfach realisieren.

Wenn Bausteine ergänzt werden sollen, ist in gleicher Weise vorzugehen, wie soeben bei der Ersterfassung beschrieben wurde. Achten Sie nur darauf, daß auch später die Speicherung der neuen Bausteine in der gewünschten Weise erfolgt.

Eine andere Variante kann darin bestehen, einen vorhandenen Baustein inhaltlich zu modifizieren. Dazu müssen Sie den betreffenden Baustein zunächst in Ihr Dokument einfügen und anschließend die notwendigen Änderungen vornehmen. Nach Vornahme der gewünschten Änderungen ist der gesamte Inhalt des bearbeiteten Bausteins zu markieren. Aktivieren Sie danach wieder das Dialogfenster „AutoText", und geben Sie hier den bisherigen Bausteinnamen ein, oder markieren Sie ihn in der Liste. Anschließend kann die Schaltfläche <Hinzufügen> aktiviert werden. Sie werden dann gefragt, ob Sie den AutoText-Eintrag neu definieren wollen. Bestätigen Sie dies durch Klicken auf die Schaltfläch <Ja>, so daß der bestehende AutoText-Eintrag durch den neuen ersetzt wird.

Im Rahmen der Bausteinpflege kann sich außerdem die Notwendigkeit ergeben, einen definierten Baustein wieder aus dem Verzeichnis zu entfernen. Dazu ist folgendes Vorgehen notwendig:

Reihenfolge der Bearbeitung	Tastenfolge
1. Menü Bearbeiten aktivieren	Alt + B
2. Befehl AutoText aufrufen	T
3. Bausteinname eingeben oder markieren	....
4. Schaltfläche <Löschen> aktivieren	Alt + L
5. Schaltfläche <Schließen> wählen	Esc

Endgültig vollzogen ist das Löschen beim Arbeiten mit speziellen Dokumentvorlagen damit jedoch noch nicht. Nach Beendigung des Arbeitens durch Schließen des Dokuments werden Sie ausdrücklich noch einmal gefragt, ob Sie die Bausteinänderungen in der DOT-Datei speichern wollen. Erst wenn Sie hier mit <OK> bestätigen, werden die Bausteine endgültig gelöscht.

10.6 Textbausteine drucken

In bestimmten Zeitabständen möchten Sie natürlich auch einen schriftlichen Überblick über die aktuell vorhandenen Bausteine haben. Es besteht deshalb die Möglichkeit, die Bausteine gezielt auszudrucken. Dazu ist das Menü **Datei** zu wählen und hier der Befehl **Drucken** zu aktivieren. Wichtig ist, daß jetzt das Listenfeld „Drucken" aktiviert wird und hier statt „Dokument" die Option „AutoText-Einträge" ausgewählt wird:

Bild 10-5:
Bausteine drucken

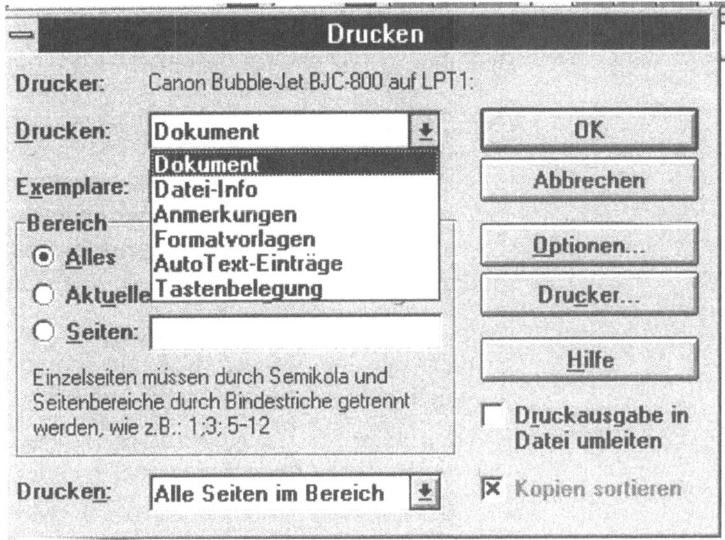

Nach Bestätigen der Schaltfläche <OK> erfolgt danach ein Ausdruck der Bausteine mit ihren Inhalten in alphabetischer Reihenfolge. Dabei wird natürlich der Bausteinname mit ausgedruckt.

Das Vorgehen im Überblick zeigt die folgende Checkliste:

Reihenfolge der Bearbeitung	Tastenfolge
1. Menü Datei aktivieren	Alt + D
2. Variante Drucken aufrufen	D
3. Listenfeld „Drucken" aktivieren	Alt + D
4. Option „AutoText-Einträge" auswählen	
5. Befehl ausführen	↵

Hinweis: Bei einer Vorlagen-Textbausteindatei werden zunächst die Bausteine der aktuellen Dokumentvorlage gedruckt und im Anschluß daran die Bausteine der globalen Bausteindatei NORMAL.DOT. Zum Schluß könnten noch AutoText-Einträge ausgegeben werden, die als sog. Add-Ins gespeichert sind.

10.7 Textbausteindateien für Fachgebiete erzeugen

Bisher wurden die Textbausteine so angelegt, daß sie regelmäßig benutzt werden können. Diese Bausteine stehen also jederzeit ohne besonderen Abruf zur Verfügung. Darüber hinaus können erfaßte Textbausteine aber auch in einer gesonderten Datei gespeichert werden. Diese Bausteine stehen dann nach entsprechendem Aufruf für das Erstellen von bestimmten Texten gezielt zur Verfügung. Dadurch kann insbesondere bei umfangreichen Bausteinbibliotheken auch die Übersicht bewahrt werden.

Es wurde bereits erwähnt, daß das Arbeiten mit Dokumentvorlagen an anderer Stelle ausführlicher erläutert wird. Im folgenden soll deshalb nur überblicksmäßig auf die dabei bestehenden besonderen Möglichkeiten hingewiesen werden.

Durch die Kopplung von Dokumentvorlage und Textbausteinen können Sie sich verschiedene eigenständige Textbausteinverzeichnisse anlegen. In der beruflichen Praxis können dies sein:

- Bausteine für Standardkorrespondenz bestimmter Funktionsbereiche (Einkauf, Personal, Vertrieb)

- Bausteine für Aktennotizen und Protokolle

- Bausteine für Verträge.

In einer Dokumentvorlage ist es möglich, eine beliebig große Zahl von Textbausteinen abzulegen. Dies müssen nicht nur Texte, sondern können auch Grafiken oder Tabellen sein.

Um Bausteine in einer bestimmten Vorlage abzulegen, müssen Sie zunächst eine neue Datei in Verbindung mit dieser Vorlage aufrufen. Die Bausteine werden dann grundsätzlich in der gleichen Weise angelegt. Sie können jetzt allerdings bei der Anlage des Bausteins über das Listenfeld „AutoText-Eintrag verfügbar machen für" festlegen, ob dieser ein globaler Baustein sein soll oder nur für die Dokumentvorlage gelten soll.

Wenn Sie eine neue Vorlage mit Bausteinen anlegen wollen, empfiehlt sich beispielsweise, daß Sie zunächst aus dem Menü **Datei** den Befehl **Neu** wählen und hier statt „Dokument" die Variante „Vorlage" wählen. Nach der Bestätigung mit <OK> öffnet sich ein normales Textfenster. Wählen Sie danach aus dem Menü **Datei** den Befehl **Speichern unter**, und vergeben sie hier den Dateinamen; beispielsweise PERSONAL. Schließen Sie anschließend das Dokumentfenster.

Zur Anlage der Textbausteine müssen Sie aus dem Menü Datei den Befehl Neu wählen, hier die gewünschte Vorlage (z. B. PERSONAL.DOT) aktivieren. Nach der Bestätigung von <OK> können Sie dann in bekannter Weise die Bausteine für das Themengebiet „Personal" anlegen.

Nach der Anlage sämtlicher Bausteine müssen Sie noch eine endgültige Speicherung der neuen bzw. der aktualisierten Vorlage vornehmen. Bestätigen Sie deshalb beim Schließen des Dokuments die Abfrage, ob Änderungen in der .DOT gespeichert werden sollen, durch Klicken auf <Ja>.

Wollen Sie die einer Vorlage zugeordneten Bausteine später wieder verwenden, müssen Sie zunächst die Vorlage aktivieren. Das geht nach Aktivierung des Menüs **Datei** entweder durch Wahl des Befehls **Neu** (und Zuordnung der betreffenden Vorlage) oder durch Wahl des Befehls **Dokumentvorlage** und Aktivierung der Variante **Hinzufügen**.

Abschließend noch folgender Hinweis: Wenn Sie Bausteine in einer Vorlage speichern, gibt es noch eine besondere Möglichkeit, um das Arbeiten zu professionalisieren. So können Sie etwa Textbausteine in ein eigenes Menü einbinden. Das erspart das Eingeben von Abkürzungen, da nun die jeweiligen Bausteine direkt aus einem selbst gestalteten Pull-Down-Menü aufgerufen werden können.

11 Serienbriefschreibung

Ein besonderer Vorteil der Nutzung eines PC für die Textverarbeitung ist auch dann gegeben, wenn Texte für mehrere Adressaten gleichzeitig erzeugt werden müssen (sog. Serienbriefe). In diesem Fall kann ein gleicher Grundtext verwendet werden, wobei lediglich die Anschriften sowie unter Umständen noch weitere Einfügepositionen (zum Beispiel Anreden, Zahlenangaben) variabel sind. Typische Anwendungsfälle der betrieblichen Praxis sind

- Einladungsschreiben (etwa zu Seminaren, Präsentationen, Feierlichkeiten),

- Mitteilungen informativer Art (Stellenausschreibungen, Betriebsvereinbarungen),

- Akquisitionsschreiben sowie

- Anfragen an potentielle Lieferanten.

11.1 Vorgehensweise für das Erzeugen eines Serienbriefes

Um einen Serienbrief mit WORD erstellen zu können, müssen Sie einerseits einen **Grundtext** formulieren und erfassen. In diesem sog. Hauptdokument sind zusätzlich bestimmte Einfügestellen zu kennzeichnen, an denen später die für den jeweiligen Adressaten zutreffenden Informationen erscheinen.

In einem weiteren Schritt sind die Variablen zu erfassen oder anzugeben, die an den Einfügepositionen des Grundtextes „eingespielt" werden sollen. Zur Erzeugung dieser Datenquelle für den Seriendruck ist es notwendig,

- entweder eine gesonderte Datei anzulegen oder

- bereits elektronisch in Dateien vorhandene Adreßdaten aufzurufen und als gesonderte Textdatei zu speichern. Dabei kann unter Umständen noch eine Selektion nach vorgegebenen Kriterien erfolgen.

Liegen beide Dateien vor, kann über einen bestimmten Befehl bewirkt werden, daß der Grundtext mit den definierten Variablen gemischt wird (Anwendung der sog. **Merging-Funktion**). Auf diese Weise lassen sich in kurzer Zeit die verschiedenen Briefe ausdrucken, die nun auf den Einzelfall Bezug nehmen.

Die Realisierung der Serienbriefschreibung zeigt im Überblick die folgende Abbildung:

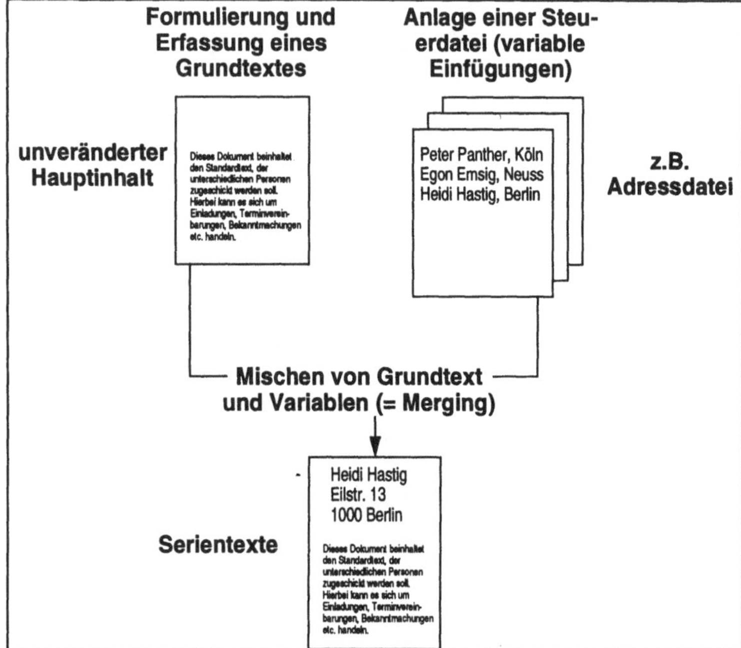

Mit WORD für WINDOWS kann die Serienbriefschreibung nach Aktivierung des Menüs **Extras** durch Wahl des Befehls **Serien-druck** ausgelöst werden (Tastenfolge (Alt)+(X), (D)). Ergebnis ist die Anzeige der Dialogbox „Seriendruck-Manager":

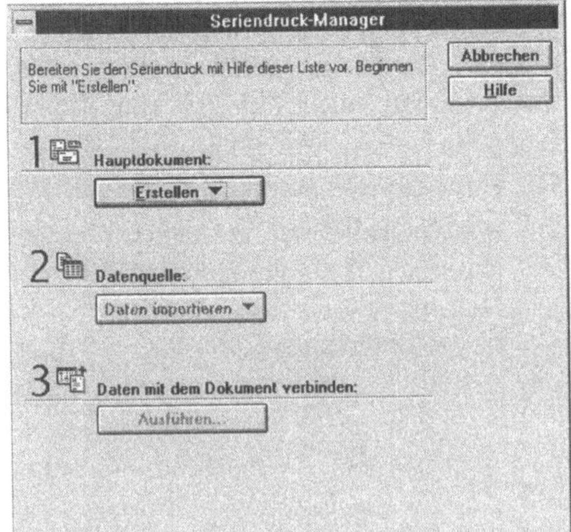

Aus der Dialogbox wird deutlich, daß zur Erzeugung von Serienbriefen zunächst zwei unterschiedliche Dateien anzulegen sind:

a)   Die erste Datei, **Hauptdokument** genannt, enthält den Grundtext. Dies sind die Informationen, die in allen Briefversionen gleich sind. Eingefügt in diesen gleichbleibenden Text sind Feldnamen, die als Platzhalter für die Variablen dienen. Dies bedeutet, daß an die Stelle der Feldnamen beim Druck variabler Text eingefügt wird. Außerdem können hier spezifische Steueranweisungen enthalten sein.

b)   Die zweite Datei ist die sog. **Steuerdatei (= Datenquelle)**. Dies ist die Datei, die die variablen Informationen enthält, die jedem Seriendokument eine individuelle „Note" verleihen. Beispiele: Namen, Anschriften, Anrede, Kontonummern, Produktbezeichnungen. Sie umfaßt am Anfang den sog. Steuersatz mit den Feldnamen und nachfolgend die aktuellen Datensätze.

Bei Auslösung des Druckvorganges werden diese Dateien dann so miteinander kombiniert, daß verschiedene individuelle Versionen eines Serientextes erzeugt werden. Dazu dient die dritte Option im Seriendruck-Manager: Daten mit dem Dokument verbinden.

Beispiel:

In einem Schulungsinstitut besteht die Aufgabe des Sekretariats darin, den für ein Seminar angemeldeten Teilnehmern per Serienbrief eine Anmeldebestätigung zukommen zu lassen. Grundlage ist ein bestimmtes Standardschreiben, in das die für den Einzelfall geltenden Bedingungen eingefügt werden können.

Computer-Schulungsservice

- Anrede -
- Name -
- Strasse -

- PLZ - Ort -

                             - Datum -

Seminar in xxxxxxxxxxx

- Anrede -

vielen Dank für die Anmeldung zum Seminar xxxxx. Das Seminar wird wie geplant am

          xxxxxxxxxxxxxxxxxxxxxxxxxxxx

in xxxxxxxxx stattfinden.

Mit freundlichen Grüßen

Bevor jetzt anhand dieses Beispiels die Serienbriefschreibung erläutert wird, noch folgender Hinweis für die Kenner von Vorgängerversionen des Programms WINWORD: Die Seriendruck-Funktion ist ab WINWORD 6 grundlegend verändert worden. Sie können allerdings bisher erstellte Serientexte auch in dieser neuen Version verwenden.

Ausgangspunkt kann zunächst einmal das Hauptdokument sein. Klicken Sie dazu in der Dialogbox „Seriendruck-Manager" bei Hauptdokument auf die Schaltfläche <Erstellen>. Ihnen bieten sich danach vier Varianten:

- Serienbriefe (für die Vorbereitung des Hauptdokuments)
- Adreßetiketten
- Umschläge sowie
- Katalog.

Neben der Erstellung von Serienbriefen haben Sie also auch die Möglichkeit, weitere in diesem Zusammenhang wichtige Anwendungen zu realisieren; etwa das Ausdrucken von Adreßetiketten oder das Bedrucken von Briefumschlägen mit Adreßdaten.

Nach Wahl der Variante „Serienbriefe" erscheint eine weitere Dialogbox. Sie haben darin die Wahl, ob Sie die Serienbriefe aus dem gerade aktivem Dokumentenfenster erstellen wollen oder über ein neues Hauptdokument.

Im Beispielfall können Sie auf <Aktives Fenster> klicken. Damit wird das vorliegende Dokument (in diesem Fall ein leeres) zur Grundlage für den Serienbrief definiert. Dies kann dann später durch Eingabe von Text bzw. das Hinzufügen von Seriendruckfeldern vervollständigt werden.

Hinweis: Wenn Sie ein bereits existierendes Dokument als Grundlage für Ihren Serienbrief machen wollen, so sollten Sie den bereits vorliegenden Brief zunächst öffnen. Danach ist dann der Befehl **Seriendruck** aus dem Menü **Extras** zu wählen. Hier müssen Sie unter Hauptdokument die Schaltfläche <Erstellen> aktivieren und anschließend die Option „Serienbriefe" auswählen. Klicken Sie dann auf die Schaltfläche <Aktives Fenster>, um das geöffnete Dokument zum Hauptdokument für den Serienbrief zu machen.

11.2   Steuerdatei anlegen (Datenquelle erstellen)

In einem ersten Schritt sollen Sie jetzt die Datenquelle erstellen; das heißt eine sog. **Steuerdatei** anlegen. Damit werden die Voraussetzungen geschaffen, daß entsprechende Einfügungen automatisch im Hauptdokument vorgenommen werden können. Die Steuerdatei enthält die variablen Textelemente, die anstelle der Kennungen in den Serientext eingefügt werden.

Voraussetzung für die Anlage einer Steuerdatei ist Klarheit über den Aufbau des Datensatzes mit den jeweiligen Datenfeldern. Ausgehend von den Vorüberlegungen zum Grundtext lassen sich diese leicht ableiten. Dann können Sie mit der Arbeit im Programm beginnen.

Das Erstellen einer geeigneten Steuerdatei für den oben beschriebenen Grundtext können Sie mit der folgenden Übung erlernen:

Aufgabe: Neue Steuerdatei erstellen

Erstellen Sie eine Steuerdatei für den Fall, daß folgende Teilnehmer angeschrieben werden sollen, und speichern Sie diese unter dem Dateinamen TEILN.DOC:

```
Herr Karl Käfer; Billrothstr. 4; 60316 Frankfurt
- Frau Silke Popscheck; Traumallee 7; 51064 Köln
- Herr Peter Robl; Nesselthalerstr. 1; 40627 Düsseldorf
- Herr Fritz Muliar; Am Tanzbrunnen 78; 46535 Dinslaken
- Frau Uschi Schutz; Auf der Weide 6; 67071 Ludwigshafen
```

Für das Erstellen der Steuerdatei müssen Sie im Fenster „Seriendruck-Manager" die Schaltfläche <Daten importieren> wählen. Folgende Varianten stehen zur Wahl:

Variante	Anwendung
Datenquelle erstellen	Neuaufbau einer Steuerdatei
Datenquelle öffnen	Zugriff auf eine vorhandene Datenquelle
Steuersatz-Optionen	wenn Daten und Steuerdatei in unterschiedlichen Dateien gespeichert werden sollen.

Im folgenden sollen Sie eine neue Datenquelle anlegen. Aktivieren Sie dazu die Option „Datenquelle erstellen". Es muß sich danach folgende Dialogbox ergeben:

Bild 11-3:
Dialogbox
„Datenquelle
erstellen"

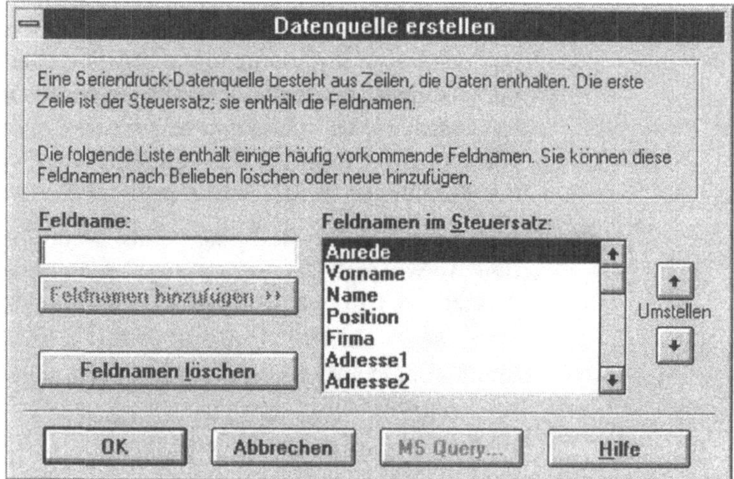

In dieser Dialogbox sind nun die Feldnamen in der gewünschten Reihenfolge einzutragen, die in dem Hauptdokument vorkommen sollen. Dazu werden in einem Listenfeld unter der Bezeichnung „Feldnamen im Steuersatz" die häufig vorkommenden Feldnamen angeboten. Sie können nun angebotene Feldnamen übernehmen, nicht benötigte löschen sowie eigene Feldnamen hinzufügen.

Im Beispielfall sind zunächst alle Feldnamen zu löschen, außer „Name", „Postleitzahl", „Ort" und „Anrede". Für das Löschen müssen Sie den Namen in der Liste zunächst markieren und dann auf die Schalftläche <Feldnamen löschen> klicken.

Danach sind folgende Feldnamen hinzuzufügen: Geschlecht und Strasse. Geben Sie dazu jeweils den Feldnamen im Eingabefeld „Feldname" ein, und klicken Sie dann auf die Schaltfläche <Feldnamen hinzufügen>.

Schließlich ist noch eine zweckmäßige Reihenfolge für die Feldnamen festzulegen. Dazu müssen Sie im Listenfeld den umzustellenden Feldnamen markieren und dann diesen nach oben oder nach unten verschieben (durch Klicken auf den Pfeil nach oben bzw. nach unten beim Begriff „Umstellen"). Klicken Sie auf den Pfeil so oft, bis die gewünschte Position erreicht ist.

Nach der Sortierung soll die Dialogbox das folgende Aussehen haben:

Bild 11-4:
Sortierte Feldnamen
eines Steuersatzes

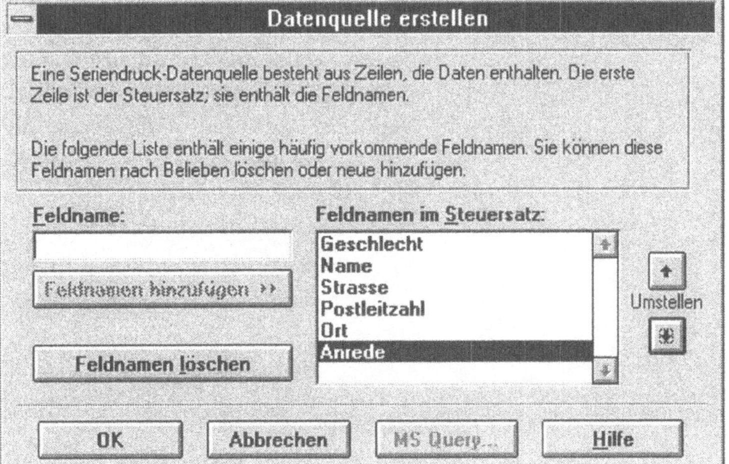

Sobald die Liste der Feldnamen Ihren Vorstellungen entspricht, können Sie die Schaltfläche <OK> anklicken. Es erscheint die Dialogfläche „Datenquelle speichern", mit der Sie die Möglichkeit erhalten, die neue Datenquelle zu sichern. Legen Sie hier jetzt den Namen für die anzulegende Steuerdatei fest. Vergeben Sie im Beispielfall den Namen TEILN.DOC.

Nach der Befehlsausführung mit <OK> erzeugt das Programm automatisch eine neue Datei. Gleichzeitig erscheint eine Dialogbox, die darauf hinweist, daß die Datenquelle noch keine Datensätze enthält. Klicken Sie nun auf die Schaltfläche <Datenquelle bearbeiten>. Ergebnis ist eine Daten-Erfassungsmaske, wie die folgende Abbildung zeigt:

Bild 11-5:
Maske zur Datensatzerfassung

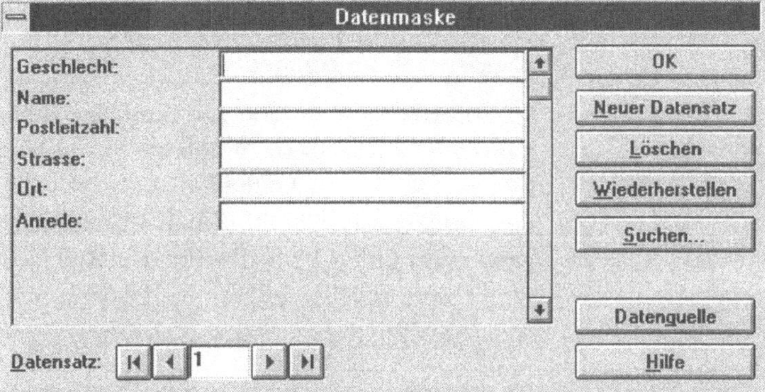

In der jetzt angezeigten Dialogbox „Datenmaske" müssen Sie nun für jeden Empfänger quasi ein Formular ausfüllen. In diesem Fall sind die verschiedenen Teilnehmerdaten einzugeben. Die Eintragungen zu einem Teilnehmer bilden dabei einen Datensatz. Es ist allerdings nicht notwendig, daß alle Felder mit Inhalt gefüllt werden.

Für die Lösung des Anwendungsbeispiels sind folgende Inhalte in den Maskenfeldern zu erfassen (Hinweis: Hier ist die Trennung der Felder durch ein Semikolon verdeutlicht):

```
Herrn;Karl Käfer;Billrothstr. 4;60316;Frankfurt;er Herr Käfer
Frau;Silke Popscheck;Traumallee 7;51064;Köln;e Frau Popscheck
Herrn;Peter Robl;Nesselthalerstr. 1;40627;Düsseldorf;er Herr Robl
Herrn;Fritz Muliar;Am Tanzbrunnen 78;46535;Dinslaken;er Herr Muliar
Frau;Uschi Schutz;Auf der Weide 6;67071;Ludwigshafen;e Frau Schutz
```

Die Eingabe erfolgt so, wie dies für Erfassungsmasken üblich ist:

- Mit ⇥ wandern Sie innerhalb einer Maske von Feld zu Feld. Mit der Tastenkombination ⇧+⇥ können Sie auch feldweise wieder zurückspringen.

- Um einen weiteren Datensatz zu erfassen, müssen Sie zunächst auf <Neuer Datensatz> klicken. Dann erscheint eine „leere" Maske zur weiteren Dateneingabe.

- Sind sämtliche Datensätze erfaßt, müssen Sie auf die Schaltfläche <OK> klicken.

Eingebene Datensätze werden vom Programm automatisch durchnumeriert. Dies wird auch daran deutlich, daß in der Dialogbox unten links die jeweiligen Datensatznummern angezeigt werden.

Wenn Sie sich die Datenquelle anzeigen lassen – etwa durch Klicken auf die Schaltfläche <Datenquelle> – wird deutlich, daß die eingegebenen Daten in Tabellenform verwaltet werden. Auffallend ist weiterhin, daß eine gesonderte **Symbolleiste** zur Verfügung steht, die die Verwaltung der Datensätze einer Steuerdatei erleichtert:

Bild 11-6:
Tabellendarstellung
mit Symbolleiste

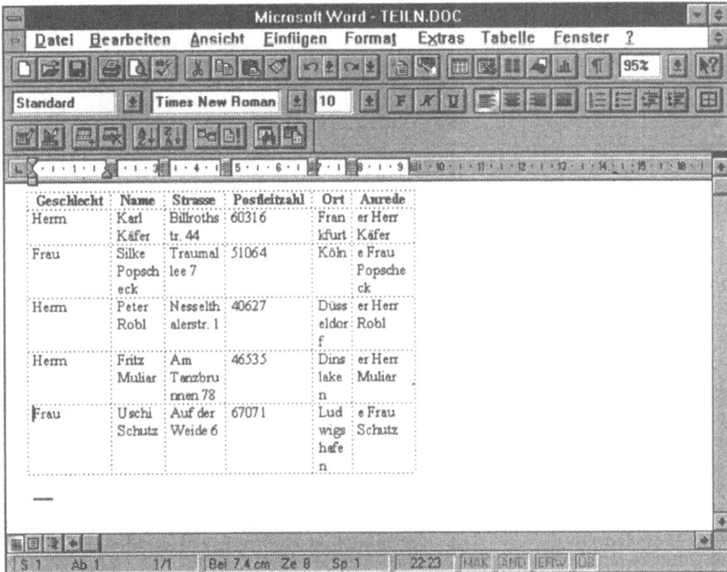

Intern erzeugt das Programm aus den eingegebenen Informationen der Steuerdatei automatisch eine Tabelle. Diese hat folgendem Aufbau:

- Am Anfang der Steuerdatei ist der sog. **Steuersatz** angegeben. Dieser Datensatz hat eine steuernde Funktion und sorgt dafür, daß das Programm die anschließend angegebenen Informationen richtig in die Einfügepositionen des Serientextes einordnet. Der Steuersatz enthält der Reihe nach die Kennungen (= Feldnamen) der Einfügepositionen aus dem Grundtext (= Namen der in der Serientextdatei verwendeten Textmarken).

- Nach dem Steuersatz folgen in den weiteren Tabellenzeilen die für den Anwendungsfall gewünschten **Einfügesätze**. Jede Zeile bildet jeweils einen Datensatz in der Datenquelle.

Die Symbole haben im einzelnen (von links nach rechts betrachtet) folgende Bedeutung:

a) Wechsel zur Datenmaske

b) Feld-Manager für das Hinzufügen neuer Felder (oder für das Entfernen und Umbenennen von Feldern)

c) Neue Datensätze hinzufügen

d) Datensatz löschen

e) Datensätze aufsteigend sortieren

f) Datensätze absteigend sortieren

g) Datenbank einfügen (Import von Daten aus einer Datenbank wie beispielsweise ACCESS)

h) Datensatz suchen

j) Wechsel zum Hauptdokument (= Dokument, aus dem Serienbrief aufgerufen wurde)

Speichern Sie die erfaßten Daten der Steuerdatei anschließend unter dem Dateinamen TEILN.DOC. Dazu ist aus dem Menü **Datei** der bekannte Befehl **Speichern unter** zu wählen.

Hinweise zu den beiden zusätzlichen Alternativen für das Definieren von Datenquellen:

Datenquelle öffnen: Sie können auch ein bereits vorhandenes Word-Dokument als Datenquelle verwenden, wenn Sie die empfängerbezogenen Informationen in einer Tabelle zusammengefaßt haben. Nach Wahl der Variante „Datenquelle öffnen" müssen Sie den Dateinamen für die gewünschte Datenquelle angeben. Nach Klicken auf <OK> erscheint dann eine Dialogbox, in der Sie die Schaltfläche <Hauptdokument bearbeiten> aufrufen müssen.

Steuersatz-Optionen: Beachten Sie folgenden Unterschied zwischen Steuerdatei und Steuersatzdatei. Eine separate Steuersatzdatei ist nötig, wenn Sie eine Steuerdatei durch Hinzufügen aus Fremdprogrammen erzeugt haben, hier aber keine Feldnamen am Anfang stehen.

11.3 Hauptdokument für einen Serienbrief erzeugen

Nachdem nun die Datenquelle als Steuerdatei erstellt wurde, muß jetzt noch der gewünschte Text erfaßt werden, der als Serientext verschickt werden soll. Dieses Hauptdokument ist derjenige Text, der die in allen Versionen des Serienbriefes gleichlautenden Textabschnitte enthält.

Um den Serientext vollständig erstellen zu können, müssen Sie wieder in das Fenster mit dem Hauptdokument zurückwechseln, von dem aus der Seriendruck-Befehl aufgerufen wurde. Dazu ist auf <Bearbeiten> bei Hauptdokument zu klicken.

Der Text kann im jetzt angezeigten Bildschirm grundsätzlich in der bekannten Weise eingegeben werden. Gleichzeitig wird deutlich, daß oberhalb des Lineals nun eine besondere Symbolleiste eingefügt ist, die einen direkten Zugriff auf die Feldnamen bietet sowie weitere Aktionen ermöglicht:

Bild 11-7:
Symbolleiste bei
Serienbriefen

Die Schaltflächen haben im einzelnen folgende Bedeutung:

a) Seriendruckfeld einfügen: für das Einfügen der Feldnamen in das Hauptdokument.

b) Bedingungsfeld einfügen: ermöglicht es, die Verwendung eines Datensatzes von einer bestimmten Bedingung abhängig zu machen.

c) Seriendruck-Vorschau: zur Darstellung der Serienbriefe mit den eingefügten Quelldaten am Bildschirm. Durch einen Mausklick kann zwischen Seriendruckfeld-Resultat und Seriendruckfeldanzeige hin und her geschaltet werden.

d) Symbole zur Ansteuerung der Datensätze: erster, vorheriger, nächster, letzter Datensatz. Durch Eingabe einer Zahl kann gezielt zu einem Datensatz gesprungen werden.

e) Seriendruck-Manager: die entsprechende Dialogbox wird angezeigt.

f) Fehlerprüfung: Vor dem Verbinden findet eine formale Fehlerprüfung statt.

g)   Ausgabe der Serienbriefe in ein neues Dokument: erstellt eine Datei für die Serienbriefe.

h)   Ausdruck der Serienbriefe: der Druckvorgang für die Serienbriefe wird ausgelöst.

i)   Datensatz suchen: In einer Seriendruck-Datenquelle kann nach einem bestimmten Datensatz gesucht werden.

j)   Seriendruck: zur gezielten Auswahl von einzelnen Serienbriefen wird die Dialogbox Seriendruck angezeigt.

j)   Datenmaske: ruft die Dialogbox „Datenmaske" auf und zeigt die jeweiligen Datensätze an.

Aufgabe: Hauptdokument erfassen

Die Teilnehmer des Seminars „Wie bekomme ich den PC in den Griff?", das am 20.09.94 und 21.09.94 in Frankfurt stattfindet, sollen eine entsprechend abgestimmte Anmeldebestätigung erhalten.

Erfassen Sie zunächst den vollständigen Grundtext, und speichern Sie diesen unter dem Dateinamen TEXT110.DOC. Er sollte folgendes Aussehen haben:

Computer-Schulungsservice

<<Geschlecht>>
<<Name>>
<<Strasse>>

<<Postleitzahl>> <<Ort>>

aktuelles Datum

Seminar in Frankfurt

Sehr geehrt<<Anrede>>,

vielen Dank für die Anmeldung zum Seminar „Wie bekomme ich den PC in den Griff?". Das Seminar wird wie geplant am
20.09.944 und 21.09.94
in Frankfurt stattfinden.

Mit freundlichen Grüßen

Im Hauptdokument sind die Textstellen als Einfügepositionen kenntlich zu machen, die sich von Empfänger zu Empfänger ändern. Die **Einfügepositionen** erhalten dabei einen Variablennamen (auch Feldeinfügung, Kennung oder Platzhalter genannt).

Beim späteren Ausdruck werden die im Hauptdokument enthaltenen Einfügepositionen durch konkreten Text ersetzt, so daß der Serientext für den einzelnen Empfänger individuell gestaltet wird. Die Kennungen für die Einfügepositionen sind deshalb aus Abgrenzungsgründen durch die Steuerzeichen << bzw >> „eingekleidet".

Zunächst müssen Sie im Beispielfall den Absender-Firmenkopf erfassen. Dann ist die erste Einfügeposition anzusteuern und der Feldname einzufügen. Klicken Sie dazu in der Symbolleiste auf die Schaltfläche <Seriendruckfeld einf>. Ergebnis ist, daß das folgende Fenster geöffnet wird:

Bild 11-8:
Seriendruckfelder
einfügen

Aus der angezeigten Liste der verfügbaren Datenfelder müssen Sie nun den zutreffenden Feldnamen auswählen; im ersten Fall den Feldnamen „Geschlecht". Nach einem Klick wird dieser direkt in den Text übernommen. Die Feldnamen werden im Text mit doppelten Winkeln (sog. Chevrons) angezeigt, um sie vom übrigen Text zu trennen.

In ähnlicher Form sind die weiteren Einfügepositionen anzugeben (Name usw.). Danach kann der eigentliche Grundtext (nebst anderen Einfügepositionen) erfaßt werden. Am Anfang der Datei müßte sich das folgende Aussehen ergeben:

Bild 11-9:
Serientext-Datei

Merke: Durch das Einfügen von Seriendruckfeldern im Hauptdokument weisen Sie das Programm an, an welcher Stelle die Informationen aus der Datenquelle im Serienbrief gedruckt werden sollen. Dasselbe Seriendruckfeld kann im Hauptdokument beliebig oft und in beliebiger Reihenfolge eingefügt werden.

Sollen bestimmte variable Einfügungen im Serienbrief hervorgehoben werden, so können Sie einem Seriendruckfeld im Hauptdokument unter Verwendung der Symbolleiste Formate wie „Fett" oder „Kursiv" zuweisen.

Ist der Serientext vollständig erfaßt, kann die Speicherung erfolgen: im Beispielfall ist dazu das Menü **Datei** zu aktivieren und nach Wahl des Befehls **Speichern unter** der Dateiname TEXT110.DOC zu vergeben. Danach ist dann der Seriendruck realisierbar.

Hinweis: Auch mit früheren Word-Versionen erstellte Dokumente können als Hauptdokumente vom Programm identifiziert werden.

11.4 Serienbriefe anzeigen und drucken

Nachdem die Vorarbeiten geleistet sind, können Sie den Druckvorgang einleiten. Grundsätzlich wird dabei das erstellte Hauptdokument mit der definierten Datenquelle verbunden. Dabei werden die variablen Größen der Steuerdatei in das jeweilige

Hauptdokument eingefügt, so daß verschiedene Versionen entstehen, die auf die speziellen Gegebenheiten Bezug nehmen.

Merke: Für jeden in der Datenquelle enthaltenen Datensatz wird eine spezifische Version des Serienbriefes erzeugt.

Zur Realisierung des Seriendrucks muß grundsätzlich das Hauptdokument aktiv sein. Mit den vorhandenen Schaltflächen haben Sie nun alle Möglichkeiten. Im einzelnen können Sie damit bestimmen, in welcher Form das Hauptdokument angezeigt werden soll und wie es mit der Datenquelle verbunden wird.

Aufgabe: Seriendruck realisieren

Realisieren Sie die gewünschten fünf Briefe unter Nutzung des Serienbrief-Drucks. Führen Sie dazu folgende Teilaufgaben durch:

a)   Öffnen Sie das erstellte Hauptdokument TEXT110.DOC, und führen Sie zunächst eine Fehlerprüfung durch.

b)   Prüfen Sie anschließend den Ausdruck am Bildschirm, indem Sie die Ausgabe in eine Datei umleiten. Schauen Sie sich die erstellten Texte am Bildschirm an, ob diese Ihren Vorstellungen entsprechen. Das Ergebnis ist als TEST1 zu speichern.

c)   Erstellen Sie abschließend – sofern die Mischung der Dateien korrekt vorgenommen wurde – den Ausdruck sämtlicher Briefe.

11.4.1   **Seriendruckvorschau**

Sie können sich einmal quasi in einer Vorschau anzeigen lassen, zu welchen Resultaten die Verbindung von Hauptdokument und Datenquelle (= Steuerdatei) führt. Dazu müssen Sie im Hauptdokument auf die Schaltfläche <Seriendruck-Vorschau> der Seriendruck-Symbolleiste klicken. Danach werden im Hauptdokument automatisch die Daten aus dem ersten Datensatz an die Stelle der Feldnamen der Seriendruckfelder gesetzt.

Sie können jetzt feststellen, ob die Verbindung korrekt ist. Auch können Sie über das Menü **Datei** durch Wahl des Befehls **Drukken** ein Dokument mit den vorab geprüften Daten direkt ausdrucken.

Soll nicht das Ergebnis mit dem ersten Datensatz angezeigt werden, sondern zu einem anderen, so können Sie die Pfeilschaltflächen in der Seriendruck-Symbolleiste nutzen. Auch eine Eingabe der Datensatz-Nummer ist in dem mittleren Feld möglich. Durch Klick auf <Seriendruck-Vorschau> wird der jeweilige Brief mit den eingefügten Daten angezeigt.

11.4.2   Fehlerprüfung und -korrektur

Um unnötigen Papierverbrauch zu vermeiden, empfiehlt sich vor dem Ausdruck zunächst eine Fehlerprüfung. So können Sie global feststellen, ob die einzelnen Empfängerinformationen aus der Datenquelle richtig mit dem Hauptdokument verbunden werden.

Aufgerufen wird die Fehlerprüfung durch Klicken auf das Symbol „Fehlerprüfung". Es erscheint eine Dialogbox, die verschiedene Möglichkeiten bietet. So können Sie im einzelnen festlegen, wie das Programm gefundene Fehler anzeigen soll.

Standardmäßig erscheint der Vorschlag „Verbindung herstellen, bei jedem Fehler unterbrechen und Fehler anzeigen". Klicken Sie auf <OK>, wird die Ausführung vorgenommen. Sofern die eingefügten Seriendruckfelder nun nicht mit denen der Datenquelle übereinstimmen, werden die ungültigen Seriendruckfelder vom Programm gemeldet. Sie können jetzt eine entsprechende Fehlerkorrektur vornehmen. Ist alles korrekt, erscheint das folgende Dialogfenster:

Bild 11-10:
Anzeige des
Testergebnisses

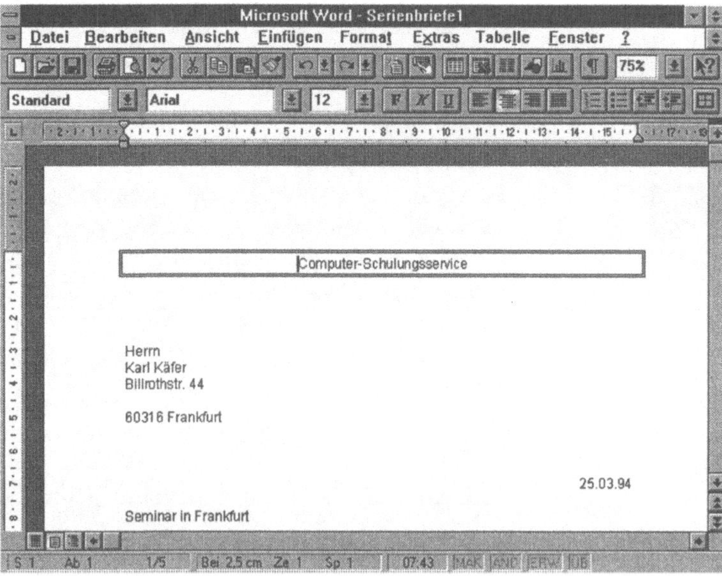

Sie können nun nach unten blättern und sich die weiteren Ergebnisse am Bildschirm anschauen.

11.4.3

Als neues Dokument ausgeben

Um sämtliche Briefe vor dem Drucken einzusehen, um sie dann erst zu einem späteren Zeitpunkt auszugeben, können Sie diese zu einem neuen Dokument verbinden. Die sich aus der Verbindung von Hauptdokument und Datenquelle ergebenden Seriebriefe werden dann in einem einzigen Dokument zusammengefaßt. Die Trennung der einzelnen Briefe wird durch einen Abschnittswechsel (punktierte Doppellinien) verdeutlicht.

Zur Auslösung dieser Option, die im Prinzip eigentlich mit der Fehlerprüfung vergleichbar ist, müssen Sie im Hauptdokument das Symbol für „Ausgabe in Dokument" auf der Seriendruck-Symbolleiste anklicken. Ergebnis ist die Bildschirmanzeige wie im vorhergehenden Fall.

Am Anfang ergibt sich also der erste korrekte Serienbrief. Weitere können mit `Bild↓` der Reihe nach angeschaut werden. So können Sie der Reihe nach am Bildschirm prüfen, ob die Kombination der Dateien korrekt vorgenommen wurde. Bei Bedarf kann damit vor dem eigentlichen Ausdruck noch eine entsprechende Korrektur durchgeführt werden. Auch können Sie jetzt noch individuelle Anmerkungen für bestimmte Briefe vornehmen.

Speichern Sie das Ergebnis abschließend mit dem Namen TEST1. Die auf die beschriebene Weise erstellte Datei kann nun als eine normale Textdatei behandelt werden. So können die Briefe einzeln am Bildschirm geprüft werden. Soll ein Ausdruck sämtlicher oder ausgewählter Briefe erfolgen, müssen Sie aus dem Menü **Datei** den Befehl **Drucken** wählen.

11.4.4

Serienbriefe drucken

Ist der Test fehlerfrei verlaufen, kann der Ausdruck der Serienbriefe erfolgen (wie in Teilaufgabe c gewünscht). Im Rahmen dieses Druckvorganges werden die beiden Dateien miteinander kombiniert und für jeden Einfügesatz der Steuerdatei ein spezieller Brief automatisch auf dem Drucker ausgegeben.

Veranlassen können Sie die Druckausgabe durch Anklicken des Symbols <Ausgabe an Drucker>. Nach Aktivierung öffnet sich die bekannte Dialogbox „Drucken". Sie können nun auswählen, ob alle Serienbriefe oder nur ausgewählte Seiten gedruckt werden sollen.

Werden alle Seiten gedruckt, ergeben sich im Beispielfall die fünf gewünschten Einladungsschreiben. Der Beginn einer neuen

Seite wird vom Programm automatisch vorgenommen. Achten Sie allerdings darauf, daß in Abhängigkeit vom installierten Drucker und dem verwendeten Papierformat die Seitenlänge des Serientextes richtig eingestellt ist.

11.4.5   Adressen auf Briefumschläge drucken

Gerade in Verbindung mit Serienbriefen kann es interessant sein, die Adreßdaten unmittelbar auf Briefumschläge zu drucken.

Zur Problemlösung bietet es sich an, zunächst die zu verwendende Umschlagseite zu gestalten (sie bildet im folgenden dann das Hauptdokument). Dazu müssen Sie nach Wahl des Menüs **Extras** und Aktivierung des Befehls **Seriendruck** die Schaltfläche <Erstellen> aktivieren und hier die Option „Umschläge" wählen. Klicken Sie in der folgenden Dialogbox auf die Schaltfläche <Aktives Fenster>.

In der danach angezeigten Dialogbox „Seriendruck-Manager" müssen Sie unter „Datenquelle" die Schaltfläche <Daten importieren> wählen und dann die Angaben zur Datenquelle nach einem gewünschten Verfahren vornehmen. Öffnen Sie beispielsweise TEILN.DOC.

Nach der Erstellung der Datenquelle, müssen Sie wieder zur Dialogbox „Seriendruck-Manager" zurückkehren und hier die Schaltfläche <Einrichten> unter „Hauptdokument" aktivieren. Ergebnis:

Bild 11-11:
Optionen für Umschläge festlegen

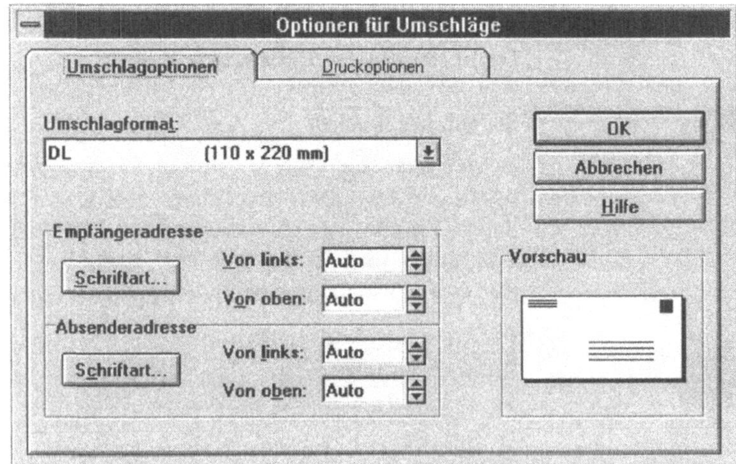

Folgende Angaben sind in der Dialogbox „Optionen für Umschläge" zu machen:

- In der Registerkarte „Umschlagoptionen" ist das gewünschte Briefumschlagformat einzustellen. Dazu gehören vor allem die Schriftart für die Empfänger- und Absenderadresse sowie die Position der Adressen auf dem Umschlag.

- In der Registerkarte „Druckoptionen" müssen Sie die Optionen für den Umschlageinzug einstellen, die für Ihren Drucker passen.

Nach Klicken auf <OK> wird die Dialogbox geschlossen, und es erscheint die Dialogbox „Umschlagadresse". Nun müssen Sie die Einfügemarke in den Bereich „Musteradresse" setzen und dann die Schaltfläche <Seriendruckfeld einfügen> anklicken. So können Sie jetzt der Reihe nach die gewünschten Seriendruckfelder einfügen. Das Ergebnis könnte folgendes Aussehen haben:

Bild 11-12:
Umschlagadresse
aufbauen

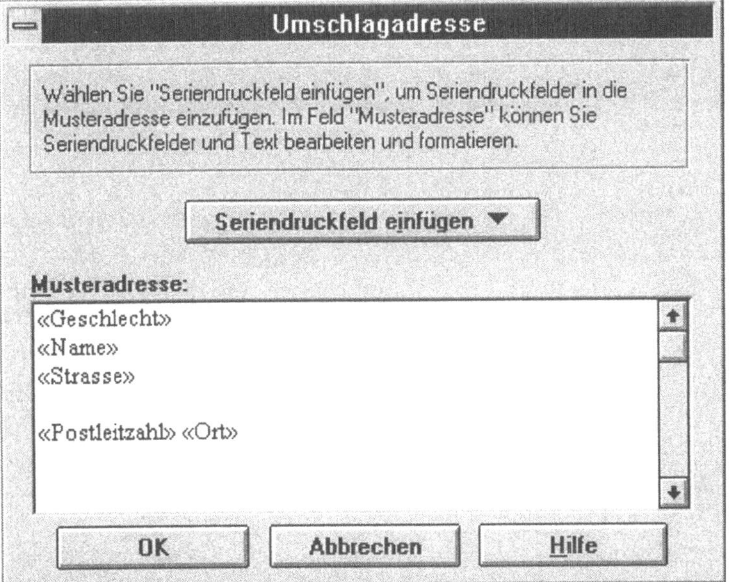

Nach Fertigstellung und Klicken auf <OK> müssen Sie im Seriendruck-Manager die Schaltfläche <Bearbeiten> unter „Hauptdokument" anklicken. Ergebnis ist die folgende Bildschirmanzeige:

Bild 11-13:
Ergebnis der Umschlagerzeugung

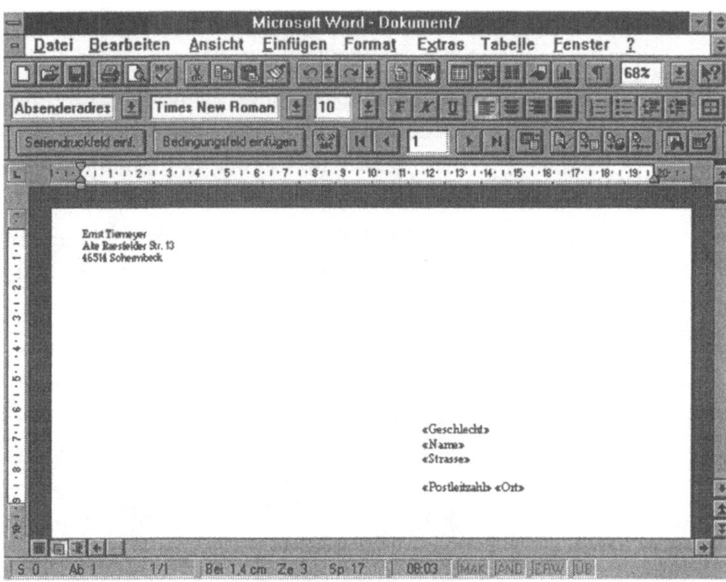

Nun wird in der Layoutansicht das Hauptdokument „Briefumschlag" angezeigt. Für die Adressen gilt folgendes:

- Für die Empfängeradresse erscheint ein Positionsrahmen auf dem Umschlag

- Wurde eine Absenderadresse angegeben, wird auch dafür ein Positionsrahmen eingefügt. Die Daten holt sich das System automatisch aus dem Datei-Manager. Sofern Umschläge mit vorgedrucktem Absender verwendet werden, müssen Sie diesen löschen.

Mit Hilfe des Positionsrahmens können Sie nun noch gesonderte Positionierungen der Adressen vornehmen. Sind alle Einstellungen zufriedenstellend, können Sie über die Symbolleiste den Druck auslösen.

11.5 Datensätze aus anderen Programmen übernehmen

In der Praxis werden die für einen Serienbrief benötigten Daten häufig bereits von anderen Programmen verwaltet (z. B. die Adreßdaten mit einem speziellen Datenverwaltungsprogramm). Um unnötigen Erfassungsaufwand zu vermeiden, können in einer Steuerdatei deshalb auch Daten aus anderen Anwendungsprogrammen (etwa aus den bekannten Datenbanksystemen ACCESS und DBASE) übernommen werden.

Grundsätzlich lassen sich in WORD alle Datensätze übernehmen, die im ASCII-Format gespeichert sind (ASCII = American Standard Code for Information Interchange). Ergänzend ist lediglich notwendig, daß jeder Datensatz durch ein Wagenrücklaufzeichen abgeschlossen wurde sowie zwischen den einzelnen Kennungen eine Trennung durch ein Semikolon oder ein TAB-Zeichen vorgenommen wurde.

Folgende Teilschritte sind im einzelnen erforderlich, um Datensätze aus einem anderen Programm übernehmen zu können:

a) Speichern Sie die zu übergebende Datei im Ausgangsprogramm als ASCII-Datei ab.

b) Laden Sie die Datei im Textprogramm mit dem Befehl **Seriendruck** im Menü **Extras**, indem Sie im angezeigten Dialogfenster die Schaltfläche <Datenquelle importieren> wählen.

c) Erfassen Sie hier anschließend den neuen Steuersatz. Dabei ist auf die identische Reihenfolge der Feldnamen des Steuersatzes und der entsprechenden Einträge der Datendatei zu achten.

d) Nach dem Speichern des Steuersatzes wird automatisch wieder das Dokumentfenster angezeigt, in dem Sie den Serientext erfassen oder bearbeiten können.

Neben der Möglichkeit, ASCII-Dateien zu übernehmen, kann auch eine Direktübernahme aus verschiedenen Programmen durchführbar sein. So lassen sich z. B. Dateien aus dem bekannten Datenbanksystem dBASE direkt übernehmen. Angenommen, Sie haben auf Ihrer Festplatte im Laufwerk C im Unterverzeichnis „DBASE" eine Adreßdatei mit dem Dateinamen NEUKUNDE.DBF gespeichert. Um diese Datei in WINWORD zu übernehmen, müssen Sie wie folgt vorgehen:

a) Wahl der Schaltfläche <Datenquelle öffnen>

b) Eingabe des zutreffenden Suchweges und Dateinamens; beispielsweise C:\DBASE\NEUKUNDE.DBF

c) Wahl des Dateityps; hier „dBase Files (*.dbf)"

d) Ausführung des Befehls: auf <OK> klicken.

Nach Bestätigen der Datenquelle erfolgt die Übergabe und die Rückkehr zur Dialogbox „Seriendruck-Manager". Nun können Sie das Hauptdokument öffnen und die Seriendruckfelder wie gehabt einfügen.

Hinweis: Besonders elegant ist die Übernahme von Datenbankinformationen durch Aktivierung des Menüs **Einfügen** und Wahl des Befehls **Datenbank**.

11.6 Serienbriefschreibung mit bedingter Texteinfügung

In der Praxis sind Anwendungsfälle denkbar, wo in verschiedenen Ausfertigungen eines Serientextes verschiedene Textelemente einzusetzen sind. WINWORD bietet hierzu die Möglichkeit einer bedingten Texteinfügung. Durch das Einfügen von Sonderanweisungen in den Grundtext kann bewirkt werden, daß je nach Inhalt der Steuerdatei unterschiedliche Textelemente beim Druck eines Serientextes eingefügt werden.

Anhand folgender Aufgabenstellung soll dies erläutert werden:

Aufgabe: Serienbriefaktion mit bedingter Texteinfügung

Das Schulungsinstitut im vorhergehenden Beispiel möchte den Anwendungsbereich der Serienbriefschreibung erweitern und flexibler gestalten. So soll eine Dateiverwaltung stattfinden, die zu den einzelnen Teilnehmern auch das belegte Seminar und den Seminartermin verwaltet. Außerdem soll den Teilnehmern – je nach Seminarort – eine genauere Information zum Ort bzw. dem Hotel eingefügt werden.

Seminare führt das Institut grundsätzlich in Frankfurt, Gießen und Wetzlar in einem bestimmten Hotel durch. In Abhängigkeit vom Seminarort soll den Teilnehmern mit dem Serienbrief eine gezielte Information zugehen. Im einzelnen sollen jeweils folgende Texteinschübe erfolgen:

1)   Seminarort Frankfurt:

```
Sofern Sie mit dem Auto anreisen, erreichen Sie das Hotel Mövenberger direkt über die Autobahnausfahrt Flughafen (danach finden Sie eine entsprechende Ausschilderung). Bei Anreise mit dem Flugzeug können Sie den kostenlosen Transfer vom Flughafen zum Hotel nutzen. Auf Wunsch lassen wir gern ein Zimmer für Sie reservieren.
```

2)   Seminarort Gießen:

```
Als Anlage erhalten Sie einen Prospekt zum Seminarhotel. Diesem können Sie sinnvolle Anfahrtsmöglichkeiten entnehmen. Bitte nehmen Sie die Zimmerreservierung – falls erwünscht – selbst beim Hotel vor.
```

3)   Seminarort Wetzlar:

```
Als Anlage erhalten Sie einen Prospekt zum Seminarhotel. Diesem können Sie sinnvolle Anfahrtsmöglichkeiten entnehmen. Auf Wunsch lassen wir gern ein Zimmer für Sie reservieren.
```

Das Standardschreiben soll nun folgendes allgemeines Aussehen haben:

```
Anschrift -
                                                              Datum -



Seminar in *Stadt*

Anrede -

vielen Dank für die Anmeldung zum Seminar xxxxxxxxxxxxxxx. Das
Seminar wird wie geplant am


                      xxxxxxxxxxxxxxx

in *Seminarort* stattfinden.

*Zusatzinformation in Abhängigkeit vom Seminarort*

Wir wünschen Ihnen eine gute Anreise und einen angenehmen
Seminarverlauf.

Mit freundlichen Grüßen
```

a)   Erweitern Sie den Grundtext zur Organisation der Serienbriefschreibung (Dateiname TEXT111.DOC)

b)   Erfassen Sie anschließend die zugehörige Steuerdatei (Dateiname ANMELDE.DOC). Sie soll beispielhaft drei verschiedene Teilnehmer enthalten, die an drei verschiedenen Seminaren mit jeweils drei verschiedenen Seminarorten teilnehmen:

```
Herrn Axel Holzschuh; Lindenstr. 7; 50001 Köln; er ist für das
Seminar „PC für Manager" in Gießen angemeldet; Termin: 12.03.94
und 13.03.94.
Frau Tina Hasenklee; Traumallee 20; 46535 Dinslaken; sie ist für
das Seminar „PC-Einsatz im Sekretariat" in Frankfurt angemeldet;
Termin: 22.03.94 und 23.03.94.
Herrn Theodor Hasenau; Alexanderstr. 3; 49999 Lübbecke; er ist
für das Seminar „PC-Einsatz im Mittelstand" in Wetzlar an-
gemeldet; Termin: 20.03.94.
```

c)   Erstellen Sie einen Ausdruck der drei Serienbriefe.

Erster Teilschritt ist wieder das Erstellen der Steuerdatei, die Sie dem Hauptdokument beifügen wollen. Diese Datenquelle ist unter dem Namen ANMELDE.DOC zu speichern. Zu diesem Zweck müssen Sie sämtliche Namen, die im Grundtext mit Variablen belegt sind, in der Reihenfolge der Felder der Einfügesätze angeben. Beispiel: Geschlecht; Name, Strasse etc.

Anschließend kann die Eingabe der verschiedenen Einfügesätze erfolgen. Die Steuerdatei für das Anwendungsbeispiel kann folgendes Aussehen haben:

```
Geschlecht;Name;Strasse;PLZ;ORT;Stadt;Anrede; Seminarbezeichnung;Seminartermin;Seminarort
Herr;Axel Holzschuh;Lindenstr. 7;50001;Köln;Gießen;er Herr Holzschuh;PC für Manager;12.03.94 und 13.03.94;Gießen
Frau;Tina Hasenklee;Traumallee 20;46535;Dinslaken;Frankfurt;e Frau Hasenklee;PC-Einsatz im Sekretariat;22.03.94 und 23.03.94;Frankfurt
Herr;Theodor Hasenau;Alexanderstr. 3;49999;Lübbecke;Wetzlar;er Herr Hasenau;PC-Einsatz im Mittelstand;20.03.94;Wetzlar
```

Speichern der Steuerdatei unter dem Dateinamen ANMEL-DE.DOC.

Um das Einfügen eines bestimmten Textabschnittes in einen Serientext in Abhängigkeit von einer bestimmten Bedingung (etwa der Zugehörigkeit zu einem bestimmten Postleitzahlgebiet, der Nachfrage nach einem bestimmten Artikel oder ähnlichem) durchführen zu können, wird in WINWORD folgende Feldfunktion zur Verfügung gestellt:

WENN(„Bedingung""Dannwert""Sonstwert")

Alternativ können Sie auch über die Seriendruck-Symbolleiste die Funktion zur Einfügung von Bedingungsfeldern aufrufen.

Mit dieser Anweisung können Kennfelder nach verschiedenen Kriterien überprüft werden. Im Beispielfall handelt es sich um eine sehr komplexe Bedingung mit Mehrfachabfragen. Die Lösung zeigt der folgende Bildschirmausschnitt für den Schluß des Textes (Hinweis: Die Anzeige der „Feldfunktionen" wurde über den Befehl **Optionen** des Menüs **Extras** über die Registerkarte „Ansicht" aktiviert):

Bild 11-14:
Serientext mit
Bedingungen

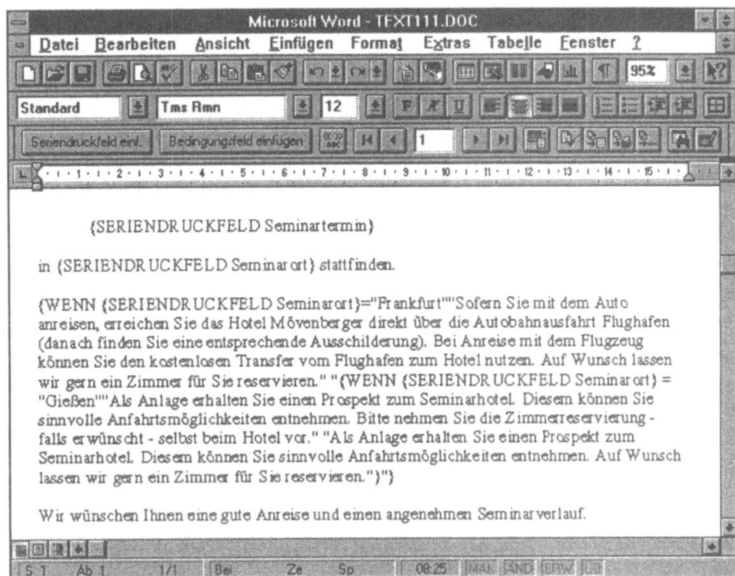

Nach Beendigung des Druckvorganges ergeben sich in dem vorliegenden Anwendungsbeispiel die gewünschten drei Briefe.

11.7 Selektieren in Steuerdateien

Sofern keine besonderen Angaben vorgenommen werden, erfolgt bei Ausführung des Befehls **Seriendruck** eine Ausgabe von Serientexten für sämtliche Einfügesätze, die in der angesprochenen Datenquelle enthalten sind. Im Textverarbeitungsprogramm WINWORD besteht darüber hinaus jedoch die Möglichkeit, eine gezielte Selektion aus der vorhandenen Steuerdatei vorzunehmen und nur einen Teil der Einfügesätze beim Serienbriefdruck anzusprechen.

Aufgabe: Selektierter Druck von Serientexten

a) Führen Sie die Serienbriefschreibung für den Serientext mit dem Dateinamen TEXT110.DOC erneut durch. Allerdings sollen aus der Steuerdatei, die fünf Datensätze enthält, nur der zweite und der dritte Datensatz berücksichtigt werden.

b) Anschließend sollen Sie eine Auswahl dahingehend vornehmen, daß nur diejenigen von der Serienbriefaktion erfaßt werden, die im Postleitzahlgebiet 4 wohnen. Gehen Sie dabei wie folgt vor:

- Öffnen Sie erneut die Datei TEXT110.

- Speichern Sie die Testdatei unter dem Dateinamen
  TEST2.DOC.

Für das Selektieren stehen zwei Möglichkeiten zur Verfügung:

a)   Selektierter Druck nach Datensatznummern

b)   Auswahl von Einfügesätzen nach inhaltlichen Kriterien.

zu a) Selektierter Druck nach Datensatznummern
Grundsätzlich werden die Serientexte entsprechend der Reihenfolge der Einfügesätze ausgegeben. Da intern jeder Einfügesatz
mit einer Satznummer verwaltet wird, können Sie danach eine
gezielte Auswahl vornehmen. Dazu ist nach Öffnen der Datei
TEXT110 zunächst wieder der Seriendruck-Manager zu aktivieren. Klicken Sie danach auf <Ausführen> bei „Daten mit dem
Dokument verbinden". In der angezeigten Dialogbox müssen Sie
dann in den Feldern „Von" bzw. „Bis" den gewünschten Bereich
angeben. Im Beispielfall sollte der Bildschirm nach der Eingabe
folgendes Aussehen haben:

Bild 11-15:
Selektion von
Einfügesätzen

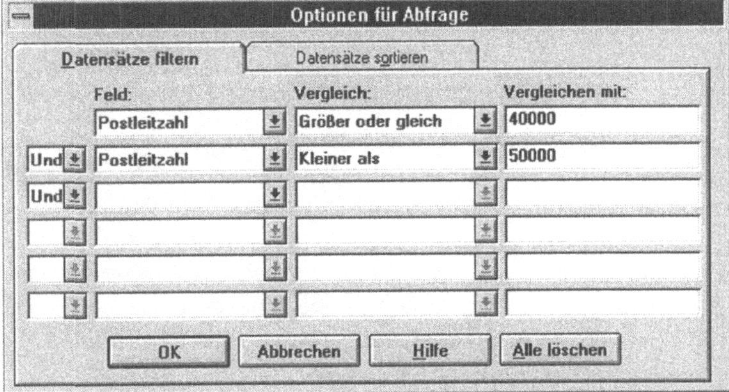

Nach Ausführung des Befehls über die Schaltfläche <Verbinden>
werden dann nur die Serienbriefe für die selektierten Datensätze
gedruckt (Briefe an Popscheck und Robl).

**zu b) Auswahl von Einfügesätzen nach
      inhaltlichen Kriterien**
Sollen Einfügesätze der Steuerdatei aufgrund inhaltlicher Kriterien ausgewählt werden, müssen Sie im Dialogfenster „Seriendruck-Manager" die Schaltfläche <Abfrage-Optionen> aktivieren.
Die angezeigte Dialogbox ist dann so auszufüllen, wie dies im
folgenden wiedergegeben ist:

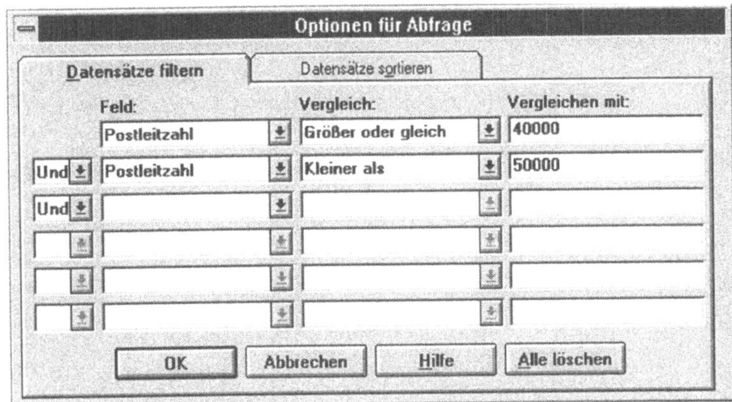

Nur zwei Datensätze werden jetzt gedruckt: die Briefe an Robl und Muliar. Speichern Sie das Ergebnis als TEST2.DOC.

Dokumente mit Grafiken und Bildern anreichern

WORD für Windows bietet die Möglichkeit, Grafiken und Bilder aus anderen Programmen relativ einfach in ein Dokument einzufügen. Auf diese Weise lassen sich äußerst ansprechende Mischdokumente erzeugen. Generell können sowohl Diagramme, Freizeichnungen, Bilder, Fotos, eingescannte Abbildungen, Bildschirmauszüge aus Softwareprodukten sowie Logos übernommen werden.

Die Stelle, an der die Grafik im Text eingefügt werden soll, ist beliebig bestimmbar. Darüber hinaus kann auch die Größe der Grafik beim Import aber auch im nachhinein je nach Bedarf gezielt geändert werden. Sogar ein Ausschneiden von bestimmten Grafikelementen ist möglich.

12.1 Voraussetzungen und Möglichkeiten

Mit WINWORD kann der Import einer Grafik und das Einfügen in ein Textdokument prinzipiell auf zweierlei Weise erfolgen: über die Zwischenablage oder durch Einlesen der vom Grafikprogramm erzeugten Datei.

Grafikimport über die Zwischenablage

Im Grafikprogramm, in dem die Grafik erstellt wurde, müssen Sie in diesem Fall die Grafik markieren und in die Zwischenablage hineinkopieren. Grafikprogramme, die unter Windows eingesetzt werden, sind dazu problemlos in der Lage. Im Menü **Bearbeiten** (in manchen Programmen auch mit EDIT bezeichnet) ist dazu lediglich der Befehl **Kopieren** zu wählen.

Anschließend muß zum Textprogramm gewechselt werden. Hier erfolgt dann das einfache Einsetzen in das Dokument über den Befehl **Einfügen** im Menü **Bearbeiten**.

Grafikimport durch Direktübernahme einer gespeicherten Datei

Ein Problem ist die Direktübernahme von gespeicherten Grafiken insofern, da Grafikprogramme Dateien normalerweise in einer anderen Form speichern als das WORD-Textprogramm. Notwendig sind deshalb im Textprogramm Funktionen, die das

Lesen der Formate ermöglichen, in denen die Grafik in dem Grafikprogramm gespeichert werden kann. In dieser Hinsicht verfügt WORD mittlerweile über ein breites Spektrum an Möglichkeiten.

Für die Übernahme werden sog. Grafikfilter bereitgestellt. Bei Aufruf des Befehls zum Einfügen greift WORD auf diese Grafikfilter zu und ist so in der Lage, Grafiken aus anderen Programmen aufzunehmen und anzuzeigen. Wichtig ist, daß bei der Programminstallation die gewünschten Grafikfilter auch mit installiert wurden.

Zur Realisierung des Grafikimports müssen Sie das Menü **Einfügen** aktivieren und hier den Befehl **Grafik** wählen. Die Formate einiger Grafikprogramme werden nach Aufruf des Befehls automatisch von WORD erkannt; beispielsweise BMP und WMF. In anderen Fällen muß vorher das Dateiformat angegeben werden. Die folgende Zusammenstellung der für den Import unterstützten Grafikformate gibt Ihnen einen Einblick in die Vielzahl der unterstützten Dateien:

- CGM-Dateien (CGM für Computer Graphics Metafile).

- HPGL-Dateien (HPGL für HP Graphics Language).

- Dateien im AutoCAD-Format (PLT oder DXF).

- Dateien im Encapsulated-PostScript-Format (EPS).

- Dateien, die im LOTUS-Format gespeichert sind (sog. PIC-Dateien der Programme LOTUS 1-2-3 sowie LOTUS SYMPHONY).

- PC Paintbrush-Dateien (PCX- oder PCC-Format); damit lassen sich auch farbige Bilder importieren.

- TIFF-Dateien zur Übernahme gescannter Bilder (die meisten Scanner speichern standardmäßig im TIFF-Format ab).

- Dateien im Windows-Metafile-Format (WMF).

- Dateien im Windows-Bitmap-Format (BMP).

- Dateien vom Micrografx Designer und von CorelDraw (DRW-Dateien).

- Dateien von einer Kodak-Photo-CD (PCD-Dateien).

Für die bekannten Grafikpakete empfiehlt sich die Wahl der folgenden Formate:

Grafik-Paket	Format zur Speicherung der Grafik
AutoCAD	HPGL
ChartMaster	HPGL
Freelance Plus	HPGL
Graph-In-The-Box	HPGL
Harvard Graphics	PCX, CGM, HPGL
HP Graphics Gallery	TIFF, PCX, HPGL
HP Scanning Gallery	TIFF, PCX
Lotus 1-2-3	PIC
Microsoft Chart	HPGL
Microsoft Exccl	IIPGL
PC Paintbrush	PCX

12.2 Grafiken aus der WINDOWS-Zwischenablage übernehmen

Der einfachste Weg, eine Grafik in ein Dokument einzusetzen, das mit WORD für WINDOWS erstellt wurde, ist der Weg über die Windows-Zwischenablage. Drei wesentliche **Teilschritte** sind dazu notwendig:

1. Kopie der Grafik in die Zwischenablage (im Grafikprogramm)

2. Wechsel der WINDOWS-Anwendung durch Aufruf des Textprogramms

3. Aktivierung der Einfügeposition im Dokument und Einfügung des Inhaltes der Zwischenablage.

Den genauen Ablauf können Sie nun anhand der folgenden Beispielanwendung kennenlernen:

Aufgabe: Grafik über die Zwischenablage einfügen

Aktivieren Sie die in EXCEL erstellte Datei TABELLE1.XLS, und erstellen Sie daraus die im folgenden wiedergegebene Grafik:

Bild 12-1:
Grafik in EXCEL

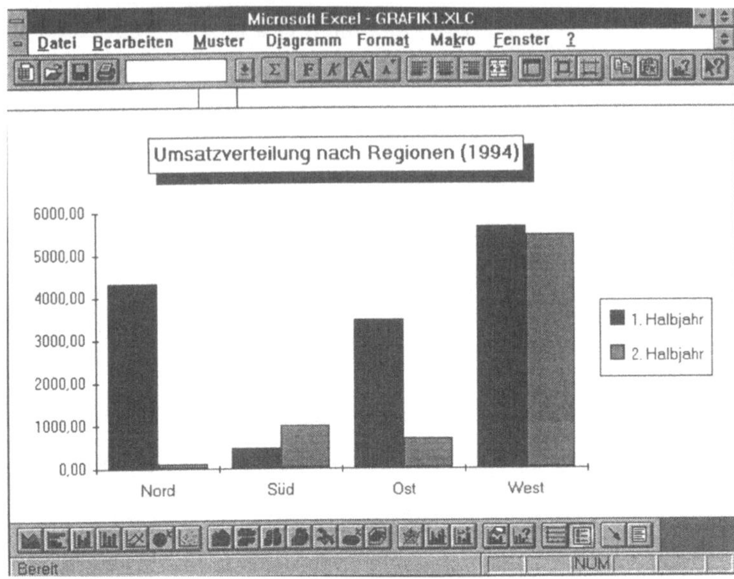

Speichern Sie diese zunächst als GRAFIK1.XLC, und setzen Sie das Diagramm danach in das Dokument BERICHT4.DOC zwischen zwei Absätzen auf der dritten Textseite ein.

Speichern Sie das erzeugte Mischdokument als TEXT120.DOC.

12.2.1   **Grafikerstellung in EXCEL und Übertragung in die Zwischenablage**

Zunächst muß die Grafik mit EXCEL erstellt werden. Dazu einige kurze Hinweise für diejenigen, die EXCEL noch nicht so gut oder überhaupt nicht kennen:

- Datei TABELLE1.XLS öffnen.

- Bereich zur Erzeugung der Grafik markieren; hier A2 bis C5.

- Menü **Datei** aktivieren und den Befehl **Neu** wählen.

- Variante „Diagramm" aufrufen und <OK> anklicken.

- „Vollbild"-Darstellung aktivieren.

- Diagrammtitel durch Wahl des Menüs **Diagramm** und Aufruf des Befehls **Text zuordnen** ergänzen.

- Umrahmung der Überschrift mit dem Menü **Format** und Aktivierung des Befehls **Muster** vornehmen.

- Digramm mit einer Legende durch Wahl des Menüs **Diagramm** und Aufruf des Befehls **Legende einfügen** ergänzen.

- Menü **Diagramm** aktivieren und nach Wahl des Befehls **Datenreihen bearbeiten** die korrekten Legendenbezeichnungen hinzufügen.

Nach Speicherung der Grafik mit dem Befehl **Speichern unter** aus dem Menü **Datei** können Sie diese nun in die Zwischenablage übertragen. Dazu sollte unter Umständen zuvor noch das Drucklayout so definiert werden, wie dies im Dokument eingestellt ist. Im Beispiel ist etwa mit dem Befehl **Seite einrichten** aus dem Menü **Datei** ein linker Rand von 5 cm und ein rechter Rand von 1 cm einzustellen.

Zur Übertragung des erstellten Diagramms in die Zwischenablage ist zunächst einmal die Taste ⇧ zu drücken und dann bei gedrückter Taste das Menü **Bearbeiten** zu aktivieren. Dadurch wird bewirkt, daß der Befehl **Bild kopieren** anstelle des Befehls **Kopieren** angezeigt wird. Wählen Sie diesen Befehl, mit dem Diagramme oder markierte Zellbereiche in die Zwischenablage eingefügt werden. Danach erscheint ein Dialogfenster, in dem verschiedene Spezifikationen zum Aussehen und zur Größe der Grafikkopie vorgenommen werden können. Einstellbar sind

- das **Aussehen**: Wählen Sie

  - „Wie angezeigt" für das Einfügen in die EXCEL Tabelle

  - „Wie ausgedruckt" für das Einfügen des Bildes in
    andere Anwendungen.

- die **Größe** (gilt nur für Diagramme): Wählen Sie

  - „Wie angezeigt", wenn Sie die Bildschirmgröße übernehmen wollen (variiert nach Größe des Diagrammfensters).

  - „Wie ausgedruckt", wenn die Bildgröße den Einstellungen für den Druck entsprechen soll.

- das **Format** (gilt nur für Diagramme): Wählbar sind Bild oder Bitmaps.

Im Beispielfall sollte die Einstellung so erfolgen wie in Bild 12-2 wiedergegeben.

Nach Bestätigung von <OK> erfolgt die Rückkehr zur Grafik.

Hinweis: Wenn Sie Ihre Grafiken mit einem anderen WINDOWS-Programm erstellen, ist in gleicher Weise vorzugehen. Damit dürfte Ihnen beispielsweise die Übernahme aus Paintbrush, Arts & Letters oder Designer ebenfalls keine Schwierigkeiten bereiten.

Bild 12-2:
Einstellungen zur
Bildkopie

12.2.2 Anwendungswechsel realisieren

Nun muß der Übergang zum Textprogramm erfolgen. Gehen Sie
dazu in folgender Weise vor:

- Öffnen Sie das Systemfeldmenü, das oben links am Bildschirm verfügbar ist.

- Wählen Sie den Befehl **Wechseln zu.** Es erscheint die sog.
  „Task-Liste".

- Aktivieren Sie das zutreffende Fenster. Dies ist entweder zunächst der Programm-Manager oder – falls WINWORD schon
  geöffnet ist – das Programm Microsoft-WORD.

- Klicken Sie danach die Schaltfläche <Wechseln zu>.

Damit können Sie das Programm WINWORD und das Dokument, in das die Grafik hineingesetzt werden soll, aufrufen.

12.2.3 Grafik in WINWORD einsetzen

Ist das Programm WINWORD aktiv, sollten Sie zunächst die An-
sicht entweder auf „Normal" oder „Layout" einstellen, um die
Grafik einfach einsetzen zu können. Anschließend ist das Do-
kument aufzurufen, in das die Grafik eingefügt werden soll; im
Beispielfall BERICHT4.DOC. Die Einfügung erfolgt dann in drei
Teilschritten:

- Sie steuern im Dokument die Einfügestelle an.

- Sie aktivieren das Menü **Bearbeiten**.

- Abschließend wählen Sie den Befehl **Einfügen**.

Nun müßte die Grafik wunschgemäß in das Dokument eingesetzt sein, was auch unmittelbar auf dem Bildschirm dargestellt wird. Speichern Sie das Ergebnis als TEXT120.DOC durch Aufruf des Menüs **Datei** und Wahl des Befehls **Speichern unter.**

Hinweise: Alternativ können Sie zur Grafikeinfügung auch den Befehl **Inhalte einfügen** wählen.

Wenn Sie eine Grafikeinfügung vorgenommen haben und die Grafik ist nicht direkt am Bildschirm sichtbar, so kann dies folgenden Grund haben: Prüfen Sie, ob die Option „Platzhalter für Grafiken" eingeschaltet ist. Um dies zu kontrollieren, müssen Sie das Menü **Extras** aktivieren und hier den Befehl **Optionen** wählen. Bei Wahl der Kategorie „Ansicht" erscheint das entsprechende Optionsfeld. Stellen Sie die Option aus, wenn Sie auf dem Bildschirm sehen wollen, wie die Grafik direkt im Dokument plaziert ist.

12.3 Grafikübernahme durch Grafikfilterung

Die zweite Möglichkeit der Grafik- und Bildintegration wird über das Menü **Einfügen** organisiert, indem Sie hier den Befehl **Grafik** wählen. Voraussetzung für die Übernahme ist, daß bei der Installation des Programms auch die benötigten Filter auf die Festplatte Ihres Computers kopiert wurden.

Vorteil dieses Vorgehens: Es ist eine höhere Bildqualität möglich, da durch den Umweg über die Zwischenablage Qualitätsverluste eintreten können. Nachteil ist jedoch, daß die Grafik meist im Ursprungsprogramm zunächst noch in eines der genannten Formate umgewandelt werden muß.

Aufgabe: Grafiken in Texte importieren

Anhand der folgenden Aufgabe sollen Sie nun kennenlernen, wie eine Grafik in ein WINWORD-Dokument per Direktimport eingefügt wird.

a) Öffnen Sie die Datei TEXT120.DOC, und positionieren Sie die Einfügemarke auf der vierten Textseite zwischen dem 1. und 2. Absatz. Integrieren Sie an dieser Stelle des Textes die mitgelieferte Clipart-Datei NOSMOKE.WMF.

b) Positionieren Sie die Einfügemarke danach auf der fünften Textseite. Setzen Sie dort die auf der beigefügten Arbeitsdiskette gespeicherte Bilddatei FRAU7.BMP ein.

c)   Lassen Sie sich die Seiten mit den eingefügten Cliparts /
Bildern am Bildschirm anzeigen:
-      im Layoutmodus
-      durch Wahl des Befehls **Seitenansicht**.

d)   Speichern Sie die Datei als TEXT121.DOC, und erstellen Sie
einen Ausdruck des Dokuments.

Sie sollen also in der ersten Aufgabe eine Clipart-Datei importieren. Diese Grafik mit dem Namen NOSMOKE.WMF ist im Win-
word-Verzeichnis CLIPART gespeichert. Öffnen Sie zur Aufgabenlösung die Textdatei TEXT120.DOC, in die die Clipart-Grafik
eingefügt werden soll. Steuern Sie im Dokument zunächst die
Einfügestelle an. Für das eigentliche Importieren der Grafik ist
dann der Befehl **Grafik** im Menü **Einfügen** anzuwenden.

Nach der Befehlswahl ergibt sich die in Bild 12-3 wiedergegebene Bildschirmanzeige:

Bild 12-3:
Dialogbox zum Ein-
fügen einer Grafik

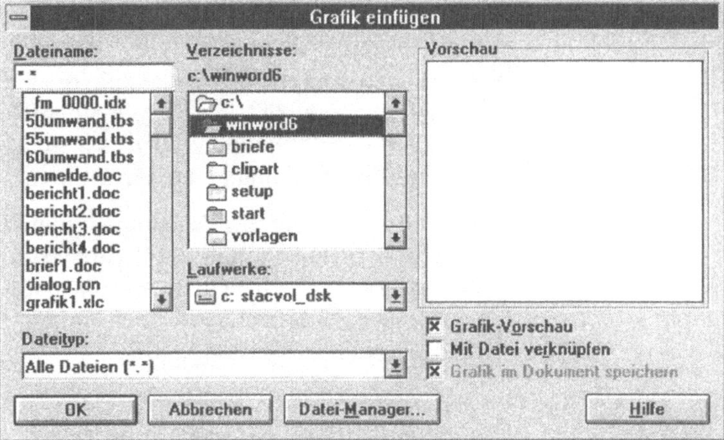

Prüfen Sie zunächst, ob der Suchpfad, in dem sich die zu übernehmende Grafik befindet, korrekt ist. Unter Umständen müssen
Sie nämlich noch Laufwerk bzw. Verzeichnis über die Optionen
„Laufwerke" und „Verzeichnisse" ändern. Auch kann eine Änderung beim Listenfeld „Dateityp" notwendig sein, um den Dateinamen angezeigt zu bekommen. In der Liste finden Sie alle Da-
teiformate, für die Grafikfilter zur Verfügung stehen. Wählen Sie
das Verzeichnis CLIPART für den Aufgabenteil a), das Disketten-
laufwerk für den Aufgabenteil b).

Zur Bestimmung der zu übernehmenden Datei besteht dann die
Möglichkeit, den Dateinamen der Grafik im Feld „Dateiname"

einzugeben. Alternativ kann der Name der Grafikdatei, die in den Text übernommen werden soll, auch in der Liste unterhalb des Eingabefeldes für den Dateinamen ausgewählt werden. Im Beispielfall ist als Name die Grafikdatei NOSMOKE.WMF einzugeben bzw. auszuwählen.

Interessant ist jetzt in der Dialogbox noch die Fläche „Vorschau" und das damit in bezug stehende Optionsfeld „Grafik-Vorschau". Ist das Optionsfeld eingeschaltet, sehen Sie nach einer Markierung des Namens dann die gerade aktivierte Grafik in verkleinerter Form in der Fläche angezeigt und können jetzt noch entscheiden, ob Sie diese Grafik tatsächlich übernehmen wollen:

Bild 12-4:
Grafikvorschau

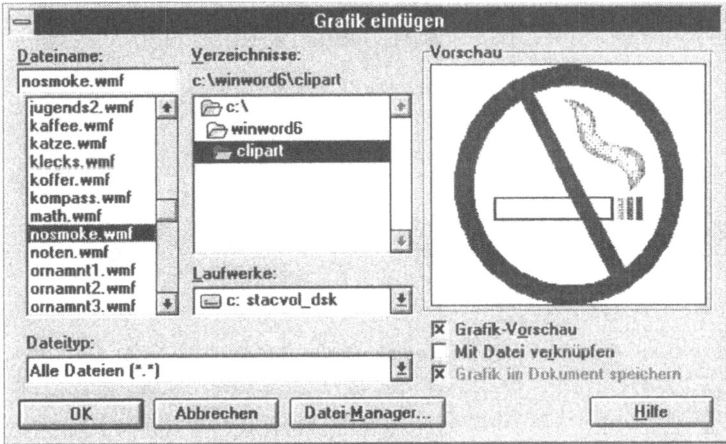

Ist die Grafikauswahl korrekt, können Sie die Übernahme in das Dokument auslösen. Dies wird durch Anklicken von <OK> erreicht. Ergebnis muß dann sein, daß die Grafik unmittelbar an der Stelle der Einfügemarke im Text erscheint:

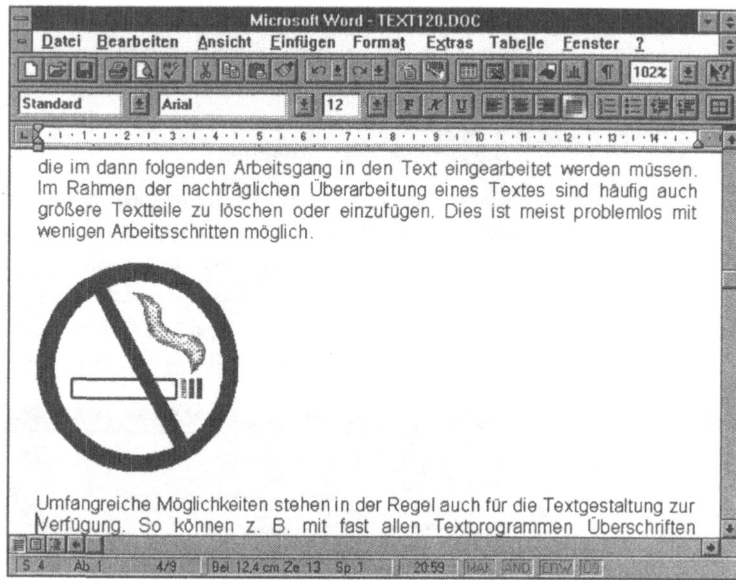

In gleicher Weise können Sie danach auf der fünften Seite das
Bild FRAU7.BMP einfügen. Speichern Sie das Ergebnis wie gewünscht unter dem Namen TEXT121.DOC.

Noch ein Hinweis zur Qualität der Integration: Ähnlich der Einfügung von Tabellen aus der Tabellenkalkulation ist auch bei
der Übernahme von Grafiken ein dynamischer Datenaustausch
möglich. Durch den Aufbau einer festen Verknüpfung können
Sie für ein Textdokument sicherstellen, daß die damit verbunde-
nen Grafiken immer auf dem aktuellen Stand sind. Dazu hätten
Sie in der letzten Dialogbox noch das Optionsfeld „Mit Datei
verknüpfen" einschalten müssen.

Außerdem kann noch das Optionsfeld „Grafik im Dokument
speichern" von Interesse sein. Durch das Einfügen von Grafiken
in Dokumente erhöht sich die Größe der Dateien mitunter be-
trächtlich, wenn die Grafiken – wie üblich – im Dokument mit
gespeichert werden. Um den Dateiumfang zu reduzieren, können Sie jedoch festlegen, daß nur eine Verknüpfung zur Grafikdatei gespeichert wird, die Abbildung selbst jedoch nicht direkt
im Dokument. Dadurch wird dann die WORD-Datei nur gering-
fügig vergrößert. Praktisch müssen Sie bei der Einfügung in der
angezeigten Dialogbox das Kontrollkästchen „Mit Datei verknüpfen" aktivieren und gleichzeitig das Kontrollkästchen „Grafik im
Dokument speichern" deaktivieren.

12.4   Grafikgestaltung in WINWORD

Ein wesentlicher Vorteil von Textverarbeitungsprogrammen unter WINDOWS ist die Möglichkeit, eingefügte Grafiken im WYSI-WYG-Modus zu bearbeiten. So können Sie unter anderem auch die Größe der Abbildungen verändern und um die Abbildungen einen Rahmen legen.

Aufgabe: Grafikgestaltung

Aktivieren Sie die erstellte Datei TEXT121.DOC, und führen Sie folgende Gestaltungsmaßnahmen bei den dort eingefügten Grafiken/Bildern durch:

a)   Versehen Sie die Grafik NOSMOKE des Dokumentes mit einer Umrandung.

b)   Verkleinern Sie die Größe des eingefügten Bildes in einem proportionalem Verhältnis (Reduzierung von Breite und Höhe auf 70 %).

c)   Speichern Sie die Datei unter dem Dateinamen TEXT122.

12.4.1   Grafiken durch Umrahmungen gestalten

Um eine erstellte Grafik im Dokument optisch ansprechender darzustellen und besser hervorzuheben, bietet es sich an, der Grafik eine Umrahmung hinzuzufügen. Öffnen Sie zur Lösung der Teilaufgabe a) das Dokument mit dem Dateinamen TEXT121. Steuern Sie im Text die eingefügte Grafik NOSMOKE an, und markieren Sie diese per Mausklick.

Wählen Sie anschließend den Befehl **Rahmen und Schattierung** aus dem Menü **Format**. Hier ist ein Kasten mit einer mittleren Linienstärke zu wählen und eine geeignete Farbe einzustellen. Nach der Befehlsausführung ergibt sich die in Bild 12-6 dargestellte Bildschirmanzeige.

Alternatik können Sie auch mit der Rahmen-Symbolleiste arbeiten, wenn Sie Rahmenlinien zuweisen oder löschen wollen. Nach Einblendung der Rahmen-Symbolleiste müssen Sie dann nur noch die eingefügte Grafik im Dokument markieren und schließlich auf der Rahmen-Symbolleiste auf die entsprechende Schaltfläche klicken.

Bild 12-6:
Grafik mit
Umrahmung

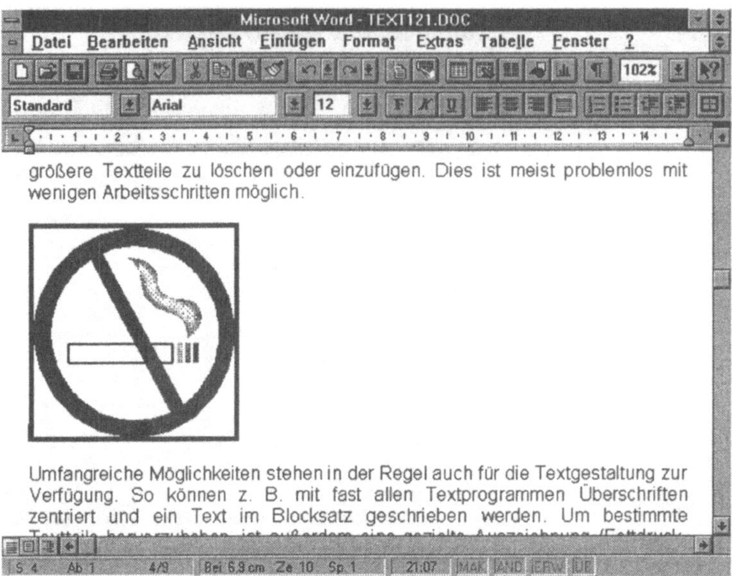

Hinweis: Um weitere Bearbeitungen an einer eingefügten Grafik vorzunehmen, müssen Sie auf die importierte Grafik doppelt klicken. Es öffnet sich dann ein gesondertes Fenster, das die Grafik enthält. Mit den WORD-Zeichnungsfunktionen können Sie dann die Grafik bearbeiten.

12.4.2 **Grafikgröße verändern**

Eine integrierte Grafik kann prinzipiell in WINWORD jederzeit verkleinert oder vergrößert werden. Dies kann sowohl menügesteuert als auch mausgesteuert erfolgen. Voraussetzung dazu ist, daß Sie die Ansicht „Normal" oder „Layout" eingestellt haben.

Befehlsorientiertes Vorgehen

In diesem Fall müssen Sie zunächst die Grafik markieren. Anschließend ist das Menü **Format** zu aktivieren und hier der Befehl **Grafik** wählen. Ergebnis ist die Bildschirmanzeige aus Bild 12-7.

Angezeigt wird hier einmal die Originalgröße der eingefügten Grafik sowie die aktuelle Größe: Im Beispielfall ergibt sich eine Breite von 6,16 cm und eine Höhe von 6,27 cm.

Mit dem Dialogfeld können Sie bei einer Grafik sowohl eine Größenänderung vornehmen als auch einen bestimmten Abschnitt „herausschneiden".

Bild 12-7:
Dialogbox zur
Grafikformatierung

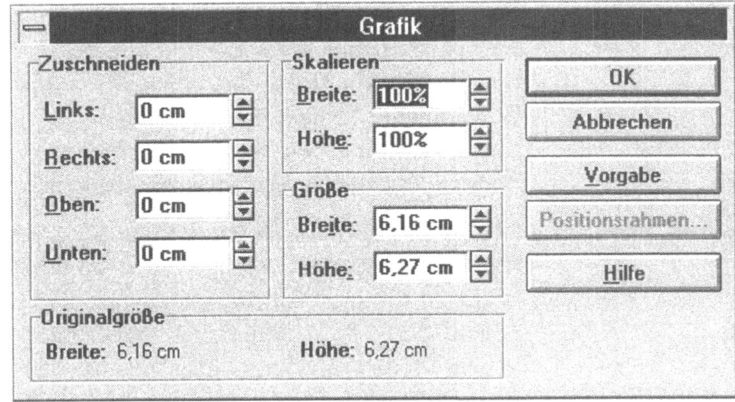

Wollen Sie eine Grafik in der Größe verändern, ohne das Bild zu beschneiden, müssen Sie die Option „Skalierung" aktivieren. Durch Eingabe ganzzahliger Werte kann eine Abbildung proportional zur Ursprungsgröße verändert werden. Eingeben können Sie Prozentsätze für Größenänderung in den Feldern „Höhe" und „Breite". Geben Sie im Beispielfall jeweils den Wert 70 ein.

Nach der Befehlsausführung hat das Dokument das folgende Aussehen:

Bild 12-8:
Grafik nach
Größenveränderung

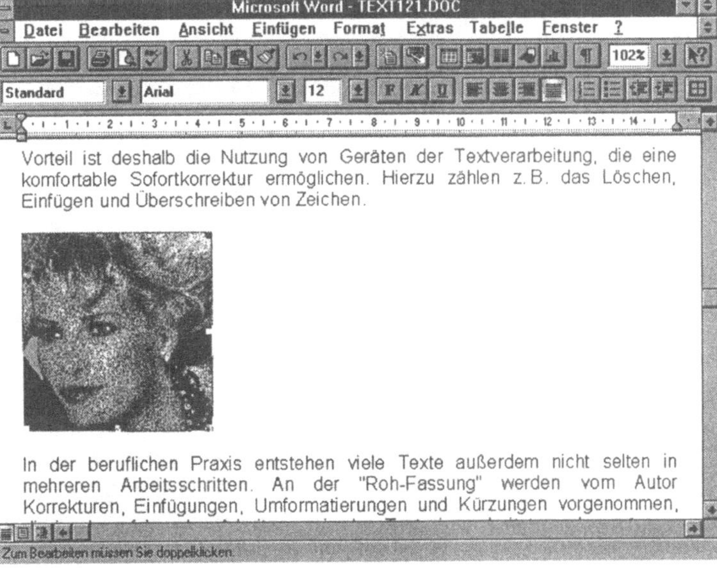

Es müßte deutlich werden, daß sich die Bildgröße verkleinert hat. In ähnlicher Form können Sie natürlich auch genaue Größenangaben für Höhe und Breite der Grafik in dem mit „Größe" bezeichneten Feldbereich vornehmen. Nach einer Änderung bei den Prozentangaben werden die hier angezeigten Werte automatisch aktualisiert. Speichern Sie das Ergebnis als TEXT122.DOC.

Die andere Variante ist das Beschneiden der Grafik. Dies ist interessant, wenn Sie lediglich einen bestimmten Ausschnitt einer Grafik in Ihrem Dokument benötigen. Beschneidungsmaße können in den mit „Zuschneiden" überschriebenen Feldern eingegeben werden: für oben, links, unten, rechts. Durch eine Veränderung dieses Ausschnittrahmens wird die Ansicht der Abbildung verringert.

Größenveränderung mit der Maus

Mausgesteuert sind die sog. Anfasser von entscheidender Bedeutung, die bei einer Grafik erscheinen, wenn diese per Mausklick markiert ist. Nun können Sie eine Grafik beliebig vergrößern oder verkleinern, indem Sie mit dem Mauszeiger zunächst auf einen der acht „Anfasser" klicken (Hinweis: Der Mauszeiger muß sich nun zu einem doppelten Pfeil verändern). Bei gedrückter linker Maustaste ist dann der Anfasser auf die gewünschte neue Position zu ziehen:

- Bei Verwendung von einem der vier Eck-Anfasser kann die Größe gleichzeitig horizontal und vertikal geändert werden.

- Die unteren und oberen Anfasser ermöglichen eine vertikale Größenänderung der Grafik; die seitlichen Anfasser eine horizontale Größenänderung.

Probieren Sie dies einmal mit dem letzten Bild aus.

Auch per Maussteuerung ist es möglich, nur einen Teilausschnitt einer Grafik herauszuziehen. Dieses „Beschneiden" der Grafik können Sie erreichen, indem Sie während der Größenänderung die Taste ⇧ gedrückt halten. Die Zuschneidungsmaße werden dabei jeweils in der Statuszeile angezeigt.

Probieren Sie dies anhand der zuletzt aktivierten Datei einmal aus. Wenn Sie beispielsweise das eingefügte Bild aufrufen, könnte dieses nach einem Beschneiden im Dokument folgendes Aussehen haben (Hinweis: oben und unten wurden jeweils 2 cm herausgeschnitten):

Bild 12-9:
Grafik nach Heraus-
schneiden von Teilen

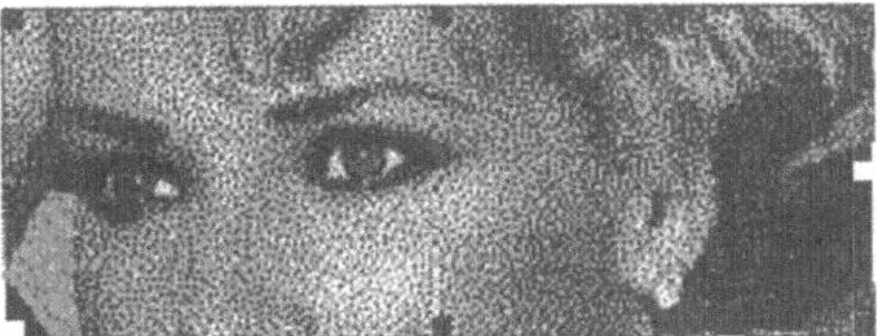

Hier wurde also gezielt die Augenpartie der Dame herausgeschnitten. Speichern Sie das Ergebnis als TEXT123.DOC.

12.4.3

Grafikposition verändern

Auch im nachhinein kann gezielt die Position festgelegt werden, an der eine Grafik innerhalb einer Textseite plaziert werden soll. Die Grafik kann nun einfach verschoben oder kopiert werden. So ist z. B. für ein Verschieben der Grafik lediglich die Grafik zu markieren und dann im Menü **Bearbeiten** der bereits bekannte Befehl **Ausschneiden** zu wählen. Nach Ansteuerung der neuen Grafikposition im Text muß im Menü **Bearbeiten** jetzt nur noch der Befehl **Einfügen** gewählt werden. Die Grafik erscheint dann an der neuen Position in der festgelegten Größe.

Möchte man eine Grafik genau auf eine bestimmte Stelle einer Seite plazieren, ist zunächst ein sog. Positionsrahmen einzufügen. Dieser ist auch notwendig, wenn gezielt festgelegt werden soll, ob neben der Grafik oder um sie herum Text erscheinen soll. Durch entsprechende Angaben kann der markierte Grafik-Rahmen an die gewünschte Stelle plaziert werden.

Aufgabe: Grafikpositionen verändern
Aktivieren Sie die erstellte Datei TEXT122.DOC, und führen Sie folgende Positionsänderungen bei der dort eingefügten Grafik durch:

a)   Plazieren Sie die Grafik NOSMOKE an den rechten Textrand, und lassen Sie auf der linken Seite der Grafik Text erscheinen.

b)   Nehmen Sie danach beim Photo auf der fünften Seite eine Veränderung der Grafikposition dahingehend vor, daß die Grafik unten rechts auf der Seite gesetzt wird.

Horizontale Grafikposition ändern

Zunächst soll die Clipart-Grafik an den rechten Rand plaziert werden, wobei auf der linken Seite ein Text erscheinen soll. Markieren Sie dazu zunächst die Grafik, und wählen Sie dann im Menü **Einfügen** die Option **Positionsrahmen**. Wenn Sie sich nicht im Layoutmodus befinden, erscheint zunächst folgende Dialogbox:

Bild 12-10:
Dialogbox bei Einfügung von Positionsrahmen

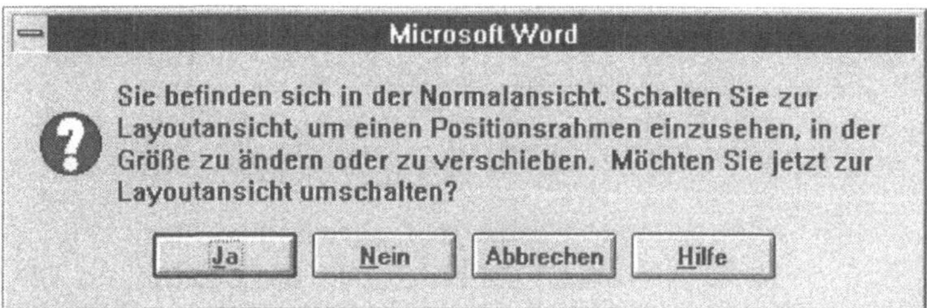

Sie werden also erst einmal gefragt, ob Sie in die Ansicht „Layout" wechseln wollen, da die Vorzüge eines Positionsrahmens erst bei dieser Arbeitsweise zur Geltung kommen. Bestätigen Sie deshalb mit <Ja> den Wechsel zur Layoutansicht. Ergebnis ist jetzt die folgende Bildanzeige:

Bild 12-11:
Bildschirmanzeige nach Positionsrahmen-Einfügung

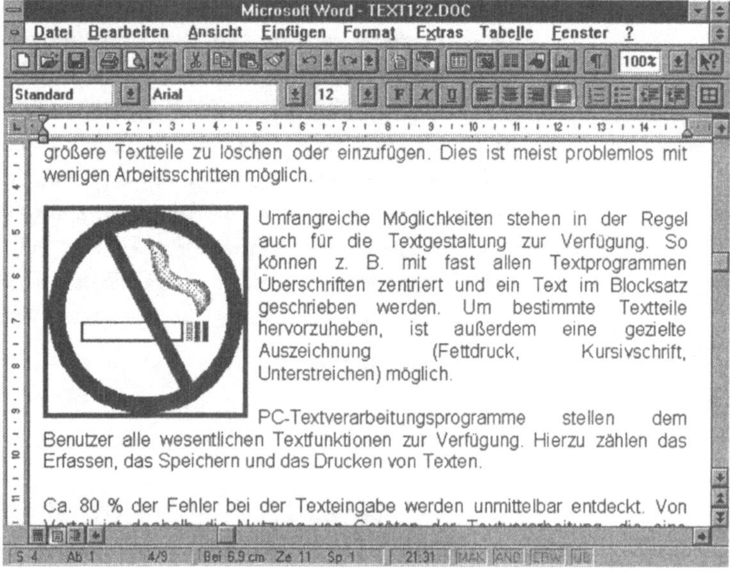

Sie sehen also, daß nun bereits Text um das Bild herumfließt. Dies wird auch deutlich, wenn Sie den Befehl **Positionsrahmen** im Menü **Format** wählen:

Bild 12-12:
Dialogbox zur Positionierung von Grafiken

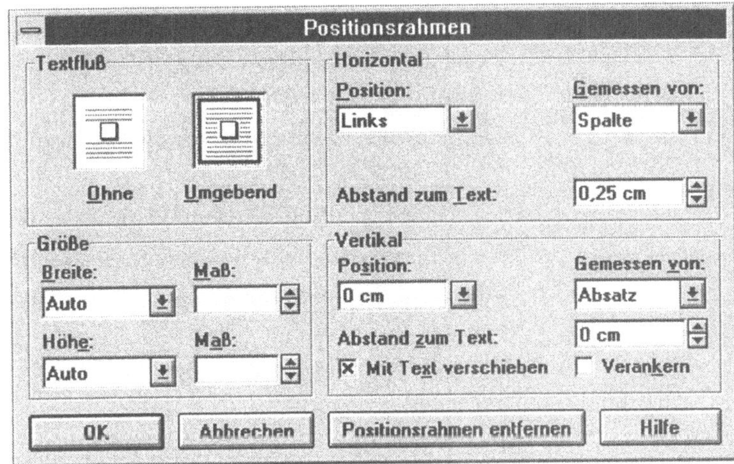

Hier haben Sie im Feld „Textfluß" die Optionen „Ohne" oder „Umgebend" zu wählen. Letzteres ist eingestellt. Dies soll auch so bleiben, da wir ja einen um die Grafik fließenden Text realisieren wollen.

Bezüglich der horizontalen Position gilt „Links". Wenn Sie das Feld öffnen, gibt es weitere Varianten:

- Zentriert

- Rechts

- Innen

- Außen.

Wählen Sie im Beispielfall „Rechts".

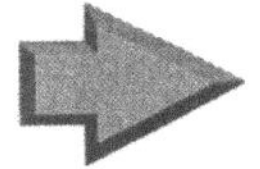

Hinweis: Statt Auswahl einer Option kann auch direkt eine genaue Maßangabe erfolgen. So können Sie exakt die Position auf einer Textseite bestimmen.

Im Feld „Gemessen von" ist in der Regel „Seitenrand" zweckmäßig. Bei mehrspaltigen Texten kann die Option „Spalte" interessant sein.

Nach der Befehlsausführung mit <OK> wird die Veränderung sofort ausgeführt.

Vertikale Grafikposition ändern

Nach Markierung des Bildes auf der 5. Seite des Dokuments muß erst ein Positionsrahmen eingefügt werden. Dann kann eine Positionsvariation nach Wahl des Menüs **Format** durch Aktivierung des Befehls **Positionsrahmen** erfolgen. Beim Bereich „Vertikal" gibt es neben der Positionierung an der Einfügeposition nun folgende Alternativen:

- Zentriert: Zentrierung in bezug auf oberen und unteren Seitenrand.

- Unten: positioniert am unteren Seitenrand.

- Oben: positioniert am oberen Seitenrand.

Wählen Sie zur Lösung der Beispielaufgabe die Option „Unten", wobei bei „Gemessen von" die Variante „Seitenrand" aktiviert sein soll. Die Seitenansicht zeigt nach der Befehlsausführung folgendes Bild:

Bild 12-13:
Positionierte Grafik

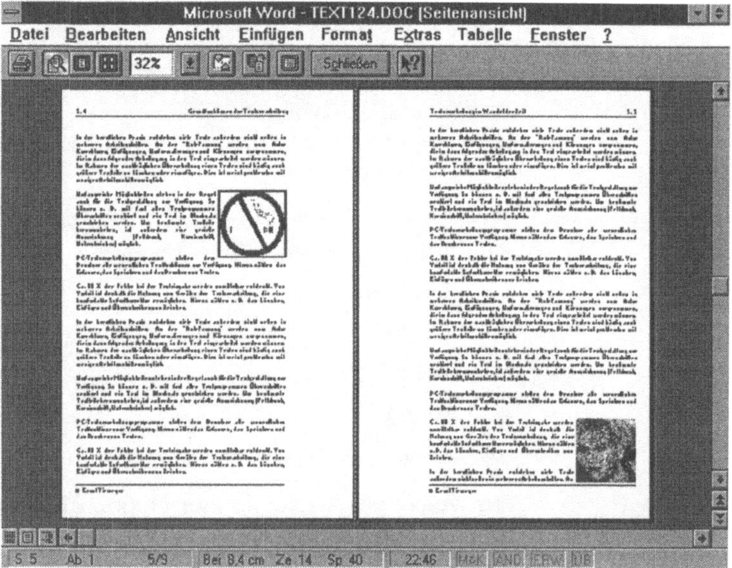

Speichern Sie das Ergebnis als TEXT124.DOC.

Noch folgender Hinweis zur Grafikpositionierung: Wenn Sie einen Positionsrahmen eingefügt haben, können Sie durch Ziehen mit dem Mauszeiger die Position einer Grafik einfach auf einer Seite verschieben. Wichtig ist, daß Sie nach der Markierung der Grafik die linke Maustaste gedrückt halten.

Abstand der Grafik zum Text bestimmen

WINWORD bietet außerdem noch eine weitere interessante Möglichkeit zur Plazierung von Grafiken im Text. So können Sie auch separat den Freiraum zwischen Text und Abbildung bestimmen. Wählen Sie dazu im Menü **Format** den Befehl **Positionsrahmen**. Mit diesem Befehl läßt sich der Abstand zum Text genau bestimmen. Sowohl unter „Horizontal" als auch unter „Vertikal" gibt es das Eingabefeld „Abstand zum Text". eine Eingabe ist hier in cm möglich.

Interessant im Zusammenhang mit der Plazierung von Grafiken ist natürlich auch die ZOOM-Funktion. Der entsprechende Befehl befindet sich im Menü **Ansicht**. Damit kann die Textanzeige zwischen 10 und 200 Prozent frei skaliert werden. In diesem Modus lassen sich positionierte Grafiken und Textabsätze einfach mit der Maus auf der Seite umplazieren.

Hinweis: Sie können auch eine Zeichnung erstellen. Klicken Sie dazu in der Symbolleiste auf das linksstehende Symbol. Es erscheint dann eine gesonderte Symbolleiste mit Grafikwerkzeugen. Sie können danach direkt in Winword wie mit einem Zeichenprogramm arbeiten, sofern Sie sich in der Layout- oder Seitenansicht befinden. Klicken Sie zunächst jeweils auf das entsprechende Symboltool in der Zeichnungs-Symbolleiste, und ziehen Sie dann auf der Dokumentfläche das Fadenkreuz, bis das gewünchte Element gezeichnet ist.

Wissenschaftliche Texte und Referate erstellen

In vielen Sekretariaten sind häufig Referate zu erstellen. Je nach Aufgabenbereich können auch wissenschaftliche Texte (Forschungsberichte) anfallen. In diesen Fällen werden weitere Anforderungen an eine moderne Textverarbeitung gestellt: Fußnotenverwaltung, Inhalts- und Stichwortverzeichnisse sind dann gewünscht.

13.1 Fußnotenverwaltung

In Texten aus den Bereichen Wissenschaft und Forschung, aber auch bei vielen Berichten und Vortragstexten ist eine Aufteilung der Seiten in Fließtext und Fußnoten erforderlich. Üblich sind Fußnoten,

- um genaue bibliographische Angaben bei Zitaten aufzunehmen sowie

- zur näheren Erläuterung im Text auftauchender Begriffe oder Sachverhalte.

Hinweis: Alternativ haben Sie auch die Möglichkeit, sogenannte Endnoten einzufügen. Diese Anmerkungen werden dann am Ende des Dokuments gedruckt.

Bei Texten dieser Art ist die Möglichkeit zur Fußnotenverwaltung mit dem Textprogramm praktisch unentbehrlich. Andernfalls verursacht die formgerechte Erstellung solcher Texte einen erheblichen Gestaltungsaufwand.

Beim Erfassen bieten Programme mit entsprechenden Funktionen den Vorteil, daß die Numerierung der Fußnoten automatisch vom System erfolgt. Hinzu kommt, daß die Fußnotentexte automatisch an das jeweilige Seitenende gesetzt werden können.

Werden außerdem bei einem bereits gespeicherten Text später Einfügungen, Löschungen oder sonstige Änderungen vorgenommen, kann durch Systeme mit Fußnotenverwaltung sichergestellt werden, daß die entsprechenden Fußnoten auf der für sie vorgesehenen Seite bleiben. Schließlich besteht in der Regel die Möglichkeit, sämtliche Fußnotentexte am Ende des Dokuments zusammengefaßt auszudrucken.

13.1.1	**Text mit Fußnoten erfassen**

Für das Schreiben von Texten mit Fußnoten haben sich gewisse formale Anforderungen herausgebildet, die Sie unbedingt beachten sollten. Im einzelnen sind folgende Regeln zu berücksichtigen:

a) Fußnoten-Hinweiszeichen im Text sind hochgestellt zu schreiben. Als Zeichen sind arabische Ziffern mit einer Nachklammer zu verwenden (Ausnahme: bei höchstens 3 Fußnoten können auch Fußnoten-Hinweissterne verwendet werden).

b) Bei mehrseitigen Texten sind die Fußnoten über alle Seiten hinweg fortlaufend zu numerieren.

c) Die Fußnoten sind jeweils unten auf der Seite zu schreiben, auf der im Text auf sie verwiesen wird. Sie sollten
- mit einem Fußnotenstrich vom Text abgegrenzt werden;
- mit einfachem Grundzeilenabstand geschrieben werden;
- mit dem entsprechenden Fußnoten-Hinweiszeichen (ohne Hochstellung) gekennzeichnet werden.

Aufgabe: Text mit Fußnoten erfassen

Erfassen Sie den auf der nächsten Seite dargestellten Text unter Berücksichtigung der Möglichkeit, die Fußnotenhinweise im Text automatisch zu setzen. Speichern Sie den Text unter dem Dateinamen TEXT130.

Das Textverarbeitungsprogramm WORD verfügt über besondere Möglichkeiten für das Erfassen und Verwalten von Fußnoten. So können Sie Fußnoten sowohl bei der Texterfassung als auch im nachhinein bei der Überarbeitung von Texten setzen, wobei die Numerierung automatisch erfolgt. Gleichzeitig wird automatisch für den unteren Textteil entsprechender Freiraum für die zugehörige Fußnote zur Verfügung gestellt.

Die Beispielaufgabe enthält vier verschiedene Fußnoten. Schreiben Sie zunächst den Text gemäß Vorlage, bis Sie zu der Stelle gelangen, an der das erste Fußnotenzeichen erscheinen soll. Nun kann das Menü *Einfügen* und hier der Befehl *Fußnote* gewählt werden. Nach Auslösung des Befehls ergibt sich die ib Bild 13-1 wiedergegebene Darstellung.

Neuentwicklungen der Telefontechnik

Die technische Entwicklung im Bereich des Fernsprechens ist gekennzeichnet durch die Einführung der digitalen Übertragungstechnik und
der Ablösung der bisherigen elektro-mechanischen Wählsysteme
durch programmgesteuerte Wählsysteme, in denen Rechner die
Steuerung des Vermittlungssystems übernehmen[1].Das Telefon steht
heute praktisch auf jedem Schreibtisch und gehört somit zur Stan-
dardausstattung eines Büroarbeitsplatzes[2].

Insbesondere rechnergesteuerte, speicherprogrammierte Fernsprech-
Nebenstellenanlagen ermöglichen eine Reihe neuer Anwendungsfor-
men des Telefons. Als Beispiele seien hier die Zieltastenwahl
(automatisches Anwählen eingespeicherter Rufnummern auf Tastendruck), die Weiterschaltung und Umleitung von Anrufen („Ruhe vor
dem Telefon"), die Anrufwiederholung der zuletzt gewählten Nummer,
der automatische Rückruf, das Aufschalten und die Konferenzschal-
tung genannt[3]. Desweiteren läßt sich das Telefon auch als Datente-
lefonnutzen, bei dem Daten nach dem Aufbau einer Fernsprechver-
bindung ohne weitere Zusatzeinrichtungen übertragen werden können, indem die Telefon-Tastatur zur Dateneingabe benutzt wird[4].

---

[1]   Vgl. Witte, E.: Kommunikationstechnologie. In: HWO, hrsg. von E. Grochla, 2.
Aufl., Stuttgart 1990, Sp. 1050

[2]   Vgl. Arbenz, D.; Helmrich, H.; Jurk, R.: Bedeutung und Auswirkungen der Telekommunikation im Büro. In: ZfO, 46. Jg. 1987, S. 393

[3]   Vgl. Kanzow, J.: Technische Entwicklungslinien des Kommunikations-
Angebotes. In: ZfO, 46. Jg. 1987, S. 376

[4]   Vgl. Kanzow, J.: Technische Entwicklungslinien ..., a. a. O., S. 376

Bild 13-1:
Dialogbox „Fußnote
und „Endnote"

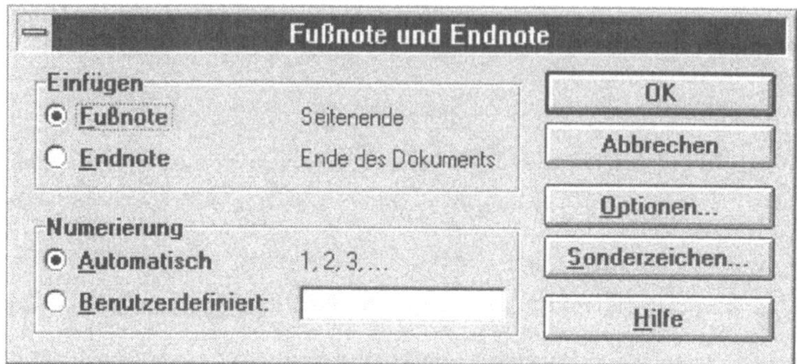

Die Bildschirmdarstellung zeigt, daß nun für Fußnote oder Endnote optieren können. Außerdem können Sie festlegen, ob Sie eine Eingabe in Form einer benutzerdefinierten Fußkennung vornehmen wollen oder – was in der Regel die bessere Lösung ist – eine automatische Numerierung wählen. Im letzten Fall brauchen Sie keine Eingabe vorzunehmen, sondern können den Befehl direkt bestätigen (Klicken auf <OK>).

Mit der Befehlsausführung wird automatisch im Text ein Fußnotenzeichen geschrieben (am Anfang eine 1 und danach mit fortlaufender Numerierung) sowie in einem anderen Teil des Bildschirms ein entsprechendes Fenster für das Schreiben des Fußnotentextes reserviert (und beim ersten Mal ebenfalls eine 1 geschrieben). Das Ergebnis wird mit folgendem Bild deutlich.

Bild 13-2:
Bildschirm zum Erfassen von
Fußnotentext

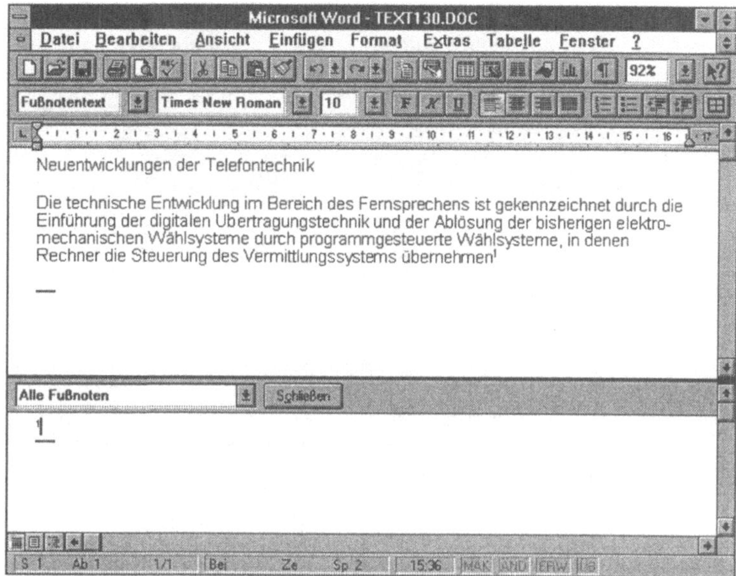

Nun können Sie den Fußnotentext eingeben. Anschließend ist zur weiteren Texterfassung wieder ein Rücksprung in den eigentlichen Text notwendig. Klicken Sie dazu im Fußnotenfenster auf die Schaltfläche <Schließen>. Nach dem Mausklick gelangen Sie automatisch an die Stelle zurück, wo sich das Fußnotenzeichen befindet. Positionieren Sie nun den Cursor hinter das Fußnotenzeichen, und geben Sie die schließende Klammer ein. Markieren Sie anschließend das Fußnotenzeichen einschließlich der Klammer, um beide Zeichen hochgestellt darzustellen (durch zweimaliges Betätigen der Tastenkombination [Strg]+[+]).

In ähnlicher Form müssen Sie vorgehen, wenn Sie die weiteren Fußnoten setzen und formatieren wollen. Dabei wird die Numerierung automatisch vorgenommen, wenn Sie aus dem Menü **Einfügen** den Befehl **Fußnote** auslösen, ohne eine Eingabe für das Fußnotenzeichen in der Rubrik „Benutzerdefiniert" zu tätigen.

13.1.2 Text mit Fußnoten bearbeiten

Auch bei Texten mit Fußnoten kommt es häufig vor, daß später Änderungen vorzunehmen sind. Typisch ist etwa das nachträgliche Einfügen, Löschen und Verschieben von Fußnoten.

Für die Durchführung von Überarbeitungen ist es von Vorteil, wenn die jeweils betroffenen Fußnotenzeichen und Fußnoten im Text schnell aufgesucht werden können. Eine wesentliche Hilfe hierbei ist der Befehl **Gehe zu** im Menü **Bearbeiten**. Er bietet – je nach Cursorposition – folgende Anwendungsmöglichkeiten:

a) **Sprungweises Ansteuern von Fußnotenzeichen**

Im Rahmen von Überarbeitungsvorgängen kann es sinnvoll sein, bestimmte im Text befindliche Fußnotenzeichen aufzusuchen. Stehen Sie mit dem Cursor am Textanfang, können Sie durch Wahl des Befehls **Gehezu** und Aktivierung der Option „Fußnote" das erste Fußnotenzeichen anspringen. Um das nächstfolgende Fußnotenzeichen ansteuern zu können, ist die auf <Weiter> zu klicken. Bei Erreichen der gewünschten Fußnote müssen Sie dann die Schaltfläche <Schließen> wählen.

b) **Ansteuern der Fußnoten**

Um gezielt Einsicht in den Text der Fußnote nehmen zu können, müssen Sie zunächst das Fußnotenzeichen im Text markieren und dann aus dem Menü **Einfügen** den Befehl **Fußnote** wählen und ausführen. Auf diese Weise gelangen

Sie unmittelbar in den Fußnotentext, auf den sich das zuvor markierte Fußnotenzeichen bezieht.

Aufgabe: Texte mit Fußnoten überarbeiten und drucken

a)   Öffnen Sie – sofern sich der zuletzt erzeugte Text nicht mehr auf dem Bildschirm befindet – zunächst das Dokument TEXT130, und positionieren Sie den Cursor in der neunten Zeile nach dem Satz mit dem zweiten Fußnotenzeichen. Schreiben Sie nun folgenden Text:

> Nicht nur im dienstlichen, sondern auch im privaten Bereich hat sich das Telefon immer mehr durchgesetzt. Während es bis in die sechziger Jahre vor allem ein Medium der Ober- und Mittelschicht war, besitzen heute mehr als 95 % aller Haushalte einen Hauptanschluß.

Fügen Sie am Ende des Satzes ein automatisches Fußnotenzeichen ein, und geben Sie folgenden Fußnotentext ein:

> Vgl. Brepohl, K.: Neue Medien in der Verwaltungs- und Büroarbeit. Köln 1992

b)   Steuern Sie das zweite Fußnotenzeichen im Text an. Löschen Sie das Fußnotenzeichen einschließlich der zugehörigen Klammer. Prüfen Sie nach, wie sich der Löschvorgang auf den Fußnotentext ausgewirkt hat.

c)   Gehen Sie jetzt mit dem Cursor auf ein beliebiges Zeichen im ersten Satz des ersten Absatzes, und markieren Sie den Satz. Setzen Sie diesen Satz an das Ende des Absatzes.

d)   Speichern Sie das Ergebnis unter dem Dateinamen TEXT131, und erstellen Sie einen fehlerfreien Ausdruck.

Die Teilaufgaben lassen sich in folgender Weise lösen:

a)   Einfügen von Fußnoten und Fußnotentext:
Nach Positionierung des Cursors können Sie zunächst den gewünschten Text erfassen und dann wie gehabt den Befehl *Fußnote* aus dem Menü *Einfügen* wählen und ausführen. Danach springt der Cusor (bei automatischer Numerierung) in den Fußnotenteil, wo der entsprechende Fußnotentext eingegeben werden kann (als Nummer wird im Beispiel automatisch die 3 erzeugt; die anderen betroffenen Fußnoten werden entsprechend der Numerierung ange-

paßt). Der Rücksprung in den Text erfolgt durch Anklicken der Schaltfläche <Schließen>. Auch hier wird automatisch eine korrekte Neunumerierung sämtlicher Fußnoten vorgenommen.

b) Fußnoten löschen:
Wollen Sie eine Fußnote löschen, müssen Sie zunächst das Fußnotenzeichen anspringen. Wenn Sie dann die Taste (Entf) betätigen, werden sowohl das Fußnotenzeichen im Text als auch die eigentliche Fußnote gelöscht. Gleichzeitig wird automatisch eine korrekte Neunumerierung sämtlicher Fußnoten vorgenommen.

c) Fußnoten verschieben:
Sollen Sätze oder Absätze mit Fußnoten verschoben werden, müssen die Abschnitte zunächst entsprechend markiert, dann das Menü *Bearbeiten* aktiviert und durch Wahl des Befehls *Ausschneiden* in den „Papierkorb" gelöscht werden. Nachdem die Einfügestelle angesteuert wurde, kann aus dem Menü *Bearbeiten* der Befehl *Einfügen* gewählt werden und so der zuvor markierte Text eingefügt werden.

Besonders einfach geht das Umstellen von Textabschnitten natürlich per Drag & Drop. In beiden Fällen werden die Fußnoten bei Umstellungen automatisch verwaltet und neu durchnumeriert.

13.1.3 Text mit Fußnoten drucken

Nach Speicherung des soeben bearbeiteten Textes können Sie den Ausdruck vornehmen. Dazu bietet das Programm WORD grundsätzlich drei Möglichkeiten. So haben Sie die Wahl, Fußnotentexte

- entweder auf derselben Seite anzubringen wie das entsprechende Fußnotenzeichen oder

- am Ende eines Bereiches auszudrucken bzw.

- am Ende am Ende des gesamten Textes zu drucken (interessant, wenn ein Dokument aus mehreren Bereichen besteht).

Standardmäßig sieht das Programm vor, daß jeder Fußnotentext auf der gleichen Seite gedruckt wird, auf der das zugehörige Fußnotenzeichen steht. Wählen Sie dazu nach Wahl des Befehls *Fußnote* die Schaltfläche <Optionen>.

Bild 13-3:
Optionen für
Fußnoten

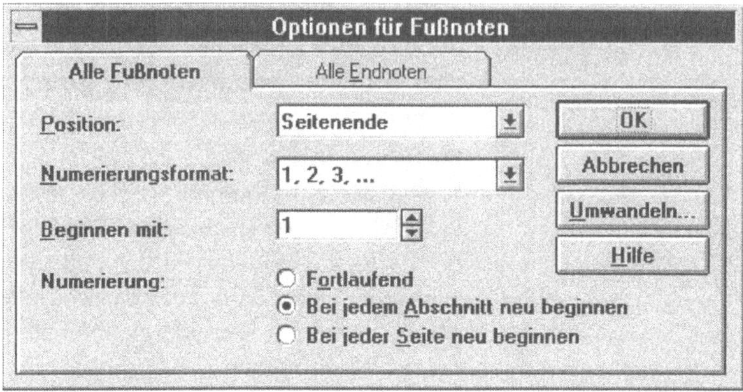

Hier ist Sie im Bereich „Position:" die Antwort „Seitenende" standardmäßig vorgegeben. Wollen Sie alle Fußnotentexte am Ende eines Textes ausdrucken lassen, dann müssen Sie eine Änderung beim Befehlsfeld „Position:" vornehmen und die Antwort „Textende" aktivieren.

Hinweis: Fußnoten lassen sich jederzeit in Endnoten umwandeln und umgekehrt. Dazu müssen Sie nach einer Markierung im Dialogfenster „Optionen für Fußnoten" die Schaltfläche <Umwandeln> aktivieren und danach Ihre Auswahl treffen.

13.2   Gliederungsfunktion

In vielen Fällen der betrieblichen Praxis weisen die anfallenden Texte einen mehr oder weniger logischen Aufbau auf. Dies ist natürlich unumgänglich, wenn es sich um Berichtstexte, längere Aufsätze oder wissenschaftliche Arbeiten handelt. In allen Fällen wird eine Gliederung zugrundegelegt. Sowohl beim Konzipieren der Gliederung als auch bei späteren Überarbeitungen kann die in WINWORD vorhandene Gliederungsfunktion nützlich sein.

Vorteilhaft ist eine solche Gliederungsfunktion aber nicht allein bei umfassenden Fließtexten. Weitere interessante Anwendungsfälle sind etwa:

- das Sammeln und Systematisieren von Ideen zu bestimmten Themen;
- das Aufstellen von Tagesordnungen für Besprechungen und Sitzungen verschiedener Art;
- das Erstellen von Tätigkeitslisten („Things to do-Listen");
- das Erstellen von Besprechungsprotokollen durch systematische Zuordnung von Gesprächsthemen zu Hauptpunkten;
- das Vorbereiten von Präsentationsmaterial (z. B. Folienvorlagen).

Die Gliederungshilfe beruht auf der Erfahrung, daß es einfacher ist, einen längeren Text zu entwerfen und zu formulieren, wenn bereits ein Gerüst von Überschriften, Zwischenüberschriften und Textmaterial existiert. Gliederung und Textdokument stellen dabei eine Einheit dar. Durch Deklaration als Gliederungspunkt werden diese automatisch auch Teil des Textdokumentes. Das hat den Vorteil, daß Gliederungsüberschriften nur einmal eingegeben werden müssen.

Bei der Erstellung müssen die Gliederungspunkte – während des Schreibens oder nachträglich – in besonderer Form gekennzeichnet werden. Wichtig ist in vielen Fällen, daß eine ausreichende Zahl von Gliederungsstufen möglich ist und verschiedene Numerierungsarten zur Verfügung stehen. Die Numerierung der Kapitel und Unterkapitel kann dabei meist vom Programm automatisch vorgenommen werden.

Weitere Vorteile bietet die Nutzung der Gliederungsfunktion

- schnelle Umorganisation in Dokumenten
- schnelles Ansteuern von bestimmten Dokumentenpositionen
- automatisches Erstellen von Einträgen für das Inhaltsverzeichnis
- automatische Numerierung bei Hinzufügen oder Löschen von Überschriften.

Um eine Gliederung anlegen zu können, müssen Sie die bisher bekannten Ansichten (Konzept, Normal bzw. Druckbild) verlassen und die sog. Gliederungsansicht aufrufen. In diesem Bildschirm können Gliederungsüberschriften erfaßt oder umstrukturiert werden sollen. Der Wechsel zur Gliederungsansicht wird durch Wahl des Befehls **Gliederung** im Menü **Ansicht** realisiert.

Dann wird unterhalb der Formatierungsleiste die Gliederungsleiste angezeigt. Da jeder der angegebenen Begriffe eine Gliederungsüberschrift darstellen soll, können Sie nun der Reihe nach die Überschriften untereinander erfassen. Alle erfaßten Überschriften der Gliederung befinden sich damit auf derselben Wichtigkeitsebene.

In einem nächsten Schritt sollte dann eine erste Strukturierung vorgenommen werden. Dazu kann einigen Überschriften eine geringere Bedeutung zugewiesen. Dies ist möglich, indem die Ebenen geändert werden. Die Zuordnung einer Überschrift zu einer Gliederungsebene können Sie mit folgenden Tastenkombinationen ändern:

a)   Umschalten auf eine niedrigere Ebene: Pfeil rechts in der Gliederungsleiste bzw. `Alt`+`⇧`+`→`

b)   Umschalten auf eine höhere Ebene: Pfeil links in der Gliederungsleiste bzw. `Alt`+`⇧`+`←`

WORD verfügt über eine äußerst komfortable Gliederungsfunktion. Diese sollen Sie anhand des folgenden Anwendungsbeispiels genauer kennenlernen.

Aufgabe: Schreiben und Überarbeiten von Gliederungen

a)   Es soll ein Vortragstext zum Thema „Stand und Entwicklungstendenzen moderner Telekommunikation" erstellt werden. Als erstes wird zu diesem Zweck eine Stichwortsammlung erstellt. Das Ergebnis ist die nachfolgende Stichwortliste, die zunächst in dieser noch nicht strukturierten Form im sog. Gliederungsbildschirm zu erfassen ist:

```
Netze der Telekom
Fernsprechnetz
IDN-Netze
Weiterentwicklung zum ISDN
Dienste der Telekom
Telex
Teletex
Telefax
Datex-J (Btx)
Datex-P
Datex-L
Fernsprechdienst
```

b)   Strukturieren Sie die Gliederung nun in der Form, daß Sie die Begriffe der Liste jeweils als Unterpunkte zu den beiden Hauptpunkten „Netze der Telekom" und „Dienste der Telekom" zuordnen.

c)   Fügen Sie auf der zweiten Ebene (nach der Zeile „Netze der Telekom") ein: Heute dominierende Netze. Plazieren Sie anschließend die Zeilen „Fernsprechnetz" und „IDN-Netze" auf die 3. Ebene.

d)   Führen Sie eine automatische Numerierung der Gliederung durch.

e)   Fügen Sie folgenden Gliederungspunkten die folgenden Textdateien als „Textkörper" zu:

   - Telefax: TEXT172.DOC

   - Datex-J (Btx): TEXT171.DOC

Wechseln Sie danach noch einmal in den Gliederungsbildschirm, um die Auswirkungen zu sehen.

f) Lassen Sie sich das Dokument im Gliederungsbildschirm in verschiedenen Varianten anzeigen.

g) Speichern Sie das Ergebnis unter dem Dateinamen TEXT132.

Die Gliederung dient meist als Grundlage für einen umfangreichen Text. Um eine Gliederung anlegen zu können, müssen Sie die bisher bekannte Textansicht verlassen und die sog. Gliederungsansicht aufrufen. In diesem Bildschirm kann der Aufbau eines Textdokumentes übersichtlich dargestellt werden.

Schalten Sie zur Lösung der Teilaufgabe a) auf die Gliederungsansicht um, indem Sie aus dem Menü **Ansicht** den Befehl **Gliederung** wählen. Dann wird die Ebene angezeigt, auf der man sich befindet; dies ist zunächst immer die Ebene 1 (vgl. Anzeige „Überschrift 1" in der Formatierungsleiste).

Da jeder der angegebenen Begriffe eine Gliederungsüberschrift darstellen soll, können Sie nun der Reihe nach die Überschriften untereinander erfassen. Alle erfaßten Überschriften der Gliederung befinden sich damit auf derselben Wichtigkeitsebene.

In einem nächsten Schritt soll nun eine erste Strukturierung vorgenommen werden. Dazu kann einigen Überschriften eine geringere Bedeutung zugewiesen. Dies ist möglich, indem die Ebenen geändert werden. Die Zuordnung einer Überschrift zu einer Gliederungsebene können Sie in folgender Weise ändern:

a) Umschalten auf eine höhere Ebene: Mausklick auf Pfeilsymbol nach links

b) Umschalten auf eine niedrigere Ebene: Mausklick auf Pfeilsymbol nach rechts

Zur Lösung der Teilaufgabe b) steuern Sie bitte die Überschriftszeile „Fernsprechnetz" an, und klicken Sie auf das Pfeilsymbol nach rechts. Ergebnis ist dann, daß diese Zeile nach rechts eingerückt wird; in der Formatierungsleiste erscheint hierfür die Anzeige „Überschrift 2". Haben Sie die Zuordnung zur 2. Ebene für alle Überschriften vorgenommen, können Sie Text einfügen und eine dritte Ebene in ähnlicher Form realisieren.

Das Ergebnis sollte wie folgt aussehen:

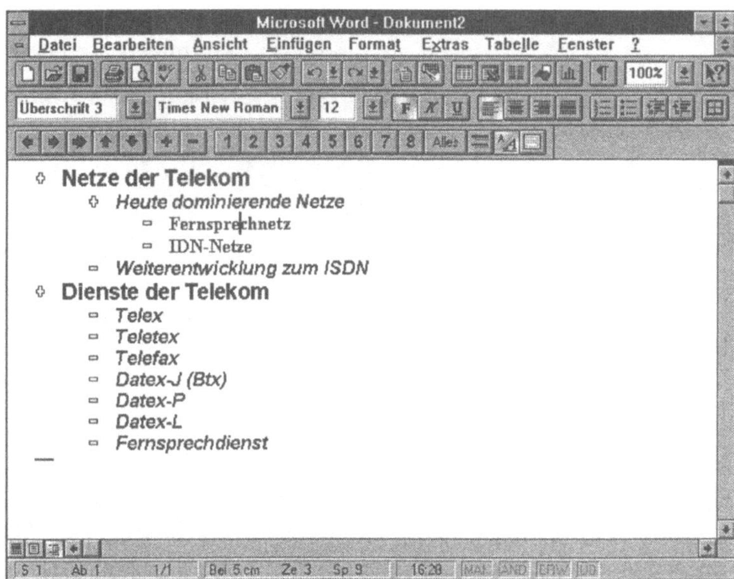

Nun können Sie eine automatische Numerierung der Gliederung
vornehmen. Wählen Sie aus dem Menü **Format** den Befehl
Überschriften numerieren. Ergebnis ist die Anzeige der folgenden Dialogbox:

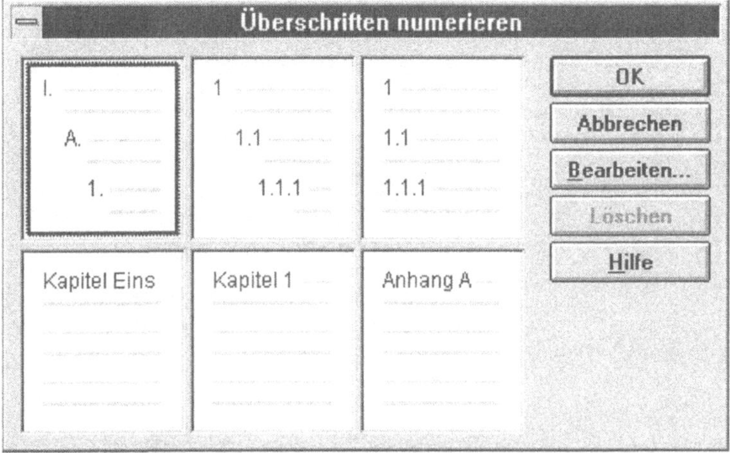

Nach Auswahl der zweiten Variante und klicken auf <OK> ergibt
sich die gewünschte Numerierung wie die folgende Darstellung
zeigt:

Bild 13-6:
Automatisch numerierte Gliederung

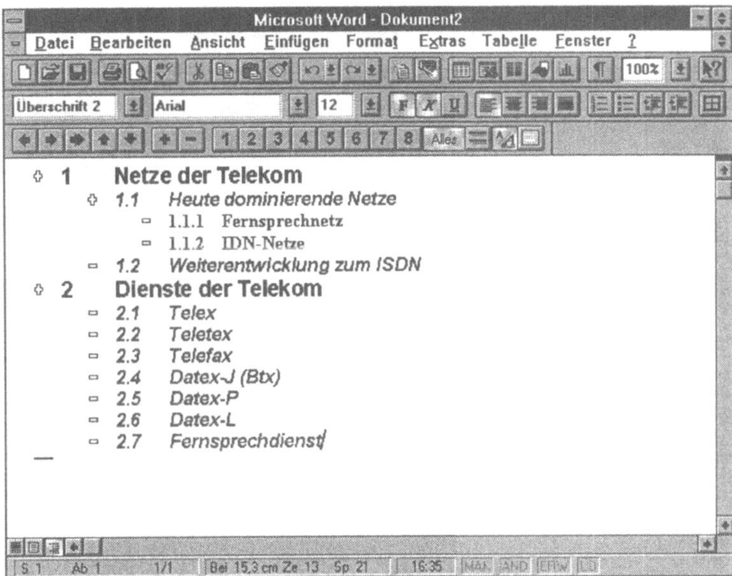

Sie sollen danach noch Texte in die Gliederung einfügen. Wechseln Sie dazu in den Textbildschirm durch Aufruf des Normalmodus. Nun können Sie die beiden Textdateien an den gewünschten Positionen einfügen, indem Sie jeweils aus dem Menü **Einfügen** den Befehl **Datei** wählen.

Wenn Sie anschließend den Gliederungsbildschirm wieder aufrufen, ergibt sich die folgende Darstellung:

Bild 13-7:
Darstellung mit Textkörper

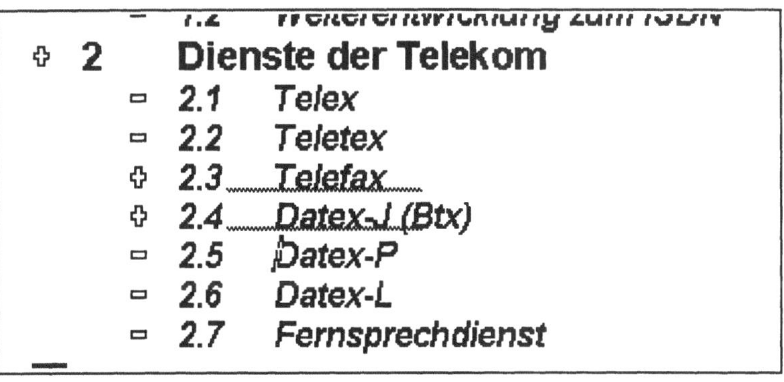

Die Textkörper werden durch eine dünne Linie unter dem Gliederungspunkt gekennzeichnet, so daß deutlich wird, daß sich darunter ein zugeordneter Text befindet.

13.3   Inhaltsverzeichnis erstellen

In engem Zusammenhang mit der Gliederungsfunktion steht das Erstellen von Inhaltsverzeichnissen. Mit dieser Funktion können Sie die Einträge für ein Inhaltsverzeichnis in Form von Kapitelüberschriften aus dem dazugehörigen Text erfassen und ordnen.

Programmtechnisch kann diese Option in der Textverarbeitung in der Form realisiert werden, daß die Überschriften der einzelnen Kapitel und Unterabschnitte eines Textdokumentes – während des Schreibens oder nachträglich – markiert werden. Aus diesen Angaben kann das Programm dann automatisch ein Inhaltsverzeichnis erstellen. Unterschiede weisen die angebotenen Programme in der Praxis bezüglich der Anzahl der vorhandenen Gliederungsebenen sowie hinsichtlich der Numerierungsmöglichkeiten (Zahlen- und Buchstabenkombinationen) auf.

Am einfachsten ist es, auf der Basis der Gliederungsüberschriften ein Inhaltsverzeichnis zu erstellen. Dazu müssen Sie nach Aufruf der Datei, in der die Gliederung enthalten ist, den Cursor zunächst an den Textanfang setzen. Danach ist aus dem Menü **Einfügen** der Befehl **Index und Verzeichnisse** zu wählen.

Bild 13-8:
Dialogbox „Index und Verzeichnisse"

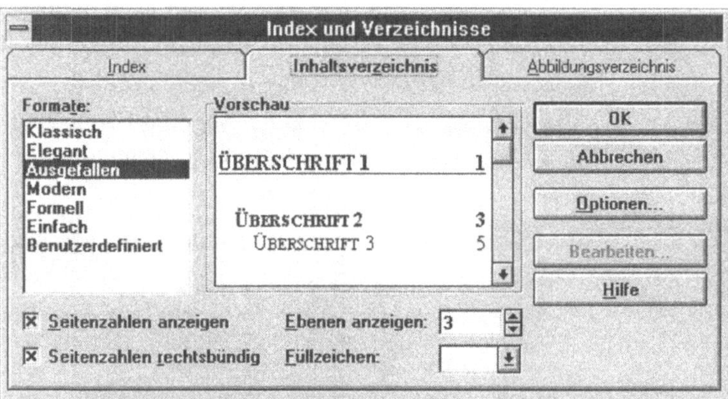

Die Art der Formatierung des Verzeichnisses kann durch entsprechende Angaben im Dialogfeld beeinflußt werden, das nach Wahl des Befehls *Inhaltsverzeichnis* erscheint. So kann hier unter anderem festgelegt werden,

- ob automatisch Seitenzahlen zuzuordnen sind;
- wie die Einträge von der Seitenzahl getrennt werden sollen;
- welche Maße für den Einzug pro Ebene gelten sollen sowie
- ob eine Druckvorlage verwendet werden kann.

Nach Einstellung der Option (etwa der Darstellungsvariante „Ausgefallen") wird dann automatisch das Inhaltsverzeichnis mit den zugehörigen Seitennummern erzeugt. Im Beispielfall kann sich folgendes Ergebnis einstellen:

Bild 13-9:
Automatisch erzeug-
tes Inhaltsverzeichnis

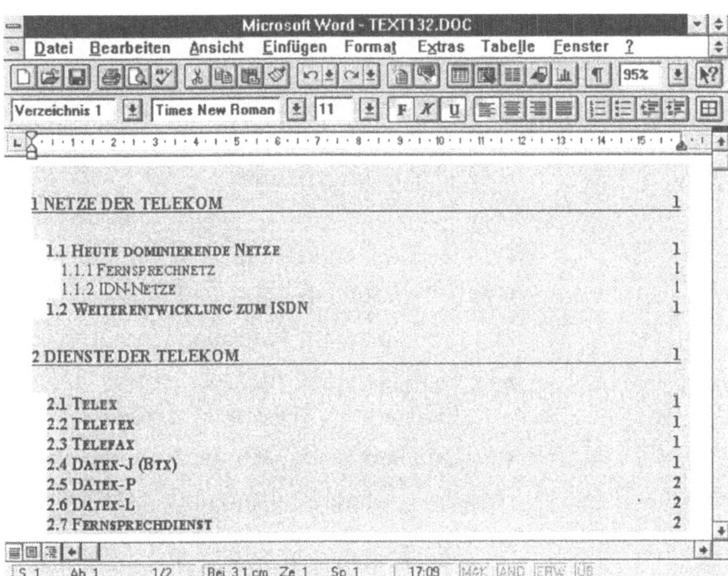

13.4 Stichwortverzeichnis erstellen

Gute Publikationen, die einen gewissen Umfang überschreiten, enthalten sinnvollerweise am Schluß ein Sachwortverzeichnis (auch Stichwortregister oder Indexverzeichnis genannt). Dieses enthält die wesentlichen Stichworte eines Dokuments mit den jeweiligen Seitenzahlen. Einem Leser kann damit die Möglichkeit gegeben werden, relativ schnell eine bestimmte Information im Dokument nachzuschlagen.

Das Erstellen derartiger Verzeichnisse ist herkömmlicherweise recht aufwendig. So müssen zunächst nach Durchlesen des Textes die Stichworte mit den zugehörigen Seitenangaben herausgeschrieben werden. Anschließend sind die Stichworte dann in eine alphabetische Reihenfolge zu bringen. Für diese Anwendungen ist es von Vorteil, wenn das Textverarbeitungsprogramm dafür eine Hilfe bietet. In WINWORD wird die Funktion für das Erstellen von Stichwortverzeichnissen **Indexfunktion** genannt.

Dabei muß jeder Begriff des Dokumentes manuell als Indexeintrag markiert werden. Um aufgrund der im Text vorgenommenen Indexeinträge ein Sachwortverzeichnis zu dem Dokument zu erstellen, muß abschließend aus dem Menü **Einfügen** der Befehl **Index und Verzeichnisse** gewählt werden. Mit diesem Befehl erstellt das Textprogramm automatisch das Sachregister mit alphabetischer Ordnung. Dabei werden gleichlautende Begriffe zusammengefaßt sowie die Seitenangaben zugeordnet.

13.4.1   Indexeinträge kennzeichnen

Voraussetzung für das Erstellen eines Indexverzeichnisses ist das Erzeugen der Indexeinträge im Dokument. Öffnen Sie beispielhaft das Dokument BERICHT4.DOC.

Zur Erzeugung von Indexeinträgen ist wie folgt vorzugehen:

- Markieren Sie zunächst jeweils den Textabschnitt, der als Indexeintrag verwendet werden soll.

- Drücken Sie danach die Tastenkombination Alt + ⇧ + X.

Danach wird das folgende Dialogfeld „Indexeintrag festlegen" geöffnet:

Bild 13-10:
Indexeintrag
festlegen

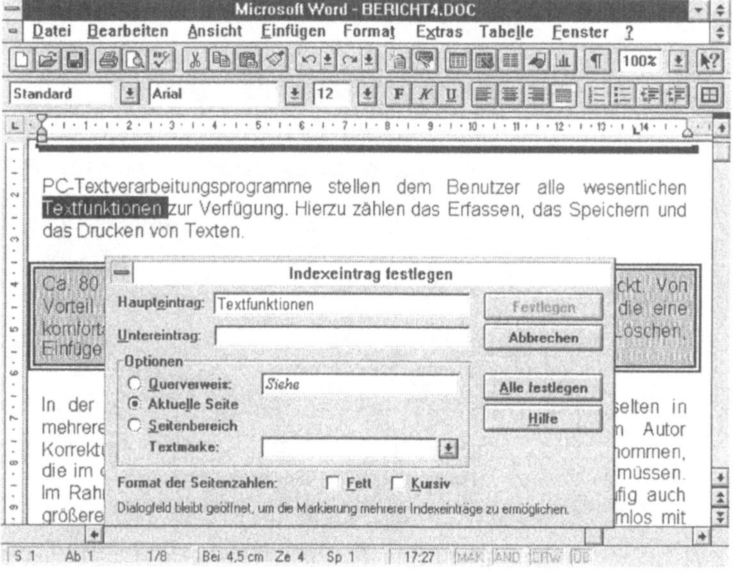

In der angezeigten Dialogbox sind nun der Reihe nach die Kennungen als Indexeinträge zuzuordnen. Nach dem Klicken auf <Festlegen> ergibt sich das folgende Bild:

Bild 13-11:
Festgelegte
Indexeinträge

Sie sehen nun verborgen formatierte Steuerinformationen eingefügt, die natürlich im eigentlichen Text nicht mit ausgedruckt werden. Testen Sie nun noch auf verschiedenen Seiten des Beispieltextes die Zuordnung weiterer Indexeinträge.

13.4.2 Indexregister zusammenstellen

Um nun aufgrund der im Text vorgenommenen Indexeinträge ein Sachwortverzeichnis zu dem Dokument zu erstellen, sollten Sie im Dokument zunächst die Stelle ansteuern, an der Sie das Verzeichnis einfügen wollen; am besten am Textende. Danach ist aus dem Menü **Einfügen** der Befehl **Index und Verzeichnisse** zu wählen

Nach Wahl der Befehlswahl ergibt sich das folgende Bild:

Bild 13-12:
Register „Index"

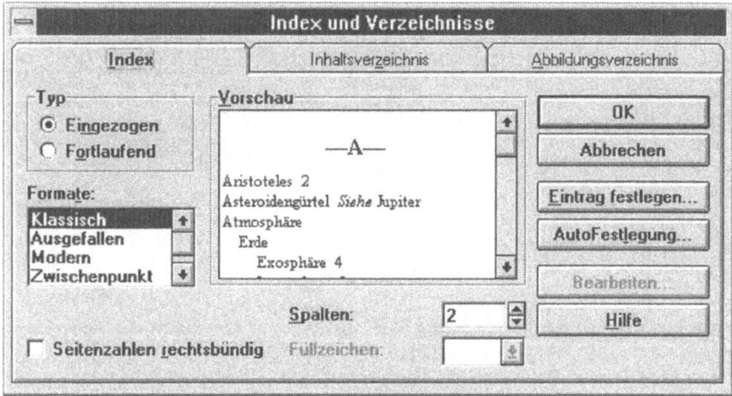

Mit diesem Befehl erstellt das Textprogramm automatisch das
Sachregister mit alphabetischer Ordnung. Dabei werden gleichlautende Begriffe zusammengefaßt sowie die Seitenangaben zugeordnet. Gezielt können Sie ein bestimmtes Format zur Darstellung noch auswählen. Testen Sie diese ruhig einmal aus.

13.5   Thesaurus

Für das Konzipieren und Direkterfassen von Texten am Bildschirm kann der Zugriff auf ein Synonymlexikon von Vorteil
sein. Manchmal fällt einem beim Konzipieren eines Textes nicht
sofort das geeignete Wort ein, um einen speziellen Gedanken
zum Ausdruck zu bringen. Außerdem entdeckt man mitunter,
daß bestimmte Wörter zu häufig vorkommen. Um eine gewisse
Eintönigkeit zu vermeiden, sollen Wiederholungen minimiert
werden. Nicht immer ist dann ein Synonymwörterbuch griffbe-
reit, mit dessen Hilfe man das passende Wort ermitteln könnte.

In diesen Fällen hilft die Thesaurus-Funktion des Programms
WINWORD weiter. Per Befehlswahl oder Betätigen einer Funkti-
onstastenkombination kann hier schnell Abhilfe geschaffen werden. Dabei wird auf ein deutsches Synonym-Lexikon zugegriffen, das sinnverwandte Wörter zu definierten Begriffen enthält.
Mit dieser Hilfe können Sie sich für ein beliebiges Wort schnell
ein Synonym-Wort anzeigen lassen, das dieselbe oder eine ähnliche Bedeutung hat.

Um die Thesaurus-Funktion realisieren zu können, müssen Sie
zunächst im Text das Wort markieren, zu dem ein Synonym gesucht werden soll. Nach Aufruf des Menüs **Extras** und Wahl des

Befehls **Thesaurus**, ergibt sich dann eine Dialogbox, in der gefundene Synonyme angezeigt werden.

Bei vorheriger Markierung des Wortes „fast" ergibt sich beispielsweise die folgende Bildschirmanzeige:

Bild 13-13:
Thesaurus

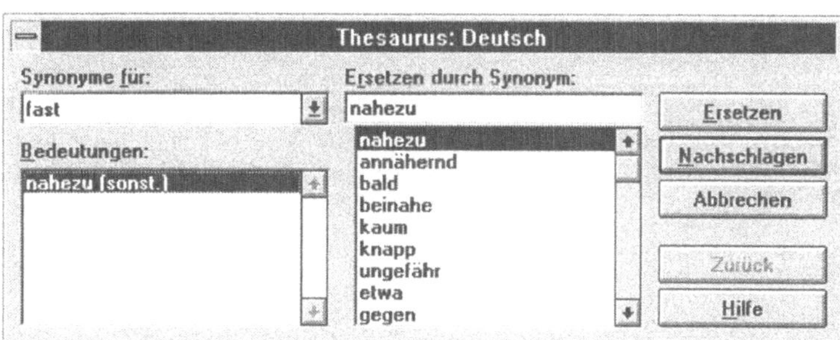

Zusatzprogramme und Datenaustausch

WORD verfügt über verschiedene Zusatzprogramme, mit denen Sie einfach Zeichnungen, Diagramme sowie Texte mit Spezialeffekten erzeugen können. Diese Anwendungen basieren alle auf der sog. OLE-Technik (OLE für Object Linking and Embedding). Dies bedeutet, daß die Ergebnisse einfach als Objekte in ein WINWORD-Dokument eingebettet werden können. Soll später eine Bearbeitung einer Zeichnung oder eines Diagramms erfolgen, genügt im Dokument ein Doppelklick auf dieses Objekt; schon steht dieses im Zusatzprogramm zur Bearbeitung bereit.

14.1 Microsoft Graph

Mitunter möchten Sie im Rahmen der Erstellung eines Dokuments schnell einmal aus vorliegenden Zahlen eine Geschäftsgrafik erstellen. Hier hilft das Zusatzprogramm „Microsoft Graph" weiter, mit dem Sie Zahlen einfach in Diagramme verwandeln können und dann in das Dokument einsetzen können.

Wählen Sie zum Starten des Programms das Menü **Einfügen** und den Befehl **Objekt**. Ergebnis ist die folgende Bildschirmanzeige:

Bild 14-1:
Objekte zur Einfügung wählen

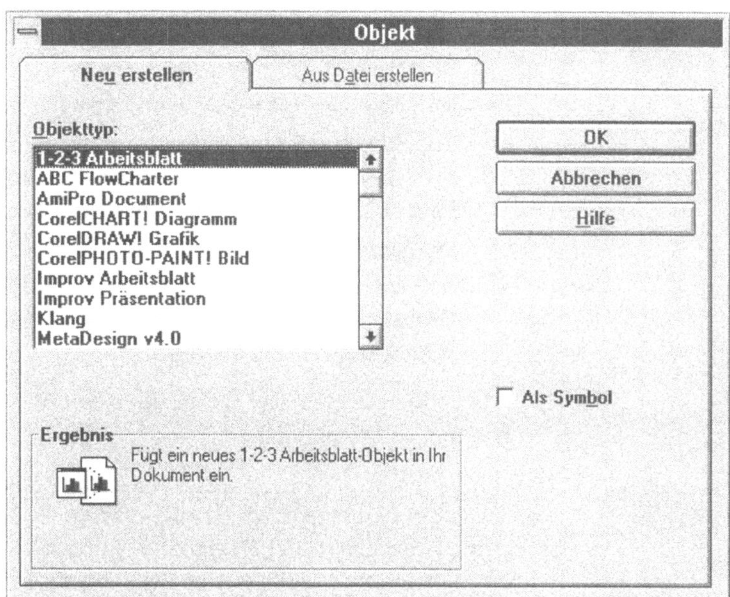

Aus der angezeigten Liste können Sie nun – abhängig von den bei Ihnen installierten OLE-fähigen Programmen – da Programm auswählen, zu dem Sie eine objektorientierte Verknüpfung herstellen wollen.

Markieren Sie im Beispielfall in der Liste den Namen „Microsoft Graph", und bestätigen Sie die Auswahl durch Klicken auf <OK>. Ergebnis ist die folgende Bildschirmanzeige:

Bild 14-2:
Ausgangsbildschirm
„Microsoft Graph"

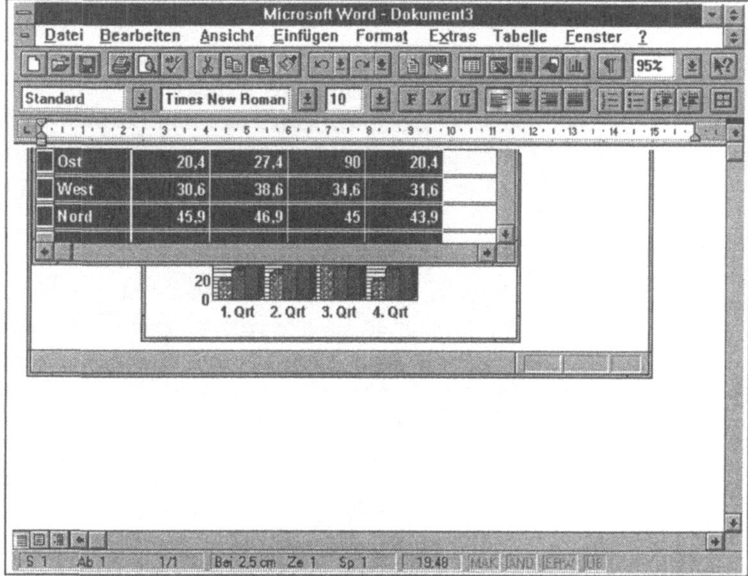

Es erscheinen also zunächst zwei Fenster:

a) **Tabellenfenster**: Es dient zur Erfassung und Bearbeitung der Zahlenwerte, die grafisch dargestellt werden sollen. Hier sind automatisch Beispieldaten eingefügt.

b) **Diagrammfenster**: Hier ist ein Säulendiagramm dargestellt, das auf der Basis der Tabellendaten erstellt wurde. Dieses Fenster bietet die Möglichkeit, ein Diagramm nach Ihren Wünschen zu formatieren.

Folgendes Beispiel soll Ihnen die Anwendung dieses Zusatzprogramms veranschaulichen:

Aufgabe: Chart mit MS-Graph erzeugen
Öffnen Sie die Datei TEXT31.DOC, und positionieren Sie den Einfügecursor in einer leeren Zeile am Textende.

Erzeugen Sie dann aus der folgenden Tabelle ein Säulendiagramm, und setzen Sie dieses an das Textende:

Regionen	1. Halbjahr	2. Halbjahr
Nord	4335,33	345,56
Süd	456,90	1004,90
Ost	3454,05	677,66
West	5665,77	5453,99

Speichern Sie das Ergebnis als TEXT140.DOC.

Arbeiten im Tabellenfenster

Aktivieren Sie nach dem Start des Zusatzprogramms „MS-Graph" zunächst einmal per Mausklick das Tabellenfenster, um hier die Daten für das Diagramm zu erfassen. Vergrößern Sie dazu zunächst die Anzeige auf Vollbild.

Für den Aufbau einer Tabelle, aus denen WINWORD ein Diagramm erzeugen soll, müssen Sie folgendes beachten:

- Für jede Rubrik mit Datenpunkten ist eine Beschriftung sowie für jeden darzustellenden Wert eine Zahl einzugeben. Im Beispielfall werden beispielsweise für die Rubrik „Nord" zwei Werte eingegeben.

- Jede Datenreihe muß einen Namen erhalten. Im Beispielfall gibt es zwei Datenreihen, deren Bezeichnung jeweils als Spaltenüberschrift angegeben wird: 1. Halbjahr bzw. 2. Halbjahr.

Fazit: Datenreihennamen stehen in der ersten Zeile der Tabelle; die Rubrikenbeschriftungen dagegen in der ersten Spalte. Wenn Sie das wünschen, können Sie dies natürlich auch genau umgekehrt organisieren.

Die Eingabe bzw. die Korrektur von Eingaben erfolgt ähnlich wie bei Tabellenkalkulationsprogrammen:

- Markieren Sie zunächst die zutreffende Eingabezelle.

- Geben Sie die gewünschten Zahlen oder Texte ein.

- Bestätigen Sie die Eingabe mit ⏎.

Nach der Eingabe soll die Tabelle im Beispielfall das folgende Aussehen haben (Hinweis: Die vorgegebene 4. und 5. Spalte müssen Sie nach der Spaltenmarkierung über den Befehl **Spalte löschen** aus dem Menü **Bearbeiten** entfernen):

Bild 14-3:
Tabellenfenster mit
aktuellen Daten

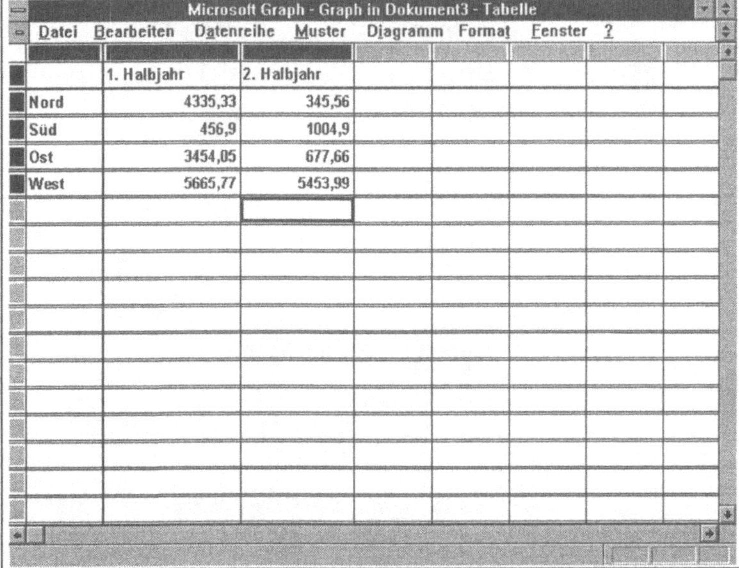

Das Tabellenblatt besteht im Beispielfall also aus 5 Zeilen und 3 Spalten. Maximal sind 256 Spalten und 4000 Zeilen möglich. Standardmäßig werden pro Zelle 9 Zeichen aufgenommen (max. 255 Zeichen).

Wollen Sie Änderungen an einem aktuellen Tabellenblatt vornehmen, müssen Sie dazu zunächst eine gezielte Markierung vornehmen. Dies geschieht am einfachsten, indem Sie den Mauszeiger auf die entsprechenden Spalten- und Zeilenköpfe ziehen. Es stehen folgende Möglichkeiten zur Verfügung:

Bearbeitungswunsch	**Realisierung**
Spaltenbreite ändern	- Spalte markieren - **Spaltenbreite** im Menü **Format**
Zahlenformat ändern	- Zelle/Zellbereich markieren - **Zahlenformat** im Menü **Format**
Spalten löschen	- Spalte/Spalten markieren - **Spalte löschen** im Menü **Bearbeiten**
Zeilen löschen	- Zeile/Zeilen markieren - **Zeile löschen** in **Bearbeiten**

Grafikgestaltung im Diagrammfenster

Im Beispielfall wurde im Diagrammfenster bereits unmittelbar ein Säulendiagramm erzeugt, das auf den aktuellen Zahlenwerten der Tabelle beruht.

Wechseln Sie nun zu dem Diagrammfenster, indem Sie

* das Menü **Fenster** aktivieren und hier den Befehl **Diagramm** wählen oder

* den Mauszeiger in das Diagrammfenster setzen und dann die linke Maustaste drücken.

Stellen Sie das dann angezeigte Diagramm ruhig größer. Ergebnis ist die folgende Bildschirmanzeige:

Bild 14-4:
Diagramm mit
MS-Graph

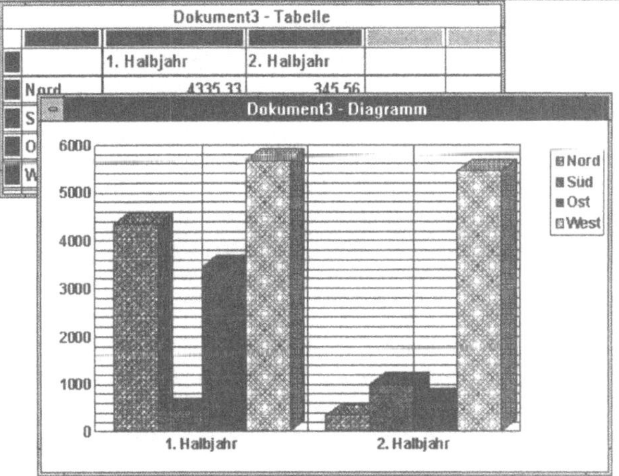

Es wird also deutlich, daß automatisch alle Daten des Tabellenfensters für die Erstellung eines Säulendiagramms verwendet wurden. Nun können Sie noch eine gezielte Gestaltung des Diagramms vornehmen. Im Beispielfall ist:

* eine Diagramm-Überschrift einzufügen. Dazu müssen Sie aus dem Menü DIAGRAMM den Befehl „Text zuordnen" wählen und dann den Text „Umsätze (nach Regionen)" eingeben.

* die Legende gezielt an eine zweckmäßige Stelle zu setzen.

Weitere Gestaltungsmöglichkeiten können auch den Grafiktyp betreffen. Über das Menü **Muster** stehen alternativ Flächen-, Balken-, Säulen-, Linien-, Kreis-, Punkt- und Verbunddiagramme zur Verfügung. Mit dem Menü **Format** können Sie schließlich noch Farb- und Rasteränderungen für einzelne Datenpunkte oder eine gesamte Datenreihe vornehmen.

Sobald das Diagramm Ihren Vorstellungen entspricht, müssen Sie aus dem Menü **Datei** den Befehl **Beenden und zu Dokument X Zurückkehren** wählen. Wenn Sie danach die Abfrage mit <Ja> bestätigen, wird das Diagramm in Ihr aktuelles WINWORD-Dokument übernommen. Speichern Sie das Ergebnis als TEXT140.DOC

14.2 Microsoft WordArt

WordArt ist ein weiteres interessantes Zusatzprogramm in WORD, das gegenüber der Vorgängerversion von Winword erheblich verbessert wurde. Es bietet Ihnen die Möglichkeit, Text in den verschiedensten Schriftarten als Grafik zu formatieren. Neben verschiedenen Schriftarten können Sie auch eine Vielzahl von Spezialeffekten nutzen.

Interessant ist die Anwendung dieses Zusatzprogramms, um Textüberschriften mit attraktiven Spezial-Effekten auszuzeichnen sowie zur Erzeugung einfacher Logos. Sie können so Dokumente wie Berichte und Broschüren einfach attraktiver gestalten.

Der Aufruf des Zusatzprogramms erfolgt nach Wahl des Befehls **Objekt** im Menü **Einfügen**. In der angezeigten Dialogbox muß dann in der Liste ein Doppelklick bei dem Namen „Microsoft WordArt 2.0" erfolgen. Ergebnis ist folgende Bildschirmanzeige:

Bild 14-5:
Ausgangsbildschirm
„WordArt"

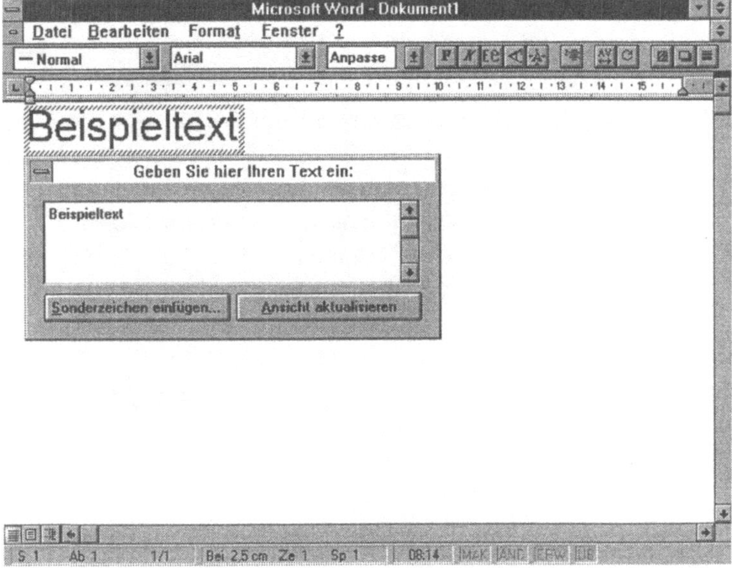

Nach dem Programmaufruf befindet sich die Einfügemarke in einem Texteingabefeld. Hier können Sie den gewünschten Text erfassen, der dargestellt werden soll. Nach Anklicken der Schaltfläche <Ansicht aktualisieren> wird das aktuelle Ergebnis im Feld „Ansicht" wiedergegeben, ohne daß Sie WordArt verlassen müssen.

Geben Sie zunächst im Texteingabefeld folgenden Text ein: Unsere Firma. Nehmen Sie danach über die eingefügte Symbolleiste verschiedene Einstellungen vor:

a) **Schrifteffekt**: Im ersten Listenfeld können Sie einen Schrifteffekt auswählen, beispielsweise den Text nach oben gebogen oder kopfüber darstellen. Ein besonderer Fall ist das Erzeugen eines sog. Knopfes (Buttons). Wählen Sie die letzte Option „Schräg nach unten".

b) **Schriftart**: Hier werden verschiedene Schriftarten zur Verfügung gestellt. Wählen Sie die Schrift „Frankenstein".

c) **Schriftgröße**: Sie können hier eine Schriftgröße einstellen. Alternativ ist aber auch die Variante „Anpassen" anwählbar. Wählen Sie für das Beispiel diese Option, so daß vom Programm automatisch die Schriftgröße gewählt wird, die den Grafikrahmen am besten ausfüllt.

Weitere Besonderheiten sind über das Menü **Format** einstellbar. Testen Sie diese ruhig mit diesem Beispieltext aus. Wenn sie mit der Gestaltung des Spezialeffekts fertig sind, müssen Sie lediglich in das Dokumentenfenster von WORD klicken. Der mit WordArt gestaltete Text wird dann automatisch in das aktuelle Dokument eingefügt. Sie können dann wie gehabt im Dokument weiterarbeiten.

Es sollte sich etwa das in Bild 14-6 abgebildete Ergebnis zum Schluß einstellen:

Speichern Sie das Ergebnis als TEXT141.DOC.

Hinweis: Wenn Sie später an dem mit Spezialeffekten gestalteten Text wieder Veränderungen vornehmen wollen, müssen Sie lediglich auf das Objekt doppelt klicken. Es erfolgt dann automatisch der Sprung in WordArt und eine Aktivierung des Schriftzuges.

Bild 14-6:
Erzeugung einer
WORD-ART-
Darstellung

14.3   Formel-Editor

Insbesondere für die Erstellung technischer Dokumentationen und wissenschaftlicher Ausarbeitungen müssen komplexe Formeln und mathematische Gleichungen eingefügt werden. Um diese zu generieren, ist ein sog. Formel-Editor verfügbar. Die Grundprinzip der Arbeitsweise entspricht dabei den anderen drei zuvor vorgestellten Zusatzprogrammen.

Aktivieren Sie zum Start das Menü **Einfügen**, und wählen Sie den Befehl **Objekt**. Hier ist die Option „Microsoft Formel-Editor 2.0" aufzurufen. Ergebnis ist die folgende Bildschirmanzeige:

Bild 14-7:
Ausgangsbildschirm
„Formel-Editor"

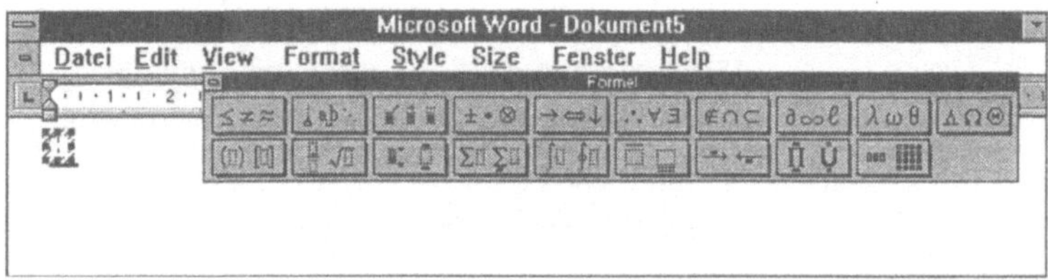

Nun können Sie verschiedene mathematische Formeln und Gleichungen erzeugen. Dazu stehen zahlreiche mathematische Symbole und Sonderzeichen zur Verfügung.

Aufgabe: Formel-Editor nutzen

Erzeugen Sie mit dem Formel-Editor die folgende mathematische
Formel:

$$\sum_{i=1}^{n} x_i^2$$

Nach dem Start des Programms können Sie unmittelbar mit der
Formelerstellung beginnen. Das Symbol muß dazu aus den klei-
nen Paletten-Pull-Down-Menüs jeweils ausgewählt werden.
Wählen Sie im Beispielfall einmal das benötigte Summensymbol.

Hinweis: Über das Menü **Ansicht** können Sie während der Arbeit die Formel in vordefinierten Größen anzeigen lassen oder
die Größe der Anzeige selber im Bereich von 25 % bis 400 %
bestimmen.

Nun können Sie die Symbolelemente jeweils markieren und hier
die gewünschten Zeichen (Buchstaben, Ziffern, Sonderzeichen)
eingeben, bis die Formel erzeugt ist.

15 Arbeiten mit Feldern und Formularen

An bestimmten Stellen eines Dokuments sollen häufig gezielt Einfügungen vorgenommen werden. Nehmen Sie folgende Beispiele:

- Sie wollen in einem Brief jeweils das aktuelle Erstellungsdatum angeben.

- In einem Bericht, der erst nach mehreren Überarbeitungsdurchgängen seine endgültige Form erlangt, soll die aktuelle Versionsnummer eingefügt werden.

- Der Name des Autors einer Aktennotiz soll jeweils in der Fußzeile ausgewiesen werden.

In diesen und ähnlichen Fällen ist das Arbeiten mit Feldern eine wesentliche Hilfe. Felder sind **Steuerbefehle**, mit denen Sie das Programm anweisen, Daten an einer bestimmten Stelle in Ihrem Dokument einzufügen. Dies können zunächst einmal Variable verschiedener Art sein; beispielsweise das aktuelle Datum oder bestimmte Dateien und Grafiken. Mit Feldern können Sie aber auch mathematische Formeln einfügen oder Berechnungen vornehmen. Schließlich ist der Aufruf einer Dialogbox möglich, wobei in Verbindung mit Dokumentvorlagen und Makros ein dialoggesteuerter Ablauf einer Dokumentenerstellung aufgebaut werden kann.

15.1 Feld-Varianten

In WINWORD stehen mehr als 50 verschiedene Feldtypen zur Verfügung. Sie unterscheiden sich im wesentlichen dadurch, woher sie die Informationen für die Einfügung in das Dokument nehmen. Danach lassen sich folgende Feld-Kategorien abgrenzen:

a) Systemdaten-Felder (Datum/Uhrzeit)
Soll das aktuelle Datum oder die Uhrzeit als Feld in ein Dokument eingefügt werden, so entnimmt das Programm diese Informationen aus den jeweiligen Systemeinstellungen.

b) Dokument-Info-Felder
In WINWORD können im Rahmen der Speicherung verschiedene Dateiinformationen verwaltet werden. Beispiele hierfür sind der Dateiname und der Name des Autors. Durch das Einfügen

entsprechender Felder können diese Informationen gezielt in ein Dokument übernommen werden. Dies kann etwa in der Fußzeile interessant sein und so das spätere Wiederauffinden eines Dokuments erleichtern.

c)   Felder mit Benutzer-Informationen

Damit läßt sich die Adresse einfügen, die als Benutzerinfo eingetragen ist. Wählen Sie unter Umständen zur Kontrolle aus dem Menü **Extras** den Befehl **Optionen** und hier die Variante „Benutzer-Info".

d)   Felder zur Dokumenten-Automation (Makrofelder)

Hier handelt es sich um Felder, die bestimmte Makro-Aktionen auslösen. Ein Beispiel ist das Feld „Eingeben", mit dem eine Dialogbox aufgerufen wird, in der der Benutzer zur Eingabe eines Textes aufgefordert werden kann.

e)   Formeln und Ausdrücke (Mathematische Felder)

Hier können mathematische Formeln erstellt werden, die zu bestimmten Berechnungen im Text führen. Dazu dienen beispielsweise die Felder „Ausdruck" und „Formel".

f)   Index und Verzeichnisse

Auf diese Weise können Sie Einträge für Indexe kennzeichnen und damit Indexe oder Inhaltsverzeichnisse erstellen.

g)   Sonstige

Hierzu zählen etwa Felder, mit denen die Erstellung von Serienbriefen oder Verknüpfungen zwischen verschiedenen Dateien gesteuert wird. Felder dieser Art wurden bereits in vorhergehenden Kapiteln genutzt, ohne daß dies ausdrücklich herausgestellt wurde.

15.2   Felder in Dokumente einfügen

Im folgenden können Sie anhand ausgewählter Beispiele das Einfügen von Feldern in ein Dokument kennenlernen. Außerdem ist dabei jeweils von Interesse, inwiefern zu einem späteren Zeitpunkt noch Aktualisierungen bei bestimmten Feldern möglich sind.

15.2.1   Felder als Variable einfügen

Ausgangspunkt soll die folgende Aufgabe sein:

Aufgabe: Aktuelles Datumsfeld in ein Dokument einfügen
Öffnen Sie die Datei TEXT110.DOC. Fügen Sie in diesen Serienbrief an die Stelle des bisher eingegebenen Datums für die

Brieferstellung ein Feld ein, das das jeweils aktuelle Datum erzeugt. Speichern Sie die geänderte Datei unter dem Namen TEXT150.DOC.

Zur Lösung der Aufgabe müssen Sie zunächst das Briefdokument TEXT110.DOC öffnen, indem Sie das Menü **Datei** aktivieren und dann den Befehl **Öffnen** wählen. Steuern Sie anschließend die Einfügemarke auf die Stelle, an der das Datum stehen soll. Löschen Sie zunächst das hier eingegebene Datum.

Aktivieren Sie danach das Menü **Einfügen**, und wählen Sie den Befehl **Feld**. Ergebnis ist die folgende Dialogbox:

Bild 15-1:
Dialogbox „Feld"

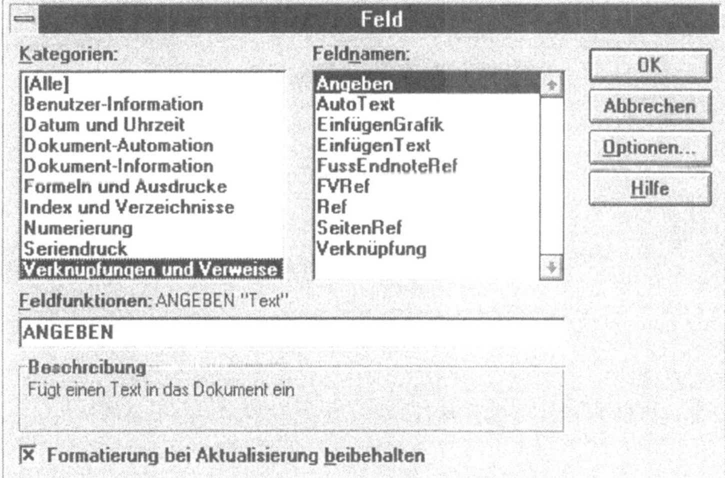

Die verschiedenen Bereiche dieser Dialogbox haben folgende Bedeutung:

Bereiche	Bedeutung
Kategorien	In diesem Verzeichnis sind alle verfügbaren Feld-Kategorien mit ihrer Bezeichnung enthalten.
Feldnamen	Es werden die Feldnamen der jeweiligen Kategorie angezeigt, die dann einfach ausgewählt werden können.
Feldfunktionen	Hier ist zusätzlich die Angabe eines numerischen Ausdrucks oder eines Hinweistextes möglich.

In der Kategorienliste ist es natürlich von Vorteil, wenn Sie wissen, unter welcher Kategorie sich die gewünschte Feldart befindet. Sollte dies nicht der Fall sein, können Sie aber zunächst auch den Eintrag „Alle" wählen, so daß Sie das gesamte Feldverzeichnis angezeigt bekommen.

Markieren Sie im Beispielfall im Verzeichnisfeld „Kategorien" die Variante „Datum und Uhrzeit". Nun erscheinen mögliche Datumstypen in der Rubrik „Feldnamen". Treffen Sie auch hier Ihre Auswahl; wählen Sie beispielsweise AKTUALDAT.

Bild 15-2:
Ausgefüllte Dialogbox „Feld"

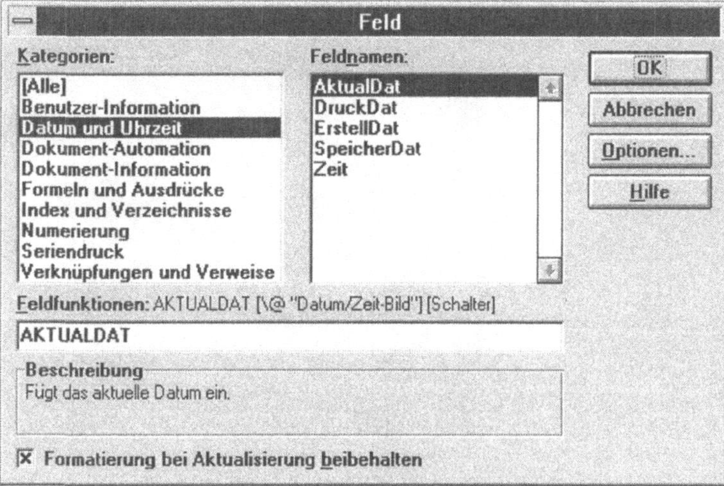

Wenn Sie jetzt die Schaltfläche <OK> klicken, wird dieses Feld im aktuellen Dokument an der Position der Einfügemarke hineingesetzt. Die Art der Anzeige im Dokument hängt nun davon ab, ob die Option „Feldfunktionen" eingeschaltet ist oder nicht. Ändern können Sie die Ansicht durch Aktivierung des Menüs **Extras** und Wahl des Befehls **Optionen**.

a)   Es erscheint das Feldergebnis (also das Datum), wenn die Option „Feldfunktionen" ausgeschaltet ist. Dies ist sicherlich der Normalfall. Feldergebnisse können dabei sowohl Texte, Grafiken oder Kombinationen von beiden sein.

b)   Soll statt des Ergebnisses der Steuercode des Feldes angezeigt werden, muß über die Wahl die Option „Feldfunktionen" eingeschaltet werden. Testen Sie dies einmal. Jetzt sehen Sie, daß auch bei der Serienbrieferstellung bereits Feldanweisungen benutzt wurden.

Bild 15-3:
Anzeige der
Feldfunktionen

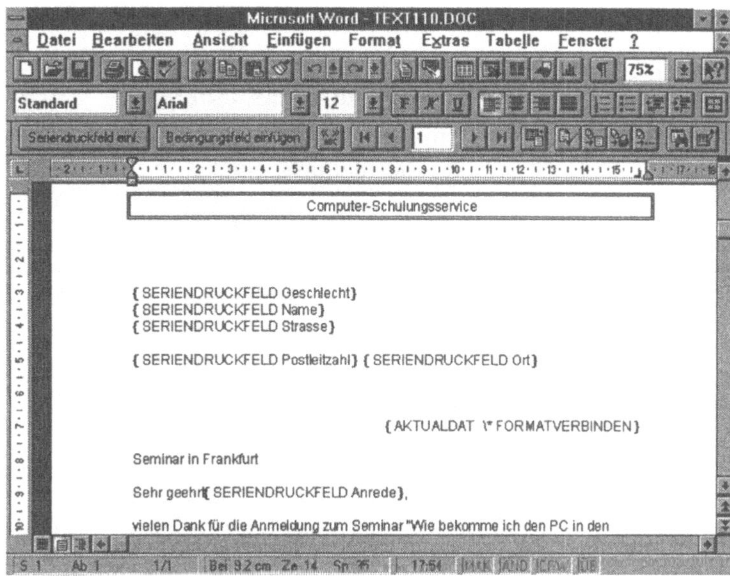

Der Test macht auch den grundsätzlichen Aufbau von Feldern
deutlich:

Feldart beim Aufruf	Feldcode (Steuercode)	Ergebnis
Datum	Aktualdat\Format verbinden	31. Okt. 94

Als Abgrenzung zum eigentlichen Text werden geschweifte
Klammern verwendet, die den Anfang und das Ende eines Feldes kennzeichnen. Im Regelfall werden Sie die Anzeige so einstellen, daß die Feldergebnisse ausgewiesen werden. Schalten
Sie deshalb die Anzeige der Feldfunktionen wieder aus. Für die
Bearbeitung von Feldern kann es jedoch zweckmäßig sein, sich
den Feldcode anzeigen zu lassen.

Zusammenfassend ergibt sich folgender Ablauf:

Reihenfolge der Bearbeitung	Tastenfolge/Eingaben
1. Einfügemarke im Text positionieren (an der Einfügestelle)	
2. Menü Einfügen, Befehl Feld wählen	[Alt]+[E], [E]
3. Feldkategorie eingeben oder auswählen	„Datum" wählen
4. Art des Datum bei Feldname wählen	AktualDat
5. Zusätzliche Anweisungen (bei Bedarf) über <Optionen> wählen	z. B. tt.MM.jjjj
6. Befehl mit OK ausführen	<OK> anklicken

Speichern Sie Ihr Dokument nun zunächst einmal unter dem Dateinamen TEXT150.DOC.

Die als Variable eingefügten Felder lassen sich zu einem späteren Zeitpunkt aktualisieren, wenn dies gewünscht ist. Wird der zuvor erstellte Brief erst zu einem späteren Zeitpunkt ausgedruckt, kann mit einer **Feldaktualisierung** bewirkt werden, daß geprüft wird, ob sich die Bedingungen geändert haben, die zu dem aktuellen Feldergebnis geführt haben. So kann beispielsweise sofort das neue Datum ausgewiesen werden.

Vorgenommen wird eine Feldaktualisierung im Dokument dann, wenn Sie die Einfügemarke in dem Feld positionieren und dann die Funktionstaste [F9] drücken. Sind in einem Dokument mehrere Felder zu aktualisieren, ist es hilfreich, daß man mit [F11] die einzelnen Felder der Reihe nach markieren kann.

Auch beim Druckvorgang können betroffene Felder automatisch aktualisiert werden; Voraussetzung dazu ist, daß bei den Optionen des Dialogfeldes „Drucken" das Kästchen bei „Felder aktualisieren" markiert ist.

15.2.2   Formel- und Berechnungsfelder einfügen

Weitere Feldtypen sind das Formelfeld sowie das Berechnungsfeld „Ausdruck". Während das Formelfeld die Anzeige von mathematischen Formelzeichen ermöglicht (z. B. das Wurzelzeichen oder das Integralzeichen), können Sie nach Aufruf des Feldes

„Ausdruck" eine Berechnungsanweisung eingeben. Das Ergebnis wird dann im Dokument eingefügt.

Beispiel: Sie wollen im Text die dritte Wurzel aus 45 anzeigen. Es ist folgendes Vorgehen notwendig:

Reihenfolge der Bearbeitung	Tastenfolge/Eingaben
1. Einfügemarke im Text positionieren (an der Einfügestelle)	
2. Menü Einfügen, Befehl Feld wählen	$\boxed{\text{Alt}}$+$\boxed{\text{E}}$, $\boxed{\text{E}}$
3. Feldart „Formel" eingeben oder auswählen	
4. Schaltfläche <Optionen> aktivieren	
5. Schalter wählen	\r
6. <Hinzufügen> anklicken	
7. Befehl mit OK ausführen	$\boxed{\leftarrow}$
8. Eingaben ergänzen	

Hinweis: Nach Auswahl der Schaltfläche <Hinzufügen> müssen Sie die genaue Information für den Schalter \r vornehmen. Dieser ermöglicht die Angabe von ein oder zwei Elementen für das Zeichnen einer Wurzel. Geben Sie vor dem Semikolon eine 3 und danach den Wert 45 ein. Nach der Ausführung wird das Feld in das Dokument eingefügt. So können Sie schnell eine mathematische Formel in den Text einfügen; bei komplexen Formeln empfiehlt sich allerdings die Anwendung des Zusatzprogramms „Formel-Editor".

15.2.3

Feld mit Eingabeaufforderung einfügen

Die Feldname „Eingeben" aus der Kategorie „Seriendruck" ermöglicht den Aufbau einer Dialogbox zwecks Abfrage einer Eingabe. Nach Vornahme der Eingabe wird der eingegebene Text als Feldergebnis in das Dokument eingefügt. Interessant ist diese Option zur Ablaufautomatisierung bzw. zum Ausfüllen von Formularen.

Aufgabe: Felder mit Eingabeaufforderung erzeugen

Richten Sie eine neue Datei ein, schreiben Sie Ihren Absender, und erstellen Sie dann der Reihe nach zwei Eingabefelder, mit denen die Eingabe der Empfängeradresse sowie die Betreffinformation für einen Brief abgefragt werden.

Nach dem Schreiben der Absenderangabe müssen Sie zunächst die Position im Dokument ansteuern, an der die Empfängeradresse eingefügt werden soll. Für das Erzeugen eines Eingabefeldes ist dann folgendes Vorgehen notwendig:

Reihenfolge der Bearbeitung	Tastenfolge/Eingaben
1. Menü Einfügen aufrufen	(Alt)+(E)
2. Befehl Feld wählen	(E)
3. Kategorie „Seriendruck" wählen	
4. Feldart „EINGEBEN" eingeben oder auswählen	
5. Eingabeaufforderung nach dem Wort „EINGEBEN" in Anführungszeichen einfügen	„Geben Sie die Empfängeradresse ein"
6. Befehl ausführen	(↵)

Nach Durchführung des Befehls erscheint die folgende Dialogbox:

Bild 15-4:
Dialogbox
zur Eingabe

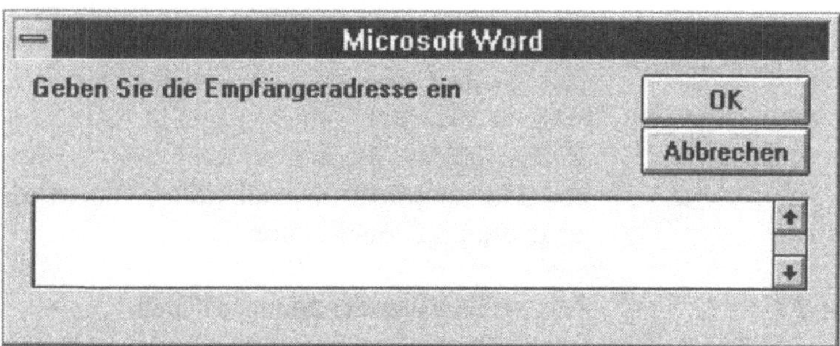

Geben Sie jetzt eine beliebige Adresse ein. In eine neue Zeile gelangen Sie dabei jeweils mit (⇧)+(↵) oder mit (↵). Nach Klicken auf <OK> wird die Adresse in das aktuelle Dokument gesetzt.

Fügen Sie nach Ansteuerung der Position im Text auch die Feldeinfügung in ähnlicher Form für den Betreff durch.

Danach sollten Sie noch einmal die Aktualisierungsfunktion für diese Feldart testen.

Mit der Aktualisierungsfunktion für Felder kann nun immer wieder eine Neueingabe erfolgen, wenn ein neuer Brief erstellt werden soll. Mit F11 können Sie dabei die Felder der Reihe nach markieren. Nach Betätigen von F9 erfolgt dann die Anzeige der Dialogbox mit der gezielten Aufforderung zur Eingabe. Gleichzeitig wird dann auch der eingegebene Text immer an der gewünschten Position gesetzt.

15.3 Organisation der Arbeit mit Formularen

Feldfunktionen sind auch für das Ausfüllen von Formularen von Interesse. Grundsätzlich stehen mehrere Varianten zur Wahl:

a) Gesamtes Formular zunächst mit Feldnamen erfassen; später gezielte Eintragungen vornehmen (u. a. mit Feld EINGEBEN)

b) Vorlage erfassen, in der die Einfügepositionen durch ein Sonderzeichen markiert sind (z. B. Sternchen). Das Dokument oder die Vorlage kann dann entsprechend aufgerufen und ausgefüllt werden.

Um die Ansteuerung der Positionen zu beschleunigen,

- ist jeweils der Befehl **Suchen** aus dem Menü **Bearbeiten** zu wählen und dann das Suchzeichen „Stern" einzugeben.

- bietet es sich an, diese Befehlsfolge als Makro aufzuzeichnen und dann mit einer Tastenkombination zu belegen.

Sie können mit WORD sogar eigene Online-Formulare mit sog. Formularfeldern erstellen und damit das Ausfüllen von Formularen erheblich erleichtern. Als Formularfelder werden dabei Felder für Elemente wie Datum, Text bzw. Kontrollkästchen bezeichnet, die vom Endbenutzer entsprechend ausgefüllt werden. Bei einem Drop-Down-Formularfeld würde beispielsweise bei einem Mausklick dann eine Liste von Namen oder Nummern angezeigt werden können. Natürlich können Sie auch Tabellen, Rahmen und Schattierungen sowie andere Elemente zum Erstellen von gedruckten Formularen verwenden.

Um Online-Formulare zu erstellen, sollten Sie eine neue Dokumentvorlage erstellen. Nach Gestaltung des Formulars ist die so erstellte Dokumentvorlage zu schützen und zu speichern. Sie kann so immer wieder verwendet werden. Hinweis: Um Formularfelder für Online-Formulare zu erzeugen, können Sie aus dem Menü **Einfügen** den Befehl **Formularfeld** nutzen. Darin werden Ihnen dann drei Typen von Feldern angeboten: Text, Kontrollkästchen oder Dropdown.

Arbeiten mit Makros

Bei der Erstellung, Bearbeitung und Gestaltung von Dokumenten müssen nicht selten immer wieder die gleichen Befehlsfolgen durchlaufen werden. Um wiederholte Eingaben überflüssig zu machen, können deshalb mehr oder weniger umfangreiche Makros angelegt werden.

Was ist nun ein Makro? Ein Makro faßt unter einem Namen eine bestimmte Folge von Tastenanschlägen, Befehlen und Anweisungen zusammen. Nach der Speicherung sind die Makros später durch einfachen Zugriff (etwa durch Eingabe des Namens und mittels einer festgelegten Tastenkombination) jederzeit wieder verfügbar. Bei Ablauf des Makros werden dann die Befehls- und Tastenfolgen automatisch in der vordefinierten Reihenfolge ausgeführt; und zwar mit erheblich erhöhter Geschwindigkeit.

Im Lieferumfang des Programms sind bereits einige vorgegebene Makros enthalten. Darüber hinaus können Sie entsprechend Ihren individuellen Vorstellungen eine Vielzahl eigener Makros erstellen. Hier einige **Beispiele für einfache Makros:**

Anwendungsfälle	Beispiele
1) Gezielte Positionierung und Markierung im Text	- Textmarkierung - Seitenende der jeweiligen Seite anspringen
2) Einfache Befehlsspezifizierung: a) Befehlsaufrufe b) Druckspezifikation (Probedruck, Enddruck) c) Einstellung bestimmter Formate	- Aufruf der Seitenansicht - Rechenfunktionen - Einstellung in Dialogboxen
3) Schreiben eines Standardtextes zu Beginn (Vorspann)	- Briefkopf, Notizkopf, - Protokoll

In fortgeschrittenen Makros können Sie sogar Programmenüs mit Kommentaren und Variablen erstellen. Damit können Lösungen für bestimmte betriebliche Anwendungen gezielt und individuell aufgebaut werden; beispielsweise das Schreiben von Briefen, Notizen oder Berichten. Dazu verfügt WORD über einen Dialog-Editor und eine eigene Programmiersprache; WORD-BASIC.

Tip: Schauen Sie sich zu Anfang der Arbeit mit Makros die im Lieferumfang von WINWORD vorhandenen Makros einmal genauer an. Öffnen Sie dazu die in Ihrem Vorlagenverzeichnis befindliche Datei MAKRO60.DOT. Diese Datei müssen Sie als globale, also für alle Dokumente verwendbare, Dokumentvorlage öffnen. Zur Ausführung können Sie dann wieder wie gehabt aus dem Menü **Extras** den Befehl **Makro** wählen.

16.1   Makrobefehl schreiben und benennen

Für das Anlegen eines individuellen Makros muß zunächst der Anwendungszweck des Makros festgelegt sein. Dann können Sie das Schreiben und Benennen des Makros in Angriff nehmen.

Für das Erstellen des Makros haben Sie in WINWORD zwei Möglichkeiten:

a)   **Nutzung des Makro-Recorders.** Die Eingaben werden in diesem Fall automatisch aufgezeichnet. Insbesondere einfache Makros lassen sich so schnell und leicht erstellen.

b)   **Direkte Eingabe des Makros über Tastatur.** Dieses ist aufwendiger als eine automatische Aufzeichnung. Wenn Sie hohe Anforderungen an eine Automatisierung Ihrer Arbeiten haben, müssen Sie diese Variante jedoch auch kennen.

Der **Gültigkeitsbereich von Makros** kann ähnlich wie bei Textbausteinen unterschiedlich sein. So können Sie gezielt festlegen, ob der Makro **für alle Dokumenttypen** oder nur **für bestimmte Dokumentvorlagen** gelten soll. Dabei gilt folgendes:

- Sofern das aktive Dokument nicht auf einer besonderen Vorlage basiert (Grundlage war also die Vorlage NORMAL.DOT), wird der Makro als **globaler Makro** gespeichert. Er steht damit für alle Dokumentarten zur Verfügung.

- Basiert das aktuelle Dokument auf einer anwendungsspezifischen Vorlage, so hängt die Speicherorganisation von den Einstellungen ab, die Sie vornehmen. Hier ist für derartige Fälle festlegbar, ob der Makro
  - in der Datei NORMAL.DOT gespeichert werden soll oder
  - in der anwendungsspezifischen Dokumentvorlage.

16.2 Makro-Recorder nutzen

In den meisten Fällen können Sie ein Makro schneller aufbauen, indem Sie den sog. Makro-Recorder nutzen. Dieser wirkt quasi wie ein Kassettenrecorder und zeichnet bei der Eingabe von Befehlsfolgen automatisch die Tastenfolgen auf und speichert diese als Makro.

Aufgabe: Makros aufzeichnen

Ein typisches Beispiel für die Anwendung von Makros ist die Realisierung sich wiederholender Druckanwendungen:

Öffnen Sie die Datei mit dem Dateinamen TEXT31.DOC, und legen Sie ein Makro an, mit dem zunächst die Seitenansicht einer aktuellen Seite angezeigt wird und danach sofort ein Ausdruck der aktuellen Seite erfolgt.

Realisieren Sie den Makro mit dem Makrorecorder unter Vergabe des Namens „Seitendruck". Als Tastenschlüssel ist die Kombination [Alt]+[S] einzustellen.

Öffnen Sie zur Aufgabenlösung zunächst die Datei mit dem Namen TEXT31.DOC. Ausgangspunkt für die Erzeugung eines Makros durch Aufzeichnung ist dann die Wahl des Befehls **Makro** aus dem Menü **Extras**. Ergebnis ist folgende Bildschirmanzeige:

Bild 16-1:
Dialogbox „Makro"

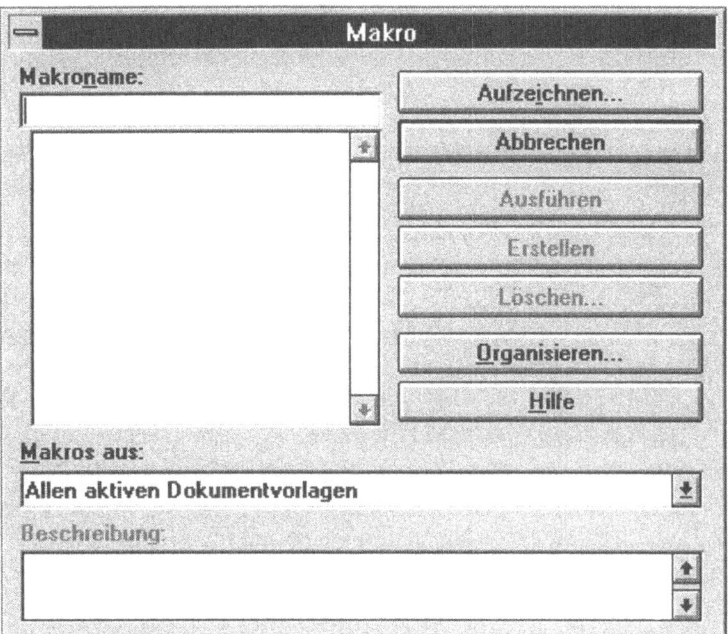

Hier können Sie bereits den Gültigkeitsbereich Ihres Makros festlegen. Sofern Sie aktuell mit einem Dokument arbeiten, das auf der NORMAL.DOT basiert, erfolgt automatisch darin eine Zuordnung des Makros. Anderenfalls können Sie beim Listenfeld „Makros aus" entscheiden, ob der Makro der NORMAL.DOT oder der speziellen Dokumentvorlage zugeordnet werden soll.

Um ein neues Makro aufzuzeichnen, können Sie danach unmittelbar die Schaltfläche <Aufzeichnen> anklicken. Ergebnis:

Bild 16-2:
Dialogbox „Makroaufzeichnung"

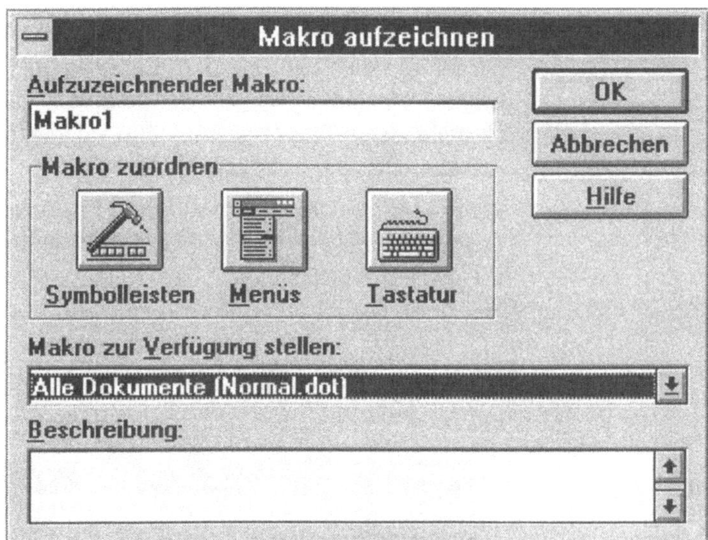

Hinweis: Die Dialogbox „Makro aufzeichnen" können Sie besonders schnell aufrufen, indem Sie einfach in der Statusleiste auf das Feld MAK doppelklicken.

In dieser Dialogbox „Makro aufzeichnen" kann im einzelnen angegeben werden:

- ein **Makroname:** Der Name, unter dem der Makro später wieder aufrufbar ist, kann maximal 30 Zeichen umfassen. Leerzeichen oder Satzzeichen sollten Sie bei der Namensvergabe nicht verwenden. Sie können auch den von WORD vorgeschlagenen Namen übernehmen.

- eine **Makrozuordnung** zu einem Menüpunkt, einem Symbol oder einem Tastenschlüssel: Alternativ zum Makroaufruf über einen Namen ist beispielsweise eine Aktivierung mit einer bestimmten Tastenkombination denkbar.

- eine **Kurzbeschreibung** des Makros: Unter der Rubrik „Beschreibung" kann eine ausführliche Anmerkung zur Anwendung und Funktion des Makros erfolgen. Maximal 255 Zeichen kann der hier eingegebene Text umfassen. Dieser Text erscheint bei der Ausführung in der Statusleiste (oder auch als Quickinfo in der Symbolleiste).

Geben Sie im Beispielfall den Namen „Seitendruck" im Feld „Aufzuzeichnender Makro" ein. Auch eine Kurzbeschreibung sollten Sie eingeben: Der Makro ermöglicht eine Seitenansicht und den Ausdruck der aktuellen Seite.

Klicken Sie danach auf die Schaltfläche <Tastatur>. Definieren Sie in der nachfolgenden Dialogbox als Tastenbelegung für diesen Makro die Tastenkombination (Alt)+(S) , so daß die Dialogbox folgendes Aussehen hat:

Bild 16-3:
Ausgefüllte Dialogbox „Anpassen"

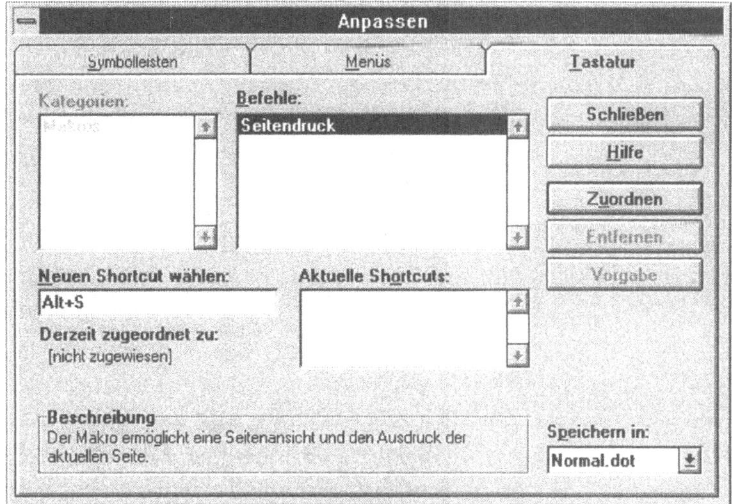

Die „Aktuelle Belegung" wird nach einer Vergabe in der Zeile „Derzeit zugeordnet zu" angezeigt, so daß nicht aus Versehen eine Doppelbelegung erfolgt. Klicken Sie nun die Schaltfläche <Zuordnen> und dann auf die Fläche <Schließen>. Damit ist der Makrorecorder zur Aufzeichnung bereit.

Optisch ist dies auf dem Bildschirm dadurch erkennbar, daß in der Statuszeile das Kürzel MAK erscheint. Ergänzend weist außerdem eine kleine Kassette neben dem Mauszeiger darauf hin, daß aktuell ein Makro aufgezeichnet wird. Alle Tastenbetätigungen und Mausklicks (Befehle, Text- und Zahleneingaben), die

Sie nun durchführen, merkt sich das Programm und kann Sie damit insgesamt unter einem Namen speichern. Dies gilt grundsätzlich auch für Mausaktionen. Allerdings sollten Sie im Dokumentenfenster auf Mausaktionen verzichten, denn Aktionen wie das Bewegen der Einfügemarke oder das Markieren von Text muß mit der Tastatur ausgeführt werden.

Führen Sie alle gewünschten Abläufe zur Realisierung des Makros „Seitendruck" durch. Folgende Tastenfolge ist im Beispielfall notwendig: Alt+D, H, Alt+D, D, Alt+U, ⏎.

Wenn Sie die Aufzeichnung abgeschlossen haben, müssen Sie den Makrorecorder wieder ausschalten. Wählen Sie dazu erneut das Menü **Extras**, den Befehl **Makro**. Statt der Schaltfläche <Makro aufzeichnen> erscheint nun die Schaltfläche <Aufzeichnung beenden>. Wählen Sie diese.

Gespeichert wird der Makro damit allerdings noch nicht. Dies erfolgt erst nach Speicherung der Dokumentvorlage, in der der Makro abgelegt wurde.

Beachten Sie noch folgende Hinweise:

- Wird ein Name doppelt vergeben, erfolgt nach der Befehlsbestätigung die Abfrage, ob der vorhandene Makro ersetzt werden soll.

- Sie können auch auf das Feld MAK in der Statusleiste doppelklicken, um die Makroaufzeichnung zu beenden.

- Wenn Sie einen Makro eingeben wollen, dann ist aus dem Menü **Extras** der Befehl **Makro** zu wählen. Nach Eingabe des Makronamens müssen Sie die Schaltfläche <Erstellen> aktivieren, so daß das sog. Makrobearbeitungsfenster erscheint. Hier können Sie dann den Makro nach Ihren Wünschen eingeben. Dazu müssen Sie allerdings die genaue Makro-Syntax kennen. Mehr dazu finden Sie in der Hilfe-Funktion unter der Themengruppe „Programmieren in Microsoft Word", da eine Behandlung dieses Themas den Rahmen des Buches sprengen würde.

Beenden Sie jetzt einmal die Arbeit mit WINWORD. Es erscheint der Hinweis, daß Änderungen in der NORMAL.DOT gespeichert wurden.

16.3 Makros ausführen

Ein Makro können Sie auf verschiedene Weise ausführen. Dies sollen Sie im folgenden anhand einer Beispielanwendung genauer kennenlernen. Starten Sie dazu wieder das Programm WORD.

Aufgabe: Makro ausführen

Führen Sie den erstellten Makro „Seitendruck" in zwei verschiedenen Variationen aus, nachdem Sie den Einfügecursor auf die fünfte Seite des Textes TEXT31.DOC plaziert haben:

a)   durch Eingabe des Makronamens.

b)   durch Betätigung des definierten Tastenschlüssels (Shortcuts)

Gehen Sie im Beispielfall nach Öffnen der zu verwendenden Datei zunächst so vor, daß Sie die Stelle im Text ansteuern, an der das Makro ausgefülurt werden soll.

Befehlsgesteuerte Ausführung

Um einen gespeicherten Makro unter Nutzung des vergebenen Namens zur Ausführung zu bringen, müssen Sie im Menü **Extras** den Befehl **Makro** wählen. Im Feld „Makroname" können Sie nun den Namen des Makros eingeben oder eine Auswahl aus der angezeigten Liste vornehmen. Wählen Sie den Makronamen „Seitendruck", und aktivieren Sie nun die Schaltfläche <Ausführen>. Danach wird das Makro direkt ausgeführt.

Das Vorgehen im Überblick veranschaulicht folgende Checkliste:

Reihenfolge der Bearbeitung	Tastenfolge
1. Ansteuern der Textstelle, an der der Makro ausgeführt werden soll	<Richtungstasten>
2. Wahl des Menüs Extras	Alt+X
3. Wahl des Befehls Makro	K
4. Gewünschten Makronamen eingeben oder markieren	Seitendruck
5. Befehl ausführen	Alt+A

Nach Ausführung des Befehls wird automatisch der gewünschte Druckvorgang realisiert.

Eingabe des Tastenschlüssels

Haben Sie dem Makro bei der Definition einen Tastenschlüssel zugewiesen, so kann die Ausführung einfach durch Betätigung der Tastenkombination erfolgen.

Gehen Sie im Beispielfall zum Textdokument zurück, indem Sie die Ansicht „Normal" aufrufen. Betätigen Sie dann (Alt)+(S). Der Makro wird dann genauso ausgeführt wie im vorhergehenden Fall.

Neben den beiden dargestellten Varianten zur Ausführung eines Makros sind noch zwei weitere Möglichkeiten denkbar:

- Sie können einen **Makro** auch **in einem Menü** ablegen. Dann kann der Makroaufruf menügesteuert erfolgen.
- Der Makro kann auch **als Symbol** in der Formatierungsleiste abgelegt werden. Dann können Sie den Makro per Symbolklick auslösen.

16.4   Makrobefehle bearbeiten

Mitunter sollen erstellte Makros verändert oder erweitert werden. Dann ist der Makroinhalt zunächst auf dem Bildschirm darzustellen. Hierzu dient der Befehl **Makro** aus dem Menü **Extras.** Danach ist der Name des zu bearbeitenden Makros auszuwählen.

In dem angezeigten Dialogfenster steht nun die Schaltfläche <Bearbeiten> zur Verfügung. Nach Wahl dieser Schaltfläche ergibt sich die folgende Bildschirmanzeige:

Bild 16-4:
Dialogfenster zur
Makrobearbeitung

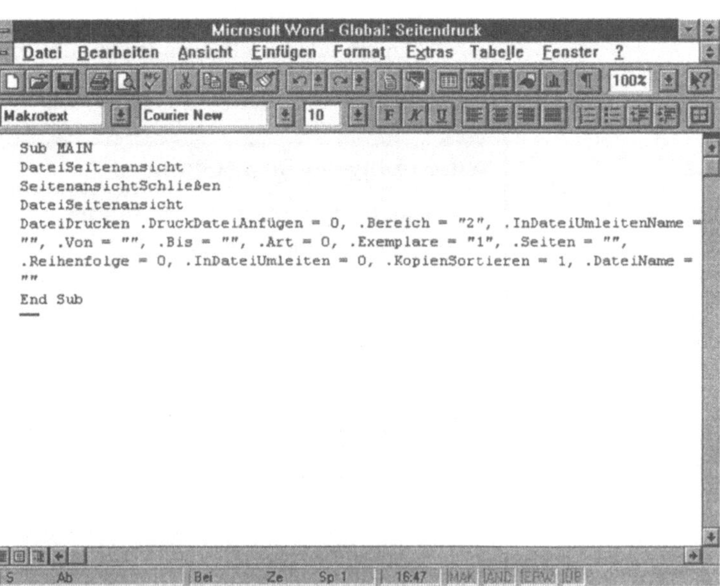

Ergebnis ist, daß der Makroinhalt in der zuvor angesteuerten Textzeile auf dem Bildschirm erscheint und damit zu Bearbeitungszwecken zur Verfügung steht.

Zur Makrobearbeitung kann eine besondere Symbolleiste zur Verfügung stehen. Wählen Sie unter Umständen aus dem Menü **Ansicht** die Variante mit dem Befehl **Symbolleisten**. Diese ermöglicht ein einfaches Testen eines Makros:

Bild 16-5:
Symbolleiste für Makrobearbeitung

Die Schaltfläche/Felder haben von links nach rechts betrachtet folgende Bedeutung:

Schaltflächen	Bedeutung
Listenfeld	ermöglicht die Auswahl vorhandener Makronamen.
Makrorekorder	ermöglicht das Ein-/Ausschalten des Makrorekorders.
Nächsten Befehl	zur Ausführung des nächsten Befehls
Start	Ein aktiver Makro wird ausgeführt.
Protokoll	Alle Anweisungen während der Makro-Ausführung werden markiert.
Fortsetzen	Der Makrotest wird weiter durchlaufen.
Beenden	beendet den Makrotest.
Schrittweise prüfen	Eine einzelne Makroanweisung wird ausgeführt und dann unterbrochen. Dies gilt auch für Unterroutinen.
Subs prüfen	Im Gegensatz zur Option „Schritt" werden Unterroutinen als ein Schritt ausgeführt.
Variable anzeigen:	Bei Variablen werden die aktuellen Werte im Makro angezeigt.
Rem-Anweisungen	ermöglicht das Hinzufügen bzw. Löschen von Anmerkungen.
Makro bearbeiten	ruft die Möglichkeiten zur Makrobearbeitung auf.
Dialog-Editor	öffnet den Dialog-Editor.

16.5   Komfortable Erstellung und Nutzung von Makros

Sie haben in diesem Kapitel jetzt bereits die wichtigsten Grundlagen für das Erstellen und Nutzen von Makros kennengelernt. Es gibt jedoch noch weitere Optionen, die Ihnen die Anwendung von Makros erleichtern. Einige davon seien im folgenden exemplarisch vorgestellt:

Makros in einem Menüpunkt verankern

Eine besondere Möglichkeit der Makroausführung besteht auch darin, den Makro einem Menüpunkt zuzuordnen und eine Ausführung darüber vorzunehmen. Die Zuordnung geschieht relativ einfach. Erstellen Sie dazu den Makro „Seitendruck" neu.

Folgendes Vorgehen ist notwendig:

- Aktivieren Sie das Menü **Extras**, und wählen Sie hier den Befehl **Makro** und dann <Aufzeichnen>.

- Klicken Sie nun bei „Makros zuordnen" auf die Kategorie „Menüs".

- Wählen Sie nun den gewünschten Makro im Listenfeld aus, und bestimmen Sie dann im Listenfeld „Menü" das Menü, unter dem der Makro erscheinen soll. Im Beispielfall ist das Menü **Datei** auszusuchen. Es könnte sich die folgende Darstellung ergeben:

Bild 6-16:
Dialogbox
„Anpassen"

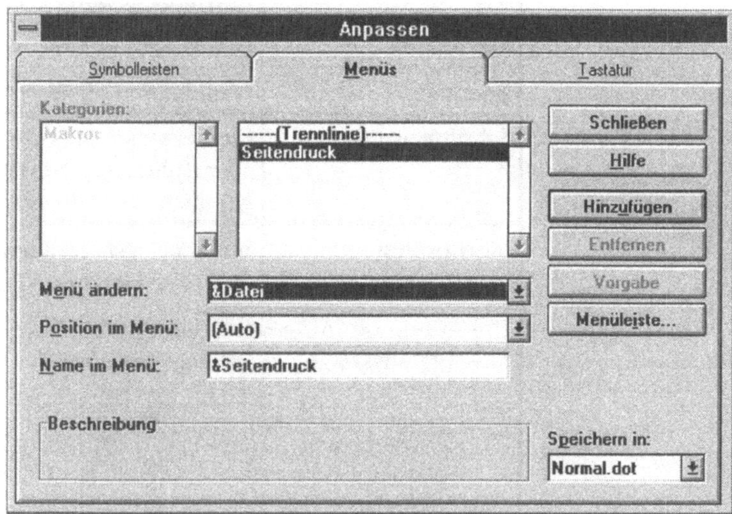

- Nach Aktivierung der Schaltflächen <Hinzufügen> und <Schließen> ist das Menü **Datei** nun erweitert.

Hinweis: Löschen Sie nach dem Test den zugeordneten Menüpunkt wieder. Dazu müssen Sie aus dem Menü **Extras** den Befehl **Anpassen** wählen und dann <Entfernen> anklicken.

Makro als Symbol in der Funktionsleiste ablegen

Finden Sie das Arbeiten mit der Funktionsleiste für die Anwendung des Makros geeignet, können Sie dafür ein eigenes Symbol definieren. Auch dies können Sie einmal mit dem Makro „Seitendruck" testen.

Folgendes Vorgehen ist notwendig:

- Aktivieren Sie das Menü **Extras**, und wählen Sie hier den Befehl **Anpassen**.

- Im Bereich erscheinen die möglichen Kategorien; zu wählen ist jetzt die Kategorie „Symbolleisten"

- Nach Auswahl des Symbols können Sie dies auf die gewünschte Symbolleiste ziehen.

Makros mit Vorlagen verknüpfen

Mit Makros können Sie eine komplette Anwendung automatisieren; zum Beispiel das Schreiben einer bestimmten Dokumentart. Dazu ist eine Kombination von Druckformatvorlage und Makro notwendig.

Wenn Sie einmal ein neues Dokument auf der Basis einer anderen Vorlage, etwa der Vorlage für Privatbriefe, erstellen, so wird sofort die Wirkung solcher Kombinationen deutlich.

Aufgabe: Brieferstellung automatisieren

Die Brieferstellung soll automatisiert erfolgen. Dabei sind jeweils Dialogmenüs zur Steuerung von Standardeingaben zu erstellen.

Zur Lösung der Aufgabe ist folgendes zu beachten:

- Aus dem Menü **Datei** den Befehl **Neu** aktivieren und dabei die zugehörige Dokument-Vorlage (z. B. BRIEF1.DOT) aufrufen.

- Makro aufzeichnen. In diesem Makro sind nun auch konstante Texte und Feldeinfügungen einzubauen.

Hinweis: Durch Vergabe des Makronamens AUTONEW kann bewirkt werden, daß der Makro automatisch abgearbeitet wird, sobald Sie sich ein neues Dokument auf der Basis dieser Dokument-Vorlage erstellen.

Interessant für die Verwaltung von Makros ist auch die Schaltfläche <Organisieren>, die in der Dialogbox „Makro" verfügbar ist. Damit können Sie beispielsweise Makros kopieren oder umbenennen. So kann es etwa sinnvoll sein, ein Makro, der in der Dokumentvorlage NORMAL.DOT gespeichert ist, aus dieser globalen Vorlage in eine spezielle Dokumentvorlage zu kopieren und dort zu speichern.

Datei-Information und Dateimanagement

Das Wiederauffinden eines gespeicherten Dokumentes ist meist recht zeitaufwendig, wenn eine Vielzahl von Dokumenten archiviert wurde. Dies liegt unter anderem darin begründet, daß der Dateiname nur maximal acht Zeichen lang sein kann, was in vielen Fällen nicht aussagekräftig genug ist.

In WINWORD können erweiterte Möglichkeiten der Dateibeschreibung genutzt werden, indem ergänzend zu einem Dokument quasi ein Deckblatt angefertigt werden kann, das etwa Informationen zum Titel, Autor oder Stichworte zum Textinhalt enthält.

Die Informationen, die bei der Speicherung mit angegeben werden, können bei der späteren Suche nach Dokumenten wieder herangezogen werden. So besteht dann beispielsweise die Möglichkeit,

- nach Texten eines bestimmten Autors zu suchen;

- sich alle Dokumente auflisten zu lassen, die mit bestimmten Schlüsselwörtern (Stichworten) oder einer bestimmten Kombination von Stichworten belegt sind;

- alle Dokumente schnell herauszufinden, die in einem bestimmten Zeitraum erstellt wurden.

17.1 Kurzinformationen zum Dateimanagement erfassen

Um die Wirkungsweise des Dateimanagers anhand von Beispielen konkret nachvollziehen zu können, sollen Sie zunächst einmal mit folgender Aufgabe drei neue Dateien erstellen, bei denen auch zusätzliche Informationen zur Dateiverwaltung im Rahmen der Speicherung vergeben werden.

Aufgabe: Kurzinformationen zum Dateimanagement erfassen

a) Erfassen Sie den folgenden Text, und speichern Sie diesen unter dem Dateinamen TEXT170. Nutzen Sie den Datei-Manager, indem Sie folgende Eintragungen vornehmen:

 - Titel: Leistungsmerkmale der Telebox

 - Autor: Wagner

 - Stichwörter: Telebox, Postdienst, Textkommunikation

Telebox ist ein öffentlicher Mitteilungsdienst der Post, der 1985 einge-
führt wurde. Dabei wird den Teilnehmern ein elektronisches Postfach
(Mailbox oder Telebox genannt) zur Verfügung gestellt, das den Aus-
tausch von Mitteilungen ermöglicht, ohne daß hierzu die Anwesenheit
des Kommunikationspartners erforderlich ist. Die Mitteilungen werden
mittels Computer von den Teilnehmern zu einem zentralen Postcom-
puter übertragen, der mit entsprechenden Mailboxen ausgestattet ist.
Die dort ankommenden und gespeicherten Nachrichten können vom
Adressaten jederzeit abgerufen und gelöscht werden.

b)   Erfassen Sie den folgenden Text, und nutzen Sie bei der
     Speicherung unter dem Dateinamen TEXT171 ebenfalls den
     Datei-Manager, indem Sie folgende Eintragungen vorneh-
     men:
     - Titel: Leistungsmerkmale von Bildschirmtext
     - Autor: Schilling
     - Stichwörter: Btx, Postdienst, Datenkommunikation

Bildschirmtext (kurz Btx) ist eine Dienstleistung der Bundespost, die
den Teilnehmern die Möglichkeit bietet, gezielt Informationen auf einem Bildschirm (Fernseh- oder Computerbildschirm) abzurufen oder
Informationen zu versenden.

c)   Erfassen Sie den folgenden Text, und nutzen Sie bei der
     Speicherung unter dem Dateinamen TEXT172 ebenfalls den
     Datei-Manager, indem Sie folgende Eintragungen vorneh-
     men:
     - Titel: Leistungsmerkmale des Fernkopierens
     - Autor: Schilling
     - Stichwörter: Telefax, Postdienst, Bildkommunikation

Fernkopieren ist ein Verfahren, das die Möglichkeit bietet, schriftliche
Vorlagen schnell und über unbegrenzte Entfernungen original zu
übertragen. Als Dienstleistung wird das Fernkopieren seit dem
1.1.1979 von der Deutschen Bundespost unter der Bezeichnung Telefax angeboten.

Nachdem Sie zunächst den ersten Text erfaßt haben, sollte zur Speicherung wie gehabt aus dem Menü **Datei** der Befehl **Speichern unter** gewählt werden. Nach Eingabe des Dateinamens und Bestätigung des Befehls mit der Taste ⏎ erscheint ein Dialogmenü, das im Beispielfall mit folgenden Kurzinformationen auszufüllen ist:

Bild 17-1:
Eintragung von
Kurzinformationen

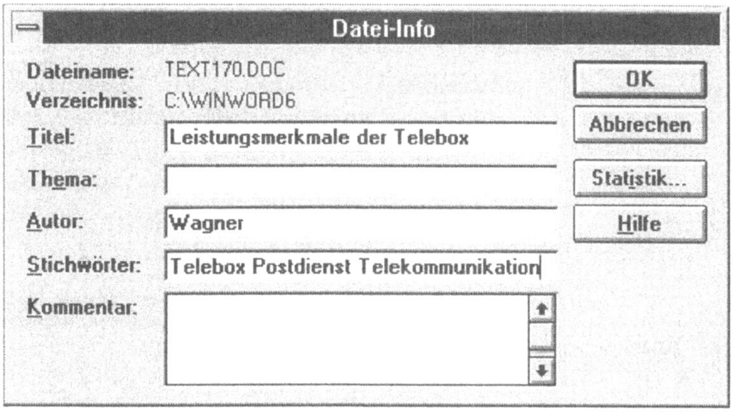

Das Dialogfenster „Datei-Info" bietet die Möglichkeit, folgende Kurzinformationen ergänzend zu einem Dokument bei der Speicherung anzugeben:

- Titel: Hier kann ein Name für das Dokument vergeben werden, der länger sein kann, als der auf acht Zeichen beschränkte Dateiname (nicht mehr als 255 Zeichen).

- Thema: Auch hier stehen 255 Zeichen zur näheren Beschreibung zur Verfügung.

- Autor: Hier kann die Person angegeben werden, die das Dokument verfaßt hat (maximal 255 Zeichen). Unter Umständen kann auch eine Autorengruppe eingetragen werden. Standardmäßig erscheint der Name der Person, der bei der Installation des Programms eingegeben wurde.

- Stichwörter: Hier können Sie ein Stichwort oder mehrere Stichworte angeben, die Themen betreffen, die in dem Dokument angesprochen werden. Dies ist dann sinnvoll, wenn später Dokumente zu einem bestimmten Anwendungsgebiet gesucht werden sollen. Maximal steht für Schlüsselwörter eine Zeichenlänge von 255 zur Verfügung.

- Kommentar: Maximal 255 Zeichen können hier für beliebige Anmerkungen zu einem Dokument eingegeben werden.

Erfassen Sie nun in ähnlicher Weise wie für die Datei TEXT170.DOC die Datei-Informationen nach Eingabe der Texte TEXT171.DOC und TEXT172.DOC.

Hinweis: Es ist zu beachten, daß das abgebildete Dialogmenü zur Eingabe verschiedener Kurzinformationen nur dann erscheint, wenn beim Befehl **Optionen** des Menüs **Extras** bei der Kategorie „Speichern" die Option „Automatische Anfrage für Datei-Info" aktiviert ist.

Außerdem werden automatisch verschiedene Informationen etwa zum Speicher- und Erstellungsdatum verwaltet. Dies wird auch deutlich, wenn Sie einmal die Schaltfläche <Statistik> aus dem Dialogfenster „Datei-Info" heraus aktivieren. Im Beispielfall ergibt sich die folgende Bildschirmanzeige (Annahme: nach Erfassung der Datei-Information zum TEXT172.DOC):

Bild 17-2:
Dialogfeld
„Dokument-Statistik"

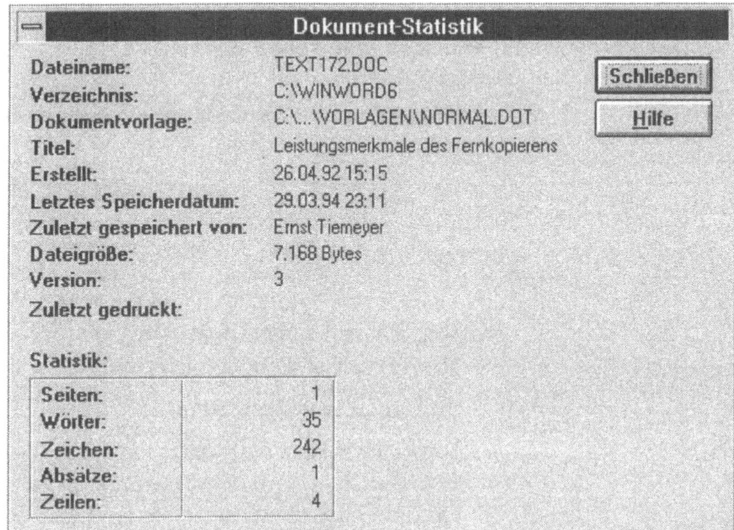

Im einzelnen werden neben der Angabe des Dateinamens sowie des Verzeichnisses folgende statistische Angaben zur Dokumentenerstellung festgehalten:

- Dokumentvorlage: Angegeben wird der Name der Dokumentvorlage, die der Dokumentenerstellung zugrundeliegt.

- Titel: zeigt den vergebenen Titel zum Dokument an.

- Erstellt: Dieses Feld wird automatisch mit dem Erstellungsdatum einschließlich der Uhrzeit ausgefüllt, wenn Sie einen

Text erstmalig speichern. Standardmäßig ist dies das aktuelle Datum.

- Letztes Speicherdatum: Dieses Feld wird automatisch ausgefüllt. Jedesmal, wenn man mit einer vorhandenen Datei gearbeitet hat und diese wieder speichert, wird das Speicherdatum auf den aktuellen Stand gebracht.

- Zuletzt gespeichert von: Es erscheint der Name des Bearbeiters.

- Dateigröße: in Bytes.

- Version: Das Feld gibt die Häufigkeit der Dateispeicherung an.

- Zuletzt gedruckt: gibt an, wann die Datei zuletzt auf einem Drucker ausgegeben wurde.

- Statistik: Hier erscheinen die Seitenanzahl, Wortanzahl, Zeichenanzahl, die Absatz- und Zeilenanzahl des aktuellen Dokuments.

17.2 Kurzinformationen zum Dateimanagement aktualisieren

Auch im nachhinein können Sie natürlich noch für angelegte Dokumente Datei-Informationen erfassen. Auch ist es möglich, so später eine Korrektur vorhandener Datei-Informationen vorzunehmen.

Aufgabe: Kurzinformationen zum Dateimanagement aktualisieren

a) Laden Sie den von Ihnen erstellten Text mit dem Dateinamen TEXT20.DOC, zu dem bisher noch keine Kurzinformationen gespeichert wurden. Sie sollen nun eine Aktualisierung vornehmen, indem Sie folgende Angaben erfassen:

- Autor: Schwarz

- Stichwörter: Textverarbeitung, Textfunktionen

b) Laden Sie den von Ihnen erstellten Text mit dem Dateinamen TEXT21.DOC, zu dem bisher noch keine Kurzinformationen gespeichert wurden. Sie sollen nun eine Aktualisierung vornehmen, indem Sie folgende Angaben erfassen:

- Autor: Schwarz

- Stichwörter: Textverarbeitung, PC

Grundsätzlich sind für die Aktualisierung zwei Fälle denkbar:

a) Datei-Informationen für ein aktives Dokument überarbeiten:

In diesem Fall müssen Sie zunächst die betreffende Datei öffnen. Anschließend ist dann aus dem Menü **Datei** der Befehl **Datei-Info** zu wählen.

Führen Sie dies einmal für das Dokument TEXT20.DOC durch. Nach dem Öffnen der Datei ist also erneut das Menü **Datei** zu aktivieren. Wenn Sie dabei dan Befehl **Datei-Info** aufrufen, erscheint das bereits von der Speicherung einer neuen Datei her bekannte Dialogfenster. Füllen Sie dann die Felder für „Autor" und „Stichwörter" aus. Bestätigen Sie die Eingaben mit ⏎.

b) Datei-Informationen für ein inaktives Dokument überarbeiten:

Es ist nicht unbedingt notwendig, daß Sie die Dokumente immer wieder neu öffnen müssen, wenn Sie die Datei-Informationen überarbeiten oder ergänzen wollen. Dies ist vor allem interessant, wenn Sie Datei-Informationen für verschiedene Dokumente der Reihe nach überarbeiten wollen.

Um diese Variante anzuwenden, aktivieren Sie im Menü **Datei** den Befehl **Datei-Manager.** Ergebnis ist die folgende Bildschirmanzeige:

Bild 17-3:
Dialogfenster
„Datei-Manager"

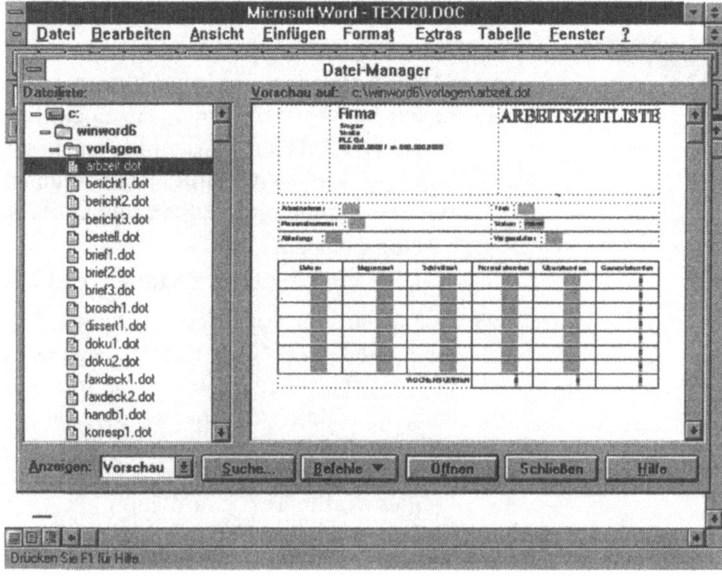

Der Bildschirm ist nun standardmäßig in zwei Teile gegliedert. Im linken Teil werden die Dateinamen mit dem zugehörigen Verzeichnis angezeigt, die zur Auswahl bereitstehen. Der rechte Teil bringt einen Einblick in den Inhalt des gerade aktivierten Dateinamens.

Hier gibt es einmal ein Listenfeld „Vorschau" zur Voranzeige, Kurzinfo oder Datei-Info. Im unteren Bereich befinden sich außerdem folgende Schaltflächen:

- <Suchen>: für das gezielte Suchen nach Dateien;

- <Befehle> mit verschiedenen Befehlen zur Dateiorganisation, wie Drucken: Druck von Kurzinformationen und Texten;

- Datei-Info: zur Aktualisierung von Kurzinformationen;

- Löschen: zum Löschen von markierten Dateien;

- Kopieren: kopiert markierte Dateien in bestimmte Laufwerke/Verzeichnisse;

- <Öffnen>: für den unmittelbaren Aufruf einer markierten Datei;

- <Schließen>: zur Rückkehr in den Textbildschirm.

Wählen Sie im Beispielfall aus dem Bereich Befehle die Option „Datei-Info". Erfassen Sie dann die Datei-Informationen für die Datei TEXT21.DOC.

17.3 Dateien mit Hilfe des Datei-Managers suchen

Die in den vorhergehenden Abschnitten im Dialogmenü „Datei-Info" gespeicherten Daten können Sie nun dazu benutzen, um in Ihren Dateien gezielt nach einem Dokument zu suchen, das man laden und bearbeiten möchte. Dabei sind nun verschiedene Suchabfragen möglich; z. B.

- Suchen nach Dokumenten, die von einer Person erstellt oder eingegeben wurden;

- Suchen nach Dokumenten, die ein bestimmtes Thema oder mehrere Themen betreffen;

- Suchen nach Dokumenten, die an einem bestimmten Tag erstellt wurden;

- Suchen nach Dokumenten, die vor oder nach einem bestimmten Datum erstellt worden sind;

- Volltextsuche durch Eingabe von Textfragmenten.

Um die Suche nach Dateien durchzuführen, ist aus dem Menü **Datei** der Befehl **Datei-Manager** zu wählen und dann das Schaltfeld <Suche> und hier die Variante „Detaillerte Suche" zu aktivieren. Ergebnis ist die folgende Bildschirmdarstellung, deren Eingabefelder je nach Anwendungsfall unterschiedlich auszufüllen ist.

Bild 17-4:
Suchen mit dem
Datei-Manager

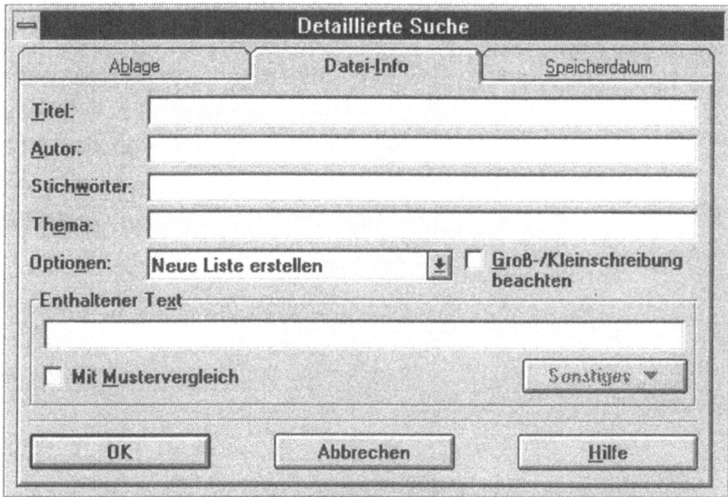

Zum Suchen nach Dateien mit dem Datei-Manager können Sie jetzt folgende Übung durchführen:

Aufgabe: Suchen mit dem Datei-Manager
Lassen Sie den Computer alle Dokumente herausfinden, die

- vom Autor „Schilling" verfaßt wurden;

- das Stichwort „Postdienst" betreffen;

- die Stichwörter „Postdienst" und „Textkommunikation" betreffen;

- die Stichwörter „Telebox" oder „Telefax" betreffen.

Der Computer soll nun also aufgrund vorgegebener Suchbegriffe die entsprechenden Dokumente herausfinden. Dabei kann entweder nach einem bestimmten Stichwort, nach einer Kombination von Stichworten oder nach Wortteilen gesucht werden.

Klicken Sie auf <Suche>; dann auf „Detaillierte Suche". Füllen Sie zur Lösung der ersten Teilaufgabe das Feld „Autor" aus, indem Sie hier den Namen „Schilling" eingeben. Anschließend ist die Schaltfläche <OK> zu aktivieren. Ergebnis ist die folgende Bildschirmanzeige:

Bild 17-5:
Anzeige des
Suchergebnisses

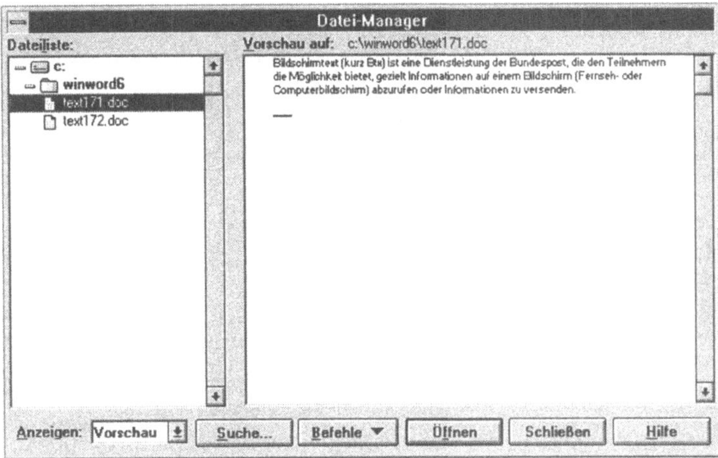

Löschen Sie für die nächsten Teilaufgaben nach Aktivierung des Schaltfeldes <Suchen> vorhandene Einträge mit der Löschtaste (z. B. beim Eingabefeld „Autor:"), und steuern Sie zur Lösung der anderen Teilaufgaben jeweils das Feld „Stichwörter" an. Dann sind jeweils folgende Eingaben notwendig:

- Postdienst. Ergebnis muß die Anzeige der drei Dateien TEXT170, TEXT171 und TEXT172 sein.

- Postdienst&Textkommunikation. Im Falle der sog. UND-Verknüpfung ist als Operator <&> einzugeben. Suchergebnis muß die Angabe der Datei TEXT170 sein.

- Telebox,Telefax. Im Falle der sog. ODER-Verknüpfung ist als Operator ein Komma einzugeben. Suchergebnis muß die Angabe der Dateien TEXT170 und TEXT172 sein.

Noch einige Hinweise zur Textsuche: Die nach Auslösung der Suchoption angezeigten Suchfelder müssen nach folgenden Regeln ausgefüllt werden:

1) Thema, Titel, Stichwörter, Autor: Die Eingaben in diesen Eingabefeldern können bis zu 256 Zeichen lang sein. Um die Suche zu konkretisieren, können in diesen Befehlsfeldern logische Operatoren genutzt werden. Diese sind

   - ,(Komma) für den Operator ODER

   - & oder Leerzeichen für den Operator UND

   - ~ (sog. Tilde, erzeugt mit [Alt]+[1][2][6]) für den Operator NICHT.

2)   Enthaltener Text: Hier kann ein maximal 256 Zeichen langer beliebiger Textabschnitt eingegeben werden, der als Suchkriterium dienen soll. Der Text ist normal einzugeben (Ausnahme: Bei Textabschnitten, die zwischen Anführungszeichen stehen, müssen die Anführungszeichen verdoppelt und die gesamte Zeichenfolge in Anführungszeichen gesetzt werden). Nach Befehlsauslösung wird eine Volltextsuche in allen Dokumenten des angegebenen Verzeichnisses durchgeführt.

3)   Groß-/Kleinschreibung beachten: Dieses Feld steht in Verbindung mit dem vorhergehenden Eingabefeld „Enthaltener Text:". Bei Aktivierung werden nur Textabschnitte gesucht, wo sich Groß- und Kleinbuchstaben mit den Angaben im Eingabefeld „Enthaltener Text:" decken; bei Deaktivierung ist dies unerheblich.

17.4   Dokumente/Kurzinfos öffnen, anzeigen und drucken

Im Bildschirm zum Managen von Dateien stehen weitere Optionen zur Wahl:

Löschen und Kopieren von angezeigten Dateien

Im Dialogfenster „Datei-Manager" können Sie durch Aktivierung der Option **Befehle** mit

- Kopieren eine Datei direkt auf eine Diskette kopieren,
- Löschen eine markierte Datei löschen,
- Drucken vorhandene Dokumente drucken.

Es ist sogar möglich, mehrere Dateien gleichzeitig zu markieren und dann etwa zu kopieren oder zu drucken. Dazu muß man die Taste ⇧ drücken, so daß die Markierung erweitert wird.

Desweiteren können Sie hier die Sortierreihenfolge variieren. Statt nach dem Dateinamen kann auch nach dem Autor, dem Erstellungs- oder Speicherdatum sowie nach der Dateigröße sortiert werden.

Variation der Anzeige von Kurzinformationen/Dateien

Standardmäßig wird nach Aufruf des Dialogfensters „Datei-Manager" für die markierte Datei der Datei-Inhalt angezeigt. Nach Aufruf der Schaltfläche <Anzeige> haben Sie die Möglichkeit, die Anzeige zu variieren und wahlweise statt der Inhalte

- die Datei-Informationen auf dem Monitor auszugeben oder
- die Kurzinfo zu dem markierten Dateinamen auszugeben.

Sachwortverzeichnis

CorelDraw Profi-Praxis

Mehr als 100 professionelle Grafiklösungen für Privat- und Geschäftsleben

von Michael Kiermeier

*1994. X, 394 Seiten mit Diskette + Foto CD. Gebunden.
ISBN 3-528-05382-8*

Dieses Buch versteht sich nicht als Handbuch unter Beschränkung auf die ausführliche Beschreibung der einzelnen Menüpunkte, sondern geht nur kurz auf wichtige Grundlagen ein und kommt sehr schnell zum praxisgerechten Einsatz auf hohem Niveau. Grundkenntnisse wie das Laden und Speichern von Dateien, das Erstellen einfacher geometrischer Objekte wie Rechtecke, Kreise, Ellipsen usw. sollten keine Probleme darstellen. Unentbehrliche Hilfe wird dem Leser hingegen bei der Ausarbeitung konkreter, komplexer Aufgabenstellungen geboten. Umfangreiche Beispiele aus der täglichen Profi-Praxis, die direkt bzw. mit schnell zu realisierenden Abänderungen übernommen werden können, verhelfen zum schnellen effektiven Einsatz des Programms und vermitteln jede Menge Tips und Tricks über das durchgängige Konzept dieses Buches sozusagen via „training on the job".

Geschrieben wurde dieses Buch von einem Autor, der auf einige Jahre umfangreicher Tätigkeiten im Grafik- und Designbereich zurückblicken kann und sich nicht nur an theoretischem Wissen sondern vor allem an wertvoller Praxiserfahrung orientiert.

Verlag Vieweg · Postfach 58 29 · 65048 Wiesbaden

Excel 5.0 für Büro und kaufmännische Praxis

Musterlösungen – Beispiele – Tips & Tricks

von Bernd Kretschmer und Uwe Grigoleit

1994. XII, 399 Seiten mit Diskette. Gebunden.
ISBN 3-528-05412-3

Aus dem Inhalt: Kaufmännische Praxis-Anwendungen – Der Funktionsumfang von Excel wird exemplarisch erarbeitet – Die neuen Funktionen der Version 5.0 finden sich in den Fällen – Die Nutzung von ADD-INs und zusätzlichen Informationsquellen werden gezeigt.

Dieses Buch bietet sorgfältig dokumentierte, leicht nachvollziehbare und problemlos modifizierbare Musterlösungen aus der kaufmännischen Praxis. Die Praxisbeispiele kommen aus den Bereichen Marketing, Rechnungswesen, Controlling, Warenwirtschaft und Statistik. Sowohl die fachlichen Hintergründe als auch die „Excel-spezifische" Umsetzung werden dem Leser systematisch nahegebracht. Grundkenntnisse von Excel werden vorausgesetzt.

Verlag Vieweg · Postfach 58 29 · 65048 Wiesbaden